普通高等教育“十三五”规划教材

环境类专业燃煤电厂实习教程

主编　齐立强　刘凤　李晶欣　曾芳

中国水利水电出版社
www.waterpub.com.cn
·北京·

内 容 提 要

本教材共分7章，主要讲述燃煤电厂生产过程及其产生的环境问题、现场实习安全问题，燃煤电厂锅炉、汽轮机、发电机等主要设备及系统，燃煤电厂除尘输灰系统及设备，燃煤电厂脱硫脱硝系统及运行，燃煤电厂水处理系统。内容编排以培养学生能力为目标，紧密结合电厂实际，跟踪新知识、新技术在现场的应用情况，知识全面，详略得当，使学生在对燃煤电厂的生产过程全面了解的基础上，重点加强除尘输灰、脱硫脱硝、化学水处理等环境方面知识的学习。

本教材可作为电力环境类专业的学历教育教材，也可供相关电力、动力类专业人员参考使用。

图书在版编目（CIP）数据

环境类专业燃煤电厂实习教程 / 齐立强等主编. -- 北京 : 中国水利水电出版社, 2018.8
普通高等教育"十三五"规划教材
ISBN 978-7-5170-6767-2

Ⅰ. ①环… Ⅱ. ①齐… Ⅲ. ①燃煤发电厂－环境管理－实习－高等学校－教材 Ⅳ. ①X322-45

中国版本图书馆CIP数据核字(2018)第197578号

书 名	普通高等教育"十三五"规划教材 **环境类专业燃煤电厂实习教程** HUANJINGLEI ZHUANYE RANMEI DIANCHANG SHIXI JIAOCHENG
作 者	主编 齐立强 刘凤 李晶欣 曾芳
出版发行	中国水利水电出版社 （北京市海淀区玉渊潭南路1号D座 100038） 网址：www.waterpub.com.cn E-mail：sales@waterpub.com.cn 电话：(010) 68367658（营销中心）
经 售	北京科水图书销售中心（零售） 电话：(010) 88383994、63202643、68545874 全国各地新华书店和相关出版物销售网点
排 版	中国水利水电出版社微机排版中心
印 刷	北京合众伟业印刷有限公司
规 格	184mm×260mm 16开本 20.25印张 480千字
版 次	2018年8月第1版 2018年8月第1次印刷
印 数	0001—1500册
定 价	**49.00**元

前言

全日制环境类专业本科生的生产实习及毕业实习等实践教学是本科教育的重要环节。学生通过理论课程的学习，具备了一定的基础知识，实践环节的教学，可进一步完善学生的知识体系，巩固对理论知识的理解。燃煤电厂实习是部分高等学校环境类专业在教学过程中必须进行的一个重要实践环节。通过实习，学生能够熟悉燃煤电厂的生产过程，并对燃煤电厂主、辅设备的结构与工作原理有初步了解，增加对发电设备和系统以及除尘、输灰、脱硫脱硝及水处理设备和系统的感性认识，为后续课程的学习和毕业后从事专业技术工作奠定基础。同时，实习能培养学生的实践能力，激发学生学习的积极性和主动性，巩固专业思想，培养劳动纪律和集体荣誉感。

本教材的主要内容为燃煤电厂生产过程及其相关环境和化学问题的处理系统及设备。作为环境类专业的学生，不仅要了解燃煤电厂的生产过程，还要深入了解在燃煤电厂生产过程中所产生的环境问题以及相关的处理方法及系统。因此，本教材将生产实习及毕业实习的内容融合到一起，使学生在对燃煤电厂的生产过程全面熟悉的基础上，重点对水处理、除灰、脱硫脱硝等环境方面的系统进行深入学习。

本教材第一、三、四、五章由华北电力大学（保定）齐立强教授编写，第二章由刘凤老师编写，第六章由曾芳老师编写，第七章由李晶欣老师编写。

限于编者的水平，缺点和错误在所难免，敬请读者批评指正。

编者

2018年5月

目录

第一章　燃煤电厂生产过程

第一节　燃煤电厂生产过程概述

火力发电厂是指利用煤、石油或天然气等作为燃料生产电能的工厂，简称火电厂。我国的火电厂以燃煤为主，新建火电厂基本上全部为燃煤电厂。燃煤电厂的发电方式可分为汽轮机发电、燃气轮机发电、内燃机发电和燃气-蒸汽联合循环发电。按是否供热，燃煤电厂分为发电厂和热电厂，热电厂既供热又供电，又称为“热电联产”。

2010—2017年我国装机容量、发电量见表1-1。

表1-1　　2010—2017年我国装机容量、发电量

年份	装机容量/亿kW				发电量/(亿kW·h)			
	总量	火电	水电	核电及其他	总量	火电	水电	核电及其他
2010	9.6219	7.0663	2.1340	0.4216	42071.6	33319.3	7221.7	1530.6
2011	10.6638	7.6549	2.2565	0.7524	47130.2	38337.0	6989.5	1803.7
2012	11.5338	8.1949	2.4915	0.8474	49876.0	38928.0	8721.0	2227.0
2013	12.4738	8.6238	2.8002	1.0498	54316.4	42470.1	9202.9	2643.4
2014	13.6019	9.1569	3.0183	1.4267	56495.8	42337.3	10643.4	3515.1
2015	15.0673	9.9021	3.1937	1.9715	56184.0	40972.0	11143.0	4069.0
2016	16.5043	10.6094	3.3207	2.5742	59111.0	43958.0	10518.0	4635.0
2017	17.7697	11.0604	3.4119	3.2974	64951.0	46627.0	11898.0	6426.0

近年来，我国电力工业在电源建设、电网建设和电源结构建设等方面都取得了令世人瞩目的成就，已经开始步入“大电厂”“大电网”“高电压”“高自动化”的新阶段。从电力结构看，目前火电在我国现有电力结构中占据绝对的优势，占全国总发电量的比重达到60％以上。

一、燃煤电厂典型生产过程

各类燃煤电厂的生产过程基本相同，实质上是一个能量转换的过程。首先，燃料在锅炉中燃烧，将水加热成蒸汽，燃料的化学能转变成蒸汽的热能；其次，高温高压的蒸汽在汽轮机中冲动汽轮机转子，蒸汽的热能转变为转子高速旋转的机械能；最后，在发电机中将机械能转换为电能；通过主变压器升压后，经升压站和输电线路送入电网，再由电网调度中心统一分配给电力用户。图1-1为燃煤电厂的生产过程示意图。

原煤一般用火车运到电厂的储煤场，将锅炉用煤由储煤场通过运煤皮带送往碎煤机，预先经过破碎处理，而后由皮带运输机送入锅炉房的原煤仓（亦称煤斗）。继而从原煤仓

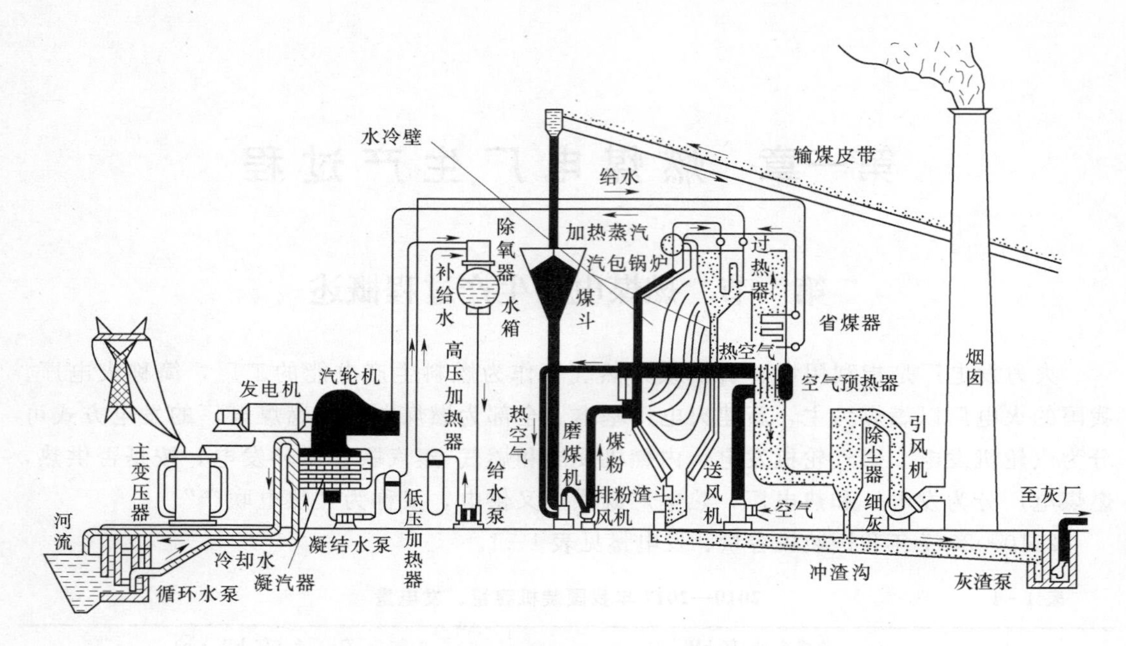

图 1-1　燃煤电厂生产过程示意图

送入钢球磨煤机，在其中磨成煤粉，同时送入热空气来干燥和输送煤粉。

锅炉运行时，煤粉由给粉风机送入输粉管，而旋风分离器中的空气则由排粉风机抽出，两者在输粉管内混合后，通过喷燃器，喷入锅炉炉膛内燃烧。

煤燃烧所需要的空气由送风机压入空气预热器中加热，预热后的空气，一部分经过风道被送入磨煤机作为原煤干燥及输送煤粉之用，而后由排粉机送入炉膛，其余大部分直接引至喷燃器进入炉膛。

燃烧生成的高温烟气，在引风机的吸引作用下，先是沿着锅炉本体的倒 U 形烟道依次经过炉膛、过热器、省煤器和空气预热器，同时逐步将其热能传递给工质及空气，变成低温的烟气进入除尘器进行净化，净化除尘后的烟气被引风机抽出，经烟囱排入大气。燃料燃烧时从炉膛内落下的灰渣、从尾部烟道内落入空气预热器下面的灰斗中的飞灰以及除尘器收集下来的飞灰，利用排渣系统及输灰系统等将其排到厂外。

锅炉的给水，先在省煤器中被预热到接近饱和温度，然后引入锅炉顶部汽包的空间内。锅炉水由于本身的重量沿着炉膛外的下降管往下流动，经下联箱进入铺设在炉膛四周的水冷壁（上升管），在其中吸热汽化，形成的汽水混合物上升到汽包内并使汽水分离。水不断在下降管、水冷壁及汽包内循环，不断汽化，形成的饱和蒸汽汇集在汽包上部，将它导入过热器，使之继续受热变为过热蒸汽。由过热器中出来的过热蒸汽也称为新蒸汽或主蒸汽，沿管道进入汽轮机。主蒸汽在汽轮机中膨胀做功完毕后，乏汽排入凝汽器，并在这里冷却凝结成水，称为主凝结水。

汇集在凝汽器热井中的主凝结水，通过凝结水泵压入低压加热器，预热后再进入除氧器，在其中继续加热并除掉溶解于水中的各种气体（主要是氧气）。除过氧的主凝结水和化学补充水汇集于给水箱中，成为锅炉的给水，经给水泵升压后，送往高压加热器，再沿给水管路送入锅炉的省煤器。

由于机炉等热力设备对其水品质要求都很高，汽水循环过程中所损失掉的工质，一般都用化学除盐过滤器等水处理设备处理过的高质量软化水进行补充。

为使乏汽在凝汽器内冷却凝结，还必须借助于循环水泵将冷却水（又称循环水）升压，并使其沿着冷却水进水管进入凝汽器。从凝汽器中出来的具有一定温升的冷却水则沿排水管流回河道。这就形成了汽轮机的冷却水系统。但在缺水地区或距河道较远的电厂，则需设有冷却水塔或配水池等庞大的循环水冷却设备，以实现闭式供水。

发电机由汽轮机带动，所发出的交流电，一部分用于本厂的磨煤机、送风机、引风机以及各种电动水泵等设备，成为厂用电。其余大部分电能均通过变压器（又称主变压器）升高电压后送入电力系统。

各类燃煤电厂由于所用锅炉、汽轮机等设备的形式不同，它们的生产设备和过程也有某些差异，但从能量转化角度来看其电能生产过程是相同的，都是由煤燃烧开始，煤在炉膛内燃烧时，它的化学能首先变为烟气的热能，当烟气在锅炉的炉膛及其后面的烟道中流过时，它的热能就逐渐传递给锅炉各部分，受热面内流动的水、蒸汽和空气，在这些传热过程中，作为热量的形态并未发生变化，只是热能从一种介质传递给另一种介质。锅炉产生的主蒸汽进入汽轮机后逐级膨胀加速，蒸汽的部分热能转变为蒸汽的动能，高速气流作用于汽轮机转子叶片上，推动叶轮同整个转子旋转，于是蒸汽的动能又被转换为汽轮机轴上的机械能。汽轮机通过靠背轮带动发电机转动，汽轮机轴上的机械能便由发电机转换成电能。

上述能量转换的各个环节是相互紧密配合的，不能脱节。鉴于电能无法大量储存的特点，生产与消费必须同时进行。因此，发电厂的各生产环节都严格协调，统一管理，应具有高的安全性、可靠性和机动性。

二、燃煤电厂的生产主系统

燃煤电厂一般由三大主要设备——锅炉、汽轮机、发电机，以及相应的辅助设备组成，它们通过管道或线路相连构成生产主系统，即燃烧系统、汽水系统和电气系统。

1. 燃烧系统

燃烧系统的主要任务是利用煤的燃烧，将水变成蒸汽，把化学能转换为热能。燃烧系统还包括许多子系统，如燃料制备和输送系统、烟气系统、通风系统和除灰系统等。燃烧系统流程如图 1-2 所示。

2. 汽水系统

汽水系统又称热力系统，其主要任务是产生蒸汽推动汽轮机做功，把热能转换为机械能。热力发电厂的汽水系统还包括中间抽汽供应热用户的汽水网络。凝汽式燃煤电厂的汽水系统流程如图 1-3 所示。它包括由锅炉、汽轮机、凝汽器、给水泵等组成的汽水循环系统、冷却系统和水处理系统等。

3. 电气系统

电气系统的主要任务是通过汽轮机带动发电机完成机械能转换为电能，并且合理地发电、输电、配电、供电和用电。发电机发出的电能大部分由主变压器把电压升高，经过高压配电装置和高压输电线路向外供电；其发出电能的一小部分作为本厂自用，称作厂用电。

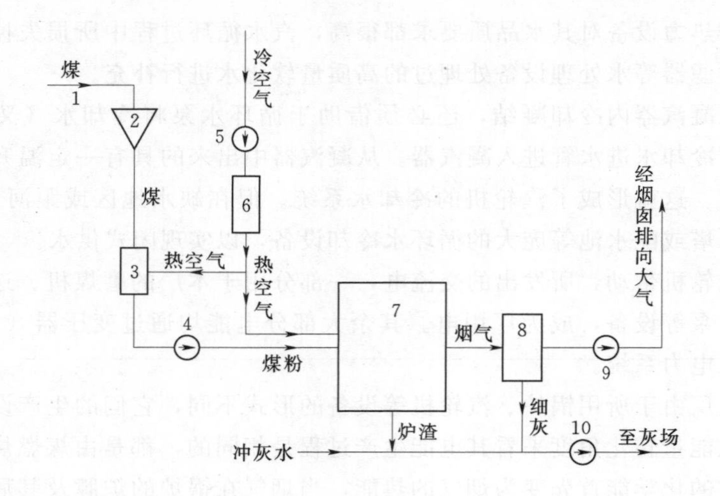

图 1－2　燃烧系统流程图

1—输煤皮带；2—煤斗；3—磨煤机；4—排粉机；5—送风机；6—空气预热器；
7—锅炉；8—除尘器；9—引风机；10—灰渣泵

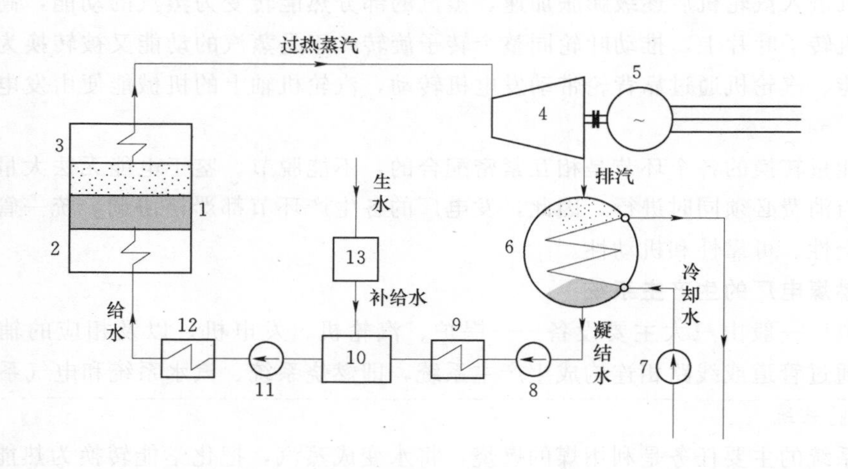

图 1－3　汽水系统流程图

1—锅炉；2—省煤器；3—过热器；4—汽轮机；5—发电机；6—凝汽器；7—循环系统；
8—凝结水泵；9—低压加热器；10—除氧器；11—给水泵；12—高压加热器；
13—水处理设备

电气系统示意图如图 1－4 所示。

由此可见，火力发电厂主要由炉、机、电三大部分组成，它们各自构成相应的系统，并相互配合保证主机安全生产，完成发电任务。

三、火力发电厂的分类

火力发电厂的分类方法很多，本教程仅介绍几种常用的分类方法。

1. 按照生产的能量和产品的性质分类

(1) 凝汽式发电厂。只对外供应电能，将在汽轮机中做完功的蒸汽排入凝汽器凝结成水，再送往锅炉循环使用，这种发电厂称为凝汽式发电厂。

(2) 供热式发电厂。它不仅可以供给用户电能，还利用在汽轮机中做过功的抽汽或排汽向热用户供热，其能量利用效果较好，热效率高。这种既生产电能又对外供热的电厂又称为热电厂。

(3) 综合利用发电厂。不仅可生产电能和热能，还可把燃煤与灰渣综合利用，生产其他副产品。例如煤在燃烧前，先炼煤焦油作化工原料。而灰渣又可制作水泥、保温材料和建筑材料等。

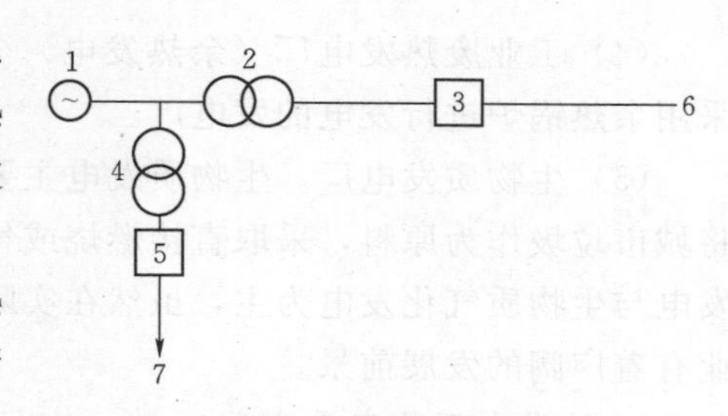

图1-4　电气系统示意图
1—发电机；2—主变压器；3—高压配电装置；4—厂用变压器；5—厂用配电装置；6—高压输电线路；7—低压电缆馈线

2. 按供电规模分类

(1) 区域性发电厂（联网发电厂）。许多电厂连接成一个区域性的电力系统（简称电网），发电厂发出的电力，不是直接送往用户，而是先送入电网，然后再由电网分送到各用户。其特点是容量大、并连在一个共同电力网运行，利用高电压通过输电线路可将大量电能输送并分配给较远处的用户。该类型电厂常建在燃料基地或接近水源的地方。

(2) 地方性发电厂（孤立发电厂）。这种发电厂与电网无联系，多建在用户附近，生产出的电能直接供给附近地区。因输电距离短，输电量也较小，故多不用高压电网分配电力。

(3) 城市发电厂。供给城市各工业企业、居民所需的电能和热能。

(4) 企业发电厂。厂矿企业专用的电厂，又称“工业自备电厂”。

(5) 城乡发电厂。因地制宜，利用当地能源，供应城乡所需电能和热能。

(6) 列车电站及船舶电站。把成套的发电设备装置在特制的火车车厢或船舶上，属于机动性电站，用于基本建设工地或经常流动的单位。

3. 按原动机的类型分类

(1) 汽轮机发电厂。以汽轮机为原动机，容量从几百千瓦到几百万千瓦不等，可采用高温高压蒸汽，热效率较高，工作可靠性和运行的自动化程度较高。乏汽凝结水干净，利用汽轮机中间抽汽较方便，可兼供热。

(2) 内燃机发电厂。采用内燃机作为原动机，其结构紧凑，热效率较高，可以快速启动，不需要很多的运行人员。其缺点是燃料价格高，机组容量不能太大。可用于缺水地区，石油产地或作电厂备用装置。

(3) 燃气轮机发电厂。用燃气轮机作为原动机，构造比较紧凑，热效率较高，冷却水需要量少，管理简便。

4. 按燃用的一次能源分类

(1) 燃煤发电厂。以煤为燃料的发电厂。根据我国的能源政策，应优先采用劣质煤来发电。

(2) 燃油发电厂。以石油及其加工副产品为燃料的发电厂。除国家批准的燃油发电厂外，应严格控制发电厂内使用燃油。

(3) 燃气发电厂。以各种可燃气作为燃料的发电厂。在产天然气地区可充分燃用天然气进行发电。当企业有副产品煤气时，也可用煤气为燃料来发电。

(4) 工业废热发电厂（余热发电）。利用工业企业排放的废热或其他废料（可燃物），采用余热锅炉进行发电的发电厂。

(5) 生物质发电厂。生物质发电主要是利用农业、林业和工业废弃物为原料，也可以将城市垃圾作为原料，采取直接燃烧或气化的方式发电。我国目前主要以秸秆发电、沼气发电与生物质气化发电为主，虽然在实际应用过程中仍存在不少问题，但生物质能发电行业有着广阔的发展前景。

5. 按发电厂总容量分类

(1) 小容量发电厂。装机总容量在100MW以下。

(2) 中容量发电厂。装机总容量为100～250MW。

(3) 大中容量发电厂。装机总容量为250～600MW。

(4) 大容量发电厂。装机总容量为600～1000MW。

(5) 特大容量发电厂。装机总容量为1000MW及以上。

容量的大、中、小也是相对的，随着火力发电厂装机容量的不断增加，划分标准也会变化。

6. 按主蒸汽参数分类

(1) 低压发电厂。主蒸汽参数为1.4MPa/350℃，适用于3MW及以下汽轮机，10～20t/h锅炉。

(2) 中压发电厂。主蒸汽参数为3.9MPa/450℃，适用于6～50MW汽轮机，35～220t/h锅炉。

(3) 高压发电厂。主蒸汽参数为9.8MPa/540℃，适用于25～100MW汽轮机，120～410t/h锅炉。

(4) 超高压发电厂。主蒸汽参数为13.7MPa/540℃（555℃），适用于125～200MW汽轮机，400～670t/h锅炉。

(5) 亚临界压力发电厂。主蒸汽参数为16.7MPa/540℃（555℃），适用于300～600MW汽轮机，1000～2050t/h锅炉。

(6) 超临界压力发电厂。现在常规的超临界压力机组采用的主蒸汽参数为24.1MPa/538℃（566℃），适用于600～1000MW汽轮机。

(7) 超超临界压力发电厂。超超临界压力机组一般采用二次再热，其参数为31MPa/566℃（566℃/566℃），或31MPa/593℃（593℃/593℃），或34.5MPa/649℃（593℃/593℃），适用于1000MW及以上汽轮机。

火力发电厂的分类除以上的介绍外，还可以按发电厂的位置特点分为坑口（路口、港口）发电厂、负荷中心发电厂；按发电厂承担电网负荷的性质分为基本负荷发电厂、中间负荷（腰荷）发电厂和调峰发电厂；按机炉组合分为非单元机组发电厂和单元机组发电厂等。

第二节　燃煤电厂生产过程中的环境问题

一、电力生产对环境的影响

随着国民经济的快速发展和产业界的优化调整，我国工业自动化程度和电气化程度不断提高，服务业和居民用电需求增长迅速，以煤电为主的火力发电装机容量和发电量的快速增长，为国民经济的发展作出了巨大贡献。但同时电力行业特别是燃煤电厂成为污染源大户，如燃煤电厂运行中向大气排放的硫氧化物、氮氧化物、烟尘，排出的废水、灰渣和产生的噪声等对环境造成了很大影响。

我国近年废气中主要污染物排放量见表1-2。

表1-2　我国近年废气中主要污染物排放量　单位：万t

项目 年份	SO_2			烟尘			NO_x		
	合计	工业	生活	合计	工业	生活	合计	工业	机动车
2011	2217.9	2017.2	200.4	1278.8	1100.9	114.8	2404.3	1729.7	637.6
2012	2117.6	1911.7	205.7	1234.3	1029.3	142.7	2337.8	1658.1	640.0
2013	2043.9	1835.2	208.5	1278.1	1094.6	123.9	2227.4	1545.6	640.6
2014	1974.4	1740.4	233.9	1740.8	1456.1	227.1	2078.0	1404.8	627.8
2015	1859.1	1556.7	296.9	1538.0	1232.6	249.7	1851.9	1180.9	585.9

在我国的电力构成中，煤电为主的结构在相当时期内难以改变，燃煤所带来的环境污染必然给电力工业的发展带来巨大压力，电力企业排放的某些污染物对环境的影响还不能被完全、有效地控制，需要给予足够的重视和长期的努力。

二、我国燃煤电厂环境保护的措施和对策

一次能源转换为电力的比重，特别是煤炭转换为电力的比重已成为衡量一个国家经济发展水平、能源使用效率的高低和环境保护好坏的重要标志。目前，我国的发电量有70%以上是由火电提供的，尤其是燃煤电厂提供60%以上。因此，我国电力环保的问题主要是燃煤电厂的环保问题。

(1) 烟尘的控制。目前燃煤电厂的烟尘污染已得到有效控制，随着环保标准的日益严格，需要进一步提高除尘效率。

(2) SO_2 的控制。通过引进和采用多种脱硫技术，采用低硫煤等措施，使 SO_2 的排放量的增长得到遏制。

(3) NO_x 的控制。我国在引进大容量燃煤发电机组的同时，就引进了锅炉低 NO_x 燃烧器的制造技术，结合我国煤质和制粉系统的特点，在大型火电机组上开发了低 NO_x 燃烧系统。尾气控制一般采用选择性催化还原和选择性非催化还原工艺。

(4) 废水控制。电厂最大排放量的废水是冲灰水，主要采取浓浆输灰、灰渣分排、储灰场排水回用等措施，使冲灰新鲜水用量及废水外排量大幅度下降。目前，大部分燃煤电厂首选气力除灰方式，大大减少了废水排放。

(5) 灰渣利用和污染控制。在大力进行综合利用的同时，对新灰场和服役期满灰场都采取了必要的防污染措施，采用调湿灰碾压技术和灰场防渗技术的灰场增多，不断扩大综合利用范围，增加利用量。

三、燃煤电厂烟气超低排放

近年来，随着火电装机容量不断增长，排放污染物的总量增加对大气环境造成了很大压力。《火电厂大气污染物排放标准》(GB 13223—2011) 已于2014年7月1日起正式实

施，该标准堪称史上最严格的大气污染物排放标准。对重点控制地区的燃煤机组污染物排放要求大幅提高：烟尘浓度不大于 20mg/Nm^3；SO_2浓度不大于 50mg/Nm^3；NO_x 浓度不大于 100mg/Nm^3；汞及其化合物不大于 0.03mg/Nm^3。新建机组必须根据新标准进行设计和建设，通过使用新办法和新工艺全面降低污染物的排放水平；已投产机组因原设计标准较低以及实际燃用煤质变差等原因，烟尘排放水平普遍达不到新标准的要求。

与此同时，2014 年 9 月 12 日，国家发展和改革委、环境保护部、国家能源局联合发布的“关于印发《煤电节能减排升级与改造行动计划（2014—2020 年）》的通知”中要求，稳步推进东部地区现役 30 万 kW 及以上公用燃煤发电机组和有条件的 30 万 kW 以下公用燃煤发电机组实施大气污染物排放浓度基本达到燃气轮机组排放限值的环保改造。燃煤发电机组大气污染物排放浓度基本达到燃气轮机组排放限值，即：在基准氧含量 6%的条件下，烟尘、SO_2、NO_x 排放浓度分别不高于 10mg/m^3、35mg/m^3、50mg/m^3。

燃煤机组排放达到或基本达到燃气轮机组标准排放限值被业内称为超低排放。基于上述要求，我国燃煤电厂超低排放已经势在必行。

第三节 燃煤电厂现场实习概述

一、现场实习的目的

现场实习是本科环境类专业重要的教学实践性环节，包括认识实习、生产实习和毕业实习等。它是在完成了基础课、学科基础课和学科专业课之后，必须进行的实践教学环节。通过现场实习，使学生能建立对专业知识的感性认识，为专业课学习、专业课程设计和毕业设计奠定了认识基础。通过现场实习，使学生能建立起对整个电厂的初步认识，了解电力生产的基本工艺流程及其对国民经济发展的重要性；初步了解电厂的主要发电设备、主要辅助设备和系统，了解这些设备和系统的主要结构、作用，为后续课程的学习创造有利条件；了解电厂的主要设备、管道及主厂房的布置特点，了解主要设备和管道的安装检修工艺；提高阅读工程图纸和工程技术资料的能力；培养学生理论联系实际、独立观察客观事物、独立分析问题和解决问题的能力。

二、现场实习安全知识

1. 燃煤发电厂的安全特点

燃煤发电厂是利用煤在锅炉炉膛内燃烧，生产出高温高压蒸汽，用蒸汽冲动汽轮机旋转，并带动发电机旋转发电。发电厂发电的原理很简单，但生产过程非常复杂。从安全角度讲，燃煤发电厂有以下几个特点。

(1) 发电厂自动化程度高，各种控制开关和事故按钮多，很容易发生误触和误动事故。

(2) 高压电气设备多，许多设备带电部分裸露在外，容易发生触电事故。

(3) 锅炉和汽轮机房内压力容器、高温高压管道多，可能发生容器、管道爆破或泄漏，造成人员烧、烫伤事故。

(4) 发电厂设备多层布置，生产人员经常在不同高度层面交叉作业，容易造成物件下落或高处坠落的人身伤害事故。

(5) 许多专业使用易燃易爆物质，如点火用油、煤粉、氢气等，都容易发生着火爆炸事故。

(6) 各种旋转和移动机械多，容易造成机械伤害事故。

2. 发电厂着装的安全要求

(1) 衣服。衣服不应有可能被转动的机器绞住的部分；入厂后必须穿着工作服，衣服和袖口必须扣好；禁止戴围巾和穿长衣服；禁止使用尼龙、化纤或棉和化纤混纺的衣料制作的衣物，以防遇火燃烧加重烧伤程度；禁止穿裙子、短裤。

(2) 安全帽。在以下区域必须戴安全帽：需要戴安全帽的地方；设有安全帽标识符的地方；可能发生高空坠物的区域；空中作业区域；高压区域；辫子、长发必须盘在工作帽内。

(3) 鞋。进入生产现场禁止穿拖鞋、凉鞋、高跟鞋及掌钉鞋。

3. 行为安全规范

应在规定的安全通道、梯子、平台、楼梯及安全走廊范围内行走，不准乱走捷径，攀爬斜梁、管道和构件等无安全保障的设备，不准穿越设有路障的区域。爬梯时必须逐一检查爬梯是否牢固，上下爬梯必须抓牢扶手，不准两手同时抓一个扶手，双手不能都拿东西。

进入现场后，不乱动现场设备，不乱按现场设备按钮，不乱动现场电气开关。禁止在起重机吊着的重物下停留或通过；禁止在栏杆上、管道上、安全罩上或运行中设备的轴承上行走和坐立；应尽可能避免靠近并长时间停留在可能会被烫伤的地方。

三、电厂实习的主要内容

燃煤发电厂是利用煤的化学能产出电能的工厂，即燃料的化学能→蒸汽的热能→机械能→电能。在锅炉中，燃料的化学能转变为蒸汽的热能；在汽轮机中，蒸汽的热能转变为转子旋转的机械能；在发电机中，机械能转变为电能。锅炉、汽轮机和发电机是燃煤电厂中的主要设备，也称三大主机。此外，对生产过程中所产生的水、气、渣等也需要相应的辅机对其进行处理。

环境类专业燃煤电厂现场实习主要针对主机设备、除尘输灰、脱硫脱硝及电厂水处理等几个环节进行。因此，本教材将从以上几个方面内容进行阐述。

思 考 题

1. 简述燃煤电厂生产的实质过程及其基本手段。
2. 燃煤电厂的主要生产系统有哪些?
3. 燃煤电厂的分类方法有哪些?
4. 能源可分为哪几类?
5. 能源的利用对环境有何影响?
6. 超低排放的定义及具体排放限值?
7. 发电厂对着装有哪些要求?

第二章　燃煤电厂煤粉锅炉设备

锅炉是燃煤发电厂的三大主机中最基本的能量转换设备，其作用是利用燃料在炉膛内燃烧释放的热能加热锅炉给水，生产足够数量的和一定质量（汽温、汽压）、且具有满足要求的洁净度的过热蒸汽，推动汽轮机做功，进而带动发电机发电输出电能。煤粉锅炉是以 10～100μm 细小颗粒的煤粉为燃料的锅炉，由于细小颗粒煤粉具有着火容易、燃尽度高的优势，因此煤粉锅炉具有燃烧效率高、燃料适应性较强、便于大型化等方面的优点。现代高参数、大容量燃煤发电机组大多采用煤粉锅炉作为其主设备。

第一节　煤粉锅炉的工作过程及分类

一、煤粉锅炉的工作过程

电厂锅炉一般先把原煤磨制成煤粉，然后送入锅炉燃烧放热并产生过热蒸汽。在锅炉中实现煤的化学能转化为蒸汽热能时，共进行 4 个相互关联的工作过程，即煤粉制备过程、燃烧过程、通风过程和过热蒸汽的生产过程。煤粉制备过程的任务是将初步破碎后送入锅炉房的原煤磨制成符合锅炉燃烧要求的细小煤粉颗粒，供锅炉燃烧。燃烧过程的任务是使燃料燃烧放出热量，产生高温火焰和烟气。为了使燃烧过程稳定持续地进行，必须连续提供燃烧需要的助燃氧气和将燃烧产生的烟气即时引出锅炉，这就是锅炉的通风过程。过热蒸汽生产过程的主要任务是通过各换热设备将高温火焰和烟气的热量传递给锅炉内的工质。

锅炉是一个庞大而复杂的设备，它由锅炉本体和锅炉的辅助设备组成。锅炉本体主要包括炉膛、燃烧器、布置有受热面的烟道、汽包、下降管、水冷壁、过热器、再热器、省煤器、空气预热器以及联箱等；锅炉的辅助设备主要包括送风机、引风机、给煤机、磨煤机、排粉机、除尘器及烟囱等。其中锅炉本体是锅炉的主要组成部分，由“锅”及“炉”两大部分组成。“锅”泛指汽水系统，包括：水的预热受热面——省煤器；水的蒸发受热面——水冷壁；蒸汽的过热受热面——过热器及对汽轮机高压缸排汽进行再加热的受热面——再热器。锅炉汽水系统的主要任务是将水加热、蒸发并过热成为具有一定压力、温度的过热蒸汽。“炉”泛指燃烧系统，包括炉膛、燃烧器、烟风道以及空气预热器等，其主要任务是使燃料燃烧放热，产生高温烟气，并将其传递给锅炉的各个受热面。锅炉的辅助设备与锅炉本体共同完成锅炉的生产任务。以图 2-1 所示的煤粉锅炉及辅助设备为例，将锅炉的工作过程概括为燃烧系统和汽水系统，并对其工作过程进行介绍。

1. 燃烧系统

由煤仓落下的原煤经给煤机 11 送入磨煤机 12 磨制成煤粉。在煤粉磨制过程中需要热

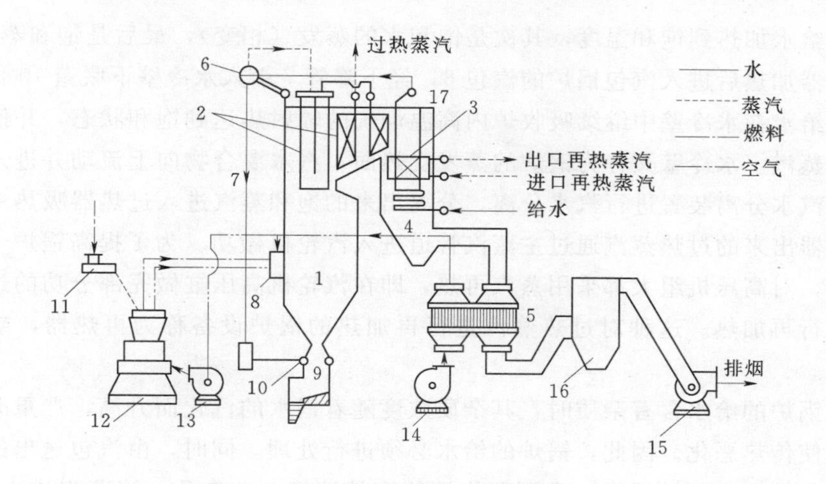

图 2-1　煤粉锅炉及辅助设备示意图

1—炉膛及水冷壁；2—过热器；3—再热器；4—省煤器；5—空气预热器；6—汽包；7—下降管；8—燃烧器；9—排渣装置；10—水冷壁下联箱；11—给煤机；12—磨煤机；13—排粉风机；14—送风机；15—引风机；16—除尘器；17—省煤器出口联箱

空气对煤进行加热和干燥。冷空气由送风机 14 送入锅炉尾部的空气预热器 5 被烟气加热。从空气预热器出来的热空气一部分经排粉风机 13 送入磨煤机中，对煤进行加热和干燥，一部分作为输送煤粉的介质。从磨煤机排出的煤粉和空气的混合物经煤粉燃烧器 8 进入炉膛 1 燃烧。由空气预热器来的另一部分热空气直接经燃烧器进入炉膛参与燃烧反应。

锅炉的炉膛具有较大的空间，煤粉在此空间内进行悬浮燃烧，燃烧火焰中心温度为1500℃或更高。炉膛周围布置着大量的水冷壁管，炉膛上部布置有顶棚过热器及屏式过热器等受热面。水冷壁和顶棚过热器等是炉膛的辐射受热面，其受热面管内分别有水和蒸汽流过，既能吸收炉膛的辐射热，使火焰温度降低，又能保护炉墙使其不致被烧坏。为了防止熔化的灰渣凝结在烟道内的受热面上，烟气向上流动至炉膛上部出口处时，其温度应低于煤灰的熔点。高温烟气经炉膛上部出口离开炉膛进入水平烟道，然后再向下流动进入垂直烟道。在锅炉本体的烟道内布置有过热器 2、再热器 3、省煤器 4 和空气预热器 5 等受热面。烟气在流过这些受热面时以对流换热为主的方式将热量传递给工质，这些受热面称为对流受热面。过热器和再热器主要布置于烟气温度较高的区域，称为高温受热面。而省煤器和空气预热器布置在烟气温度较低的尾部烟道中，故称为低温受热面或尾部受热面。烟气流经一系列对流受热面时，不断放出热量而逐渐冷却下来，离开空气预热器的烟气（即锅炉排烟）温度已相当低，通常在 110～160℃之间。

由于煤中含有灰分，煤粉燃烧所生成的较大灰粒沉降至炉膛底部的冷灰斗中，逐渐冷却和凝固，并落入排渣装置，形成固态排渣。大量较细的灰粒随烟气一起离开锅炉。为了防止环境污染，锅炉排烟首先流经除尘器16，将绝大部分飞灰捕捉下来。最后，只有少量细微灰粒随烟气通过引风机由烟囱排入大气。

2. 汽水系统

送入锅炉的水称为给水。由送入的给水到送出的过热蒸汽，中间要经过一系列加热过程。首先把给水加热到饱和温度，其次是饱和水的蒸发（相变），最后是饱和蒸汽的过热。给水经省煤器加热后进入汽包锅炉的汽包6，经下降管7引入水冷壁下联箱10再分配给各水冷壁管。给水在水冷壁中继续吸收炉内高温烟气的辐射热达到饱和状态，并使部分水蒸发变成饱和蒸汽。水冷壁又称为锅炉的蒸发受热面。汽水混合物向上流动并进入汽包。在汽包中通过汽水分离装置进行汽水分离，分离出来的饱和蒸汽进入过热器吸热变成过热蒸汽。由过热器出来的过热蒸汽通过主蒸汽管道进入汽轮机做功。为了提高锅炉—汽轮机组的循环效率，对高压机组大都采用蒸汽再热，即在汽轮机高压缸做完部分功的过热蒸汽被送回锅炉进行再加热。这种对过热蒸汽进行再加热的锅炉设备称为再热器，或称二次过热器。

当送入锅炉的给水含有杂质时，其杂质浓度随着锅水的汽化而升高，严重时甚至在受热面上结垢使传热恶化。因此，锅炉的给水必须进行处理。同时，由汽包送出的蒸汽可能因带有含杂质的锅水而被污染，高压蒸汽还能直接溶解一些杂质。当蒸汽进入汽轮机后，随着膨胀做功过程的进行，蒸汽压力下降，所含杂质会部分沉积在汽轮机的通流部分，影响汽轮机的出力、效率和工作安全。因此，不仅要求锅炉能提供一定压力和温度的蒸汽，还要求蒸汽具有一定的洁净度。

二、煤粉锅炉分类

1. 按蒸汽参数分类

工程热力学将水的临界点状态参数定义为压力 $P=22.115$MPa，温度 $t=374.15$℃。在水的参数达到该临界点时，水的完全汽化会在一瞬间完成，水蒸气的密度会增大到与液态水相同，这个条件叫做水的临界参数。在临界点，饱和水与饱和蒸汽不再有气、水共存的两相区。

按照锅炉出口蒸汽压力，可将锅炉分为低压锅炉[出口蒸汽压力（表压，下同）不大于2.45MPa]、中压锅炉（2.94～4.92MPa）、高压锅炉（7.84～10.80MPa）、超高压锅炉（11.8～14.7MPa）、亚临界压力锅炉（15.7～19.6MPa）、超临界压力锅炉（超过临界压力22.1MPa）和超超临界锅炉（一般为25～40MPa）。

2. 按排渣方式分类

按锅炉排渣的相态，可以将锅炉分为固态排渣锅炉和液态排渣锅炉。固态排渣锅炉是指从锅炉炉膛排出的炉渣呈固态。液态排渣锅炉是指从炉膛排出的炉渣呈液态。在我国电厂锅炉中，固态排渣锅炉占绝对数量。

3. 按锅炉蒸发受热面内工质流动的方式分类

蒸发受热面内工质为两相的汽水混合物，它在蒸发受热面内的流动可以是循环的，也可以是一次通过的，因此按照工质在蒸发受热面内的流动方式，可以将锅炉分为自然循环锅炉、强制循环锅炉、控制循环锅炉、直流锅炉和复合循环锅炉。

（1）自然循环锅炉，如图2-2（a）所示。给水经给水泵升压后进入省煤器，受热后进入蒸发系统。蒸发系统由汽包3、不受热的下降管4、受热的蒸发受热面6、下联箱5组成。当给水在蒸发管中受热时，部分水会变成蒸汽，所以蒸发管中的工质为汽水混合物，而不受热的下降管中的工质为水。由于水的密度大于汽水混合物的密度，因而在下联箱5的两侧有不平衡的压力差，在这种压力差的推动下，给水和汽水混合物在蒸发系统中循环流动。水和蒸汽在汽包内被分离，分离出的蒸汽由汽包上部引出，经过过热器 7 过热成具有一定热度的合格过热蒸汽后供汽轮机使用。分离出的饱和水与通过省煤器 2 进入锅炉的给水混合后流入下降管继续往复循环。这种循环流动是由于蒸发管的受热而形成的，没有借助其他能量消耗，所以被称为自然循环。单位时间内进入蒸发管的循环水量同生成蒸汽量之比称为循环倍率。自然循环锅炉的循环倍率约为 4～30。

（2）强制循环锅炉，如图 2-2（b）所示。强制循环锅炉在蒸发受热面工质循环回路的下降管上装有循环泵 8，工质的流动除依靠水与汽水混合物的密度差外，主要依靠循环泵的压头。强制循环锅炉的循环流动压头比自然循环锅炉的循环流动压头增强很多，可以比较自由地布置水冷器蒸发面。

（3）控制循环锅炉，如图 2-2（c）所示。控制循环锅炉是在强制循环锅炉的上升管入口处加装不同直径的节流圈 9，以调整工质在各上升管中的流量分配，防止发生循环停滞或倒流等故障。控制循环锅炉的循环倍率约为 3～10，一般为 4。

自然循环锅炉、强制循环锅炉和控制循环锅炉的共同特点是都有汽包。汽包将锅炉的省煤器、蒸发设备和过热器严格分开，并使蒸发设备形成封闭的循环回路。汽包是锅炉内工质加热、蒸发和过热 3 个过程的连接中心，也是这 3 个过程的分界点。但由于汽包实现的是汽水分离过程，因此汽包锅炉只适用于获得亚临界参数下的蒸汽。

（4）直流锅炉，如图 2-2（d）所示。直流锅炉是由许多管子并联，没有蒸发受热面

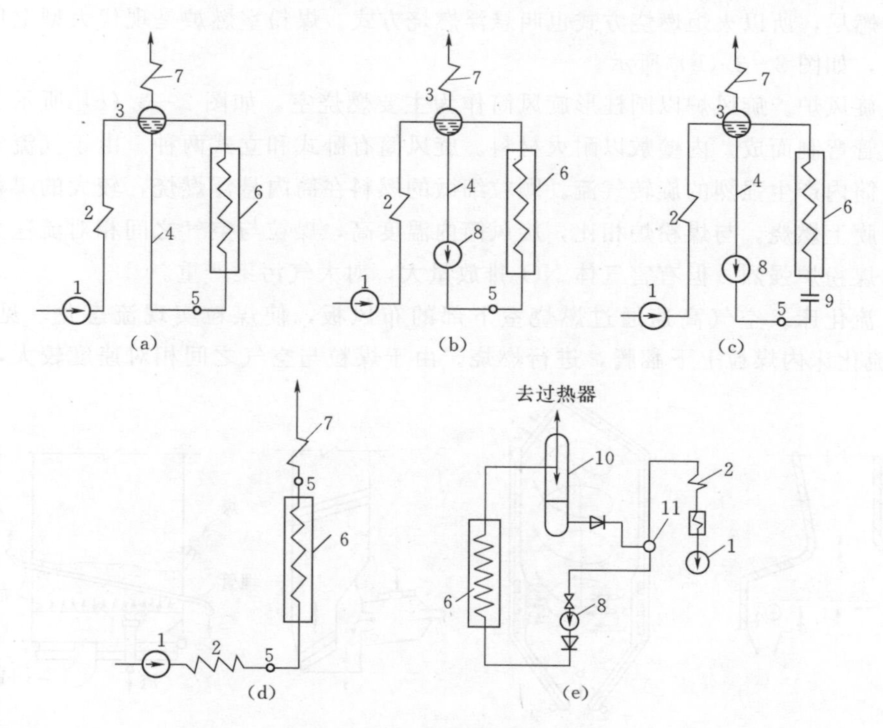

图 2-2　燃煤锅炉的几种类型

（a）自然循环锅炉；（b）强制循环锅炉；（c）控制循环锅炉；（d）直流锅炉；（e）复合循环锅炉
1—给水泵；2—省煤器；3—汽包；4—下降管；5—下联箱；6—蒸发受热面；7—过热器；
8—循环泵；9—节流圈；10—汽水分离器；11—切换阀门

循环回路的锅炉，工质依靠给水泵的压头，按顺序一次性通过加热、蒸发和过热等受热面变为合格的过热蒸汽。直流锅炉的特点是没有汽包，工质一次流过蒸发受热面，全部转变为蒸汽，循环倍率为1。直流锅炉的省煤器、蒸发设备、过热器之间没有固定的分界点，工质的运动靠给水泵的压头来推动，所以受热面都是强制流动。直流锅炉适用于临界压力下的机组，也适用于超临界压力下的机组。

（5）复合循环锅炉。随着超临界压力锅炉的发展及炉膛热强度的提高，又开发出一种新的锅炉形式——复合循环锅炉，如图2-2（e）所示。复合循环锅炉具有循环回路和再循环泵，同时具有切换阀门，低负荷时按再循环方式运行，循环倍率高于1；高负荷时切换为直流方式运行，即工质一次通过蒸发受热面，循环倍率为1。

4. 按锅炉的燃烧方式分类

（1）层燃炉。固体燃料以一定厚度分布在炉排上进行燃烧的方式称为层燃方式。用层燃方式来组织燃烧的锅炉称为层燃炉，见图2-3（a）。层燃炉具有炉箅（或称炉排），煤块或其他固体燃料主要在炉箅上的燃烧层内燃烧。燃烧所用空气由炉箅下的配风箱送入，穿过燃料层进行燃烧反应。层燃炉多为小容量低参数的工业锅炉，电站锅炉不使用。

（2）室燃炉。室燃炉中，煤粉全部在炉膛内悬浮燃烧，形成火炬，也称火炬燃烧，是电站锅炉主要的燃烧方式。其空气动力学特点是粉状燃料颗粒随同空气和烟气流作连续的运动，燃料颗粒悬浮在空气和烟气流中，连续流过锅炉空间，并在悬浮状态下着火、燃烧，直至燃尽，所以火炬燃烧方式也叫悬浮燃烧方式。煤粉室燃炉是现代大型电厂锅炉的主要形式，如图2-3（b）所示。

（3）旋风炉。旋风炉以圆柱形旋风筒作为主要燃烧室，如图2-3（c）所示。旋风筒用水冷壁管弯制而成，内壁敷以耐火材料。旋风筒有卧式和立式两种。由于气流切向进入旋风筒，筒内产生强烈的旋转气流。颗粒细微的燃料在筒内悬浮燃烧，较大的煤粒贴附在内壁熔渣膜上燃烧。与煤粉炉相比，旋风筒内温度高，煤粒与空气之间相对流速大。旋风炉燃烧比煤粉炉强烈，但有害气体NO_x排放量大，对大气污染严重。

（4）流化床。空气高速通过燃烧室下部的布风板，使煤粒实现流态化，见图2-3（d）。在流化床内煤粒上下翻腾，进行燃烧。由于煤粒与空气之间相对速度较大，故燃烧

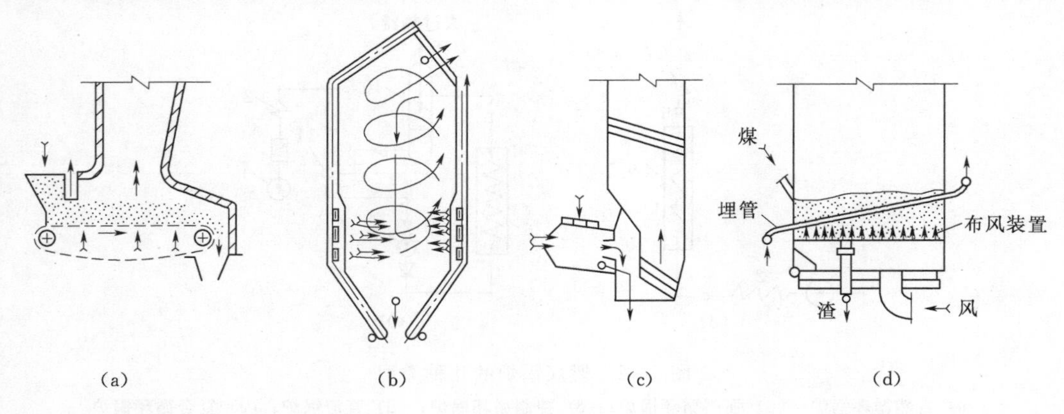

图2-3　锅炉燃烧方式
（a）层燃炉；（b）室燃炉；（c）旋风炉；（d）流化床

强烈。由于流化床内燃烧温度较低，可以减轻有害气体对大气的污染，以高效而低NO_x燃烧而引起全世界的重视。

三、锅炉的技术规范

锅炉的技术规范是用来说明锅炉基本工作特性的参数指标。包括锅炉容量、锅炉蒸汽参数、给水温度、排烟温度及锅炉热效率等。

1. 锅炉容量

锅炉容量指锅炉每小时的最大连续蒸发量，简称MCR，又称为锅炉的额定容量或额定蒸发量，常用符号D表示，单位为t/h。锅炉容量是表征锅炉产汽能力大小的特性参数。例如国产200MW超高压汽轮发电机组配用的锅炉容量为670t/h；国产300MW亚临界压力汽轮发电机组配用的锅炉容量为1000t/h；600MW超临界压力汽轮发电机组配用的锅炉容量为1900t/h；1000MW超临界压力汽轮发电机组配用的锅炉容量可达3000t/h。

2. 锅炉蒸汽参数

锅炉蒸汽参数通常是指锅炉过热器出口处过热蒸汽压力和温度及再热器出口处的再热蒸汽压力和温度。锅炉蒸汽参数是表征锅炉蒸汽规范的特性参数。蒸汽压力用符号P表示，单位为MPa；蒸汽温度用符号t表示，单位为℃。例如国产300MW汽轮发电机组配用亚临界压力锅炉，其过热蒸汽压力为17.3MPa（表压力），过热蒸汽温度为540℃；再热蒸汽压力为3.45MPa（表压力），再热蒸汽温度为540℃。600MW汽轮发电机组配用的超临界压力锅炉，其过热蒸汽压力为25.4MPa（表压力），过热蒸汽温度为571℃；再热蒸汽压力为4.52MPa（表压力），再热蒸汽温度为571℃。1000MW汽轮发电机组配用的超超临界压力锅炉，其过热蒸汽压力为26.3MPa（表压力），过热蒸汽温度为605℃；再热蒸汽压力为4.99MPa（表压力），再热蒸汽温度为603℃。

3. 给水温度

锅炉给水温度是指锅炉给水在省煤器入口处的温度。锅炉额定给水温度是指在规定负荷范围内应予保证的省煤器进口处给水温度。不同蒸汽参数的锅炉其给水温度也不相同。锅炉给水温度是表征锅炉给水规范的特性参数。

4. 排烟温度

锅炉排烟温度通常是指烟气通过锅炉最末级受热面出口处的温度，一般指空气预热器出口处的烟气温度。锅炉排烟温度的高低在一定程度上反映了炉内燃料燃烧放热被工质吸收的份额。降低排烟温度有利于提高锅炉热效率。锅炉排烟温度的选择取决于燃料特性，受热面布置空间及设备投资等因素。

5. 锅炉热效率

锅炉热效率是表征锅炉设备完善程度的性能指标。锅炉热效率的高低充分体现了炉内燃料燃烧放热被工质吸收的份额。锅炉热效率的大小取决于燃料在炉内充分燃烧的程度、炉体的散热程度、排烟热损失等因素。现代电站大型煤粉锅炉的热效率一般均高于90％。

四、锅炉型号

锅炉型号反映锅炉的基本特征。我国锅炉目前采用3组或4组字码表示其型号。一般中、高压锅炉用3组字码表示。例如HG-410/9.8-1型锅炉，型号中第一组字码是锅炉制造厂名称的汉语拼音缩写，HG表示哈尔滨锅炉厂（SG表示上海锅炉厂，WG表示武汉锅炉厂，DG 表示东方锅炉厂，BG 表示北京锅炉厂）；型号中的第二组字码为一分数，分子表示锅炉容量（t/h），分母表示过热蒸汽压力（MPa，表压）；型号中第三组字码表示产品的设计序号，同一锅炉容量和蒸汽参数的锅炉其序号可能不同，序号数字小的是先设计的，序号数字大的是后设计的，不同设计序号可以反映在结构上的某些差别或改进。例如 HG－410/9.8－1 型与 HG－410/9.8－2 型锅炉的主要区别是：1 型为固态排渣、管式空气预热器、两段分段蒸发等；2 型为液态排渣、回转式空气预热器、无分段蒸发等。因此，前述 HG－410/9.8－1 型锅炉即表示哈尔滨锅炉厂制造，容量为 410t/h，过热蒸汽压力为 9.8MPa（表压），第一次设计制造的锅炉。超高压以上的发电机组均采用蒸汽中间再热，即锅炉装有再热器，故用 4 组字码表示。即在上述型号的第二组、第三组字码间又加了一组字码，该组字码也为一分数，其分子表示过热蒸汽温度，分母表示再热蒸汽温度。例如 DG－670/13.7－540/540－5 型锅炉即表示东方锅炉厂制造，容量为 670t/h，过热蒸汽压力为 13.7MPa（表压），过热蒸汽温度为 540℃，再热蒸汽温度为 540℃，第 5 次设计的锅炉。

第二节　煤粉锅炉本体设备

锅炉本体设备包括燃烧设备、汽水系统及设备、锅炉附件、炉墙及钢架等。本节主要介绍燃烧设备及汽水系统设备。

一、燃烧设备

燃煤锅炉的燃烧设备主要包括炉膛（燃烧室）、燃烧器、点火装置、空气预热器及烟道等。

（一）炉膛

炉膛也称为燃烧室，是供燃料燃烧的空间。煤粉锅炉炉膛是煤粉气流的燃烧空间，它是由四面炉墙和炉顶围成的高大的立方体空间，炉膛四周布满了蒸发受热面（水冷壁），有时也敷设有墙式过热器和再热器，用以吸收煤粉燃烧放出的热量。炉底是由前后墙水冷壁管弯曲而成的倾斜冷灰斗。为便于灰渣自动滑落，冷灰斗斜面的水平倾斜角度为 50°～55°。炉膛上部悬挂有屏式受热器（过热器或再热器）。为了改善烟气对屏式受热器的冲刷，充分利用炉膛容积并加强炉膛上部气流的扰动，Ⅱ形布置锅炉炉膛出口的下方有后水冷壁弯曲而成的折焰角，大容量锅炉的折焰角的深度约为炉膛深度的 20%～30%。炉膛后上方为烟气出口。燃料在炉膛内流动过程中完成燃烧，并放出热量，部分热量由布置在炉膛内的受热面吸收，以维持炉膛出口处烟气温度在灰熔点以下，防止炉膛出口受热面结渣。因此，炉膛既是燃料燃烧的场所，也是进行热交换的场所。煤粉炉的炉膛既要保证燃料的完全燃烧，又要合理组织炉内热交换、布置合适的受热面满足锅炉容量的要求，并使烟气到达炉膛出口时被冷却到使其后的对流受热面不结渣和安全工作所允许的温度。炉膛的形状、大小与燃料种类、燃烧器的结构和布置、燃烧方式、火焰的形状和行程、锅炉容量等一系列因素有关。因而，炉膛的设计应满足下列要求。

（1）具有良好的空气动力场。合理的炉膛结构，布置适宜的燃烧器，能保证燃料迅速稳定着火，并有良好的炉内空气动力场结构，使各壁面热负荷均匀，减小炉内气流的死滞区和旋涡区，避免火焰冲墙结渣；良好的炉内流场结构能使炉内火焰具有较好的充满度，有利于延长煤粉气流在炉内的停留时间，提高煤粉颗粒的燃尽度。

(2) 具有合理的热负荷。足够的炉内停留时间，是保证煤粉燃烧完全的基础。而炉膛的容积热负荷是反映煤粉在炉内停留时间的重要参数。容积热负荷越大，炉膛容积越小，锅炉结构紧凑，投资越小，但燃料在炉内的停留时间缩短，不利于煤粉燃尽。同时，炉膛容积的相对减小将使水冷壁受热面布置面积减少，难以满足锅炉蒸发量要求，也会因炉内吸热量减少使燃烧区及炉膛出口温度升高，导致炉膛及炉膛出口对流受热面结渣。反之，容积热负荷过小，炉膛容积过大，不但使投资增加，还会因炉膛温度水平降低而导致着火困难，燃料燃烧效率降低。因此，合理的容积热负荷大小，应既满足燃料着火、燃尽需要，又要满足冷却条件，防止受热面结渣，同时又要考虑设备投资。

对于固态排渣煤粉炉，当燃用灰熔点较高的煤时，炉膛截面热负荷可适当选大些，对于灰熔点低的煤，应取较小值。

(3) 炉膛的辐射受热面应具有可靠的水动力特性，保证水循环的安全。

(4) 炉膛结构紧凑，金属及其他材料用量少，便于制造、安装、检修和运行。炉膛的截面形状一般多为矩形。

常见的煤粉锅炉炉膛一般为单室Π形布置，如图 2－4 所示。所谓单室即煤粉的着火燃烧及辐射换热均在同一燃烧室内完成。炉膛形状主要受燃用煤种的挥发分、灰熔点、燃烧器形式及布置方式等因素的影响。当燃用挥发分较高、容易着火及燃尽的烟煤、褐煤时，炉膛宽度和深度较大（减小断面热负荷，控制炉膛温度，防止炉膛结渣），炉膛高度相对较小；对燃用挥发分较低、着火困难的煤种时，锅炉炉膛断面尺寸相对较小，炉膛高度较大。炉膛四周布置水冷壁吸收炉膛火焰的辐射热，在水冷壁的冷却作用下，烟气温度不断降低，至炉膛出口，烟气温度应降低到低于灰的软化温度之下，否则，将导致炉膛出口受热面结渣。因此，炉膛高度及水冷壁受热面面积应满足灰冷却需要。

对燃用难以着火且煤粉燃尽困难的无烟煤，可采用 W 形炉膛结构，如图 2－5 所示。炉膛由下部拱形着火燃烧室和上部辐射燃烧室组成。着火燃烧室敷设卫燃带，以改善无烟煤的燃烧工况。燃烧室的前后拱上布置有燃烧器。一次、二次风向下喷出，着火的煤粉气

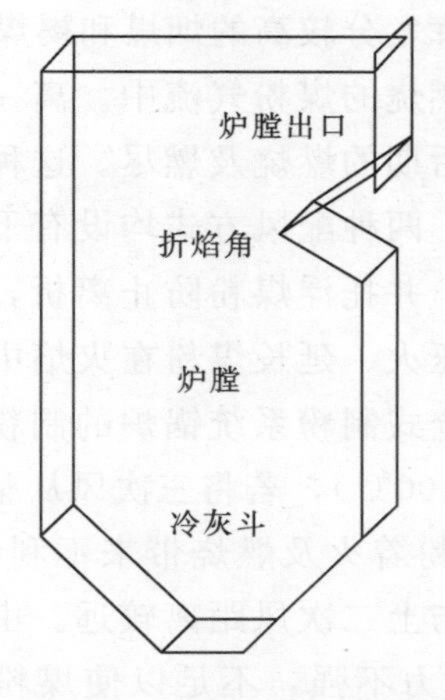

图 2－4　Π形布置单室炉膛形状

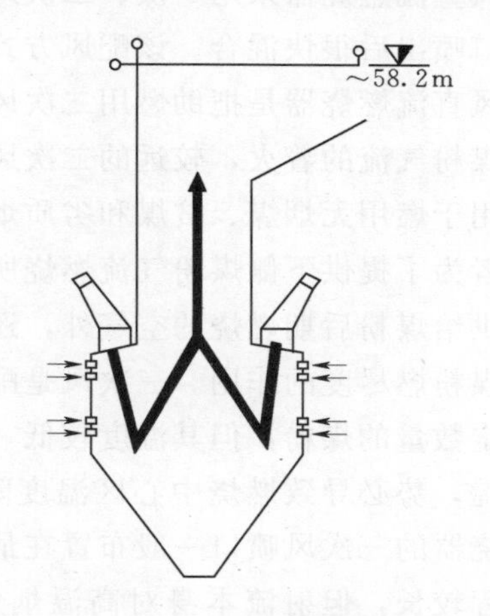

图 2－5　W 形火焰炉膛

流向下形成“W”火焰再向上进入辐射燃烧室，使得煤粉颗粒在炉内有足够的行程和停留时间，保证无烟煤的燃尽。

（二）燃烧器

燃烧器是煤粉锅炉的主要燃烧设备，其作用是将携带煤粉的一次风和阻燃的二次风送入炉膛，并组织合理的气流结构，使煤粉气流能迅速稳定地着火、燃烧。燃烧器的性能对燃烧的稳定性和经济性有很大的影响。一个性能良好的燃烧器应能满足一系列的条件。

（1）组织良好的空气动力场，使燃料及时着火，与空气适时混合，以保证燃烧的稳定性和经济性。

（2）具有良好的调节性能和较大的调节范围，可满足煤种特性变化和负荷变化的需要。

（3）能控制 NO_x 的生成在允许范围内，以达到保护环境的要求。

（4）运行可靠，不易烧坏和磨损，便于维修和更换部件。

（5）易于实现远程或自动控制。

煤粉燃烧器的结构形式较多，根据燃烧器出口气流的特征，煤粉燃烧器可分为直流燃烧器和旋流燃烧器两大类。出口气流为直流射流或直流射流组的燃烧器称为直流燃烧器；出口气流包含有旋转射流的燃烧器称为旋流燃烧器。旋流燃烧器出口气流可以是几个同轴旋转射流的组合，也可以是旋转射流和直流射流的组合。

1. 直流燃烧器

直流式燃烧器由数个矩形或部分圆形的喷口按一定的方式排列而成，煤粉和空气分别由不同喷口以不旋转的直流射流方式喷入炉膛。按各喷口流过的介质不同，喷口分为一次风口、二次风口和三次风口。

一次风是指携带煤粉的风粉混合物；二次风是指助燃用空气；三次风是指配套中间储仓式制粉系统的制粉用乏气。考虑到不同煤种着火及燃尽性能的差异，不同锅炉的煤粉燃烧器喷口采用不同的布置方式。根据配风方式的不同，直流燃烧器喷口布置方式分为均等配风和分级配风两种。

均等配风直流燃烧器采用一次、二次风口相间布置，两种风口间距较小，一次、二次风射流自喷口喷出后很快混合。该配风方式一般适宜挥发分较高的烟煤和褐煤。

分级配风直流燃烧器是把助燃用二次风分段送入燃烧的煤粉气流中。离一次风较近的二次风用于煤粉气流的着火，较远的二次风用于煤粉后期的燃烧及燃尽。这种配风方式的燃烧器一般用于燃用无烟煤、贫煤和劣质烟煤的锅炉。两种配风方式均设有下二次风和上二次风，前者为了提供下侧煤粉气流燃烧所需的空气，并托浮煤粉防止离析，阻止火焰下冲。后者除供给煤粉后期燃烧的空气外，还可以起到压火、延长煤粉在火焰中心区的停留时间，提高煤粉燃尽度的作用。三次风是配套中间储仓式制粉系统锅炉的制粉乏气，其气流中带有一定数量的煤粉，但其温度较低（一般低于100℃），若将三次风从整组燃烧器的中部射入炉膛，势必导致燃烧中心区温度降低，对煤粉着火及燃烧带来不利影响。因此，煤粉直流燃烧器的三次风喷口一般布置在最上部，且与上二次风距离较远。由于单角喷口直流射流射程较长，但射流本身对高温烟气的卷吸能力不强，不足以使煤粉气流稳定着火。因此，直流式燃烧器一般布置在炉膛的四个角上，其喷口轴线对准炉膛中心的一个假

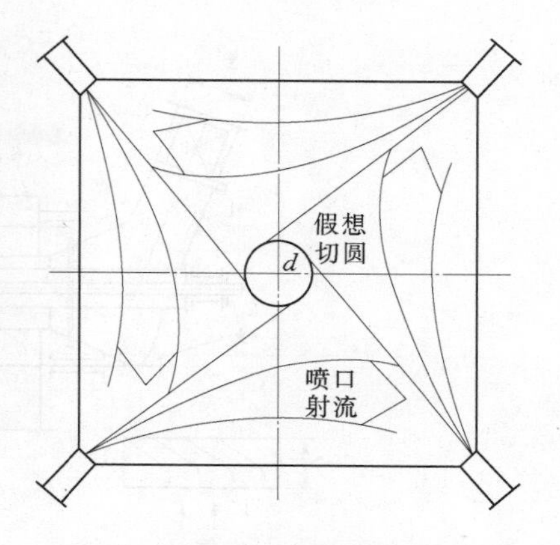

图 2-6 四角切圆燃烧器布置

想圆的切线。在四角喷出的气流的共同作用下，炉膛内形成旋转上升的燃烧火焰，称为四角切圆燃烧方式，如图 2-6 所示。直流燃烧器都布置成四角切圆燃烧方式，某角燃烧器煤粉气流着火所需要的热量，除依靠射流本身卷吸的高温烟气和接受炉膛火焰的辐射热以外，主要靠来自上游邻角正在剧烈燃烧的火焰横扫过来的混合和加热作用。煤粉气流受到这部分横扫过来的高温火焰的直接冲击，大大加强了紊流热交换，因此着火稳定性较好。

四角切圆燃烧具有如下主要特点。

(1) 四角射流着火后相交，相互点燃，使煤粉着火稳定。

(2) 由于四股射流在炉膛内相交后强烈旋转，湍流的热量、质量和动量交换十分强烈，故能加速着火后燃料的燃尽程度。

(3) 四角切圆射流有强烈的湍流扩散和良好的炉内空气动力结构，炉膛火焰充满系数较好，炉内热负荷均匀。

(4) 切圆燃烧时每角均由多个一次、二次风喷嘴组成，负荷变化时调节灵活，对煤种适应性强，控制和调节手段也较多。

(5) 炉膛结构简单，便于大容量锅炉的布置。

(6) 便于实现分段送风，组织分段燃烧，从而抑制 NO_x 的排放等。

但是，四角布置的直流燃烧器炉膛内空气动力能保持沿喷口几何轴线方向前进，而会出现一定程度的偏斜，使气流偏向炉墙一侧。偏斜严重时，会使燃烧器射流贴附或冲击炉墙，这是造成炉膛水冷壁结渣的主要原因。而水冷壁结渣，则直接影响锅炉运行的安全性和经济性。

2. 旋流燃烧器

出口射流中包含旋转射流的燃烧器称为旋流燃烧器。旋流射流既有轴向速度，也有较大的切向速度。气流在前进过程中，伴随着气流的旋转，将产生一定的扩散角。扩散角内将形成一低压区（或内回流区），高温烟气因压差作用进入回流区，在射流根部形成稳定的着火热源。但此种燃烧器因旋流强度的调整能力及煤种、负荷的适应性差，在大容量锅炉上已很少采用。图 2-7 所示为轴向可动叶片式旋流燃烧器的结构。二次风从二次风壳经过轴向叶片产生较强的旋流运动，叶片的轴向位置可用拉杆来改变。向后拉动时，叶片与风道壳体形成间隙，部分空气从间隙中直流通过，使气流旋流强度减弱；向前推进时，情况相反，出口气流的旋流强度能够增强。这种调节性能使旋流燃烧器在燃用较高挥发分的煤种时增强了适应能力。

图 2-8 所示为切向可动叶片式旋流燃烧器。二次风道内装有 8 片可动叶片，改变叶片的切向倾角，可使二次风产生不同的旋流强度。一次风管缩进二次风口内，形成一次、二次风的预混段。一次风出口处安装了一个多层盘式稳焰器。部分一次风经过稳焰器变成较弱的旋流，并形成回流区，可卷吸炉内高温烟气达到稳定燃烧。同时，一次风变为旋流

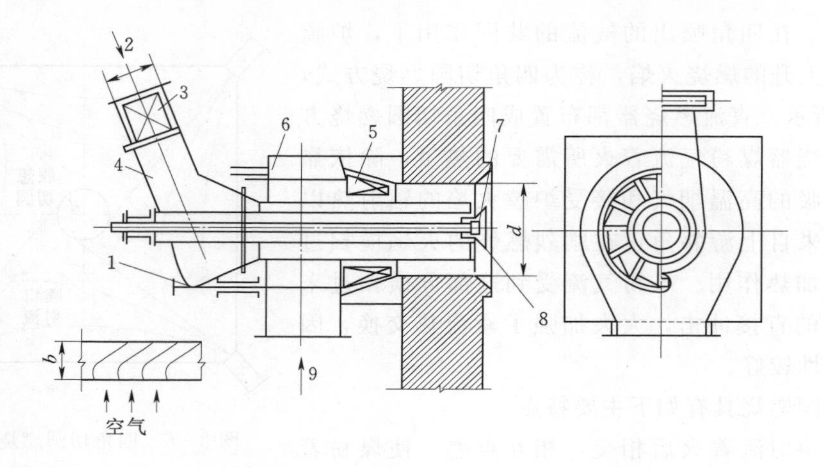

图 2-7　轴向可动叶片式旋流燃烧器

1—拉杆；2—一次风进口；3—一次风舌形挡板；4—一次风管；5—二次风叶轮；6—二次风壳；7—喷油嘴；8—扩流锥；9—二次风进口

后，有利于把煤粉气流引入二次风中，使煤粉分布均匀，增强了煤粉与空气的混合。

旋流式燃烧器在炉膛的布置多采用前墙或两面墙对冲式交错布置，如图 2-9 所示。其布置方式对炉内空气动力场和火焰充满程度影响很大。一般来说，燃烧器前墙布置，煤粉管道最短，且各燃烧器阻力系数相近，煤粉气流分配较均匀，沿炉膛宽度方向热偏差较小。但火焰后期扰动混合较差，气流死滞区大，炉膛火焰充满程度往往不佳。燃烧器对冲布置，两火炬在炉膛中央撞击后，大部分气流扰动增大，火焰充满程度相对较高。如若两燃烧器负荷不对称，易使火焰偏向一侧，引起局部结渣和烟气温度分布不均。两面墙交错布置时，炽热的火炬相互穿插，改善了火焰的混合和充满程度。

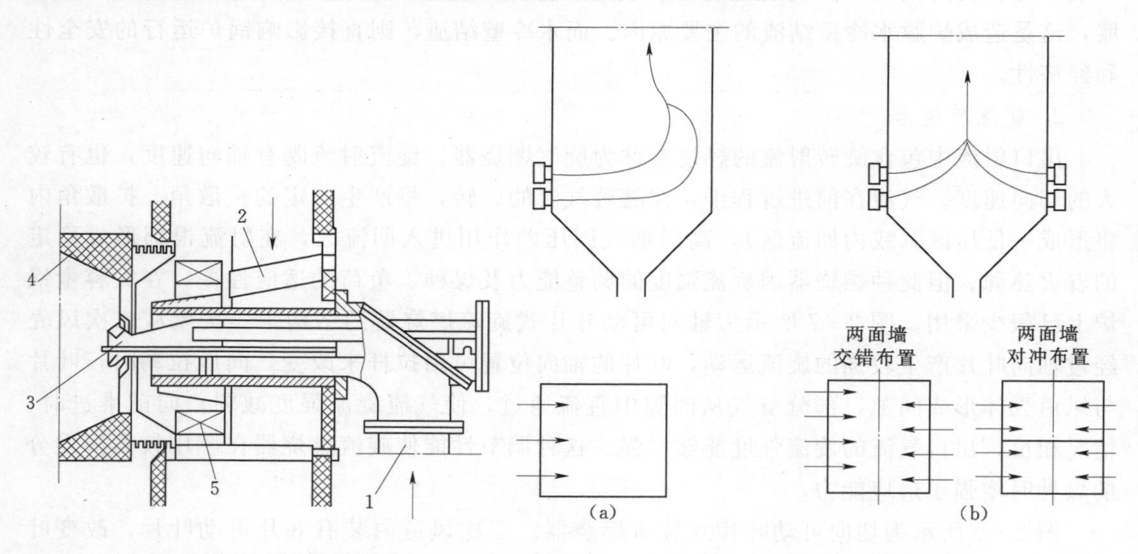

图 2-8　切向可动叶片式旋流燃烧器

1—一次风；2—二次风；3—点火器；4—碹口；5—切向叶片

图 2-9　旋流式燃烧器布置

(a) 前墙布置；(b) 两面墙对冲或交错布置

3. 目前常用的新型直流煤粉燃烧器

为了改善锅炉着火的稳定性，增大锅炉负荷的调节范围，降低燃料燃烧时 NO_x 的生成量，满足日益严格的环境保护要求，近年来，国内外研制开发了许多新型的煤粉燃烧器，其主要特点是在结构设计中采取了淡浓稳燃措施及降低 NO_x 燃烧技术，控制燃烧过程中 NO_x 的生成量。

(1) WR型燃烧器。WR型燃烧器全称为直流式宽调节比摆动燃烧器，其喷口可以做成整体摆动的形式，也可以做成上下分别摆动的形式。WR型燃烧器由于改善了燃料的着火条件，所以可提高锅炉的燃烧效率。与普通直流燃烧器相比，当过量空气系数为1.15～1.40时，锅炉最大出力下的燃烧效率可提高1%；当过量空气系数降到1.10以下时，普通直流燃烧器的燃烧效率降低较多，而WR型燃烧器的燃烧效率几乎没有变化；当锅炉负荷为额定负荷的50%时，WR型燃烧器的燃烧效率比普通直流燃烧器高5%。上述技术特点使WR型燃烧器成为一种高效、低 NO_x、能适应煤种和负荷变化的多功能燃烧器，尤其适用于燃用贫煤和无烟煤。

(2) PM型直流煤粉燃烧器。PM型燃烧器实际上是集烟气再循环、两级燃烧和淡浓燃烧于一体的低 NO_x 燃烧系统。与常规燃烧器相比，PM型燃烧器可使 NO_x 的生成减少60%，且在65%～100%的负荷范围内，NO_x 生成量大体不变。负荷降低时它仍能保持燃烧稳定，不投油的最低稳定燃烧负荷可达40%，飞灰可燃物的含量随负荷下降而有所减少。随着烟气含氧量的下降及烟气再循环的增加，NO_x 有大幅度降低的倾向，但飞灰可燃物的含量稍有上升。

(3) 高浓度煤粉燃烧器。高浓度煤粉燃烧器是W型火焰燃烧方式中常用的带旋风分离器的高浓度煤粉燃烧器，它主要依靠提高煤粉浓度的方式稳定燃烧。高的煤粉浓度可以减少着火热，有利于在燃烧器出口附近形成高煤粉浓度区和高温燃烧区，以稳定着火热。乏气从燃烧器平行的另一喷口送入炉膛，它与煤粉一次风喷口保持有足够的距离，不干扰煤粉主气流。这一特点适用于低挥发份的无烟煤、劣质煤的燃烧及低负荷运行，可降至40%～50%负荷不投油或少投油稳定运行，还可以控制较低的过量空气系数及较低的 NO_x 生成量。

(三) 点火装置

锅炉点火装置主要用于锅炉启动时点燃主燃烧器的煤粉气流。此外，当锅炉低负荷运行或燃用劣质煤时，由于炉温降低，影响煤粉稳定着火，甚至有灭火的危险，也用点火装置来稳定燃烧或作为辅助燃烧设备。现在，在较大容量的锅炉中都实现了点火自动化。不仅锅炉启动时能自动点火，而且当锅炉运行发生燃烧不稳定而熄火时也能自动投入点火装置，进行复燃。煤粉炉的点火装置长期以来普遍采用过渡燃料的点火装置。采用过渡燃料的点火装置有气-油-煤三级系统和油-煤二级系统两种。在这两种系统中，气或油的引燃借助电气引燃装置。通常采用的电气引燃方式有电火花点火、电弧点火和高能点火等。

1. 电火花点火装置

电火花点火装置如图2-10所示。它由打火电极、火焰检测器和可燃气体燃烧器三部分组成。点火杆与外壳组成打火电极。该点火装置是借助5～10kV的高电压（小电流）在两极间产生电火花把可燃气体点燃，再用可燃气体火焰点燃油枪喷出的油雾，最后由油火焰点燃主燃烧器的煤粉气流。这种点火装置击穿能力较强，点火可靠。

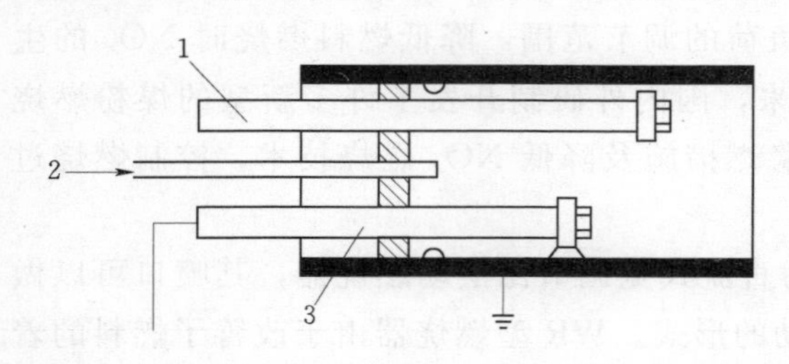

图 2-10　电火花点火装置
1—火焰检测器；2—可燃气体燃烧器；
3—打火电极的点火杆

2. 电弧点火装置

电弧点火装置由电弧点火器和点火轻油枪组成。电弧点火的起弧原理与电焊相似，即借助于大电流（低电压）在电极间产生电弧。电极由炭棒和炭块组成。通电后，炭棒和炭块先接触再拉开，在其间隙处形成高温电弧，足以把气体燃料或液体燃料点着。煤粉点燃的顺序是：电弧点火器点着点火轻油或点火燃气，轻油再点燃重油，再由重油点燃煤粉；也可直接点燃重油，再由重油点燃煤粉。点火完成后，为防止炭极和油枪嘴被烧坏，利用气动装置将点火器退入风管中。由于电弧点火装置可直接引燃油类，且性能比较可靠，因而是国内煤粉锅炉上使用的点火装置的主要形式。

3. 高能点火装置

为了简化点火程序，近年来又出现了高能点火装置。这种高能点火装置中装有半导体电阻，当半导体电阻两极处在一个能量很大、峰值很高的脉冲电压作用下时，在半导体表面就可产生很强的电火花，足以将重油点着。

高能点火装置是一种有发展前景的锅炉点火装置。点火装置的布置方式，对直流式煤粉燃烧器，油枪可插入两组喷口之间专设的油燃烧器喷口，也可以插在燃烧器底部的下二次风喷口内。对旋流式煤粉燃烧器，点火油枪有两种布置方式，即：一种是将油枪和电火花点火器从旋流燃烧器中心管插入，另一种是油枪和点火器倾斜地插在主燃烧器喷口旁。

现代化的大容量锅炉的燃烧器和炉膛内均装有火焰检测器。它的作用是对火焰进行检测和监视。在点火时，它检测点火器有无引火火焰存在。在锅炉低负荷运行或有异常情况时，防止锅炉灭火和炉内爆炸事故的发生，以确保锅炉的安全运行。

（四）空气预热器

空气预热器是锅炉尾部烟道中的一种低温受热面，安装在省煤器后面的烟道中。空气预热器是利用尾部烟气的余热加热燃烧所需要的空气的热交换设备。其主要作用有以下几点。

（1）降低排烟温度，提高锅炉效率，节省燃料。在现代电厂中，全部采用回热循环，进入锅炉的给水温度较高（如亚临界压力锅炉的给水温度为260℃左右）。因此，省煤器出口的烟气温度也较高，使用空气预热器就可进一步降低排烟温度，提高锅炉效率，节省燃料。排烟温度每降低15℃，锅炉效率可提高1%左右。

（2）改善燃料的着火条件和燃烧过程，降低不完全燃烧损失，进一步提高锅炉效率。提高空气温度，也就是提高了炉膛的温度，从而可改善燃料着火和燃烧的稳定性，使不完全燃烧热损失降低。空气温度每升高100℃，可使理论燃烧温度提高35～40℃。对于着火困难的燃料，如无烟煤，常把空气加热到400℃。

（3）节约金属，降低造价。经空气预热器加热后的热空气进入炉膛，减少了空气在炉内的吸热量，有利于提高炉膛的燃烧温度，强化炉膛的辐射传热。在一定的蒸发量下，炉内水冷壁的布置管数可以减少，从而节约金属，降低造价。

(4) 改善引风机的工作条件。降低排烟温度，会改善引风机的工作条件，降低引风机电耗。

(5) 热空气还作为煤粉锅炉制粉系统的干燥剂和输粉介质。

按照换热方式的不同，空气预热器有管式和回转式（再生式）两种形式。

管式空气预热器是烟气通过管壁将热量连续传给空气，属间壁式换热器。回转式空气预热器是烟气和空气交替流过受热面（蓄热面），当烟气流过加热蓄热面时，蓄热面温度升高，随后空气流过时，蓄热面将热量传给空气，蓄热面周期性被加热和冷却，热量就会周期性地由烟气传给空气。

管式空气预热器按布置形式可分为立式和卧式两种；按材料可分为钢管式、铸铁管式和玻璃管式等几种。立式钢管式空气预热器应用最多，其优点是结构简单、制造方便、漏风较小；缺点是体积大，钢材耗量大，在大型锅炉及加热空气温度高时，会因体积庞大而引起尾部受热面布置困难。普通的立式管式空气预热器由许多根直径为25～50mm的薄壁钢管焊接在上下管板上，构成空气预热器管箱，布置在竖井烟道省煤器后部。烟气从上向下在管子内流动，空气在管外横向冲刷管子，通过管壁传递热量。管式空气预热器的结构和工作原理如图2－11所示。

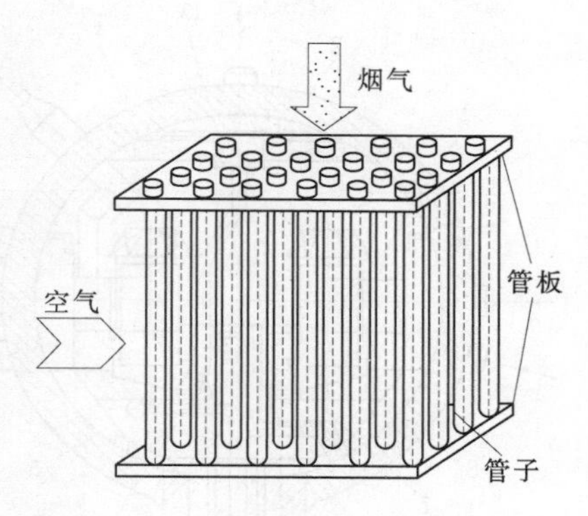

图2－11 管式空气预热器的结构和工作原理

回转式空气预热器可分为受热面回转式空气预热器和风罩回转式空气预热器两种。回转式空气预热器具有受热面两面受热、传热系数高、单位体积内受热面积大、外形尺寸小、质量轻以及不怕腐蚀等优点。其存在的主要问题是：一个是漏风量太大，漏风的主要原因是转子、风罩和静子制造不良或受热变形，使漏风间隙变大。另一个是受热面易积灰，这是因为蓄热板间烟气通道狭窄，积灰不仅影响传热，而且增加流动阻力，严重时甚至堵塞气流通道。为此，在空气预热器受热元件的上、下两端都装有吹灰器和水冲洗装置，吹灰介质通常采用过热蒸汽或压缩空气。

二、汽水系统及设备

锅炉汽水系统主要包括省煤器、汽包、下降管、水冷壁、过热器和再热器等设备。

（一）汽水系统的工作过程

图2－12为自然循环锅炉汽水系统的工作流程。给水由给水泵升压，并经给水流量调节装置送至省煤器，吸收烟气的热量后温度升高，进入汽包；再由下降管及下联箱分配进入水冷壁；水在水冷壁中吸收炉膛内燃料燃烧放出的热量，使部分水汽化，形成汽水混合物压力差的作用向上流入汽包；汽包

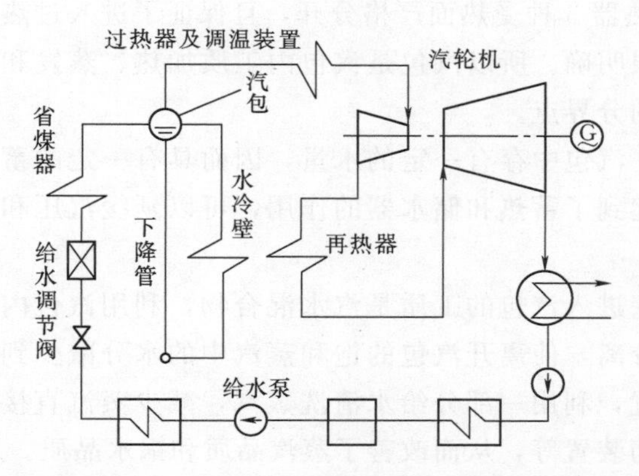

图2－12 自然循环锅炉汽水系统的工作流程

内的汽水分离装置将汽水混合物中的水与蒸汽进行分离；分离出的蒸汽进入过热器，再进一步吸热成为具有一定压力和温度的过热蒸汽，进入汽轮机高压缸膨胀做功。分离出的水则又重新进入下降管和水冷壁，构成水的循环。

超高压以上的锅炉一般还装有再热器加热从汽轮机高压部分做完功或引出的蒸汽，经再次吸热升高温度后，又送入汽轮机中、低压部分继续做功。

（二）汽水系统的主要设备

1. 汽包

汽包是由筒身和两端封头组成的长圆筒形容器，筒身是由厚钢板卷制焊接而成的。在封头留有椭圆形或圆形人孔门，以备安装和检修时工作人员进出。在汽包上开有很多管孔，并焊有管座，通过对焊，将给水管、下降管、汽水混合物引入管、蒸汽引出管，以及连续排污管、给水再循环管、加药管和事故放水管等与汽包连接起来。还有一些连接仪表和自动装置的管座。为了保证汽包能自由膨胀，现代锅炉的汽包都用吊箍悬吊在炉顶的大梁上。汽包横置于炉顶外部，不受火焰和烟气的直接加热，并具有良好的保温性。图 2-13 为 DG-1025/18.2 型锅炉汽包的内部结构。汽包内部装设有汽水分离及蒸汽清洗设备。

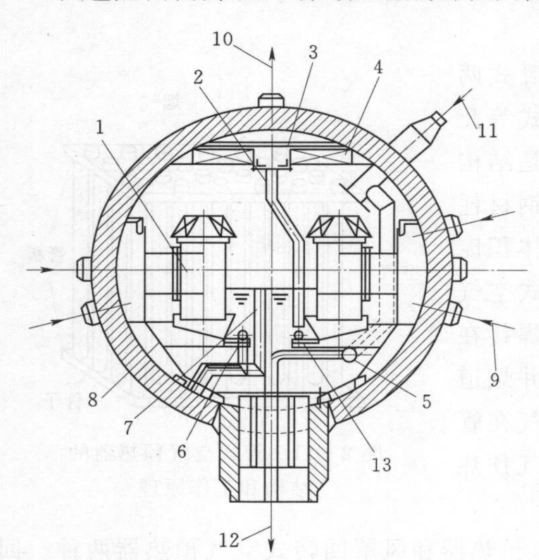

图 2-13　DG-1025/18.2 型锅炉汽包内部结构

1—旋风分离器；2—疏水管；3—均气孔板；4—百叶窗分离器；5—给水管；6—排污管；7—事故放水管；8—连通箱；9—汽水混合物；10—饱和蒸汽；11—给水；12—循环水；13—加药管

汽包是自然循环和强制循环锅炉中最重要的承压设备，对整个锅炉的运行，起着至关重要的作用。

（1）与受热面和管道连接。给水经省煤器加热后送入汽包，汽包向过热器系统输送饱和蒸汽。同时汽包还与下降管、水冷壁连接，形成自然循环回路。汽包将省煤器、水冷壁和过热器 3 种受热面严格分开，且保证了进入过热系统的工质为饱和蒸汽，使过热器受热面界限明确。所以汽包是汽包内工质加热、蒸发和过热 3 个过程的连接中心，也是这 3 个过程的分界点。

（2）增加锅炉蓄热能力和水位平衡能力。汽包中存有一定的水量，因而具有一定的蓄热能力和水位平衡能力，在锅炉负荷变化时起到了蓄热和储水器的作用，可以延缓汽压和汽包水位的变化速度。

（3）汽水分离和改善蒸汽品质。由水冷壁进入汽包的工质是汽水混合物，利用汽包内部的蒸汽空间和汽水分离元件对其进行汽水分离，使离开汽包的饱和蒸汽中的水分减少到最低值。有的锅炉汽包内还装有蒸汽清洗装置，利用一部分给水清洗蒸汽，减少蒸汽直接溶解的盐分。另外，汽包内还装有排污和加药装置等，从而改善了蒸汽品质和锅水品质。

（4）装有安全附件，保证了锅炉安全。汽包上装有许多温度测点、压力表、水位计和安全门等附件，保证了锅炉的安全工作。

2. 下降管

下降管的作用是把汽包中的水连续不断地送往下联箱供给水冷壁，以维持正常的水循环。下降管采用无缝钢管，布置在锅炉炉膛外，不受热。下降管用于将汽包内的水送入水冷壁。下降管在自然循环、强制循环及控制循环锅炉中设置，直流锅炉不存在下降管。下降管有小直径分散型和大直径集中型两种。国产 300MW 机组锅炉一般采用 4～6 根外径为 406～508mm 的大直径下降管，集中布置在汽包锅炉的下部，称为大直径集中下降管。水在下降管的下部由小直径的配水管送至下联箱，经下联箱分配后进入水冷壁。

3. 水冷壁

水冷壁一般布置在炉膛四周，大容量锅炉也有部分布置在炉膛中间（称为分割屏）。亚临界压力以下汽包锅炉的水冷壁主要是蒸发受热面。在临界压力以下的直流锅炉中，水冷壁的其中一部分用做加热受热面和过热受热面，但主要用做蒸发受热面。在超临界压力直流锅炉中，水冷壁用来加热水和过热蒸汽，它没有蒸发受热面。因此，在低于临界压力的锅炉中，蒸发受热面一般即指炉膛水冷壁。

水冷壁具有吸收热量产生蒸汽和保护炉墙的功能。水冷壁通常由许多外径为 45～65mm 的无缝钢管或内螺纹管均匀地布置在炉膛的四壁上，管子两端分别与上下联箱相连，结构如图 2-14 所示。

它的联箱是一根直径较大的短管，两端有封头，可用于连接不同直径或数量的两部分管子。

大型锅炉广泛采用膜式水冷壁。膜式水冷壁既可以增加管子的吸热量，同时亦可以增强炉膛的气密性并较好地保护炉墙。

水冷壁在炉膛四周的布置方式取决于锅炉蒸汽参数、水循环方式和锅炉容量等因素。300MW 容量以下的自然循环锅炉，水冷壁管屏常采用一次垂直上升布置。对于 300MW 及 600MW 超临界直流锅炉，为使锅炉水冷壁获得足够的管内质量流速，保证水冷壁的运行安全，水冷壁常采用螺旋管圈布置，图 2-15 为国产 600MW 超临界压力机组锅炉水冷

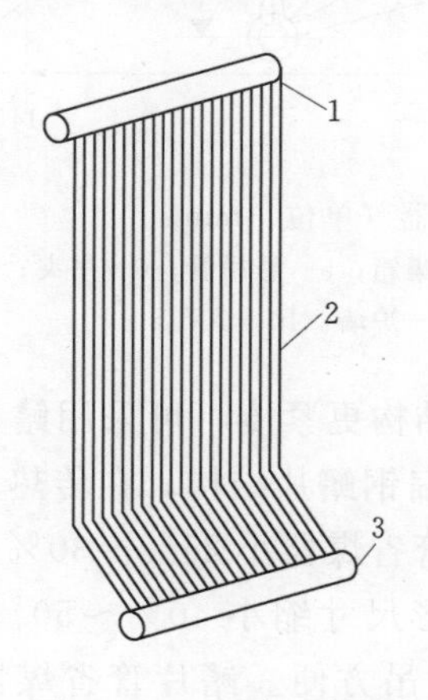

图 2-14 水冷壁结构
1—上联箱；2—水冷壁管；3—下联箱

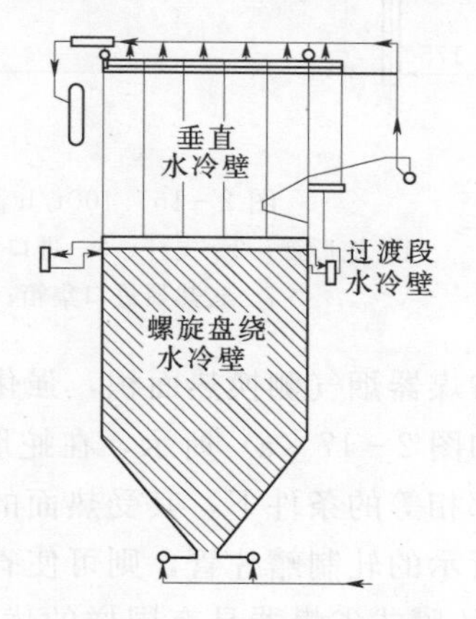

图 2-15 600MW 超临界压力机组锅炉水冷壁的总体布置

壁的总体布置情况。该锅炉下部水冷壁采用螺旋盘绕上升布置，以减小管屏的管子数量，提高管内质量流速，避免管壁超温；同时，该布置方式可以减小各管子间的热偏差。炉膛上部水冷壁采用垂直管屏布置，一方面便于水冷壁悬吊；另一方面炉膛上部热负荷较低，垂直管内的质量流速已完全满足管壁流速需要。螺旋管水冷壁与垂直上升水冷壁之间为过渡段，采用中间混合联箱汇集螺旋管水冷壁的工质并重新分配到垂直上升水冷壁内。

4. 省煤器

省煤器布置在锅炉对流烟道的尾部，是利用锅炉尾部烟道中烟气的热量来加热给水的一种热交换器。省煤器通过吸收尾部烟道中的烟气热量，达到降低锅炉排烟温度、提高锅炉热效率、节约燃料的目的。根据省煤器出口工质的温度，省煤器分为非沸腾式省煤器和沸腾式省煤器两种，当出口工质为至少低于饱和温度30℃的水时称为非沸腾式省煤器；当出口工质为汽水混合物，汽化水量不大于给水量的20%时称为沸腾式省煤器。现代大容量高参数锅炉中均采用非沸腾式省煤器。

省煤器是由外径为25～51mm的无缝钢管弯制成蛇形管，两端连接在进出口联箱上，卧式（管子轴线水平）布置在锅炉尾部竖井烟道中，图2-16为国产400t/h高压锅炉省煤器。

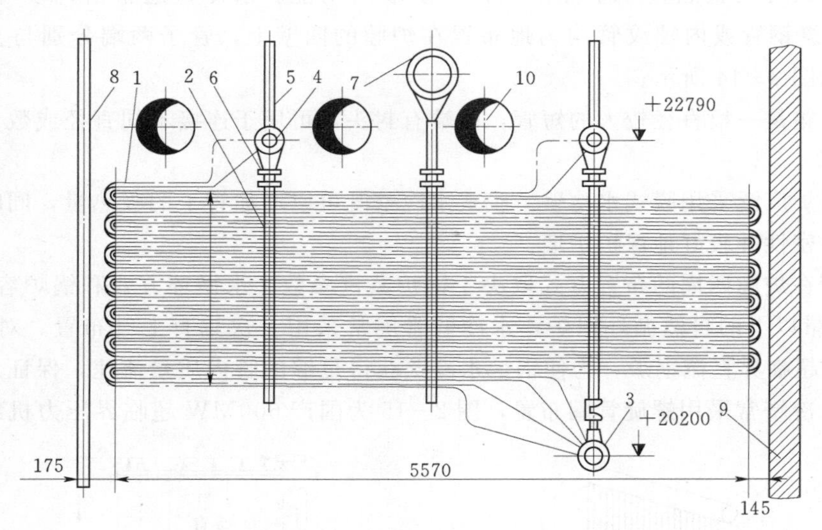

图2-16 400t/h高压锅炉省煤器（单位：mm）

1—蛇形管；2—支杆；3—进口集箱；4—出口集箱；5—悬吊管；6—吊夹；7—过热器进口集箱；8—隔墙管；9—炉墙；10—人孔

为增加省煤器烟气侧换热面积，强化传热和使结构更紧凑，可采用鳍片管省煤器或膜式省煤器。如图2-17（a）所示，在蛇形管上焊接扁钢鳍片结构，在传热量、金属耗量和通风耗能量都相等的条件下，其受热面的体积比光管省煤器小25%～30%。如果采用如图2-17（b）所示的轧制鳍片管，则可使省煤器的外形尺寸缩小40%～50%。采用如图2-17（c）所示的膜式省煤器具有同样的优越性，且支吊方便。鳍片管省煤器和膜式省煤器还能减轻磨损。这是因为它们比光管省煤器体积小，所以在烟道截面尺寸不变的情况下，可以采用较大的横向节距，以增大烟气流通截面，降低烟气流速，减少磨损。

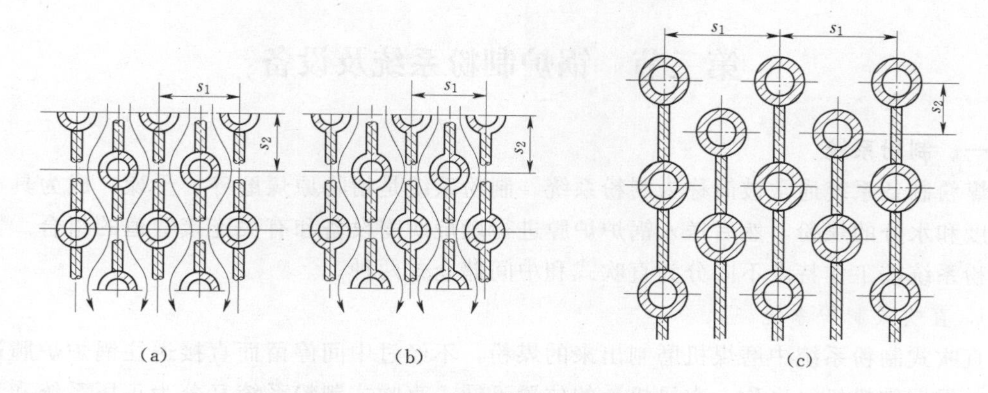

图 2-17 鳍片管省煤器和膜式省煤器

(a) 焊接鳍片管省煤器；(b) 轧制鳍片管省煤器；(c) 膜式省煤器

5. 过热器和再热器

过热器和再热器是加热蒸汽的受热面，但蒸汽的来源不同。过热器用于加热自蒸发受热面引出的饱和蒸汽，压力较高。再热器用于加热在汽轮机高压部分做功以后的蒸汽，压力较低。但两者需要使蒸汽达到的温度基本相同，目前大多数锅炉的出口汽温为540～570℃。

电厂锅炉过热器与再热器的结构大体相同，按照布置位置和传热方式不同，过热器或再热器分为对流式、辐射式及半辐射式 3 种形式。

对流式过热器或再热器布置在锅炉对流烟道中，主要以对流传热方式吸收烟气热量。对流过热器或再热器一般采用蛇形管式结构，即由进出口联箱连接许多并列蛇形管构成，大容量锅炉为使过热器或再热器管内有合适的蒸汽流速，常做成双管圈、三管圈和多管圈，以增加并联管数。蛇形管一般采用外径为 32.0～63.5mm 的无缝钢管。管子选用的钢材决定于管壁温度，低温段过热器可用 20 号碳钢或低合金钢，高温段常用 15CrMo 或 12CrlMoV，高温段出口甚至需用耐热性能良好的钢研 102 或Ⅱ11 等材料。对流过热器或再热器在锅炉烟道内有立式与卧式两种放置方式。蛇形管垂直放置时称为立式布置，立式布置对流过热器都布置在水平烟道内。蛇形管水平放置时称卧式布置方式，卧式布置对流过热器都布置在尾部垂直烟道内。

屏式过热器由无缝钢管弯制成 U 形或 W 形，两端并排连接在进出联箱上构成屏状结构。当屏式受热面悬挂在炉膛上方靠前部时，主要依靠炉膛内火焰辐射进行传热，称为辐射式。当屏式受热面悬挂在炉膛出口处，既吸收炉膛的辐射换热，又吸收烟气的对流换热时，称为半辐射式过热器。

现代大型锅炉广泛采用平炉顶结构，全炉顶上布置顶棚管式过热器，吸收炉膛及烟道内的辐射热量。水平烟道、转向室及垂直烟道的周壁也都布置包墙管过热器，称作包覆管。包墙管过热器由于贴墙壁的烟气流速极低，所吸收的对流热量很少，主要吸收辐射热，故亦属于辐射过热器。壁式过热器、炉顶过热器及包覆管过热器一般都采用膜式受热面结构，使整个锅炉的炉膛、炉顶及烟道周壁都由膜式受热面包覆，简化了炉墙结构，炉墙质量减轻，并减少了炉膛烟道的漏风量。

第三节　锅炉制粉系统及设备

一、制粉系统

煤粉制备系统通常被简称为制粉系统。制粉系统是指将原煤磨碎、干燥，成为具有一定细度和水分的煤粉，然后送入锅炉炉膛进行燃烧所需设备和有关连接管道的组合。常见的制粉系统按工作特点不同分为直吹式和中间储仓式两种。

1. 直吹式制粉系统

直吹式制粉系统中磨煤机磨制出来的煤粉，不经过中间停留而直接送往锅炉炉膛进行燃烧。根据排粉机（也称一次风机）的位置不同，直吹式制粉系统又分为正压系统和负压系统两种。正压系统的排粉机装在磨煤机之前，工作时磨煤机处于正压状态。在正压直吹式系统中，通过排粉机的是洁净的高温空气，排粉机不存在叶片的磨损问题，但该系统排粉机在高温下工作，运行可靠性较低。另外，磨煤机处于正压下运行，对其密封性能要求较高，否则易向外喷粉，影响环境卫生和设备安全。负压系统的排粉机装在磨煤机之后，工作时磨煤机处于负压状态，不会向外喷粉，工作环境比较干净，但在负压直吹式系统中，燃烧所需的全部煤粉均通过排粉机输送，排粉机叶片磨损严重。一方面影响排粉机的效率和出力，增加运行电耗；另一方面也使系统可靠性降低，维修工作量加大。图 2-18 为直吹式制粉系统图。现以负压系统为例说明直吹式制粉系统的工作过程。

由燃料运输设备送来的原煤首先进入原煤仓，然后再由给煤机根据锅炉负荷的要求，送入磨煤机中；同时由空气预热器来的热空气进入磨煤机对煤进行干燥。煤在磨煤机中被磨制后进入粗粉分离器，粗粉分离器将不合格的粗粉分离出来，送回磨煤机重新继续磨制；合格的煤粉随干燥剂一起进入炉膛燃烧。

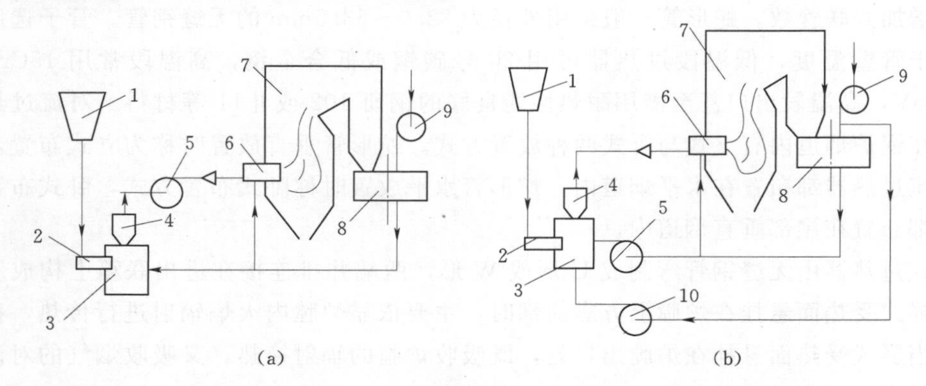

图 2-18　直吹式制粉系统

(a) 负压系统；(b) 正压系统

1—原煤仓；2—给煤机；3—磨煤机；4—粗粉分离器；5—排粉机（一次风机）；
6—燃烧器；7—锅炉；8—空气预热器；9—送风机；10—密封风机

直吹式制粉系统的特点是磨煤机的磨煤量任何时候都与锅炉需要的燃料消耗量相等，即制粉量随锅炉负荷变化而变化。因此，锅炉能否正常运行依赖于制粉系统工作的可靠性。所以，直吹式制粉系统宜采用变负荷运行特性较好的磨煤机，如中速磨煤机、高速磨煤机和双进双出钢球磨煤机。配中速磨煤机的直吹式制粉系统结构简单，设备少、布置紧凑、钢材耗量少、投资省以及磨煤电耗也较低，但制粉系统设备的工作直接影响锅炉的运行工况，运行可靠性相对较差，因而系统需设置备用磨煤机。此外，该制粉系统对煤种适应性较差。锅炉负荷变化时，燃煤与空气的调节均在磨煤机之前，时滞较大，灵敏性较差。在低负荷运行时，风煤比较大。由于磨煤机出口即是煤粉分配器，各并列一次风管中煤粉分配均匀性较差，运行中也无法调节煤粉流量。

2. 中间储仓式制粉系统

中间储仓式制粉系统一般配置转速较慢的钢球磨煤机，它与直吹式制粉系统相比，增加了细粉分离器、煤粉仓、给粉机和螺旋输粉机等设备。在中间仓储式制粉系统中，原煤由原煤仓出来，经给煤机控制其给煤量后至下行干燥管，在此与干燥用热风相遇，再一同送入磨煤机。原煤在磨煤机中被干燥、磨碎，磨制好的煤粉由干燥风从出口带出，送往粗粉分离器进行分离，不合格的粗粒由回粉管返回磨煤机重新磨制，合格的煤粉继续由干燥风携带进入细粉分离器，在细粉分离器中，约有90%的煤粉从煤粉气流中分离出来并由其下部落入煤粉仓中，或经螺旋输粉机送到其他锅炉的煤粉仓中。燃烧用的煤粉，根据锅炉的需要量，由煤粉仓中取出，经可调节的给粉机投入一次风管，由一次风吹送进入锅炉燃烧。

由细粉分离器上部出来的干燥风（也称乏气），经由排粉机提高压头后，可通过两种途径送入炉膛。一种是将乏气用作一次风，输送煤粉进炉膛燃烧，称为乏气（干燥风）送粉；另一种是采用热空气作为一次风，称为热风送粉。这时，排粉机出来的乏气，一部分送往炉膛上的专门喷口，喷送到炉膛内燃烧，称为三次风，一部分经再循环管返回磨煤机入口，称为再循环风。中间储仓式制粉系统运行比较灵活、可靠，磨煤机可经常处于经济负荷下运行，但系统较复杂，投资和运行费用高。

二、制粉系统的设备

（一）给煤机

给煤机是给煤系统的主要设备，其作用是根据磨煤机或锅炉负荷的需要来调节给煤量，把原煤连续、均匀并可调地送入磨煤机。给煤机的形式很多，有圆盘式、振动式、刮板式及皮带式等。近来大型锅炉多采用刮板式给煤机（图2-19）或电子称重式皮带给煤机。

刮板式给煤机有一副环形链条，链条上装有刮板。链条由电动机经减速箱传动。煤从落煤管落到上台板，通过装在链条上的刮板，将煤带到左边并落在下台板上，再将煤刮至右侧落入出煤管送往磨煤机。改变煤层厚度和链条转动速度都可以调节给煤量。

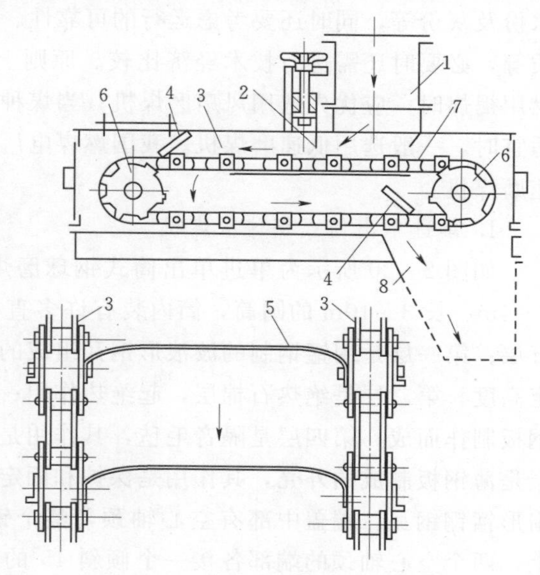

图2-19 刮板式给煤机

1—进煤管；2—煤层厚度调节板；3—链条；4—导向板；5—刮板；6—链轮；7—台板；8—出煤管

刮板式给煤机调节范围大，不易堵煤，密闭性能较好，煤种适应性广，水平输送距离大，在电厂得到广泛应用。

电子称重式皮带给煤机是一种带有电子称重及调速装置的皮带给煤机，具有自动调节功能和控制功能，可根据磨煤机筒体内煤位的要求，将原煤精确地从原煤斗输送到磨煤机。电子称重式给煤机具有连续、均匀输送的能力，在整个运行过程中，不仅可对物料进行精确称量，显示给煤量瞬时值、累积量，而且根据锅炉燃烧控制系统指令自动调节给煤量，控制给煤率满足锅炉负荷的要求。

（二）磨煤机

磨煤机是制粉系统中的主要设备，其作用是将原煤干燥并磨成一定粒度的煤粉。磨煤机磨煤的原理主要有撞击、挤压和研磨三种。撞击原理是利用燃料与磨煤机部件相对运动产生的冲击力作用；挤压原理是利用煤在受力的两个碾磨部件表面间的压力作用；研磨原理是利用煤与运动的碾磨部件间的摩擦力作用。一种磨煤机往往同时具有上述两种或三种作用，但以其中一种为主。

根据磨煤部件的工作转速，燃煤电厂用的磨煤机大致分为低速磨煤机、中速磨煤机和高速磨煤机三类。

（1）低速磨煤机。转速 16～25r/min，如筒式钢球磨煤机。筒式钢球磨煤机又分为单进单出钢球磨煤机和双进双出钢球磨煤机。

（2）中速磨煤机。转速 60～300r/min，如中速平盘式磨煤机、中速钢球式磨煤机（中速球式磨煤机或 E 型磨煤机）、中速碗式磨煤机及 MPS 磨煤机等。

（3）高速磨煤机。转速为 750～1500r/min，如风扇磨煤机和锤击磨煤机等。

磨煤机型式的选择关键在于煤的性质，特别是煤的挥发份、可磨性系数、磨损指数、水份及灰份等，同时还要考虑运行的可靠性、初投资及运行费用，以及锅炉容量、负荷性质等，必要时还需进行技术经济比较。原则上，当煤种适宜时，应优先选用中速磨煤机；燃用褐煤时，应优先选用风扇磨煤机；当煤种变化较大、煤种难磨而中、高速磨煤机都不适宜时，一般选用低速磨煤机。我国燃煤电厂目前广泛应用的是筒式钢球低速磨煤机和中速磨煤机。

1. 单进单出筒式钢球磨煤机

如图 2-20 所示为单进单出筒式钢球磨煤机的结构图。它的磨煤部件是一个直径为 2～4m、长 3～10m 的圆筒，筒内装有许多直径为 30～60μm 的钢球。圆筒自内到外共有五层：第一层是用锰钢制的波浪形钢瓦组成的护甲，其作用是增强抗磨性并将钢球带到一定高度；第二层是绝热石棉层，起绝热作用；第三层是筒体本身，它是由 18～25mm 厚的钢板制作而成；第四层是隔音毛毡，其作用是隔离和吸收钢球撞击钢瓦发出的声音；第五层是薄钢板制成的外壳，其作用是保护和固定毛毡。圆筒两端各有一个端盖，其内面衬有扇形锰钢钢瓦。端盖中部有空心轴颈，整个钢球磨煤机重量通过空心轴颈支承在大轴承上。两个空心轴颈的端部各接一个倾斜 45°的短管，其中一个是原煤与干燥剂的进口，另一个是气粉混合物的出口。

单进单出筒式钢球磨煤机在工作时，筒身由电动机、减速装置拖动以低速旋转，在离心力与摩擦力的作用下，护甲将钢球与燃料提升至一定高度，然后借重力自由下落。煤主要被下落的钢球撞击破碎，同时还受到钢球之间、钢球与护甲之间的挤压、研磨作用。原煤与热空气从一端进入磨煤机，磨好的煤粉被气流从另一端输送出去。热空气不仅是输送煤粉的介质，同时还起干燥原煤的作用。

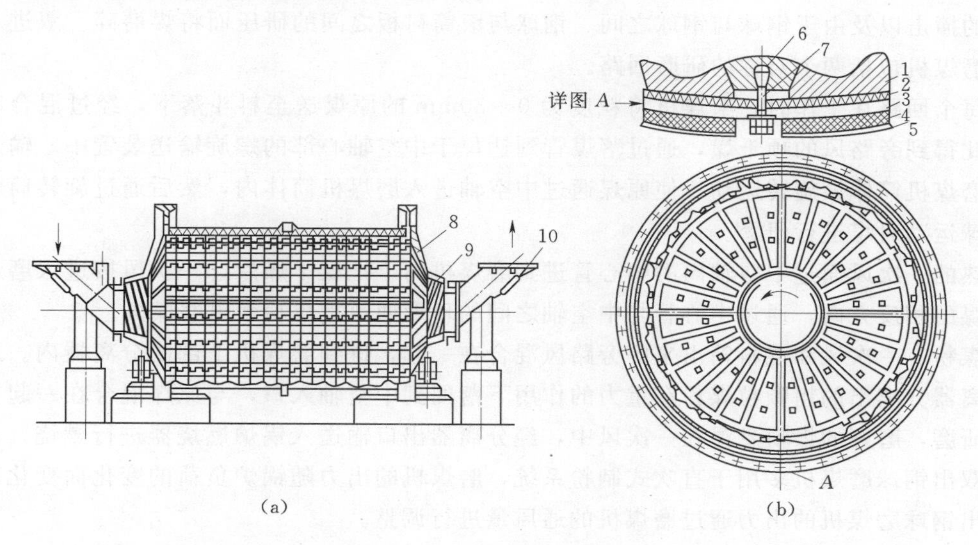

图 2-20　单进单出筒式钢球磨煤机

(a) 纵剖图；(b) 横剖图

1—波浪形护甲；2—石棉层；3—筒身；4—隔声毛毡；5—薄钢板外壳；6—压紧用的楔形块；7—螺栓；8—端盖；9—空心轴颈；10—短管

单进单出筒式钢球磨煤机的主要优点是煤种适应性强。能磨硬度大、磨损性强的煤及无烟煤、高灰份劣质煤等其他形式的磨煤机不宜磨制的煤。钢球磨煤机对煤中混入的铁件、木屑不敏感，又能在运行中补充钢球，能长期维持一定出力和煤粉细度，可靠地工作，且单机容量大，磨制的煤粉较细。其主要缺点是设备庞大笨重、金属消耗多、占地面积大，初投资及运行电耗、金属磨损都较高，运行噪声大。特别是它不宜调节，低负荷运行不经济。因此，单进单出筒式钢球磨煤机主要用于中间储仓式制粉系统中。

2. 双进双出钢球磨煤机

双进双出钢球磨煤机也属于钢球磨煤机的一种。它是从单进单出筒式钢球磨煤机的基础上发展起来的一种新颖的制粉设备。它具有烘干、粉磨、选粉和送粉等功能。双进双出钢球磨煤机与单进单出钢球磨煤机的主要区别如下：①在结构上，双进双出钢球磨煤机两端均有转动的螺旋输煤器，而单进单出钢球磨煤机则没有；②双进双出钢球磨煤机在正常运行时进煤出粉是在同一侧同时进行，而单进单出钢球磨煤机则是一侧进煤一侧出煤粉；③在出力相同（近）时，双进双出钢球磨煤机比单进单出钢球磨煤机占地要小；④一般情况下，在出力相同（近）时，与单进单出钢球磨煤机相比，双进双出钢球磨煤机电动机容量要小，单位磨煤电耗要低；⑤双进双出钢球磨煤机的热风、原煤分别从两端部进入，在磨煤机内混合，而单进单出钢球磨煤机的热风、原煤在磨煤机入口的落煤管内混合；⑥从送粉管道的布置上来看，双进双出钢球磨煤机是双出，单进单出钢球磨煤机是单出，一台磨煤机多一倍风粉混合物的出口。因此，从煤粉分配和管道阻力平衡上来看，双进双出钢球磨煤机要有利。

双进双出钢球磨煤机也是利用圆筒的滚动，将钢球带到一定的高度，通过落下的钢球对煤的撞击以及由于钢球与钢球之间、钢球与滚筒衬板之间的研压而将煤磨碎。双进双出钢球磨煤机包括两个对称的研磨回路。

每个回路在工作时，给煤机将粒度为0～30mm的原煤送至料斗落下，经过混合料箱并在此得到旁路风的预干燥，通过落煤管到达位于中空轴心部的螺旋输送装置中。输送装置随磨煤机筒体做旋转运动，使原煤通过中空轴进入磨煤机筒体内，然后通过旋转筒体内的钢球运动对煤进行研磨。

热的一次风通过中空轴内的中心管进到磨煤机内，把煤干燥后，一次风按进入磨煤机的原煤的相反方向，通过中心管与中空轴之间的环形通道把煤粉带出磨煤机。

煤粉、一次风和混料箱出来的旁路风混合在一起，进到磨煤机上部的分离器内。双锥形分离器分离出的粗颗粒煤粉在重力的作用下落回到中空轴入口，与原煤混合在一起重新进行研磨，磨好的煤粉悬浮在一次风中，经分离器出口输送入锅炉燃烧器进行燃烧。由于双进双出钢球磨煤机多用于直吹式制粉系统，磨煤机的出力随锅炉负荷的变化而变化。双进双出钢球磨煤机的出力通过磨煤机的通风量进行调整。

双进双出钢球磨煤机是电厂直吹制粉系统的主要设备，它具有连续作业率高、维修方便、粉磨出力和细度稳定、储存能力大、响应迅速、运行灵活性大、较低的风煤比、适用煤种广、不受异物影响、无需备用磨煤机等优点，适合碾磨各种硬度和腐蚀性强的煤种，是电厂锅炉直吹式制粉系统中除中速磨煤机、高速风扇磨煤机之外的又一种性能优越的低速磨煤机。

3. 中速磨煤机

相对于低速磨煤机，中速磨煤机具有质量轻、占地少、投资省、磨煤能耗低、噪声小以及制粉系统管路简单等优点，因此，近年来在大容量机组中得到了广泛应用。中速磨煤机一般用于直吹式制粉系统。目前，发电厂常用的中速磨煤机有以下4种：平盘中速磨煤机、碗式中速磨煤机、中速钢球磨煤机（或称E型磨煤机）、辊—环式（又称MPS）中速磨煤机。

4种形式的中速磨煤机的工作原理与基本结构大致相同。工作时，原煤经由连接在给煤机的中心管落在两组相对运动的碾磨部件表面间，在压紧力作用下受挤压和碾磨而破碎。磨成的煤粉在碾磨件旋转产生的离心力作用下，被甩至磨煤室四周的风环处。作为干燥剂的热空气经风环吹入磨煤机，对煤粉进行加热并将其带入碾磨区上部的分离器中。煤粉经过分离，不合格的粗粉返回碾磨区碾磨，细粉被空气带出磨外。混入原煤中难以磨碎的杂物，如石块、黄铁矿、铁块等被甩至风环处，由于它们质量较大，风速不足以阻止它们下落，而落至杂物箱中。

平盘磨煤机和碗式磨煤机的碾磨件均为磨辊与磨盘，磨盘作水平旋转，被压紧在磨盘上的磨辊，绕自己的固定轴在磨盘上滚动，煤在磨辊与磨盘间被粉碎；E型磨煤机的碾磨件像一个大型止推轴承，下磨环被驱动作水平旋转，上磨环压紧在钢球上。多个大钢球在上下磨环间的环形滚道中自由滚动，煤在钢球与磨环间被碾碎；MPS中速磨煤机是在E型磨煤机和平盘磨煤机的基础上发展起来的，它取消了E型磨煤机的上磨环，3个凸形磨辊压紧在具有凹槽的磨盘上，磨盘转动，磨辊靠摩擦力在固定位置上绕自身的轴旋转。中速磨煤机碾磨件的压紧力靠弹簧或液压气动装置进行调整。

4. 风扇磨煤机

风扇磨煤机属于高速磨煤机，其结构类似风机，由叶轮、外壳、轴和轴承箱等组成。叶轮上装有8～12块用锰钢制成的冲击板；外壳内表面装有一层翼护板，外壳及翼由耐磨的锰钢材料制成。风扇磨煤机工作时，叶轮以750～1500r/min的速度旋转，具有较高的自身通风能力。原煤从磨煤机的轴向或切向进入磨煤机，在磨煤机中同时完成干燥、磨煤和输送3个工作过程。进入磨煤机的煤粒受到高速旋转的叶轮的冲击而破碎，同样又依靠磨煤机的鼓风作用把用于干燥和输送煤粉的热空气或高温炉烟吸入磨煤机内，一边对原煤进行干燥，一边把合格的煤粉带出磨煤机，经燃烧器喷入炉膛内燃烧。风扇磨煤机集磨煤机与鼓风机于一体，并与粗粉分离器连接在一起，使制粉系统十分紧凑。

风扇磨煤机的功率消耗随磨煤出力的增加而增加，相对于筒型钢球磨煤机，它在低于额定出力下工作时比较经济。风扇磨煤机在高于额定出力的负荷下运行时，不仅功率消耗增大，而且会导致煤粉变粗、叶片严重磨损及堵塞情况。风扇磨煤机适合磨制褐煤和烟煤，不宜磨制硬煤、强磨损性煤及低挥发份煤。

风扇磨煤机工作时具有一定的抽吸能力，因而可省掉排粉风机。它本身能同时完成燃料磨制、干燥、吸入干燥剂、输送煤粉等任务，因此大大简化了系统。风扇磨煤机还具有结构简单、尺寸小、金属消耗少、运行电耗低等优点。其主要缺点是碾磨件磨损严重，机件磨损后磨煤出力明显下降，煤粉品质恶化，因此维修工作频繁。此外，风扇磨煤机磨出的煤粉较粗而且不够均匀。同时，由于风扇磨煤机能够提供的风压有限，所以对制粉系统设备及管道布置均有所限制。

（三）粗粉分离器

在直吹式中速磨煤机制粉系统和直吹式双进双出钢球磨煤机制粉系统中，粗粉分离器基本都布置在磨煤机出粉口并与磨煤机成为一体，仅在分体式布置的双进双出钢球磨煤机中，粗粉分离器是单独布置的。粗粉分离器的作用是把较粗的煤粉颗粒从煤粉气流中分离出来，返回磨煤机重新磨制，调节煤粉细度，以适应不同煤种的燃烧需要。它的基本工作原理是利用重力、惯性力、撞击力、离心力及其他综合的分离效应把粗粒煤粉分离出来。

1. 离心式粗粉分离器

普通型离心式粗粉分离器的结构如图2-21（a）所示。它由两个空心锥体组成。来自磨煤机的煤粉气流从底部进入粗粉分离器外锥体内，由于锥体内流通截面积增大，气流速度降低，在重力的作用下，较粗的粉粒得到初步分离，随即落入外锥体下部的回粉管。然后，气流经内筒上部沿整个周围装设的折向挡板切向进入粗粉分离器内锥体，产生旋转运动，粗粉在离心力的作用下被抛向圆锥内壁而脱离气流。最后，气流折向中心经活动环由下向上进入分离器出口管，气流改变方向时，由于受到惯性力的作用，再次得到分离。被分离下来的粗粉落入内锥体下部的回粉管内。而合格的细煤粉则被气流从出口管带走。由于粗粉分离器分离出来的回粉中，总难免要夹带有少量合格的煤粉，这些合格的细粉返回磨煤机后会磨得更细，使煤粉的均匀性变差，同时也增加了磨煤电耗。为此，国内许多发电厂把普通型粗粉分离器改进为图2-21（b）所示的结构。改进型粗粉分离器取消了内锥

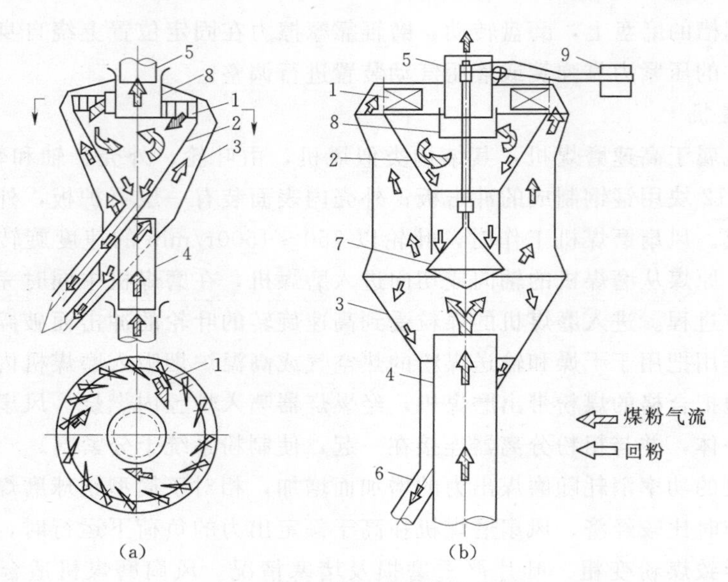

图 2-21　离心式粗粉分离器

(a) 原型；(b) 改进型

1—折向挡板；2—内圆锥体；3—外圆锥体；4—进口管；
5—出口管；6—回粉管；7—锁气器；
8—出口调节筒；9—平衡重锤

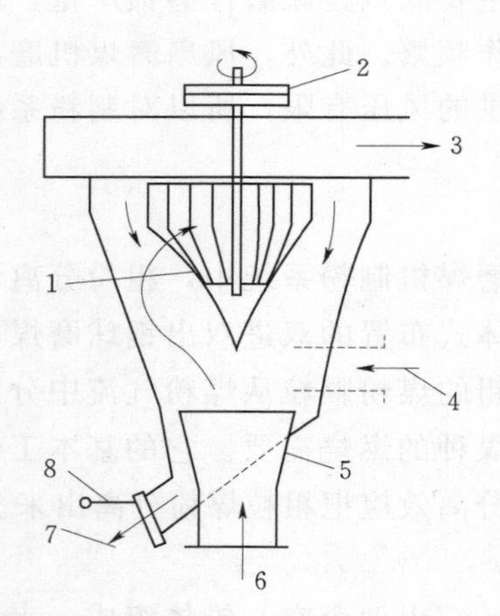

图 2-22　回转式粗粉分离器

1—转子；2—皮带轮；3—细粉空气混合物切向引出口；4—二次风切向引入口；5—进粉管；6—煤粉空气混合物进口；7—粗粉出口；8—锁气器

体的回粉管，代之以可上下活动的锁气器。由内锥体分离出来的回粉达到一定量时，锁气器打开使回粉落到锥体中，从而使其中的细粉又被吹起，这样可以减少回粉中合格细粉的数量，提高粗粉分离器的效率，达到增加制粉系统出力、降低电耗的目的。改变折向挡板的开度可以调整煤粉细度。关小折向挡板的开度，进入内圆锥体气流的旋流强度增大，分离作用增强，分离出的煤粉变细。反之，折向挡板开度越大，分离出的煤粉就越粗。变动出口调节筒 8 的上下位置可改变惯性分离作用大小，也可达到调节煤粉细度的目的。此外，通风量的变化对煤粉细度也有影响。通风量增大，气流携带煤粉的能力增强，带出的煤粉也较粗。

2. 回转式粗粉分离器

回转式粗粉分离器的结构如图 2-22 所示。它也有一个空心锥体，锥体上部安装了一个带叶片的转子，由电动机带动旋转。气流由下部引入，在锥体内进行初步分离。进入锥体上部后，气流在转子叶片带动下作旋转运动，在离心力的作用下大部分粗粉被分离出来。气流最后通过转子进入分离器出口时，部分粗粉被叶片撞击而脱离气流。这种分离器最大的特点是可通过改变转子转速来调节煤粉细度，转子速度越高，离心作用和撞击作用越强，分离后气流带走的煤粉颗粒越细。回转式粗粉分离器尺寸小、结构紧凑、分离效率高、通风阻力小、煤粉细度均匀、调节幅度大、适应负荷的能力较强。但增加了转动机构，叶片磨损较快，维护和检修工作量较大。

（四）细粉分离器

细粉分离器只用于中间储仓式制粉系统。其作用是把煤粉从煤粉气流中分离出来，储存于煤粉仓中。

细粉分离器也叫旋风分离器，其工作过程是从粗粉分离器来的气粉混合物从切向进入细粉分离器后，在筒内形成高速的旋转运动，煤粉在借助离心力的作用下被甩向四周，沿筒壁落下。当气流折转向上进入内套筒时，煤粉在惯性力作用下再一次被分离，分离出来的煤粉经锁气器进入煤粉仓，气流则经中心筒引至出口管；中心筒下部有导向叶片，它可使气流平稳地进入中心筒，不产生旋涡，从而避免了在中心筒入口形成真空，将煤粉吸出而降低效率。

（五）给粉机

给粉机是中间储仓式制粉系统特有的设备，其作用是把煤粉仓中的煤粉按照锅炉燃烧的需要量均匀地拨送到一次风管中。发电厂通常使用叶轮式给粉机，它能准确地控制给粉量，并能可靠地防止煤粉自流。叶轮式给粉机有两个带拨齿的叶轮，叶轮和搅拌器由电动机经减速装置带动，如图 2-23 所示。煤粉由搅拌器拨至左侧下粉孔，落入上叶轮，再由上叶轮拨至右侧的下粉孔落入下叶轮，再经下叶轮拨至左侧出粉孔。改变叶轮的转速可调节给粉量，为此，叶轮式给粉机常采用滑差调速电动机或增设变频调速装置来调节给煤量。

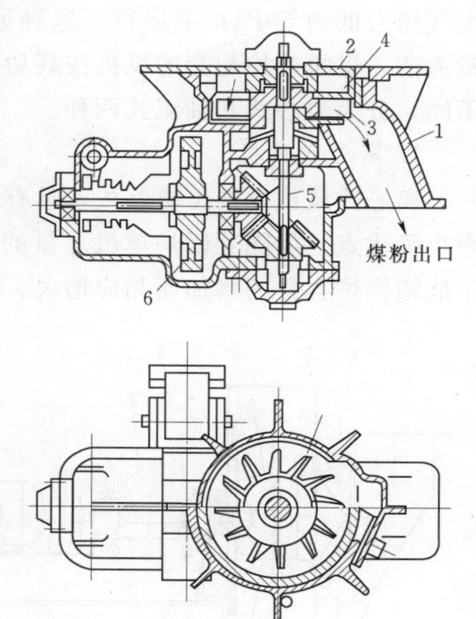

图 2-23　叶轮式给粉机

1—外壳；2—上叶轮；3—下叶轮；4—固定盘；5—轴；6—减速器

（六）锁气器

锁气器安装在粗粉分离器的回粉管上、细粉分离器的落粉管上以及进入磨煤机的原煤管上。它利用杠杆原理只允许煤粉沿管道落下，而不允许气流通过。常用的锁气器有草帽式和翻板式两种。当翻板或草帽顶上积聚的煤粉超过一定的重量时，翻板或活门被打开，放下煤粉，随后在重锤的作用下，自行关闭，为了避免下粉时气流反向流动，锁气器总是两个一组串联在一起使用。

草帽式锁气器具有动作灵敏、下粉均匀、严密性好的特点。但活门容易被卡住而且不能倾斜布置，只能用于垂直管道上。

（七）输粉机

输粉机在中间储仓式制粉系统中用于将同炉或邻炉制粉系统连接起来，从而起到不同制粉系统相互支援的作用，提高制粉系统供粉的可靠性。常用的输粉机有埋刮板式、链式和螺旋式。螺旋式输粉机俗称绞龙，借助于螺旋叶片的正转或反转，可以把煤粉输往不同的方向，实现不同制粉系统间煤粉的相互输送。

三、煤粉锅炉通风设备

燃煤锅炉燃烧时，烟风系统必须不断地把燃烧所需要的空气送入炉膛，并把燃烧产生的烟气经由烟囱排入大气。燃煤发电厂煤粉锅炉一般均采用平衡通风，即系统利用送风机的正压头来克服空气在空气预热器、制粉设备、燃烧器及有关风道流动中的阻力，利用引风机的负压头来克服烟道中各受热面及除尘设备的烟气流动阻力，维持炉膛在微负压（比大气压力低约 50Pa）下运行。这种通风系统，炉膛和烟道的负压不高，漏风较小，环境较清洁。煤粉锅炉配套的风机按其功能分为送风机、引风机和一次风机；按其结构和原理不同，分为离心式和轴流式两种。

1. 离心式风机

离心式风机发展历史悠久，具有结构简单、运行可靠、效率较高、制造成本较低及噪声小等优点。但随着锅炉单机总量的增长，离心式风机的容量受到叶轮材料强度的限制，不能随锅炉容量的增加而相应增大。离心式风机主要由叶轮、机壳、进气箱和进口导叶调节器等组成，如图 2－24 所示。离心式风机工作时，电动机带动叶轮高速旋转，造成叶轮进口处于负压状态，使外界空气通过进气箱沿轴向进入叶轮入口，在旋转叶轮中获得能量后沿径向流出，然后在机壳与叶轮之间逐渐扩大的通道内流动，同时将动压头转换为静压头，最后在扩压器内降低流速，进一步增大压力能，并使出口气流速度均匀排入风道。

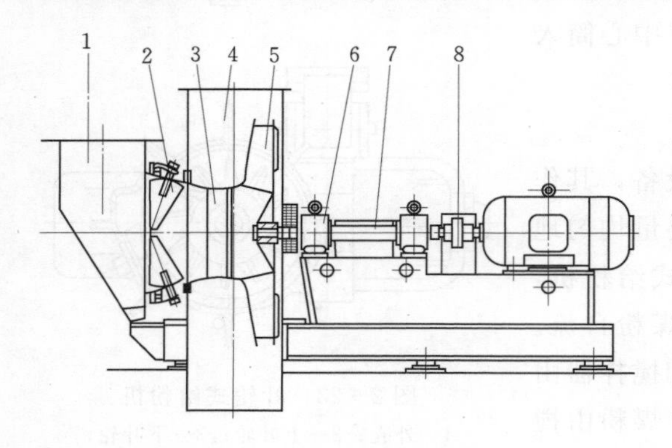

图 2－24　离心式风机结构示意图

1—进气箱；2—进口导叶调节器；3—进风口；4—机壳；5—叶轮；6—轴承座；7—主轴；8—联轴器

叶轮是离心式风机主要的能量转换部件，它由前盘、后盘、叶片及轮毂组成。按照安装方式的不同，叶片有前弯式、径向式和后弯式；按照叶片形状的不同，叶片有平板形、圆弧形和机翼形。机翼形叶片具有良好的空气动力学特性，刚性大、效率高，电厂中较多采用。进口导叶调节器是风机的进口风量调节装置。运行中一般通过改变导流器叶片的开度来控制风量。目前大型锅炉多采用变频调速装置，即通过改变电流的频率来控制机轴转速进而调节风量。这种调速方式调节效率高，易实现自动控制，但投资多，占地面积大。

2. 轴流式风机

随着锅炉单机容量的不断增大，轴流式风机的容量也相应增大，且具有结构紧凑、体积小、质量轻、耗电低及低负荷时效率高等优点。轴流式风机主要由叶轮、集风器、整流罩、导叶和扩散筒等组成。

轴流式风机工作时气流在进气室获得加速，在压力损失最小的情况下保证进气速度均匀平稳。气流进入机翼形扭曲叶片，高速旋转的机轴带动叶片使气流沿叶片半径方向获得相等的全压，成为旋转气流，然后经过导叶变为轴向流动的气流，并在扩压器中使气流的部分动压进一步转化为静压，以提高轴流风机的静压。叶轮由轮毂和叶片组成，其作用是实现能量的转换。导叶的作用是改变气流方向，导叶的设置有3种情况：叶轮前、叶轮后或叶轮前、后均有布置。前导叶把入口气流由轴向改变为旋向，后导叶将出口气流由旋向全部改变为轴向。大型轴流式风机为适应风机流量和压力的变化，多将动叶片设计为液压可调式。为提高叶片的使用寿命，叶片表面要采用耐磨材料。

第四节　锅炉的启停及运行调整

一、机组的启停方式

（一）机组的启动方式

燃煤发电机组的启动是指将锅炉和汽轮发电机组由静止状态转变为运行状态的过程，主要包括锅炉上水、点火、升压，蒸汽系统暖管，汽轮机冲转、升速，发电机与电网并列、带负荷等基本步骤。

锅炉和汽轮机启动的基本特点是：设备和部件被加热后温度逐渐升高，是一个不稳定的传热过程。由于锅炉和汽轮机体积庞大，部件厚重，而汽轮机结构复杂、精密，若启动速度太快，各部件温度难于均匀上升，容易因膨胀不均而造成变形、弯曲、连接部位松动、动静部分发生摩擦等不良后果。因此，启动过程中最重要的工作是控制机组的升温、升压速度。

1. 按机组启动前温度状态分类

按汽轮机机组温度状态，机组启动方式可以分为冷态启动、温态启动、热态启动和极热态启动。所谓的冷态启动是指锅炉的初始状态为常温和无压时启动，这种启动通常是新锅炉、锅炉经过检修或者经过较长时间停炉备用后的启动。温态启动、热态启动和极热态启动则是锅炉还保持着一定压力和温度，启动时的工作内容与冷态大致相同，它们是以冷态启动过程中的某一阶段作为启动的起始点，而起始点以前的工作内容可以省略或简化。因此，它们的启动时间可以较短。

对单元机组而言，锅炉的启动时间是指从点火到机组带到额定负荷所花的全部时间。锅炉的启动时间，除了与启动前锅炉的状态有关外，还与锅炉机组的型式、容量、结构、燃料种类、电厂热力系统的型式及气候条件等有关。除此之外，还应该考虑以下两个因素。

（1）使锅炉机组的各部件逐步和均匀地得到加热，使之不致产生过大的热应力而威胁设备的安全。

（2）在保证设备安全的前提下，尽量缩短启动时间，减少启动过程的工质损失及能量损失。

2. 按新蒸汽参数分类

按新蒸汽参数不同机组启动方式可分为额定参数启动和滑参数启动两大类。

（1）额定参数启动。额定参数启动主要用于母管制中小容量机组。此时，锅炉与汽轮机分开启动。锅炉的升压速度只受汽包、联箱、水冷壁等部件热应力的限制。汽轮机的冲转、升速和带负荷是采用母管蒸汽，在额定压力下进行的。由于新蒸汽温度高，启动初期新蒸汽与金属部件温差大，必须经节流降压减小蒸汽流量，以缓和加热速度，否则将使汽轮机各部分产生很大的热应力。因而额定参数启动方式需要较长时间暖机，推迟了并网进程，降低了负荷适应性。采用额定参数启动，锅炉在并汽前有大量工质和热量损失。

（2）滑参数启动。单元制机组一般都采用机炉联合启动的方式，就是在锅炉启动的同时启动汽轮机。锅炉点火产生蒸汽后首先加热机炉之间的管道（暖管）；然后冲动汽轮机转子（冲转）；再逐渐加热汽轮机并提高转子的转速（暖机和升速）；在达到额定转速后就能并入电网（并网）；最后是增加负荷（升负荷）。由于暖管、暖机、升速和带负荷是在蒸汽参数逐渐变化的情况下进行的，所以这种启动方式叫滑参数启动。滑参数启动过程中，暖管、冲转、升速、暖机、并网、带负荷及升负荷等与锅炉的升温和升压同时进行，因此这种启动方式要求机炉密切配合，尤其是锅炉产生的蒸汽参数应随时适应汽轮机的要求，即锅炉参数的升高速度主要取决于汽轮机所允许的加热条件。

3. 按冲转时进汽方式分类

（1）中压缸启动。中压缸启动冲转时高压缸不进汽，由中压缸进汽冲动转子，待汽轮机转速达到一定值（2000～2500r/min）后才逐渐向高压缸进汽。这种启动方式可排除高压缸胀差的干扰，使机组的安全有一定保证；启动初期只有中压缸进汽，中压缸可全周进汽；允许负荷变化大而温度变化率与热应力变化较小，故能适应电网调频的要求。为缩短启动时间，在高压缸进汽前，可打开高压缸排汽止回阀，利用蒸汽倒流进行高压缸暖缸。

（2）高、中压缸启动。采用高、中压缸启动时，蒸汽同时进入高压缸和中压缸冲动转子。这种启动方式虽然简单，但因冲转前再热蒸汽参数低于主蒸汽参数，中压缸及其转子的温升速度慢，汽缸膨胀迟缓，故延长了启动时间。对于高中压合缸的机组，可使得分缸处加热均匀。

4. 按控制进汽流量的阀门分类

（1）调速汽门启动。启动时，电动主汽门和自动主汽门全部开启，由依次开启的调速汽门控制进入汽轮机的蒸汽量。这种方法容易控制流量，但由于只有部分调速汽门打开，机头进汽只局限于较小弧段，为部分进汽方式，因此该部分的受热不均匀，各部分温差较大。

（2）自动主汽门预启门启动。启动前，调速汽门、电动主汽门全开，自动主汽门预启门控制蒸汽流量，使得机头受热均匀，但阀门加工比较困难。

（3）电动主汽门的旁路门启动。启动前，调速汽门全开，用自动主汽门或电动主汽门的旁路门来控制蒸汽流量。由于阀门较小，便于控制升温速度和汽缸加热。升速过程中，机头全周进汽，受热较均匀。

（二）机组的停机方式

单元机组停机是指机组从带负荷运行状态到卸去全部负荷、发电机解列、锅炉熄火、切断机炉之间联系、汽轮发电机组惰走、停转及盘车、锅炉降压、机炉冷却等全过程，是单元机组启动的逆过程。机组停机有滑参数停机、额定参数停机和事故停机3种类型，前两种又统称为正常停机。

1. 正常停机

根据电网生产计划的安排，有准备的停机称为正常停机。正常停机有停机备用和检修备用两种情况。由于电网负荷减少，经计划调度，要求机组处于备用状态时的停机即为备用停机。视备用的时间长短，可分为热备用停机和冷备用停机。按预定计划进行机组检修，以提高或恢复机组运行性能的停机叫做检修停机。根据停机过程中蒸汽参数变化的不同，又有额定参数停机和滑参数停机。

2. 事故停机

因电力系统发生故障或单元制发电机组的设备发生严重缺陷和损坏，发电机组迅速解列，甩掉所带全部负荷，为事故停机。根据事故的严重程度，事故停机又分为紧急停机和故障停机。紧急停机是指所发生的异常情况已严重威胁汽轮机设备及系统的安全运行，停机后应立即确认发电机已自动解列，否则应手动解列发电机。同时，注意油泵的联启，转速下降至2500r/min时应破坏凝汽器真空，以使转子尽快停止转动。故障停机是指汽轮发电机所发生的异常情况，还不会对汽轮发电机组的设备及系统造成严重后果，但机组已不宜继续运行，必须在一定时间内停运。

二、锅炉的启停方式

（一）锅炉机组启动必须具备的条件

（1）燃煤、燃油、除盐水储备充足且质量合格。

（2）各类消防设施齐全，消防系统具备投运条件。

（3）各类检修后的锅炉，冷态验收合格。

（4）动力电源可靠，备用电源良好。热工仪表齐全，校验合格。现场照明及事故照明、通信设备齐全良好。

（5）A级检修后的锅炉或改动受热面的锅炉必须经过水清洗或酸洗，必要时进行过热器和再热器蒸汽吹扫。

（6）启动前的锅炉本体和汽水系统检查。

1）锅炉本体检查。包括燃烧室及烟道内部的受热面、燃烧器、吹灰器、炉墙、保温、人孔门、楼梯、平台、通道及照明等。

2）汽水系统检查。包括汽水阀门、空气门、排污门、事故放水门、再循环门、取样门、表计测点、一次门、安全门、水位计、膨胀指示器及汽水阀门的远方控制装置等。要求各种汽（气）、水、油阀门状态良好，开关位置正确。

（7）锅炉机组正式启动前，所有辅机及转动机械必须经分部试运行合格，主要包括以下各项：

1）烟风系统的引风机、送风机、回转式空气预热器和冷却风机等。

2）制粉系统的给煤机、磨煤机、一次风机、排粉风机、密封风机和给粉机等。

3）燃油系统的油泵和油循环、油枪进退机构和自动点火装置。

4）燃烧系统的一次风门、二次风门、燃烧器及其摆动机构。

5）压缩空气系统的转动机械。

6）除灰和除渣系统。

7）电除尘器振打装置和电场升压试验等。

8）吹灰系统。

9）烟温探针进退试验，以及与上述各辅机配套的冷却系统、润滑系统及遥控机构都应试运合格。

(8) A、B级检修或因受热面泄漏而检修的锅炉，一般应做额定压力下的水压试验。

(9) 热工自动、连锁及保护系统调试合格。炉膛安全监控系统（FSSS)、数据采集系统（DAS)、协调控制系统（CCS)、微机监控及事故追忆系统均已调试完毕，汽包水位监视电视、炉膛火焰监视电视、烟尘浓度监视、事故报警灯光音响均能正常投入。

(10) 大、小修后的锅炉，启动前必须做连锁及保护试验。

(二) 汽包锅炉的启动

1. 启动前的准备工作

锅炉在点火之前必须保证所有设备达到启动前所要求的条件，并处于准备启动的状态。冷态启动上水前汽包壁温接近室温，如果温度较高的水进入汽包，则汽包内外壁会产生温差而形成热应力，甚至有可能产生塑性变形。此外，下降管与汽包的接口、管子与联箱的接口、联箱等都会产生热应力，甚至会产生损伤。因此，原则上冷炉的进水温度不得超过90℃，进水速度也不能太快。在汽包无压力的情况下，可用疏水泵或凝结水泵上水。汽包有压力或锅炉点火后，可用电动给水泵由给水操作台的小旁路缓慢经省煤器上水。

对于自然循环锅炉，考虑到在锅炉点火以后，锅水要受热膨胀和汽化，所以最初进水的高度一般只要求到水位计低限附近。对于低倍率强制循环锅炉，由于上升管的最高点可能在汽包标准水位以上很多，所以进水高度要接近水位的上限，否则在启动循环泵时，水位可能下降到水位计可见范围以下。

2. 点火及燃烧设备的启动

(1) 锅炉点火前，投入电除尘加热和振打装置，启动引风机、送风机和空气预热器，对炉膛和烟道以大于25%～30%的额定风量，进行5～10min的吹扫，以清除炉内可燃物质，防止点火时发生爆燃。对煤粉管和磨煤机，在投运前也要吹扫3～5min，以清除其中可能积存的煤粉。油枪点火前要吹扫有关油管、喷嘴，保证油路畅通。

(2) 煤粉锅炉启动，应先点油后投粉。油枪必须雾化良好，对称投运，根据燃烧及温升情况及时切换，并及时投入空气预热器的吹灰。

煤粉锅炉冷态点火后，需暖炉几十分钟或更长时间，才能投煤粉。投煤粉前，二次风温度不得低于一定数值（因炉而异)。对直吹式制粉系统，启动一次风机和磨煤机后便可开始投煤粉。调整磨煤机进口冷、热风挡板，对磨煤机及其管道加热，待磨煤机的出口温度达到要求时，暖机完成。此时，启动给煤机便可进行投粉。

在投入第一台磨煤机后，可视负荷需要增大其出力，运行中应力求各运行磨煤机出力均等。

3. 升温和升压过程中的安全措施

(1) 在冷态启动前，过热器管内一般都有积水，在积水全部蒸发或排除之前，过热器或某些过热管几乎没有蒸汽流过，管壁温度接近于烟气温度。此后的一段时间内，过热器蒸汽流量很小，冷却作用不大，管壁温度仍接近烟温。因此，为保护过热器，一般在锅炉蒸发量小于10%额定值时，限制过热器入口烟温。

随着汽包压力的升高，过热器的蒸汽流量增大，冷却作用增强，这时就可逐步提高烟温，同时限制出口气温来保护过热器，此限值通常比额定负荷时低50～100℃。

(2) 自然循环汽包锅炉点火以后，应控制锅水饱和温度温升率符合制造厂家的要求。

运行中要控制汽包任意两点间壁温差不超出制造厂家限额，厂家无规定时可控制在50℃及其以下。

通常以控制升压速度来控制升温速度。启动过程中如升温太快，会产生较大的热应力而危及设备的安全。一般来说，启动中除考虑燃烧安全外，还需考虑升温速度。升温速度取决于燃烧率，因此启动过程中升温速度和燃烧率都有严格的限制。但因升温升压太慢又势必拖长启动时间和增加启动损失，故应综合各种影响因素，优化锅炉的启动过程。

在升压过程中，汽包壁温差和应力是变化的。升压初期，油枪或燃烧器投入少，炉膛火焰充满程度较差，水冷壁受热的不均匀性较大；同时炉内温度以及各受热面和工质的温度都较低，而工质压力较低时汽化潜热较大，因此水冷壁内产汽量较小，自然循环不良，汽包里的水流速度也很慢。此时汽包的下部与流动缓慢的水接触传热，金属温度升高较慢；而汽包上部与饱和蒸汽接触，蒸汽对汽包壁凝结放热，放热系数比汽包下部大很多，金属温度升高较快，因此在这种条件下汽包上下壁温会产生较大偏差。为保护汽包的安全和使用寿命，在启动过程中，汽包壁任意两点间的温差不许超过50℃，这限制了启动初期锅炉的升温速度，各类锅炉允许的升温速度见表2-1。

表2-1　各类锅炉的允许升温速度

锅炉类型	允许升温速度/(℃/min)
自然循环锅炉汽包内工质	1～1.5
一次上升型直流锅炉下辐射受热面出口工质	2.5
控制循环锅炉汽包内工质	3.7

随锅炉的受热加强，水循环渐趋正常，汽包上下壁温差也逐渐减小。但沿汽包壁径向的内外壁温差始终存在，该温差引起的热应力与温差大小呈线性关系。温差与升温速度亦呈线性关系，工质升温越快，内外壁的温差和由此而引起的热应力也越大，为保证锅炉汽包的工作寿命，升温升压速度也受到限制。

(3) 升压初期，水循环尚未建立，炉膛内热负荷分布不均，连接在同一下联箱上的水冷壁管会受热不均，管子和联箱都要承受热应力作用，严重时会使下联箱弯曲或管子受损，尤其是膜式水冷壁。所以启动过程中应监视膨胀情况，如发现异常，应立即停止升温升压，并采取相应措施进行消除。启动过程中适当更换点火油枪或燃烧器的位置，可使水冷壁受热趋于均匀。对于水循环弱、受热差的水冷壁，一种办法是可采用下联箱放水（排污）方式，把汽包中较热的水引下来，以加热水冷壁管，同时促进水循环。另外，放水可加强汽包的流动，减少汽包上下壁温差。另一种办法是用外来蒸汽通入下联箱进行炉底加热，促进水循环。

(4) 锅炉启动期间，对省煤器要有一定的保护措施。启动期间，锅炉耗水量不多，只能采取间断给水方式维持汽包水位。断水期间，省煤器内会因生成少量蒸汽在蛇形管内形成汽塞，而使管壁局部超温。此外，间断的给水会使省煤器管的温度时高时低，产生交变的应力发生疲劳损伤。为了保护省煤器，自然循环锅炉在汽包与省煤器下联箱之间装有再循环管。为了防止给水短路进入汽包，当锅炉上水时，省煤器再循环门应关闭，当锅炉不上水时开启省煤器再循环门。

4. 控制循环汽包锅炉的启动特点

控制循环汽包锅炉的冷态启动过程与自然循环汽包锅炉基本相同。锅炉升温升压速度可不受汽包壁温差的限制，但必须符合制造厂家升温升压曲线的要求。一般情况下，启动时要求全部锅水循环泵投入运行。由于锅水循环泵的运行，在各种负荷下蒸发区水冷壁内工质的质量流速变化不大，而且启动初期蒸发段中工质流量相对较大，从点火开始至锅炉带满负荷，水冷壁之间温度偏差相对较小，无需采取特殊措施。

5. 直流锅炉的启动特点

对于超超临界参数的锅炉，直流锅炉是唯一可以采用的一种锅炉炉型。由于直流锅炉结构和工作原理的特殊性，使其启动过程也具有一些特殊性；和汽包炉相比，其启动有相近的地方，但也具有特点，其主要特点为：

(1) 为保证受热面的安全工作，直流锅炉启动一开始就必须建立启动流量和启动压力，而在启动过程中，顺次出来的工质是水、水蒸气。为了减少热量损失和工质损失，装设了启动旁路系统。

(2) 自然循环锅炉和控制循环锅炉由于有汽包，升温升压过程进行得慢，否则热应力太大；而直流锅炉没有汽包，升温过程可以快一些，即直流锅炉启动快。

(三) 热态启动

自然循环汽包炉、控制循环汽包炉的热态启动与冷态启动基本相同，只是起点不同，因此可以简化相应的操作。热态启动因点火前锅炉已具有一定的压力和温度，所以点火后升温升压速度可稍快些。视锅炉现有压力情况，合理调整高、低压旁路，有关疏水门开度及炉内燃烧，使蒸汽参数满足汽轮机冲转的要求。

直流锅炉热态启动当给水温度高于104℃时锅炉可上水，并严格控制上水流量。锅炉上水过程中不进行排放及冷态清洗。锅炉通过工质膨胀的操作，在汽轮机冲转前后均可进行，但应避免与冲转同时进行。在先膨胀后冲转时，应控制过热器后烟温不超过500℃。

(四) 锅炉停运

锅炉机组的停运（停炉）是指对运行的锅炉切断燃料、停止向外供汽并逐步降压冷却的过程。锅炉机组的停运分为正常停运和事故停运两种情况。对于母管供汽的中小机组，机炉停运可以同时进行，也可以分开进行；对于大型单元机组，停炉和停机是同时进行的。

汽包锅炉的正常停运根据不同的停运目的，在运行操作上有定参数停运和滑参数停运两种方式。

1. 定参数停运

这种方式多用于设备、系统的小缺陷修理，或调峰机组热备用时所需要的短期停运。此时，应最大限度地保持锅炉蓄热，以缩短再次启动的时间。在停运或减负荷过程中，基本上维持主蒸汽参数为定值，锅炉逐渐降低燃烧强度，汽轮机逐渐关小调速汽门减负荷。在减负荷过程中，按运行规程规定进行系统切换和附属设备的停运和旁路系统的投入。锅炉停燃料后，发电机负荷减为零时，发电机解列，打闸停机。

汽包锅炉定参数停运时，应尽量维持较高的过热蒸汽压力和温度，减少各种热损失。降负荷速率按汽机要求进行，随着锅炉燃烧率的降低，汽温逐渐下降，但应保持过热蒸汽温度符合制造厂及汽机要求，否则应适当降低过热蒸汽压力。

停运后适当开启高、低压旁路或过热器出口疏水阀一定时间（约 30min），以保证过热器、再热器有适当的冷却。

2. 滑参数停运

单元机组的计划检修停运，通常采用滑参数停运方式。在汽机调速汽门全开的情况下，锅炉逐渐减弱燃烧，降低蒸汽压力和温度，汽机降负荷。随着蒸汽参数和负荷的降低，机组部件得到较快和较均匀地冷却，缩短了停运后冷却的时间。

（1）通常先将机组负荷减至 80%～85%额定值，锅炉调整蒸汽参数到运行允许值下限，汽机开大调速汽门，稳定运行一段时间，并进行一些停机准备工作和系统切换，然后再按规定的滑停曲线降温、降压、降负荷。在滑停过程中锅炉必须严格控制汽温、汽压的下降速度，在整个滑停的各阶段中，蒸汽温度、压力下降速度是不同的，在高负荷时下降速度较为缓慢，低负荷时可以快些。一般锅炉主蒸汽压力下降速度不大于 0.05MPa/min，主蒸汽温度不大于 1.5℃/min，再热蒸汽温度不大于 2.5℃/min。主蒸汽和再热蒸汽温度始终具有 50℃以上过热度，以防蒸汽带水。

（2）随着锅炉负荷降低，及时调整送、引风量，保证各类风的协调配合，保持燃烧稳定。根据负荷及燃烧情况，适时投油，稳定燃烧。

（3）配置中间储仓式制粉系统的锅炉，应根据煤仓煤位和粉仓粉位情况，适时停用部分磨煤机。根据负荷情况，停用部分给粉机。停用磨煤机前，应将系统内煤粉抽吸干净，停用给粉机后，将一次风系统吹扫干净，然后停用排粉机或一次风机。配直吹式制粉系统的锅炉，根据负荷需要，适时停用部分制粉系统，并吹扫干净。

（4）根据汽温情况，及时调整或解列减温器。汽轮机停机后，再热器无蒸汽通过时，控制炉膛出口烟温不大于 540℃。

（5）锅炉汽压、汽温降至停机参数、电负荷降至汽机允许的最低负荷时，锅炉熄火。

（6）熄火后，维持正常的炉膛负压及 30%以上额定负荷的风量，进行炉膛吹扫 5～10min，控制循环锅炉应至少保留一台锅水循环泵运行。

（7）在整个滑参数停炉过程中，严格监视汽包壁温，任意两点间的温差不允许超过制造厂家的规定值；严格监视汽包水位，及时调整，确保水位正常。停炉过程中，按规定记录各部膨胀值。

（五）锅炉的事故停运

当锅炉机组发生事故，若不停止锅炉运行就会损坏设备或危及运行人员安全而必须停止锅炉运行时的停运，称为事故停运。

（1）遇有下列情况之一时，应紧急停炉。

1）锅炉具备跳闸条件而保持拒动。

2）锅炉严重满水或严重缺水时。

3）锅炉所有水位表计损坏时。

4）直流锅炉所有给水流量表损坏，造成主汽温度不正常，或主汽温度正常但 30min 内给水流量表未恢复时。

5）主给水管道、过热蒸汽管道或再热蒸汽管道发生爆管时。

6）水冷壁管爆管，威胁人身或设备安全时。

7）直流锅炉给水中断时，或给水流量在一定时间小于规定值时。

8）锅炉压力升高到安全阀动作压力而安全阀拒动，同时向空排汽门无法打开时。

9）所有的引风机（送风机）或回转式空气预热器停止时。

10）锅炉灭火时。

11）炉膛、烟道内发生爆燃时或尾部烟道发生二次燃烧时。

12）锅炉房内发生火灾，直接威胁锅炉的安全运行时。

13）直流锅炉安全阀动作后不回座，压力下降、或各段工质温度变化到不允许运行时。

14）热控仪表电源中断，无法监视、调整主要运行参数时。

15）再热蒸汽中断时（制造厂有规定者除外）。

16）锅水循环泵全停或出、入口差压低于规定值时。

紧急停炉时，锅炉主燃料跳闸（MFT）。如 MFT 未动，应将自动切换至手动操作；立即停止所有燃料，锅炉熄火；保持汽包水位（不能维持正常水位事故除外）、关闭减温水阀、开启省煤器的再循环门（省煤器爆管除外），直流锅炉应停止向锅炉进水；维持额定风量的 30%，保持炉膛负压正常，进行通风吹扫；如果引风机（送风机）故障跳闸时，应在消除故障后启动引风机（送风机）通风吹扫，燃煤锅炉通风时间不小于 5min，燃油或燃气锅炉不小于 10min；因尾部烟道二次燃烧停炉时，禁止通风；如水冷壁爆管停炉时，只保留一台引风机运行。

（2）遇有下列情况之一时，应请示故障停炉。

1）锅炉承压部件泄漏，运行中无法消除时。

2）锅炉给水、锅水、蒸汽品质严重恶化，经处理无效时。

3）受热面金属壁温严重超温，经调整无法恢复正常时。

4）锅炉严重结渣或严重堵灰，难以维持正常运行时。

5）锅炉安全阀有缺陷，不能正常动作时。

6）锅炉汽包水位远方指示全部损坏，短时间内又无法恢复时。

故障停炉采用逐步减负荷直至锅炉熄火方式，步骤与正常停炉相同，但停炉速度要快些。

（六）停炉后的保养

1. 防腐蚀

锅炉停运后，若不采取保养措施，溶解在水中的氧以及外界漏入汽水系统的空气中所含的 O_2 和 CO_2 都会对金属产生腐蚀。为减轻锅炉的腐蚀，采用的基本原则是禁止空气进入锅炉汽水系统、保持停用锅炉汽水系统金属表面干燥、在金属表面形成具有防腐蚀作用的薄膜、使金属表面浸泡在含有除氧剂或其他保护剂的水溶液中。锅炉常用的防腐蚀保养方法有气相缓蚀剂法、氨-联胺法（干湿联合法）、热炉放水余热烘干法等。

2. 冬季停炉后的防冻措施

冬季应将锅炉各部分的伴热系统、各辅机油箱加热装置、各处取暖装置投入运行。冬季停炉时，应尽可能采用热炉放水干式保养方式，备用设备的冷却水应保持畅通或将水放净，各人孔门、检查孔及所有风门挡板应关闭严密。

思　考　题

1. 简述锅炉的构成及工作过程。

2. 按照燃烧方式分类，锅炉可分为哪几种？各有哪些特点？

3. 锅炉燃烧系统主要有哪些设备？简述燃烧系统的工作流程。

4. 制粉系统有哪几种形式？各有哪些设备？简述所实习机组制粉系统的工作流程。

5. 汽水系统中要有哪些设备？各设备的作用是什么？简述所实习机组汽水系统的工作流程。

6. 锅炉有哪些主要辅助设备？各设备的作用是什么？熟悉各设备在系统及生产现场的布置位置。

7. 对照所实习机组的运行规程，说明采用滑参数启动有哪些主要操作？

8. 汽包锅炉、直流锅炉的启动特点和注意事项有哪些？

9. 掌握所实习机组的冷态和热态启动过程。

10. 掌握所实习机组的停机过程。熟悉所实习机组启动和停机过程的控制与保护系统。

第三章　燃煤电厂汽轮机设备

汽轮机是以水蒸气为工质，将蒸汽的热能转变为机械能的高速旋转式原动机。汽轮机除作为发电设备外，还广泛应用于冶金、化工、船运等部门来直接驱动各种从动机械，如各种泵、风机、压缩机和船动螺旋桨等。蒸汽在汽轮机中进行的能量转换包括两个过程，即将蒸汽的热能转换成动能和将动能转换成转子旋转的机械能。这种能量转换是在喷嘴和叶片中完成的。为了保证汽轮机安全经济的运行，汽轮机还有一些重要的附属设备，如凝汽设备、回热加热设备、调节保护以及供油系统等。汽轮机及附属设备由管道和阀门组成的整体称为汽轮机设备。汽轮机与发电机的组合称为汽轮发电机组。

第一节　汽轮机的一般概念

一、汽轮机的主要性能参数和指标

（一）主要性能参数

1. 汽轮机的容量

汽轮机的容量俗称出力，是汽轮机主轴联轴器端输出的功率，一般是指汽轮机驱动发电机所能发出的功率，单位为 kW 或 MW。常用的有额定容量和最大容量两种。

额定容量（RO）是汽轮机在规定的热力系统和补水率，各项参数均为额定值以及对应于夏季最高循环水温的排汽压力等条件下，驱动发电机能连续输出的功率。此功率应在铭牌上标示，故又称铭牌容量。

最大容量又称最大连续出力（MCR），是指汽轮机在制造厂给定的蒸汽参数及补水率等条件下，维持最大连续进汽量时，可在汽轮发电机端长时间输出的功率。

2. 新蒸汽参数

新蒸汽参数是指汽轮机入口处的蒸汽压力和温度。来自锅炉的新蒸汽流经管道时，要产生压力损失和散热损失。因此，汽轮机进口蒸汽温度和蒸汽压力均比锅炉出口略低。我国燃煤电厂蒸汽参数见表 3－1。

3. 汽轮机的排汽压力

排汽是指从汽轮机排出的做完功的乏汽。汽轮机的排汽压力越低，蒸汽中转换为机械功的热能越多，电厂效率就越高。因此，排汽压力设计得很低，通常为 0.005MPa 左右。

由于汽轮机的排汽处于真空状态，只能用真空表测量排汽的真空值，即：

排汽的真空值＝大气压力－排汽压力

表 3-1　　我国燃煤电厂蒸汽参数

设备参数 / 等级	锅炉出口		汽轮机进汽		机组额定功率/MW
	压力/MPa	温度/℃	压力/MPa	温度/℃	
次中参数	2.55	400	2.35	390	0.75、1.5、3
中参数	3.92	450	3.43	435	6、12、25
高参数	9.9	540	8.83	535	50、100
超高参数	13.7	540/540	13.24	535/535	125
	13.83	540/540	12.75	535/535	200
亚临界	16.77	540/540	16.18	535/535	300、600
	18.27	540/540	16.67	537/537	
超临界	25.4	571/569	24.2	565/560	600
超超临界	26.25	605/603	25	600/600	600、1000

真空值越高表明排汽压力越低。排汽真空（或排汽压力）是汽轮机运行中很重要的参数。真空值降低对机组的经济性和安全性都有很大影响，因此在汽轮机运行中必须保持较高的排汽真空值。

（二）汽轮机运行的经济指标

1. 循环热效率

汽轮机设备的循环热效率是在理想条件下，1kg 蒸汽在汽轮机内转换为机械功的热量与锅炉送出的蒸汽热量之比。目前，大功率汽轮机的循环热效率已达 40%以上。

2. 汽轮机内效率

汽轮机内效率是蒸汽在汽轮机内的实际焓降与理想焓降之比，它是评价汽轮机结构完善程度的一个重要指标。

3. 汽耗率

汽耗率是汽轮发电机每生产 1kW·h 电量所需要的蒸汽量，一般为 3.0～3.2kg/(kW·h)。

4. 热耗率

热耗率是汽轮发电机每生产 1kW·h 电量所需要的热量。300～600MW 汽轮机的热耗率为 7650～8080kJ/(kW·h)。

（三）汽轮机运行的安全指标

1. 可用率

可用率指上一年中机组能正常运行的累计小时数与全年日历小时数之比，以百分比来表示。全年机组能正常运行的累计小时数为全年中扣除事故停机和检修停机的时间。

2. 等效可用率

等效可用率为正常运行的累计小时数再扣除不能满发的时间的可用率。

3. 强迫停机率

强迫停机率是指在全年中，机组因零部件故障被迫停机的累计小时数与全年运行小时数及被迫停机累计小时数之和的比值，以百分比表示。

4. 等效强迫停机率

等效强迫停机率为机组计及降低出力所影响的强迫停机率。

二、汽轮机的分类及型号

（一）汽轮机的分类

1. 按工作原理分类

（1）冲动式汽轮机。主要由冲动级组成，蒸汽主要在喷嘴叶栅（或静叶栅）中膨胀，在动叶栅中只有少量膨胀。

（2）反动式汽轮机。主要由反动级组成，蒸汽在喷嘴叶栅（或静叶栅）和动叶栅中都进行膨胀，且膨胀程度相同。现代喷嘴调节的反动式汽轮机，因反动级不能做成部分进汽，故第一级调节级常采用单列冲动级或双列速度级。

2. 按热力特性分类

（1）凝汽式汽轮机。蒸汽在汽轮机中膨胀做功后，进入高度真空状态下的凝汽器，凝结成水。

（2）背压式汽轮机。排汽压力高于大气压力，直接用于供热，无凝汽器。当排汽作为其他中、低压汽轮机的工作蒸汽时，称为前置式汽轮机。

（3）调整抽汽式汽轮机。从汽轮机中间某几级后抽出一定参数、一定流量的蒸汽（在规定的压力下）对外供热，其排汽仍排入凝汽器。根据供热需要，有一次调整抽汽和二次调整抽汽之分。

（4）中间再热汽轮机。蒸汽在汽轮机内膨胀做功过程中被引出，再次加热后返回汽轮机继续膨胀做功。背压式汽轮机和调整抽汽式汽轮机统称为供热式汽轮机。目前凝汽式汽轮机均采用回热抽汽和中间再热。

3. 按主蒸汽参数分类

进入汽轮机的蒸汽参数是指进汽的压力和温度，按不同的压力等级可分为以下几种。

（1）低压汽轮机。主蒸汽压力小于1.5MPa。

（2）中压汽轮机。主蒸汽压力为2～4MPa。

（3）高压汽轮机。主蒸汽压力为6～10MPa。

（4）超高压汽轮机。主蒸汽压力为12～14MPa。

（5）亚临界压力汽轮机。主蒸汽压力为16～18MPa。

（6）超临界压力汽轮机。主蒸汽压力大于22.15MPa。

（7）超超临界压力汽轮机。主蒸汽压力大于32MPa（不同国家或地区对超超临界压力汽轮机的说法各异）。

此外，按汽流方向分类可分为轴流式汽轮机和辐流式汽轮机；按用途分类可分为电站汽轮机、工业汽轮机和船用汽轮机；按汽缸数目分类可分为单缸、双缸和多缸汽轮机；按机组转轴数目分类可分为单轴和双轴汽轮机；按工作状况分类可分为固定式汽轮机和移动式汽轮机等。

（二）国产汽轮机产品型号组成及蒸汽参数表示法

为了便于识别汽轮机的类别，常用一些符号来表示它的基本特性或用途，这些符号称为汽轮机的型号。我国生产的汽轮机所采用的系列标准及型号已经统一，主要由汉语拼音和数字所组成。

1. 产品型号组成

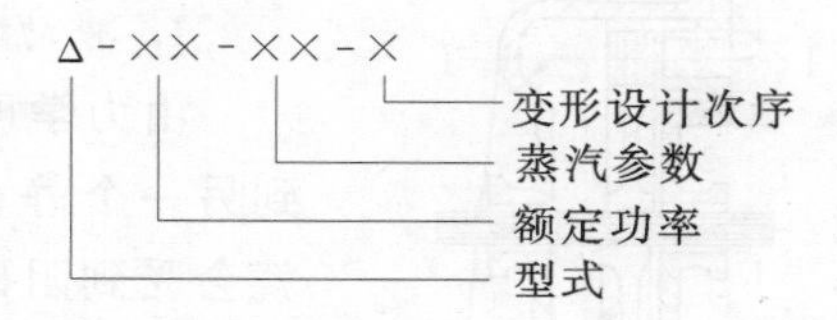

2. 汽轮机型号的汉语拼音代号

汽轮机型号的汉语拼音代号见表3-2。

表3-2 汽轮机型号的汉语拼音代号

代号	N	B	C	CC	CB	H	Y
型式	凝汽式	背压式	一次调整抽汽式	二次调整抽汽式	抽汽背压式	船用	移动式

3. 汽轮机型号中蒸汽参数表示法

汽轮机型号中蒸汽参数表示法见表3-3。

表3-3 汽轮机型号中蒸汽参数表示法

型式	参数表示方法	示 例
凝汽式	主蒸汽压力/主蒸汽温度	N100-8.83/535
中间再热式	主蒸汽压力/主蒸汽温度/中间再热温度	N30016.7/535/538
抽汽式	主蒸汽压力/高压抽汽压力/低压抽汽压力	C50-8.83/0.98/0.118
背压式	主蒸汽压力/背压	B50-8.83/0.98
抽汽背压式	主蒸汽压力/抽汽压力/背压	CB25-8.82/0.98/0.118

第二节 汽轮机级的工作原理

一、汽轮机的基本工作原理

在汽轮机中，级是最基本的工作单元，在结构上它是由喷嘴和其后的动叶栅组成。蒸汽的热能转变成机械能的能量转变过程就是在级内进行的。汽轮机从结构上可分为单级汽轮机和多级汽轮机。只有一个级的汽轮机称单级汽轮机，有多个级的汽轮机称多级汽轮机。图3-1是最简单的单级汽轮机主要部分的结构。动叶按一定的距离和一定的角度安装在叶轮上形成动叶栅，并构成许多相同的蒸汽通道。动叶栅装在叶轮上，与叶轮以及转轴组成汽轮机的转动部分，称为转子。静叶按一定的距离和一定的角度排列形成静叶栅，静叶栅固定不动，构成的蒸汽通道称为喷嘴。具有一定压力和温度的蒸汽先在喷嘴中膨胀，蒸汽压力、温度降低，速度增加，使其热能转换成动能，从喷嘴出来的高速汽流，以一定的方向进入动叶通道，在动叶通道中汽流速度改变，对动叶产生一个作用力，推动转子转动，完成动能到机械能的转换。在汽轮机的级中能量的转变是通过冲动作用原理和反动作用原理两种方式实现的。

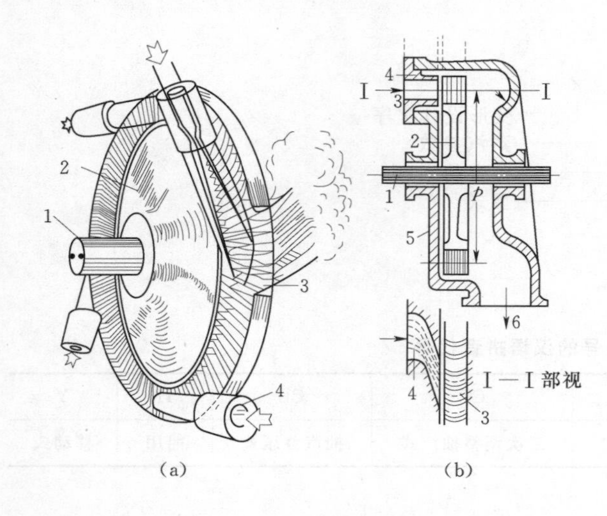

图3-1　单级汽轮机结构
(a) 立体图；(b) 剖面图
1—主轴；2—叶轮；3—动叶；4—喷嘴；5—汽缸；6—排汽口

（一）冲动作用原理和反动作用原理

1. 冲动作用原理

由力学可知，当一个运动的物体碰到另一个静止的或速度不同的物体时，就会受到阻碍而改变其速度的大小和方向，同时给阻碍它运动的物体一个作用力，这个力称为冲动力。冲动力的大小取决于运动物体的质量和速度变化，质量越大，冲动力越大；速度变化越大，冲动力越大。若在冲动力的作用下，阻碍运动的物体速度改变，则运动物体就做出了机械功。根据能量守恒定律，运动物体动能的变化值就等于其做出的机械功。利用冲动力做功的原理就是冲动作用原理。在汽轮机中，从喷嘴中流出的高速汽流冲击在汽轮机的动叶上，受到动叶的阻碍而改变其速度的大小和方向，同时汽流给动叶施加了一个冲动力。在这个冲动力的作用下，动叶片带动叶轮转动起来。这种主要依据冲动力做功的级称为冲动级。

2. 反动作用原理

反动力是由原来静止或运动速度较小的物体，在离开或通过另一物体时，骤然获得一个较大的速度增加而产生的。例如火箭内燃料燃烧所产生的高压气体以很高的速度从火箭尾部喷出，这时从火箭尾部喷出的高速气流就给火箭一个与气流方向相反的作用力，在此力的推动下火箭就向上运动。这种由于膨胀加速产生的作用力称为反动力。在汽轮机中，蒸汽在动叶构成的汽道内膨胀加速时，汽流必然对动叶片作用一个反动力，推动叶片运动，做机械功，这就是反动做功原理。随着反动力的产生，蒸汽在动叶栅中完成了两次能量的转换，首先是蒸汽经动叶通道膨胀，将热能转换成蒸汽流动的动能，蒸汽进入动叶对动叶产生冲动力，同时在动叶中继续膨胀加速，则又给动叶栅一个反动力，推动转子转动，完成动能到机械功的转换。如果蒸汽在喷嘴中的膨胀和在动叶中的膨胀一样，这种级称为反动级。在多级汽轮机中蒸汽依次通过各级膨胀做功。从最后一级排出的蒸汽（称为汽轮机排汽或乏汽）进入凝汽器再凝结成水。多级汽轮机做功为汽轮机各级做功的和，新蒸汽的压力和温度高，热效率也高。如哈尔滨汽轮机厂生产的600MW超临界汽轮机，共有44级，3个汽缸，新蒸汽压力24.2MPa，温度566℃，再热温度566℃，汽轮机总内效率为91.07%。

（二）汽轮机级的类型

汽轮机级的动叶栅可以仅受蒸汽冲动力的作用，也可以既受冲动力的作用，又受反动力的作用。在汽轮机中，蒸汽在动叶栅中的膨胀程度称为级的反动度，用符号 Ω_m 表示。它等于蒸汽在动叶栅中膨胀时的理想焓降 Δh_b 与整个级的滞止理想焓降 Δh_t^* 之比，即：

$$\Omega_m=\frac{\Delta h_b}{\Delta h_t^*} \tag{3-1}$$

实际上蒸汽参数沿叶高是变化的，在动叶不同直径截面上的理想焓降是不同的。因此，反动度沿动叶高度也不相同。对于较短的直叶片级，由于蒸汽参数沿叶高差别不大，所以通常不计反动度沿叶高的变化，均用平均反动度表示级的反动度。对于长叶片级，在计算不同截面时，须用相应截面的反动度。

按不同的分类方法，汽轮机的级可以分成多种类型。根据蒸汽在级中的流动方向，可以将汽轮机的级分为轴流式和辐流式两种，电厂汽轮机大多采用轴流式级；根据蒸汽在动叶格栅中的膨胀程度，即反动度的大小，汽轮机的级可分为冲动级和反动级，冲动级又包括纯冲动级、带反动度的冲动级和复速级。

1. 纯冲动级

反动度 $\Omega_m=0$ 的级称为纯冲动级。蒸汽只在喷嘴中膨胀，将蒸汽的热能转变成动能。在动叶中无膨胀，只随汽道形状改变其流动方向，蒸汽仅对动叶施加冲动力，而将动能转化为机械功。纯冲动级的特点是动叶栅流道横截面积沿流向近似不变，且动叶片的截面形状也是对称的。

2. 带反动度的冲动级

由于纯冲动级的流动效率较低，通常在冲动级中，使蒸汽在动叶中也有少部分膨胀加速，以提高其流动效率。冲动级的反动度通常取0.05～0.20。蒸汽的膨胀大部分在喷嘴叶栅中进行，只有一小部分在动叶栅中进行。蒸汽对动叶栅的作用力以冲动力为主，但也有一部分反动力。它的做功能力比反动级的大，效率又比纯冲动级的高，在汽轮机中得到广泛应用。

3. 复速级

为了增大单级汽轮机的功率，就必须增加级的焓降。在叶轮圆周速度不变的情况下，排汽速度必将随着增大。这就使余速损失变大，级的效率降低。为了充分利用余速，可在喷嘴之后配置2列（甚至3列）动叶片，在两列动叶片之间再装置一列静止的导向叶栅以改变汽流方向，使与下列动叶进汽方向相符，这样构成的级称为速度级，当为两列动叶时称复速级。这种级可承担较大的焓降，具有较大的功率，但效率较低。中、小容量汽轮机为了减少级数，简化整体结构，其调节级通常采用复速级；用于拖动水泵、油泵、风机的单级汽轮机也多采用复速级。因为复速级的效率低，大容量汽轮机要保持高效率，即使在要求有较大焓降的调节级中也很少使用。

4. 反动级

通常把 $\Omega_m=0.5$ 的级称为反动级。这表明整个级中的蒸汽焓降平均分配在喷嘴和叶片中。蒸汽流经动叶通道时，除了给动叶施加冲动力外，由于在动叶中膨胀、加速，还给动叶一个较大的反作用力。它的结构特点是动叶叶型和喷嘴叶型相同。反动级的效率比冲动级高，但做功能力比较小。

按照工作特性，还可以将汽轮机级分为速度级和压力级。速度级是以利用蒸汽速度为主的级，其特点是级的焓降较大，喷管出口的汽流速度也较大，为了在一级内充分利用蒸汽热能，通常采用双列或多列复速级的形式。压力级是以利用级组中合理分配的压力降或焓降为主的级，效率较高，又称作单列级。压力级可以是冲动级，也可以是反动级。

按级通流面积是否随负荷大小而变化，将汽轮机级分为调节级和非调节级。在采用喷管配汽方式的汽轮机中，由于第一级的通流面积是随着负荷的变化而改变的，所以喷管配汽的汽轮机第一级称为调节级。调节级可以是复速级，也可以是单列级。通流面积不随负荷而变化的级称为非调节级。

二、级的工作过程

（一）蒸汽在喷管中的流动

喷管叶栅的作用是将蒸汽的热能转换为动能，为了实现这一能量转换过程必须满足一定的力学条件和几何条件。

力学条件即是蒸汽通过喷管叶栅时压力必须降低。因此，蒸汽在喷管中的流动是一个膨胀过程，在理想无损失情况下则是一个等熵膨胀过程。

蒸汽在喷管中流动的几何条件如下：

（1）当喷管内的汽流以亚声速流动时，膨胀汽流的压力降低，速度增大，则喷管流道的截面积就需要逐渐减小，这种喷管就是收缩喷管。

（2）当喷管内的汽流以超声速流动时，膨胀汽流的压力降低，速度增大，则喷管流道的截面积就需要逐渐增大，这种喷管就是渐扩喷管。

（3）当喷管内的汽流以声速流动时，膨胀汽流的压力降低，速度增大，但喷管流道截面积的变化为零，这个截面称为临界截面或称喉部截面。

如果想通过喷管将汽流速度从亚声速增加到超声速，则喷管截面积就需要沿流动方向先逐渐收缩至最小，然后再逐渐增大，这种形式的喷管称为缩放喷管或拉伐尔喷管。

1. 喷管出口的速度

根据能量方程式，喷管出口的理想速度为：

$$c_{1t}=\sqrt{2(h_0-h_{1t})+c_0^2}=\sqrt{2\Delta h_n+c_0^2} \tag{3-2}$$

式中　c_{1t}——喷管出口的理想速度，m/s；

h_0——喷管进口蒸汽的初比焓，J/kg；

h_{1t}——蒸汽等熵膨胀的终比焓，J/kg；

Δh_n——蒸汽在喷管中的理想比焓降，J/kg；

c_0——喷管进口蒸汽的初速度，m/s。

计算时，蒸汽比焓始值均可在水蒸气的焓熵图中查得，较为方便。

为了便于计算分析，将汽流等熵滞止到初速为零的滞止状态点 O^*，此时蒸汽参数称为滞止参数，即喷管进口状态由原来具有初速 c_0 的初参数 p_0、t_0、h_0 的 O 点转变为初速为零的滞止参数为 p_0^*、t_0^*、h_0^* 的 O^* 点。

2. 喷管出口的流量

当不考虑流动损失时，通过喷管的理想流量为：

$$G_{nt}=A\frac{c_{1t}}{v_{1t}} \tag{3-3}$$

通过喷管的最大流量即临界流量，过热蒸汽为：

$$G_{tcr}=0.667A_n\sqrt{p_0^*/v_0^*} \tag{3-4}$$

饱和蒸汽为：

$$G_{tcr}=0.635A_n\sqrt{p_0^*/v_0^*} \tag{3-5}$$

由于蒸汽的实际流动过程有损失，通过喷管的实际流量并不等于理想流量，故喷管的实际流量为：

$$G_n=A_n\frac{c_1}{v_1}=A_n\frac{v_{1t}}{v_1}\frac{\varphi c_{1t}}{v_{1t}}=\varphi\frac{v_{1t}}{v_1}G_{nt}=\mu_nG_{nt} \tag{3-6}$$

$$\mu_n=\varphi\frac{v_{1t}}{v_1} \tag{3-7}$$

式中　A_n——喷管出口截面积，m^2；

v_{1t}、v_1——喷管出口蒸汽的理想比体积和实际比体积，m^3/kg；

μ_n——喷管的流量系数。

由流量系数的表达式可以看出，它不仅与速度系数的大小有关，还与流动损失的比体积变化有关，即与蒸汽状态有关。

3. 蒸汽在渐缩斜切喷管中的膨胀

在汽轮机中，为了使蒸汽进入动叶流道时更好地将动能转换为机械功，在喷管出口背弧处均有一段斜切部分，如图 3-2 所示，其中 ABC 为斜切部分。

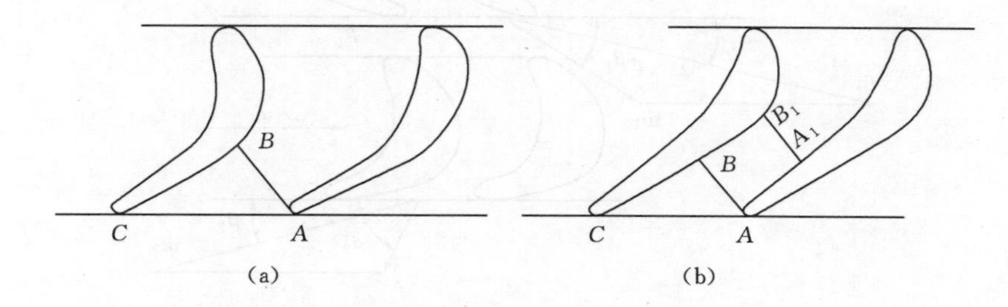

图 3-2　喷管斜切部分

(a) 渐缩喷管；(b) 缩放喷管

当喷管的压力比不小于临界压力比时，喷管喉部截面 AB 上的流速不大于声速。蒸汽的膨胀过程发生在渐缩部分，斜切部分只起导流作用。

当喷管的压力比小于临界压力比时，最小截面 AB 上的汽流保持临界压力，流速为临界流速。在斜切部分蒸汽将继续膨胀到喷管出口压力，流速增加，达到超声速，同时汽流发生偏转。

随着喷管背压的降低，斜切部分的膨胀程度不断增大，当蒸汽斜切部分的膨胀能力用完时，则喷管的膨胀达到了极限，此时的工况称为喷管的膨胀极限工况，此时喷管的背压为极限压力。达到极限膨胀后，若继续降低喷管背压，汽流的一部分膨胀将发生在斜切部分之外（即口外膨胀），称为膨胀不足。因为口外膨胀是紊乱的膨胀，会带来较大的能量损失，所以应避免发生这种现象。

（二）蒸汽在动叶中的流动

动叶与喷管的不同之处在于动叶本身以圆周速度 u 旋转，如果把坐标建立在动叶上，蒸汽在喷管中流动的一些结论同样可以适用于蒸汽在动叶中的流动。

当把坐标取在动叶上时，动叶的圆周速度 $\vec{u}$ 为牵连速度，蒸汽相对于动叶的速度为相对速度 $\vec{w}$，蒸汽相对于静止喷管的速度为绝对速度 $\vec{c}$，由理论力学可知三者的关系为：

$$\vec{c}=\vec{w}+\vec{u} \tag{3-8}$$

3 个矢量绘出的矢量三角形称为速度三角形，包括进口速度三角形和出口速度三角形，如图 3-3 所示。进口速度三角形参数的下角标用 1 表示，出口速度三角形参数的下角标用 2 表示，绝对速度的方向角用 α 表示，相对速度的方向角用 β 表示。

圆周速度为：

$$u=\frac{\pi d_m n}{60} \tag{3-9}$$

式中　d_m——动叶的平均直径，m；

n——汽轮机的转速，r/min。

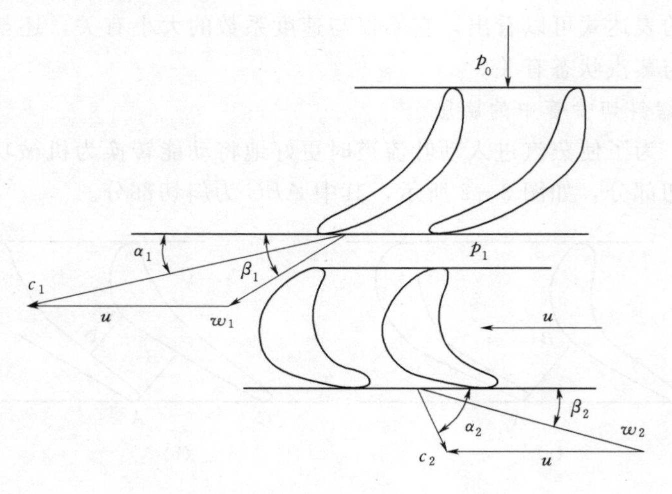

图 3-3　动叶栅进出口速度三角形

通过动叶栅的进口速度三角形，可求出蒸汽在动叶进口的相对速度的大小和方向，即：

$$w_1=\sqrt{c_1^2+u^2-2c_1u\cos\alpha_1} \tag{3-10}$$

$$\beta_1=\arcsin\left(\frac{c_1\sin\alpha 1}{w_1}\right)=\arctan\left(\frac{c_1\sin\alpha_1}{c_1\cos\alpha_1-u}\right) \tag{3-11}$$

通过动叶栅的出口速度三角形，可求出蒸汽在动叶出口的绝对速度的大小和方向，即：

$$c_2=\sqrt{w_2^2+u^2-2w_2u\cos\beta_2} \tag{3-12}$$

$$\alpha_2=\arcsin\left(\frac{w^2\sin\beta_2}{c_2}\right)=\arctan\left(\frac{w_2\sin\beta_2}{w_2\cos\beta_2-u}\right) \tag{3-13}$$

对于纯冲动级，$\beta_2=\beta_1$；对于一般的冲动级，$\beta_2=\beta_1-(3°-10°)$；对于反动级，$\beta_2=\alpha_1$。

式（3-12）中动叶出口的相对速度，可利用能量方程得到。若蒸汽在动叶栅中的流动过程为可逆过程，则动叶出口的理想速度为：

$$w_{2t}=\sqrt{2(h_1-h_{2t})+w_1^2}=\sqrt{2\Omega_m\Delta h_t^*+w_1^2}=\sqrt{2\Delta h_b^*} \tag{3-14}$$

与喷管类似，动叶中实际的流动过程也存在损失，使得动叶出口的实际相对速度小于理想相对速度。引入动叶速度系数 ψ 来反映流动损失的大小，即：

$$\psi=\frac{w_2}{w_{2t}} \tag{3-15}$$

动叶栅的能量损失为：

$$\Delta h_{b\zeta}=\frac{1}{2}(w_{2t}^2-w_2^2)=(1-\psi^2)\Delta h_b^* \tag{3-16}$$

动叶的速度系数 ψ 与动叶高度、反动度、叶型、动叶片的表面粗糙度等因素有关，其值通过实验得到，通常取 0.85～0.95。

为了使用方便，通常将动叶栅进、出口速度三角形绘在一起。

（三）轮周功及轮周效率

1. 蒸汽对动叶的作用力

从喷管流出的高速汽流进入动叶通道流动时，由于汽流速度的方向发生变化，对动叶产生了冲动力，当反动度大于零时，又由于汽流速度的大小发生了变化，对动叶产生反动力。冲动力和反动力的合力为蒸汽对动叶的作用力 F_b。通常将这一合力 F_b 分解为沿圆周速度方向的周向力 F_u 和沿汽轮机轴线方向的周向力 F_z，如图 3-4 所示。周向力推动叶轮旋转做功，轴向力使转子产生轴向位移。在控制体 $abcd$ 内，利用动量定理可以求出动叶对质量为 δm 蒸汽的作用力。根据牛顿第三定律，蒸汽对动叶的作用与动叶对蒸汽的作用力是一对大小相等、方向相反的作用力和反作用力。

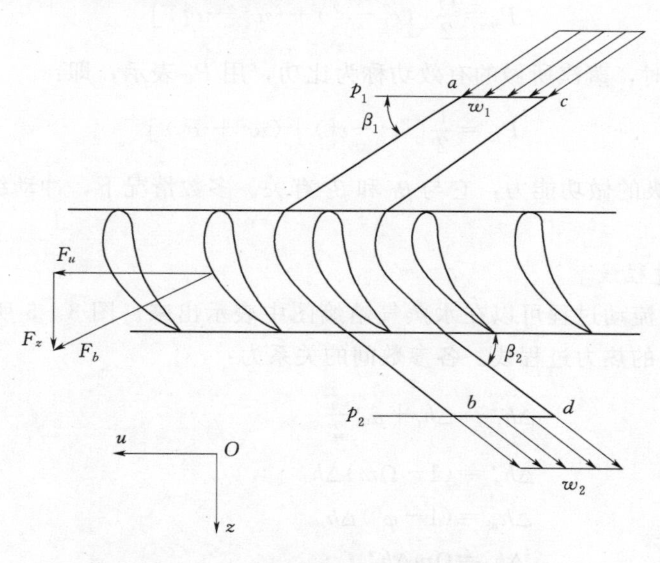

图 3-4　蒸汽流过动叶栅的作用力

为了分析方便，以图示坐标方向为正方向，蒸汽在圆周方向的动量变化应等于圆周方向的冲量，即：

$$-F_u\delta t=\delta m(w_{2u}-w_{1u})=\delta m(-w_2\cos\beta_2-w_1\cos\beta_1)$$

$$F_u=\frac{\delta m}{\delta t}(w_2\cos\beta_2+w_1\cos\beta_1)$$

令 $G=\dfrac{\delta m}{\delta t}$ 为单位时间内所通过的蒸汽质量，则：

$$F_u=G(w_1\cos\beta_1+w_2\cos\beta_2)$$

或

$$F_u=G(c_1\cos\alpha_1+c_2\cos\alpha_2) \tag{3-17}$$

同理，蒸汽在轴向的动量变化量等于轴向的作用冲量，即：

$$[-F_z+A_z(p_1-p_2)]\delta t=\delta m(w_{2z}-w_{1z})=\delta m(w_2\sin\beta_2-w_1\sin\beta_1)$$

$$F_z=\frac{\delta m}{\delta t}(w_1\sin\beta_1-w_2\sin\beta_2)+A_z(p_1-p_2)$$

$$F_z=G(w_1\sin\beta_1-w_2\sin\beta_2)+A_z(p_1-p_2) \tag{3-18}$$

或

$$F_z=G(c_1\sin\alpha_1-c_2\sin\alpha_2)+A_z(p_1-p_2) \tag{3-19}$$

蒸汽对动叶的总作用力 F_b 为：

$$F_b=\sqrt{F_u^2+F_z^2} \tag{3-20}$$

2. 轮周功率

汽流的周向力在单位时间内对动叶所做的功，称为轮周功率 P_u，单位为 W，表达式为：

$$P_u=F_u u=G_u(w_1\cos\beta_1+w_2\cos\beta_2)$$
$$=G_u(c_1\cos\alpha_1+c_2\cos\alpha_2) \tag{3-21}$$

利用动叶进、出口速度三角形的余弦定理，轮周速率的另一表达式为：

$$P_u=\frac{G}{2}[(c_1^2-c_2^2)+(w_2^2-w_1^2)] \tag{3-22}$$

当 $G=1\text{kg/s}$ 时，蒸汽所做的有效功称为比功，用 P_{ul} 表示，即：

$$P_{ul}=\frac{1}{2}[(c_2^2-c_1^2)+(w_2^2+w_1^2)] \tag{3-23}$$

通常 P_{ul} 也称级的做功能力，它与 β_1 和 β_2 有关。多数情况下，冲动级比反动级的做功能力强。

3. 级的热力过程线

蒸汽在级内的流动过程可以在水蒸气焓熵图中表示出来。图 3-5 所示为冲动级和纯冲动级在焓熵图上的热力过程线。各参数间的关系为：

$$\Delta h_t^*=\Delta h_t+\mu_0\frac{c_0^2}{2}$$

$$\Delta h_n^*=(1-\Omega m)\Delta h_1^*$$

$$\Delta h_{n\xi}=(1-\varphi^2)\Delta h_n^*$$

$$\Delta h_b=\Omega m\Delta h_t^*$$

$$\Delta h_{b\xi}=(1-\psi^2)\Delta h_b^*\quad\left(\Delta h_b^*=\Delta h_b+\frac{w_1^2}{2}\right)$$

$$\Delta h_{c2}=\frac{c_2^2}{2}$$

图 3-5 中 Δh_u 为级的轮周有效比焓降，它是转换为轮周功的能量，它与比功是等效的，其表达式为：

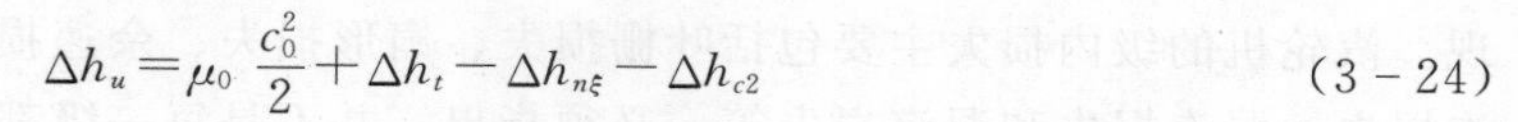

$$\Delta h_u = \mu_0 \frac{c_0^2}{2} + \Delta h_t - \Delta h_{n\xi} - \Delta h_{c2} \tag{3-24}$$

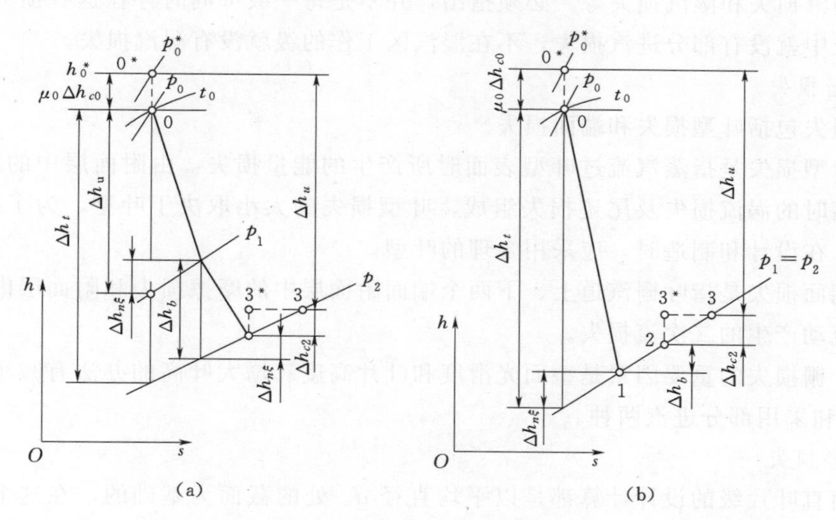

图 3-5　级的热力过程线

(a) 带反动度的冲动级；(b) 纯冲动级

4. 轮周效率

1kg 蒸汽所做的轮周功 P_{u1} 与蒸汽在该级所消耗的理想能量 E_0 之比称为级的轮周效率，用 η_u 表示，即：

$$\eta_u = \frac{P_{u1}}{E_0} \tag{3-25}$$

$$E_0 = \mu_0 \Delta h_{c0} + \Delta h_t - \mu_1 \Delta h_{c2} = \Delta h_t^* - \mu_1 \Delta h_{c2} \tag{3-26}$$

$$\eta_u = 1 - \xi_u - \xi_b - (1-\mu_1)\xi_{c2} \tag{3-27}$$

式中　μ_0、μ_1——本级利用上级余速和本级余速被下级利用的系数；

ξ_n、ξ_b、ξ_{c2}——喷管、动叶及余速能量损失系数。

轮周效率是衡量汽轮机级的工作经济性的一个重要指标。轮周效率的大小取决于喷管、动叶、余速能量损失系数和余速利用系数。减少各项损失和提高余速利用，可以提高轮周效率。当喷管和动叶的叶型选定后，影响轮周效率的主要因素是余速损失系数和余速利用系数。因此，提高轮周效率可以从减小动叶出口的绝对速度 c_2 和提高余速利用程度两个方面入手。对多级汽轮机的大多数级，余速是可以利用的；对于调节级、末级等少数级，余速不能利用，只能设法减小 c_2。

三、级内损失、级的相对内效率和内功率

（一）汽轮机级内损失

输入汽轮机的蒸汽热能中，未能转换为输出机械功率的部分热能称为汽轮机损失。它包括冷源损失、轴承摩擦和带动主油泵等的机械损失以及通流部分的流动损失等。其中，冷源损失最大，但受当地环境温度和热力循环的限制较难改善；机械损失最小，也不易改变。提高汽轮机的热效率主要是通过减少通流部分的流动损失即汽轮机的级内损失来实

现。汽轮机的级内损失主要包括叶栅损失、扇形损失、余速损失、叶轮摩擦损失、部分进汽损失、漏汽损失和湿汽损失等。必须指出，并不是每一级都同时存在这些损失，如在全周进汽的级中就没有部分进汽损失，不在湿汽区工作的级就没有湿汽损失。

1. 叶栅损失

叶栅损失包括叶型损失和端面损失。

(1) 叶型损失是指蒸汽流过叶型表面时所产生的能量损失，由附面层中的摩擦损失、附面层分离时的涡流损失及尾迹损失组成。叶型损失的大小取决于叶型，为了减小损失，提高效率，在设计和制造时，应采用合理的叶型。

(2) 端面损失是指叶栅汽道上、下两个端面附面层中的摩擦损失和附面层内自凹弧向背弧横向流动产生的二次流损失。

影响叶栅损失的重要因素是型面光滑度和叶片高度。增大叶高的办法有减小叶栅的平均直径 d_m 和采用部分进汽两种。

2. 扇形损失

等截面直叶片级的设计计算都是以平均直径 d_m 处的截面为基础的，在这个截面上选择最佳的叶栅节距及汽流角，而实际上汽轮机叶栅是环形叶栅，沿着叶片高度其节距、圆周速度和进汽角都要发生变化，叶片越长，偏离设计值越大，这就增加了流动损失。同时，由于未采用合适的流型，级的轴向间隙中会产生径向流动损失。这些损失统称为扇形损失。采用扭叶片可避免扇形损失。

3. 余速损失

蒸汽流出动叶出口时还有一定的速度，其动能不能再利用时所造成的损失称为余速损失。在多级汽轮机中，前一级的余速可被下一级部分利用。调节级的直径通常大于其后的第一压力级直径，为充分利用其余速，可加装汽流导向板。对于一个孤立的级，余速损失大小取决于速度比，即动叶圆周速度与喷嘴出口汽流速度之比。

4. 叶轮摩擦损失

由于蒸汽的黏性在叶轮表面形成附面层，由叶轮带动旋转，与黏附在隔板和汽缸壁上的附面展之间形成摩擦运动；同时，由于叶轮离心力的带动，在汽室内形成涡流。克服摩擦阻力和涡流消耗的功称为摩擦损失。

从结构上看，可以通过采取减小叶轮与隔板间的轴向间隙和降低叶轮表面粗糙度的方法来减小叶轮摩擦损失。

影响摩擦损失的主要因素是叶轮的转速和级的平均直径，对一台已投运的汽轮机这两个影响因素不变。另外，摩擦损失与蒸汽的比体积成反比。因此，汽轮机高压部分各级的叶轮摩擦损失比低压段各级的大。低压级比体积大，甚至可以不计算这项损失。

对于反动式汽轮机，由于动叶片直接装在轮毂上，因此不考虑叶轮摩擦损失。

5. 部分进汽损失

部分进汽损失是由于级的部分进汽引起的，所以只存在于部分进汽度 $e<1$ 的级中。部分进汽损失由鼓风损失和斥汽损失两部分组成。

(1) 鼓风损失。当级的部分进汽度小于1时，动叶栅只在进入装有喷嘴弧段时才有工作汽流通过。当动叶进入无喷嘴弧段时，动叶产生鼓风作用，消耗一部分有用功，形成鼓风损失。部分进汽度越小，鼓风损失越大。为了减小鼓风损失，除合理选择部分进汽度外，还可采用护罩装置。

（2）斥汽损失。鼓风损失发生在无喷嘴弧段内，而斥汽损失发生在有喷嘴弧段内。当前叶再度进入装有喷嘴的弧段时，工作汽流需首先排斥并加速停滞在动叶汽道中的蒸汽，因而消耗一部分能量，称为斥汽损失。喷嘴组数越多，斥汽损失越大。为了减小斥汽损失，应尽量减小喷管组数。

6. 漏汽损失

冲动式汽轮机隔板两侧有较大压差，在隔板与转轴之间的间隙中，将有一部分蒸汽漏过，造成漏汽损失；具有反动度的冲动级和反动级，动叶两侧存在压差，也有一部分蒸汽由动叶顶端与汽缸之间的间隙漏过；此外，在汽轮机高压端汽缸与轴之间的间隙中也会有蒸汽漏过，均造成漏汽损失。因此，漏汽损失包括隔板漏气损失、动叶顶部漏汽损失、轴端漏汽损失（属于外部损失）。

减少漏汽损失的措施如下：

（1）在动静部分的间隙处安装汽封，如在隔板与主轴之间安装隔板汽封、在叶顶处安装围带汽封、在喷管和动叶的根部设置轴向汽封等。

（2）对于冲动级，在叶轮上开平衡孔，使隔板漏汽全部通过平衡孔流到级后，避免这部分漏汽进入动叶，干扰主汽流。

（3）选择适当的反动度，使叶根处既不漏汽也不吸汽。

（4）对无围带的较长的扭叶片，也可将顶部削薄，减小前叶与汽缸（或与隔板套）之间的间隙，起到汽封的作用。同时，尽量减小扭叶片顶部的反动度。

7. 湿汽损失

多级凝汽式汽轮机的末几级常在湿蒸汽区工作，湿蒸汽在喷嘴中膨胀加速时，一部分蒸汽凝结成为水滴，使做功蒸汽减少；另外，由于低速水滴形成的阻力会消耗汽流动能，从而造成损失。湿汽损失大小决定于蒸汽干度。

由于湿度不仅造成能量损失，而且形成的水滴对叶片有冲蚀作用。末级应装设去湿装置，并对湿度加以限制，使湿度不应大于12%。采用去湿装置，可大大减少湿蒸汽中的水分，它是提高动叶抗冲蚀能力的办法之一；此外，还应提高动叶本身抗冲蚀的能力。常用的措施如下：

（1）采用耐冲蚀性能强的叶片材料（如钛合金）。

（2）在叶片进汽边背弧上镶焊硬质合金；对叶片表面镀铬；局部高频淬硬；电火花强化及氮化等。

（二）级的相对内效率和内功率

考虑级内各项损失后，由于级的热力过程是绝热的，级内的各项损失都转变为热量，并加热了蒸汽本身，所以使动叶出口的焓值提高了，而转变为机械功的有效焓降 Δh_i 却减小了。内部损失越大，有效焓降越小。级的有效比焓降 Δh_i 与蒸汽理想能量之比，称为级的相对内效率，即：

$$\eta_{ri}=\frac{\Delta h_i}{E_0} \tag{3-28}$$

级的相对内效率是衡量级内能量转换完善程度的最终指标。它的大小与所选用的叶型、速比、反动度、叶栅高度等有密切的关系，也与蒸汽的性质、级的结构有关。

级的内功率可由级的有效焓降和蒸汽流量求得，即：

$$P_i=\frac{D_0\Delta h_i}{3600} \tag{3-29}$$

式中 D_0——级的进气量，kg/h；

Δh_i——级的有效焓降，kJ/kg。

四、多级汽轮机

级只有在最佳速比下工作时，才具有较高的效率。由于级的圆周速度受到材料强度的限制，单级汽轮机的焓降不能太大，因此限制了整机功率的增加。为了适应对大功率机组的需求，可以将若干个级按工作压力高低顺序置于同一转轴上构成多级汽轮机。

（一）多级汽轮机的优点

1. 多级汽轮机的效率高

（1）多级汽轮机的比焓降大，因而多级汽轮机可采用较高的进汽参数和较低的排汽压力；同时，还可采用回热循环和中间再热循环，这些都使多级汽轮机的循环热效率大大高于单级汽轮机。

（2）多级汽轮机每个级的比焓降较小，每级都可在材料强度允许的条件下，设计在最佳速比附近工作，使级的相对内效率较高。

（3）除级后有抽汽口或进汽度改变较大等特殊情况外，多级汽轮机各级的余速动能可以全部或部分地被下一级所利用，提高了级的相对内效率。

（4）多级汽轮机各级的比焓降较小，速度比一定时级的同周速度和平均直径较小，在体积流量相同的条件下，喷管和动叶的出口高度增大，叶高损失减小，或使得部分进汽度增大，部分进汽损失减小，可以提高级的效率。

（5）由于重热现象的存在，多级汽轮机前面级的损失可以部分地被后面各级利用，使全汽轮机内效率提高。

2. 多级汽轮机单位功率的投资小

多级汽轮机的单机功率可远远大于单级汽轮机，因而使单位功率汽轮机组的造价、材料消耗和占地面积都比单级汽轮机大大减小，容量越大的机组减小得越多，这就使多级汽轮机单位功率的投资大大减小。

大容量机组也有结构和系统复杂、体积庞大、有级间漏汽损失和湿汽损失等缺点，但其优点远大于缺点，故多级汽轮机在工业中得到广泛的应用。

（二）多级汽轮机的损失

多级汽轮机的损失分为两大类，一类是不影响蒸汽状态的损失，称为外部损失；另一类是影响蒸汽状态的损失，称为内部损失。

汽轮机外部损失包括机械损失和轴端漏汽损失两种。机械损失是汽轮机运行时，克服支持轴承和推力轴承的摩擦阻力，以及带动主油泵、调速器等所消耗的一部分有用功而造成的损失。轴端漏汽损失是汽轮机主轴从汽缸两端穿出，轴与汽缸之间存在着间隙。虽然装上端部汽封后，这个间隙很小，但由于压差的存在。在高压端总有部分蒸汽漏出，这部分蒸汽不做功，因而造成能量损失。在处于真空状态的低压端就会有部分空气从外向里漏，而破坏真空。为了减小高压端的漏气和阻止空气漏入低压端，多级汽轮机都设置了一套轴封系统。

（三）多级汽轮机的热力过程

蒸汽在多级汽轮机中的工作过程可用焓熵图上的热力过程表示。如图 3－6 所示为一台五级凝汽式汽轮机的热力过程，由于进汽部分有节流损失，故第一级喷管前的进汽状态点为 $0'$点，从 $0'$点开始画调节级包括所有级内损失的热力过程线，从调节级的出口状态点（即第二级的进口状态点）画出第二级的热力过程线，然后依次类推，画出各级的热力过程线。图中的 p_c 为汽轮机排汽压力，也称汽轮机的背压，ΔH_t 为汽轮机的理想比焓降，ΔH_i 为汽轮机的有效比焓降（即转换为内功率的比焓降）。显然，多级汽轮机的有效比焓降 ΔH_i 等于各级的有效比焓降之和。

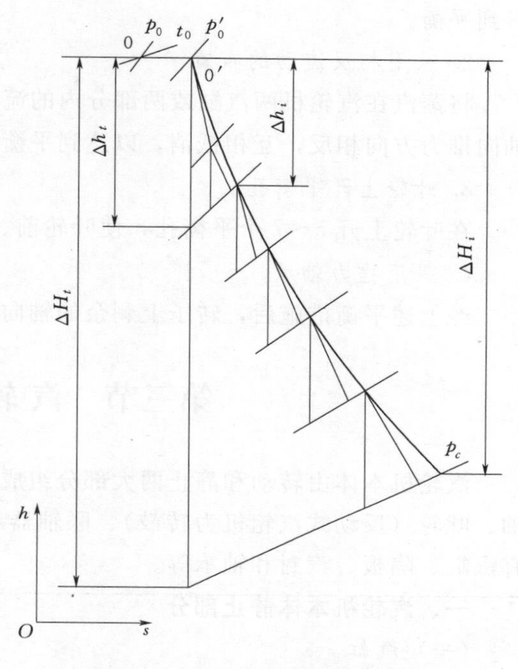

图 3－6　多级汽轮机的热力过程线

（四）多级汽轮机的重热现象

蒸汽在汽轮机级内进行能量转换过程中，级内的各项损失最终转换为热量，重新被蒸汽吸收，使得级后蒸汽比焓值增大。由于在水蒸气的 $h-s$ 图上等压线沿着熵增的方向呈扩散状，这将使下一级的理想比降焓比没有损失时增大；也就是说在多级汽轮机中，前面级的损失可以在后面的级中部分地得以利用，这种现象称为多级汽轮机的重热现象。

由于重热现象，多级汽轮机的内效率大于各级内效率的平均值。

（五）多级汽轮机的轴向推力及其平衡

蒸汽在汽轮机级内流动时，除了产生推动叶轮旋转做功的周向力外，还产生与轴线平行的轴向推力，其方向与汽流在汽轮机内的流动方向相同。多级汽轮机的轴向推力即为各级轴向推力之和。作用在冲动级上的轴向推力由作用在动叶上的轴向推力、作用在叶轮轮面上的轴向推力和作用在轴的凸肩处的轴向推力三部分组成。在反动式汽轮机中，作用在通流部分转子上的轴向推力由作用在叶片上的轴向推力、作用在轮鼓锥形面上的轴向推力和作用在转子阶梯上的轴向推力三部分组成。

多级汽轮机的轴向推力与机组容量、参数和结构有关，数值较大，反动式汽轮机的轴向推力更大。若仅靠推力轴承来平衡，将使推力轴承尺寸过大，结构笨重，并且运行时轴承损失和润滑冷却的耗油量增大，这不仅降低了汽轮机运行的经济性，也影响了汽轮机运行的安全性。在现代汽轮机中为了减小推力轴承所承受的推力，都应尽可能地设法使轴向推力得到平衡，主要采用以下方法。

1. 设置平衡活塞

设置平衡活塞就是加大高压外轴封的直径，由于活塞两侧有压差，作用在活塞上产生了一个与轴向推力反向的推力。选择合适的活塞面积和两侧压差，可使转子上的轴向推力得到平衡。

2. 采用相反流动的布置

将蒸汽在汽轮机两汽缸或两部分内的流动方向安排成相反的方向，使各汽缸中产生的轴向推力方向相反，互相抵消，以达到平衡轴向推力的目的。

3. 叶轮上开平衡孔

在叶轮上开5～7个平衡孔，使叶轮前、后的压差减小，从而减小轴向推力。

4. 采用推力轴承

经上述平衡措施后，转子上剩余的轴向推力由推力轴承承担。

第三节　汽轮机本体结构

汽轮机本体由转动和静止两大部分组成。转动部分称为转子，主要部件有动叶片、主轴、叶轮（反动式汽轮机为转鼓）、联轴器和盘车装置等；静止部分称为静子，主要部件有汽缸、隔板、汽封和轴承等。

一、汽轮机本体静止部分

（一）汽缸

1. 汽缸的作用

汽缸是汽轮机的外壳。其作用是将进入汽轮机的蒸汽与大气隔开，形成蒸汽能量转换的封闭汽室；汽缸内部安装着隔板和隔板套（反动式汽轮机中分别称为静叶环和静叶持环）汽封等部件，外部与进汽、排汽及抽汽等管道相连接，因此还起着支承定位的作用。

2. 汽缸的基本结构

为了安装和检修方便，汽缸一般做成沿水平对分的上半缸和下半缸，上、下缸之间通常通过法兰螺栓连接，如图3-7所示。

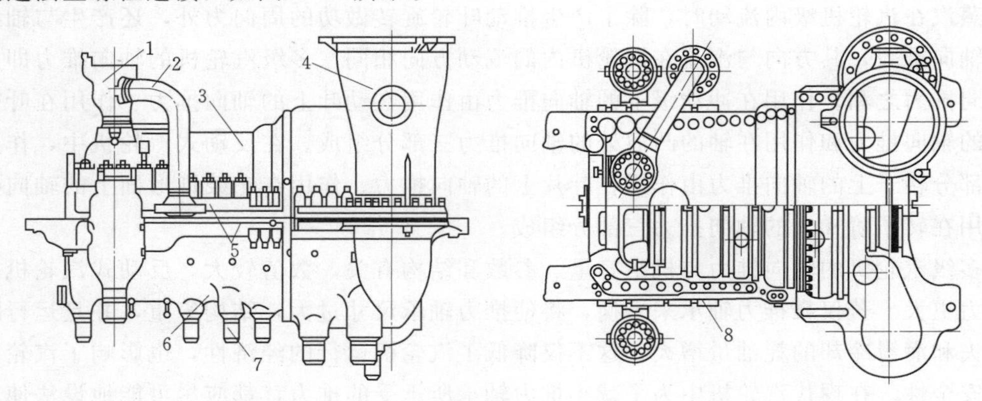

图3-7　汽轮机高压缸外形

1—蒸汽室；2—导汽管；3—上汽缸；4—排汽管；5—法兰；6—下汽缸；7—抽汽管口；8—法兰加热装置

为了合理利用金属材料及便于制造，汽缸还常沿轴向分为高、中、低压等几段，各段之间也用法兰螺栓连接，垂直结合面在制造厂装配好后就不再拆卸。对于中小功率的汽轮机，一般采用单缸结构；而功率较大（100MW以上）的汽轮机都采用多缸结构，按进汽参数不同，分别称为高压缸、中压缸和低压缸。如国产100MW、125MW汽轮机为双缸，200MW汽轮机为三缸，300MW汽轮机有双缸和四缸两种，亚临界600MW汽轮机有4个汽缸、超临界600MW汽轮机有3个汽缸。

汽缸前端的蒸汽室与调节阀相连，排汽缸（排汽缸是指单缸汽轮机的低压部分或多缸汽轮机的低压缸）的排汽排入凝汽器，下汽缸底部有若干个抽汽口与抽汽管道连接。汽缸内壁上开有许多凹槽，用于固定各级隔板。高参数汽轮机高、中压缸承受的压力很高，要保证水平结合面的严密性，必须采用很厚的法兰和尺寸很大的螺栓进行连接。为了减小汽缸、法兰及连接螺栓间的温差，缩短机组启停时间，国产大功率汽轮机高、中压缸一般设有法兰螺栓加热装置，在机组启停过程中对法兰和螺栓进行补充加热或冷却。

3. 汽缸的支承

汽轮机安装在基础上。基础上固定有若干块基础台板（或称机座、座架），汽缸通过轴承座或其外伸的搭脚支承在基础台板上。

（1）高、中压缸的支承。汽轮机高、中压缸一般通过其水平法兰两端伸出的猫爪支承在轴承座上，称为猫爪支承。猫爪支承有上缸猫爪支承和下缸猫爪支承两种方式。如图3-8所示为下缸猫爪支承，它是利用下缸伸出的猫爪作为承力面搭在轴承座两侧的支承块上，并用压块压住，以防抬起。这种支承方式比较简单，安装、检修方便，但因支承面低于汽缸中心线，为非中分面支承，当汽缸受热后，猫爪温度升高产生膨胀，汽缸中心线向上抬起，而支承在轴承上的转子中心线可认为基本不变，造成动、静部分径向间隙变化。对于高参数、大功率的汽轮机，由于法兰很厚，猫爪膨胀的影响是不能忽视的。所以这种支承方式主要用于高压以下的汽轮机。

上缸猫爪支承如图3-9所示。采用这种支承方式的汽缸上、下缸都有猫爪，以上缸猫

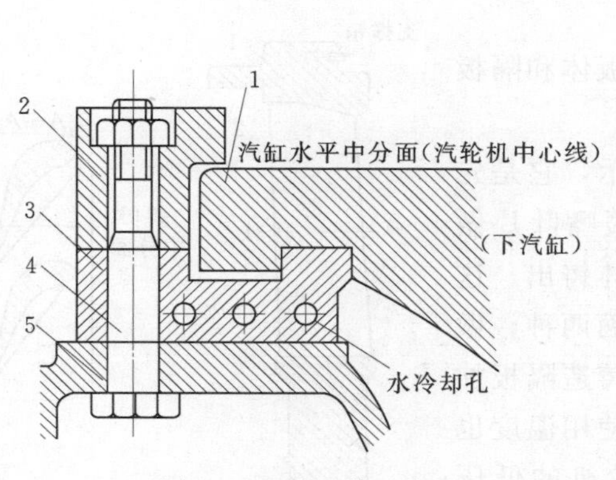

图3-8　下缸猫爪支承

1—下缸猫爪；2—压块；3—支承块；
4—紧固螺栓；5—轴承座

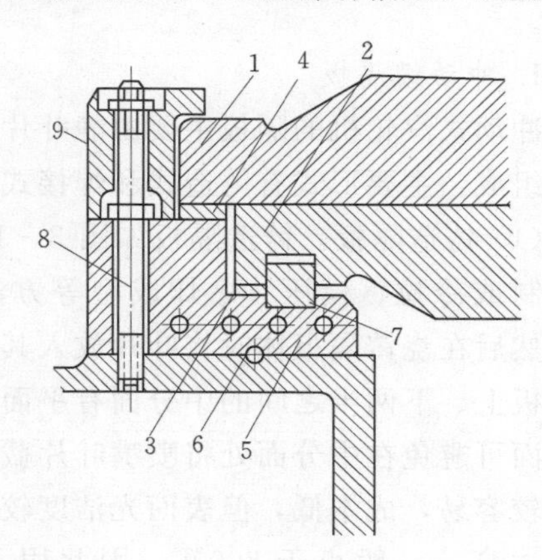

图3-9　上缸猫爪支承

1—上缸猫爪；2—下缸猫爪；3—安装垫铁；
4—工作垫铁；5—水冷垫铁；6—定位销；
7—定位键；8—紧固螺栓；9—压块

爪作为工作猫爪，支承面与汽缸水平中分面一致，属于中分面支承。下缸猫爪作为安装猫爪，只在安装时起支承作用，安装垫铁用于安装时调整汽缸中心。安装完毕后，抽出安装垫铁，上缸猫爪就支承在工作垫铁上，承担汽缸的重量。水冷垫铁内通有冷却水，以不断带走由猫爪传来的热量，防止支承面高度因受热而改变，也使轴承温度不致过高，改善了轴承的工作条件。这种支承方式猫爪受热膨胀时不会影响汽缸中心线的位置，能较好地保持汽缸与转子中心一致。但安装检修比较不便，而且由于下缸是靠螺栓吊在上缸上，不仅增加了法兰螺栓受力，还使法兰结合面易产生张口。该方式主要用于超高压以上汽轮机的高、中压缸支承。

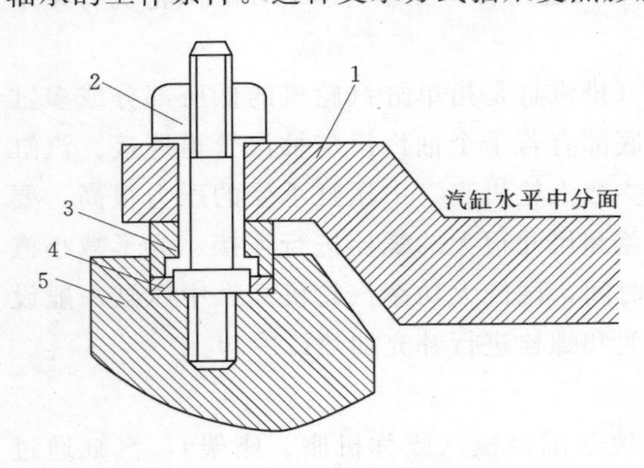

图 3-10　下缸猫爪中分面支承

1—下缸猫爪；2—螺栓；3—平面键；4—垫圈；5—轴承座

目前大容量汽轮机上还采用了下缸猫爪中分面支承。它是将下缸猫爪位置提高呈 Z 形，使支承面与汽缸水平中分面在同一平面上，如图 3-10 所示，这种支承方式同时利用了上述两种方式的优点，国产引进型 300MW、600MW 汽轮机的高、中压外缸即采用的这种方式。

(2) 低压缸支承。汽轮机低压外缸通常利用下缸伸出的搭脚直接支承在台板上，称为台板支承。其支承面比汽缸中分面低，但因工作温度低，正常运行时膨胀不明显，所以影响不大。但汽轮机在空、低负荷运行时，排汽温度不能过高，否则将使排汽缸过热，影响转子和汽缸的同心性。

(二) 隔板

隔板用来固定静叶片，并将汽缸分隔成若干个汽室。为了安装与拆卸方便，隔板通常做成水平对分形式。隔板内圆孔处开有汽封安装槽，用来安装隔板汽封，减小隔板漏汽损失。

1. 冲动级隔板

冲动式汽轮机的隔板主要由静叶片、隔板体和隔板外缘组成，主要形式有铸造式和焊接式两种。

(1) 铸造隔板。铸造隔板如图 3-11 所示，它是先用铣制或冷拉、模压、爆炸成型等方法将喷嘴叶片做好，然后在浇铸隔板体时将叶片放入其中一体铸出。这种隔板上、下两半之间的中分面有平面和斜面两种，做成斜面可避免在中分面处将喷嘴叶片截断。铸造隔板加工比较容易，成本低，但表面光洁度较差，使用温度也不能太高，一般小于 300℃，因此用于汽轮机的低压部分。

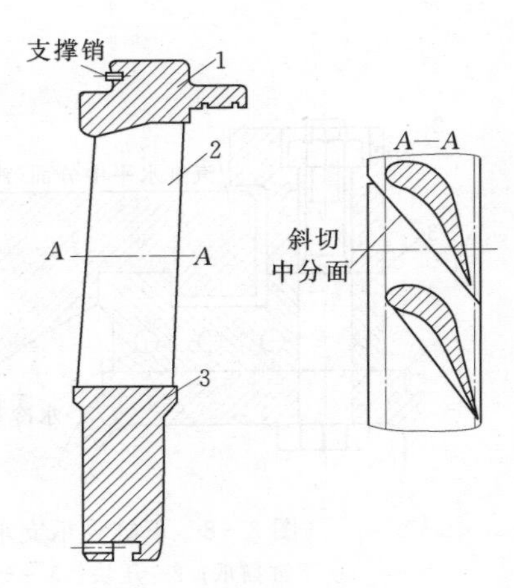

图 3-11　铸造隔板

1—外缘；2—静叶片；3—隔板体

(2) 焊接隔板。焊接隔板是先将已成型的喷嘴叶片焊接在内、外围带之间，组成喷嘴弧，然后再焊上隔板外缘和隔板体。在隔板外缘的出汽边焊有汽封安装环，用来安装动叶顶部的径向汽封，减小叶顶的漏汽。焊接隔板具有较高的强度和刚度、较好的气密性，加工较方便。因此广泛应用于中、高参数汽轮机的高、中压部分。高参数汽轮机中，高压部分隔板前后压差较大，隔板必须做得很厚，而喷嘴高度却很小。若喷嘴宽度与隔板体厚度相同，就会使喷嘴损失增加，效率降低，因此采用宽度较小的窄喷嘴焊接隔板。为保证隔板的刚度，在隔板体和隔板外缘之间有若干个具有流线形的加强筋相连。窄喷嘴焊接隔板喷嘴损失小，但由于有相当数量的导流筋，蒸汽的流动阻力增加。

2. 反动级隔板

反动式汽轮机采用鼓式转子，动叶片直接装在转鼓上。这样与冲动式汽轮机相比，其隔板内径增加了，没有了隔板体这部分，因此又称为静叶环。国产引进型 300MW 汽轮机的压力级均为反动级，如图 3－12 所示为该机组高压通流部分隔板示意图。静叶片由带有整体围带和叶根的型钢加工而成，将叶根和围带沿圆周焊接在一起，构成静叶环，即隔板。隔板在水平中分面处分成上下两半，分别嵌入静叶持环的凹槽中。高压隔板内圆上镶嵌有隔板汽封，中低压隔板内圆上开有汽封安装槽。这种隔板汽道尺寸精确，轴向刚度大。

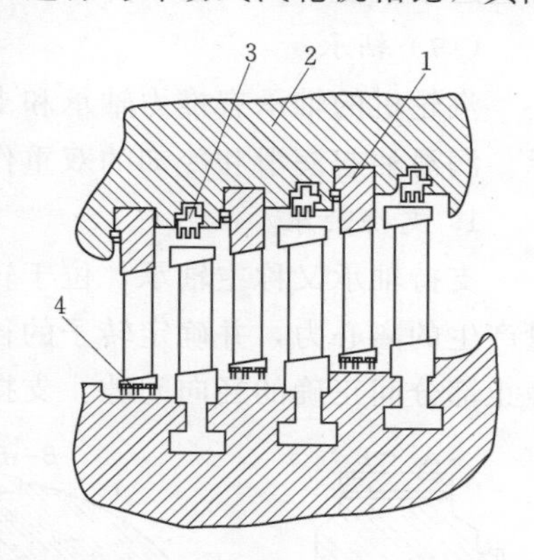

图 3－12 国产引进型 300MW 汽轮机高压通流部分隔板示意图
1—隔板；2—静叶持环；3—动叶顶部径向汽封；4—隔板汽封

3. 隔板套（静叶持环）

隔板套用来固定隔板。一般将相邻的几级隔板安装在同一隔板套中，隔板套再固定于汽缸上。隔板套结构上的分级基本上是由汽轮机抽汽情况决定的，相邻隔板套之间有抽汽，这样可充分利用隔板套之间的环状汽流通道，而无须加大轴向尺寸取得必要的抽汽通流面积。隔板套分为上下两半，两者通过中分面法兰用螺栓和定位螺栓连接在一起。

采用隔板套可以简化汽缸结构，减小了汽轮机轴向尺寸，有利于汽缸的通用，便于抽汽口的布置，还使机组启停及负荷变化过程中，汽缸的热膨胀较均匀，减小了热应力和热变形。但隔板套的采用会增加汽缸的径向尺寸，使水平法兰厚度增加，延长了汽轮机的启动时间。

（三）汽封

1. 汽封的作用

汽轮机工作时，转子高速旋转而静止部分不动，动、静部分之间必须留有一定的间隙，避免相互碰撞或摩擦。而间隙两侧一般都存在压差，这样就会有部分蒸汽通过间隙泄漏，造成能量损失，使汽轮机效率降低。为了减小漏汽损失，在汽轮机的相应部位设置了汽封。根据装设部位不同，汽封可分为轴端汽封、隔板汽封和通流部分汽封。转子穿出汽缸两端处的汽封叫轴端汽封，简称轴封。高压轴封用来防止蒸汽漏出汽缸而造成能量损失及恶化运行环境；低压轴封用来防止空气漏入汽缸使凝汽器的真空降低。隔板内圆与转子之间的汽封称为隔板汽封，用来阻止蒸汽经隔板内圆绕过喷嘴流到隔板后而造成能量损失。通流部分汽封包括动叶顶部和根部的汽封，用来阻止动叶顶及叶根处的漏汽。

2. 汽封的结构

汽封的结构形式有曲径式、碳精式和水封式等。现代汽轮机均采用曲径汽封，或称迷宫汽封，它有以下几种结构形式，即：梳齿形、J形（又叫伞柄形）和纵树形。

曲径汽封一般由汽封套（或汽封体）、汽封环及轴套（或称汽封套筒）三部分组成。汽封套固定在汽缸上，内圈有T形槽道（隔板汽封一般不用汽封套，在隔板体上直接车有T形槽）；汽封环一般由6～8块汽封块组成，装在汽封套T形槽道内，并用弹簧片压住；在汽封环的内圆和轴套（在高温区不用轴套而是轴的外圆）上，有相互配合的梳齿及凹凸肩，形成蒸汽曲道和膨胀室。蒸汽通过这些汽封齿和相应的汽封凸肩时，在依次连接的狭窄通道中反复节流，逐步降压和膨胀，以减少蒸汽的泄漏量。

（四）轴承

汽轮机的轴承有推力轴承和支持轴承两种类型。汽轮机轴承都采用液体摩擦的滑动轴承。润滑油起润滑和冷却的双重作用。

1. 支持轴承

支持轴承又称主轴承，位于转子的两端。它的作用是承担转子的重量及转子不平衡质量产生的离心力，并确定转子的径向位置，保证转子中心与汽缸中心一致，以保持转子与静止部分间正确的径向间隙。支持轴承的形式很多，按轴承支承方式可分为固定式和自位式两种；按轴瓦结构形式可分为圆筒形轴承、椭圆形轴承、三油楔轴承及可倾瓦轴承等。图3-13表示出了圆筒形轴承的典型结构。轴瓦1由上下两半组成，并用止口螺栓7连接起来。下瓦支持在3个垫块上，调整时，通过改变垫片3的厚度来找中心（垫片为钢质，且不得超过3层），增减垫片的厚度便可以调整轴瓦的径向位置。上瓦顶部的垫块和垫片则是用来调整轴瓦与轴承盖之间的紧力。润滑油从进油门5引入，经由下瓦内的油路，自轴瓦水平结合面处流进。经过轴瓦顶部间隙，然后经过轴和下瓦之间的间隙，最后从轴瓦两端泄出。下瓦进油口处的节流孔板4用来调整进油量。润滑油在轴承中不仅起到了润滑的作用，而且还有冷却的作用，大量的润滑油流过轴承时，可将润滑油起润滑作用时产生的摩擦热和从转子传来的热量带走。轴承的回油温度通常为50～60℃，最高不超过70℃。水平结合面处的锁饼6用来防止轴瓦转动。轴承在其面向汽缸的一侧装有油档8，以防止润滑油从这一侧被甩向轴承座。椭圆形轴承的结构与圆筒形轴承基本相同，只是轴瓦的内孔侧面间隙加大了，并呈椭圆形。

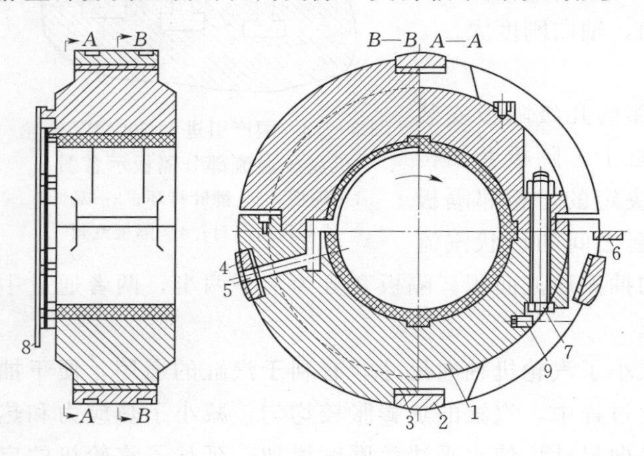

图3-13　圆筒形轴承

1—轴瓦；2—垫块；3—垫片；4—节流孔板；5—进油门；6—锁饼；7—止口螺栓；8—油档；9—止落螺钉

三油楔支持轴承应用较少，在此不作介绍。

图3-14所示为国产引进型300MW汽轮机高压部分采用的可倾瓦轴承。该轴承有4

块浇有巴氏合金的钢制瓦块，瓦块相互独立。两块下瓦块承受轴颈的载荷，两块上瓦块保持轴承运行的稳定。瓦块通过球面自位垫块6支承在轴承体2内，并通过垫块定位。以自位垫块为支点，瓦块可以自由摆动，使瓦块与轴颈自动对中。自位垫块的平面端与被研磨成所要求厚度的外垫片5相接触，以保持适当的轴承间隙。为了防止轴承两上瓦块的进油边与轴颈发生摩擦，该处巴氏合金被修成斜坡，并在这两块瓦块上装有弹簧11，该弹簧还可起到减振的作用。轴承体为对分的上、下两半，在水平中分面处用定位销连接定位。

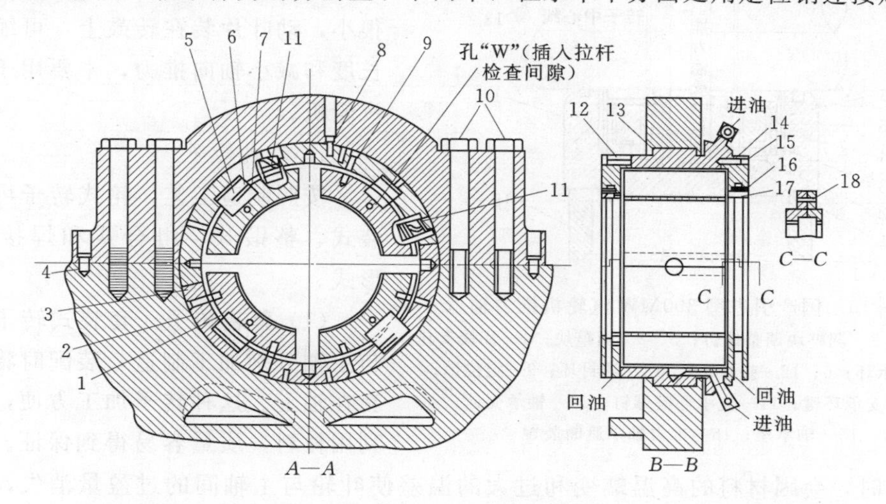

图3-14　国产引进型300MW汽轮机高压部分采用的可倾瓦轴承

1—轴瓦；2—轴承体；3—轴承体定位销；4—定位销；5—外垫片；6—自位垫块；7—内垫片；8—轴承体定位销；9—螺塞；10—轴承盖螺栓；11—弹簧；12、14—挡油板；13—轴承盖；15—螺栓；16—挡油环限位销；17—油封环；18—油封环销

润滑油经软管进入轴承体后，通过位于垂直和水平中心线的4个油孔进入轴瓦内，然后从轴承两端排出，通过挡油环上的小孔和挡油板上的通道返回轴承座内，再流回油箱。油封环和挡油板的作用是防止轴承两端过量泄油，也防止蒸汽进入轴承内。油封环限位销用来防止油封环转动。

同一机组的不同部位可根据工作特点选用不同形式的支持轴承，如国产引进型300MW汽轮机的高中压转子的支持轴承采用的是可倾瓦轴承，低压转子采用的是圆筒形轴承。国产亚临界600MW汽轮机也是如此。

2. 推力轴承

推力轴承的作用是承受转子上未平衡的轴向推力，并确定转子的轴向位置，以保证动、静部分间正确的轴向间隙。如图3-15所示为国产引进型300MW汽轮机的推力轴承结构，其单独安装在前轴承座内。推力盘两侧各安装有6块推力瓦块1，分别作为工作瓦块和非工作瓦块。瓦块由调整块3和8支承，调整块装在水平对分的支承环5上，用定位销9支承定位。通过调整块的摆动，使各瓦块浇有巴氏合金面的负荷中心处于同一平面，受力均匀。支承环装在轴承外壳中，并通过支承环键10来防止支承环的转动。轴承外壳在水平处对分，上、下两半用螺栓和定位销连接，安装在轴承座中，在轴承外壳水平中分面处设有凸缘插入定位机构，以防止轴承壳体在轴承座内转动。

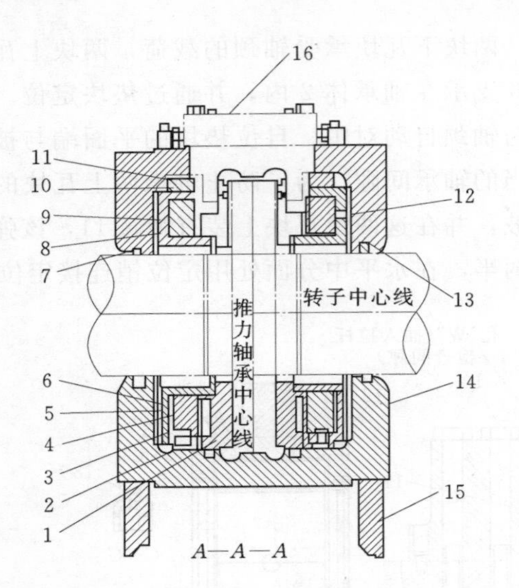

图 3-15　国产引进型 300MW 汽轮机推力轴承

1—瓦块；2—调整块调整螺钉；3、8—调整块；4—瓦块支托；5—支承环；6、12—垫片；7、13—油封环；9—定位销；10—支承环键；11—支承环键螺钉；14—轴承壳体；15—轴承座；16—推力轴承遮断装置

二、汽轮机转动部分

（一）转子的结构

汽轮机转子可分为轮式转子和鼓式转子。轮式转子主轴上装有叶轮，动叶片安装在叶轮上，通常用于冲动式汽轮机；鼓式转子没有叶轮或叶轮径向尺寸很小，动叶片装在转鼓上，可缩短轴向长度和减小轴向推力，主要用于反动式汽轮机。

1. 轮式转子

按照制造工艺，轮式转子可分为套装式、整锻式、组合式和焊接式 4 种形式。

（1）套装转子。套装式转子的叶轮与主轴分别加工制造，装配时将叶轮热套在轴上。这种转子加工方便，能合理利用材料，质量容易得到保证。但在高温下工作时，会因材料的高温蠕变和过大的温差使叶轮与主轴间的过盈量消失，发生松动。所以套装转子一般用于中压汽轮机和高压汽轮机的低压部分。

（2）整锻转子。整锻转子由整体锻件加工而成，叶轮、联轴器对轮及推力盘与主轴为一整体，不会出现叶轮等零件松动问题。另外，它的结构紧凑，强度和刚度较高。但是锻件尺寸大，对生产设备和加工工艺要求较高，贵重材料消耗大。多用于大容量汽轮机高、中压转子。

整锻转子的中心通常钻有一个直径为 100mm 的孔，其目的是将锻件材质差的部分去掉，防止缺陷扩展，同时也便于检查锻件质量。随着金属冶炼和锻造水平的提高，目前已有些整锻式转子不打中心孔。

（3）组合转子。为充分发挥整锻式和套装式转子的优点，可采用组合转子，即高压部分采用整锻式，中低压部分采用套装式。国产高参数大容量汽轮机的中压转子多采用这种结构，如 200MW 汽轮机的中压转子就是组合式。

（4）焊接转子。焊接转子结构由若干个实心轮盘和两个端轴焊接而成，具有强度高、刚度大、相对重量轻、结构紧凑等优点，但对焊接工艺要求很高，且要求材料有很好的焊接性能。随着冶金和焊接技术的不断发展，焊接转子的应用将日益广泛。如国产 300MW 汽轮机的低压转子采用了焊接结构，瑞士 ABB 公司生产的 600MW 汽轮机的高、中、低压转子全部为焊接转子。

2. 鼓式转子

如图 3-16 所示为反动式 300MW 汽轮机的高、中压转子采用的鼓式结构，除调节级外其他各级动叶片直接装在转子上开出的叶片槽中。高、中压压力级反向布置，转子上还设有高、中、低压 3 个平衡活塞，以平衡轴向推力。该汽轮机的低压转子以进汽中心线为基准两侧对称，中部为转鼓形结构，末级和次末级为整锻叶轮结构。

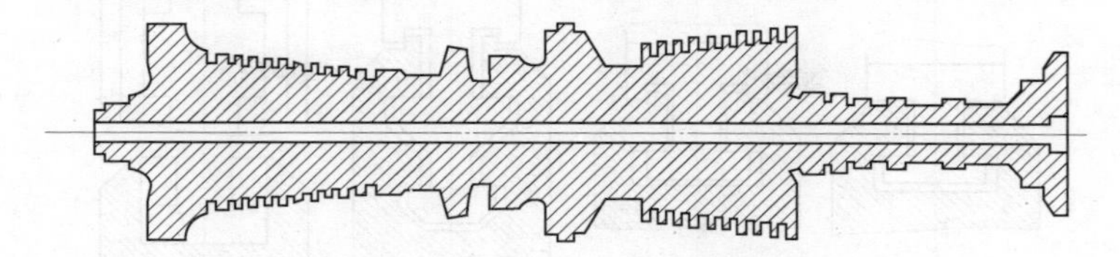

图 3-16　反动式 300MW 汽轮机的高、中压转子采用的鼓式结构

（二）转子上的主要零部件

1. 叶片

（1）叶片的分类。叶片按用途可以分为静叶片和动叶片。静叶片就是在汽轮机工作过程中静止不动的叶片，也称为喷嘴叶片，静叶片安装在隔板或汽缸上，其作用是把蒸汽的热能转换为蒸汽的动能。动叶片就是在汽轮机工作过程中随汽轮机转子一起转动的叶片。动叶片安装在叶轮或转鼓上，其作用是把蒸汽的动能转换为机械能，使转子旋转。

按叶片型线沿叶高的变化规律可以分为等截面直叶片和变截面扭叶片。等截面直叶片的型线沿叶高是不变的，这种叶片的截面积沿叶高也是不变的，叶片结构简单、加工方便、制造成本低，但流动效率相对较低。变截面扭叶片的型线及截面积沿叶高是变化的，叶片的结构较复杂、加工困难、制造成本高，但流动效率高，所以随着加工技术的不断提高，扭叶片得到了广泛的应用。

（2）动叶片的结构。动叶片由叶型（也称叶身）、叶根和叶顶 3 个部分组成，如图 3-17 所示。

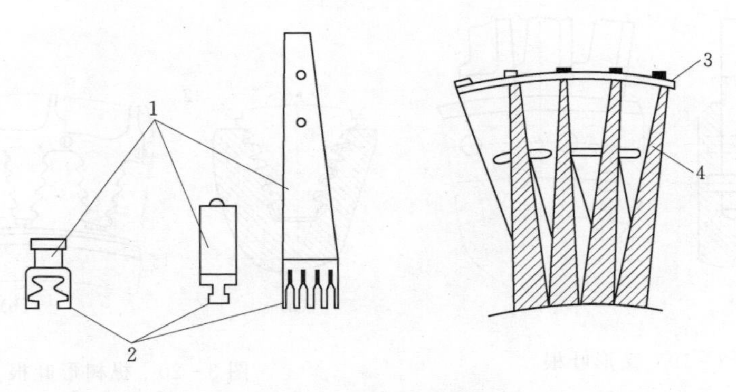

图 3-17　动叶片的结构

1—叶身；2—叶根；3—围带；4—拉筋

1）叶型。叶型是动叶片的基本部分，相邻叶片的叶型部分构成汽流通道。

2）叶根。叶根是将动叶片固定在叶轮或转鼓上的连接部分，它的结构应保证在任何运行条件下都能牢固地固定，同时力求制造简单、装配方便。常用的叶根形式有 T 形、枞树形和叉形。T 形叶根如图 3-18（a）所示，它结构简单、加工方便，被短叶片普遍采用。其缺点是在叶片离心力的作用下，叶根会对轮缘两侧产生弯矩，使轮缘有张开的趋势。为此，有的 T 形叶根在两侧做出凸肩将轮缘包住，阻止轮缘张开，如图 3-18（b）所示，这种叶根称为外包 T 形叶根。国产 300MW 汽轮机的高压部分就采用了这种形式的

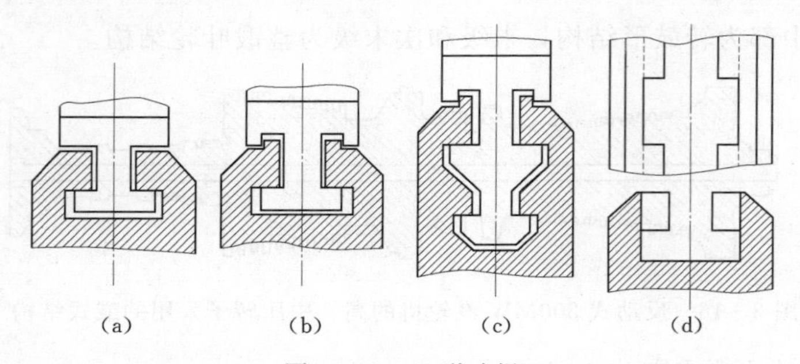

图 3-18 T形叶根

(a) T形叶根；(b) 外包 T形叶根；(c) 双 T形叶根；(d) 装入 T形叶根的切口

叶根。图 3-18 (c) 所示为双 T 形叶根，这种形式增大了叶根的受力面积，提高了叶根的承载能力，多用于中长叶片。

如图 3-19 所示为叉形叶根结构。这种叶根被制成叉形，安装时从径向插入轮缘上的叉槽中，并用铆钉固定。

这种叶根叉尾数可根据叶片离心力的大小进行选择，因而强度高、适应性好。同时加工简单，更换叶片方便。但其装配工作量大，且需要较大的轴向空间，限制了它在整锻转子和焊接转子上的应用。这种叶根结构多用于大功率汽轮机的调节级和末几级。如国产引进型 300MW 和 600MW 汽轮机的调节级采用了叉形叶根。枞树形叶根如图 3-20 所示，其形状呈楔形。安装时，叶根沿轴向装入轮缘上的枞树形槽中。这种叶根主要用于载荷较大的叶片。如国产引进型 600MW 汽轮机的动叶片采用了这种形式的叶根。

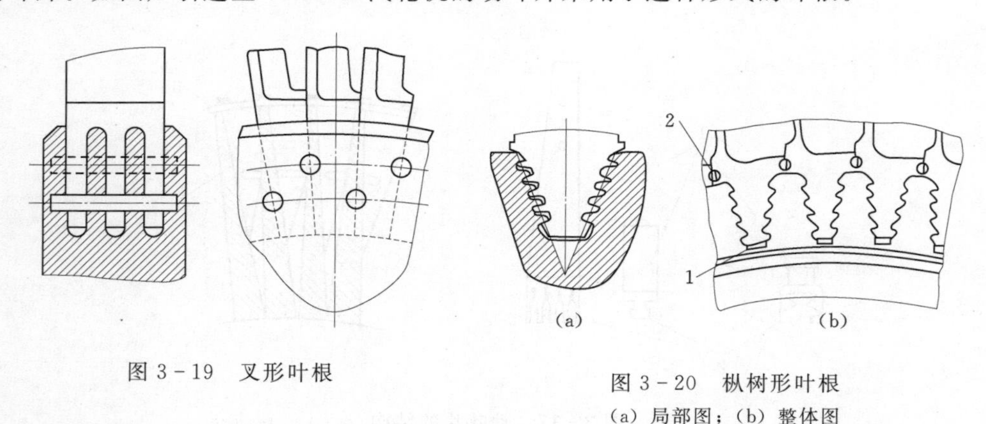

图 3-19 叉形叶根

图 3-20 枞树形叶根

(a) 局部图；(b) 整体图

1—垫片；2—圆销

3) 叶顶连接件（围带、拉筋或称拉金）。汽轮机的短叶片和中长叶片通常在叶顶用围带连在一起，构成叶片组。长叶片则在叶型部分用拉金连接成组，或者围带和拉金都不用，成为自由叶片。

围带的作用是减小叶片工作的弯应力；增加叶片刚性，调整叶片的自振频率，以避开共振，提高叶片振动的安全性；使叶片顶部封闭，避免蒸汽从汽道顶部溢出，有的围带还装设汽封，减小了级内漏汽损失。

围带的结构形式很多，常用的有以下几种。

a. 整体围带。这种围带与叶片一起铣出，叶片安装好后，相邻围带紧密贴合或焊在一起，如图 3－21（a）所示。图 3－21（b）所示为国产引进型 300MW 汽轮机调节级叶片的整体围带，围带为平行四边形并随叶顶倾斜，围带上开有拉金孔，叶片组装后围带间紧密贴合，并用短拉金连接。

b. 铆接或焊接围带。如图 3－21（c）所示，围带由扁钢制成，用铆接或焊接、或者铆接加焊接的方法固定在叶片的顶部。

c. 弹性拱形围带。如图 3－21（d）所示。这种围带可有效地提高叶片的刚性，常用在大型机组的末级叶片上。

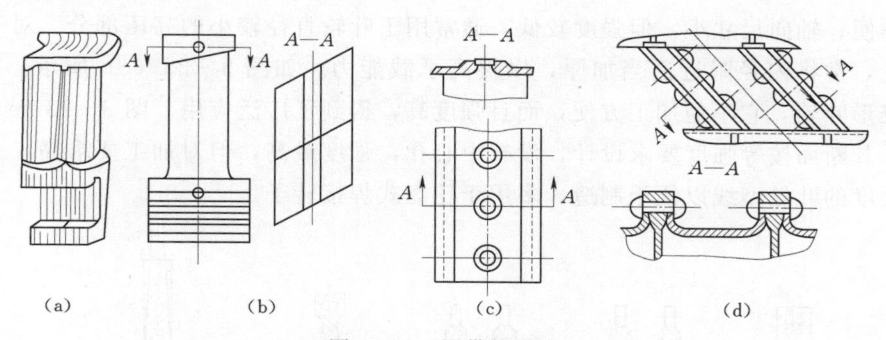

图 3－21　围带的形式

（a）、（b）整体围带；（c）铆接围带；（d）弹性拱形围带

拉金的作用是增加叶片的刚性，改善其振动性能。拉金通常为 6～12mm 的实心或空心金属丝或金属管，穿在叶型部分的拉金孔中。有的拉金与叶片焊接在一起，称为焊接拉金；也有的不焊接，称为松装拉金或阻尼拉金。常用的拉金结构如图 3－22 所示，其中图 3－22（e）为意大利某 320MW 汽轮机末级叶片采用的 Z 形拉金，拉金与叶片一起铣出，然后分组焊接。这种拉金节距较小，有利于提高叶片的刚性和抗扭振性能。

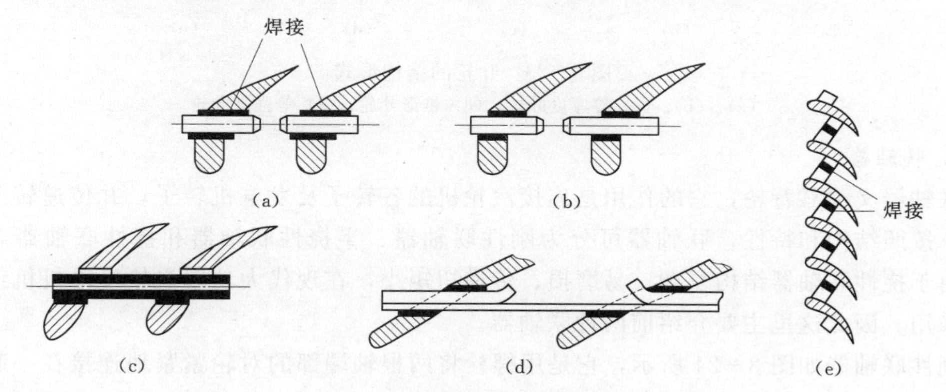

图 3－22　拉金结构示意图

（a）实心焊接拉金；（b）实心松装拉金；（c）空心松装拉会；（d）剖分松装拉金；（e）Z 形拉金

由于拉金处于蒸汽通道之中，增加了蒸汽流动损失，并且拉金孔还会削弱叶片的强度，因此在满足了叶片振动要求的情况下，应尽量避免采用拉金。一般自由叶片和仅用拉金成组的叶片都将顶部削薄，可起到汽封齿的作用，同时一旦动、静部分在该部位发生摩擦，可减轻事故程度，保护汽轮机。

2. 叶轮

轮式转子上装有叶轮，用来安装动叶片并将动叶片上的转矩传递给主轴。叶轮由轮缘和轮面组成，套装式叶轮上还有轮毂。轮缘上开有安装动叶片的叶根槽，其形状取决于叶根的形式；轮毂是为了减小叶轮内孔应力的加厚部分；轮面将轮缘和轮毂或主轴连成一体，轮面上通常开有5～7个平衡孔。为了避免在同一直径上有两个平衡孔，叶轮上的平衡孔都是奇数且均匀分布。

按轮面断面的型线，叶轮可分为等厚度叶轮、锥形叶轮和等强度叶轮等形式，图3-23为这几种叶轮的纵截面图。其中图3-23（a）和图3-23（b）为等厚度叶轮，这种叶轮加工方便，轴向尺寸小，但强度较低，通常用于叶轮直径较小的高压部分。对于直径稍大的叶轮，常将内径附近适当加厚，以提高承载能力，如图3-23（c）所示。图3-23（d）为锥形叶轮，它不但加工方便，而且强度高，得到了广泛应用。图3-23（e）为等强度叶轮，其断面按等强度要求设计，没有中心孔，强度最高，但对加工要求高，一般采用近似等强度的叶轮型线以便于制造，多用于轮盘式焊接转子。

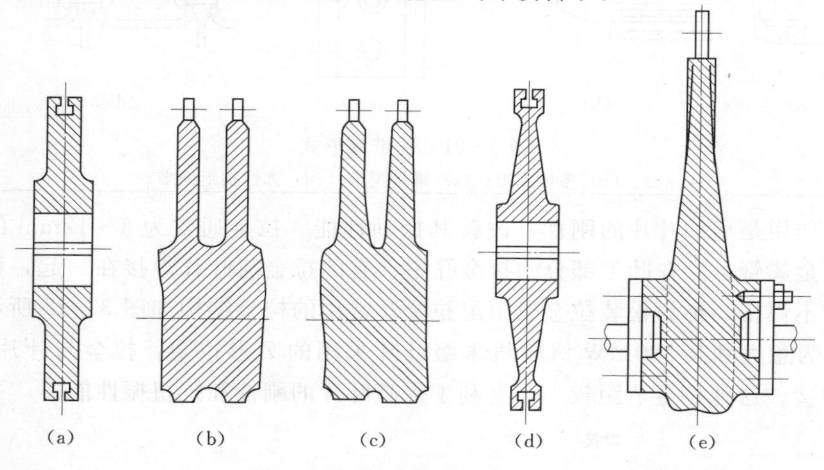

图3-23　叶轮的结构形式

(a)、(b)、(c) 等厚度叶轮；(d) 锥形叶轮；(e) 等强度叶轮

3. 联轴器

联轴器又称靠背轮，它的作用是连接汽轮机的各转子及发电机转子，并传递转子上的扭矩。按照结构和特性，联轴器可分为刚性联轴器、半挠性联轴器和挠性联轴器3种形式。由于挠性联轴器结构复杂、易磨损、传递扭矩小，在现代大功率汽轮发电机机组上已很少采用。因此这里主要介绍前两种联轴器。

刚性联轴器如图3-24所示，它是用螺栓将两根轴端部的对轮紧紧地连接在一起的部件。图3-24（a）为套装式，对轮与主轴分别加工，用热套加键的方法将对轮固定在轴端。图3-24（b）为整锻式，对轮与主轴作成一整体，强度和刚度都高于套装式。在对轮间装有垫片，两对轮端面的凸肩与垫片的凹面相配合，起到对中的作用，修刮垫片的厚度还可调整对轮间的加工偏差。

刚性联轴器的优点是连接刚性高，传递扭矩大；结构简单，尺寸小；减少了轴承个数，缩短了机组长度。这种联轴器被广泛应用于大功率汽轮机中，如国产引进型300MW

汽轮机转子间采用了图 3-24（b）所示的形式。这种联轴器的缺点是传递振动和轴向位移，对转子找中心要求很高。

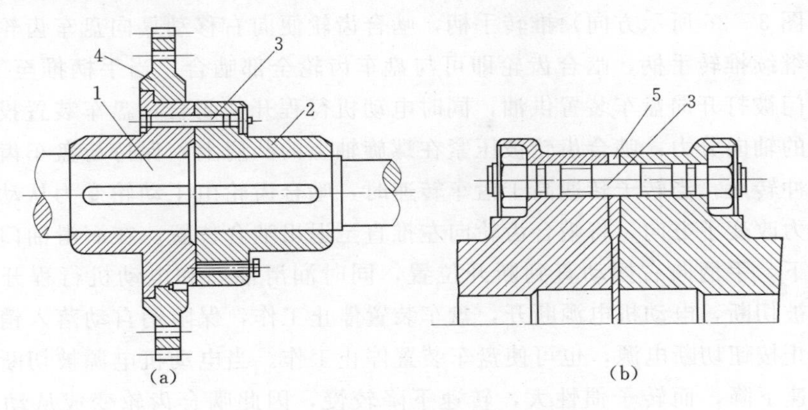

图 3-24 刚性联轴器

（a）套装式刚性联轴器；（b）整锻式刚性联轴器

1—主轴；2—对轮；3—螺栓；4—盘车齿轮；5—垫片

半挠性联轴器的两对轮之间通过一个波形套筒连接，如图 3-25 所示。波形套筒在扭转方向上是刚性的，在弯曲方向上是挠性的。波形套筒具有一定的弹性，故可吸收部分振动，并允许两转子的中心有少许偏差，而这种偏差是汽轮机与发电机运行时由于热膨胀不同而可能出现的。因此，半挠性联轴器被广泛用来连接汽轮机转子与发电机转子，国产 200MW、300MW 机组的汽轮机转子与发电机转子之间都采用了这种联轴器。

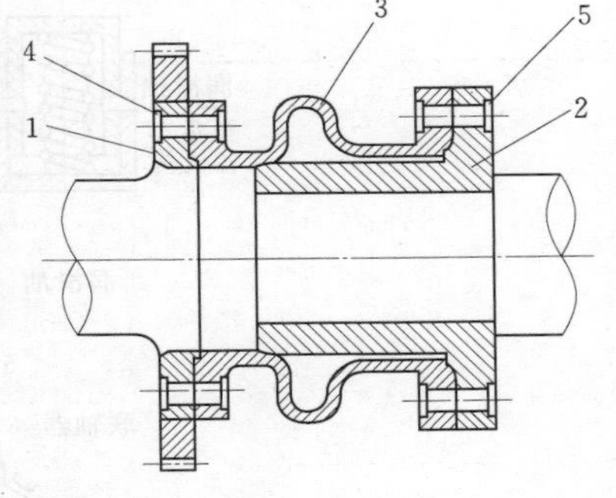

图 3-25 半挠性联轴器

1、2—对轮；3—波形套筒；4、5—螺栓

4. 盘车装置

在汽轮机不进蒸汽时驱动转子以一定转速旋转的设备称为盘车装置。其作用为以下几点。

（1）在汽轮机冲转前和停机后使转子转动，以避免转子受热和冷却不均而产生热弯曲。在汽轮机启动过程中，为了使凝汽器内建立起一定的真空，需在冲转前向轴封供汽，由此进入汽缸的蒸汽滞留在汽缸的上部，使汽轮机上、下部分出现温差，若转子静止不动将向上弯曲，影响启动工作的正常进行，甚至引起动、静部件摩擦。停机时，汽轮机下缸比上缸冷却快，上、下部分之间也存在温差，如果转子停下后静止，将使大轴弯曲，这种弯曲需要较长时间才能消失，不利于汽轮机马上重新投入运行。

（2）启动前盘动转子，可以检查动、静部件间是否有摩擦，润滑油系统工作是否正常及主轴弯曲是否过大等，用来检查汽轮机是否具备正常启动的条件。按盘车转速高低，盘车装置可分为高速盘车和低速盘车两种。高速盘车时转子转速为 40～70r/min，低速盘车时转子转速为 2～4r/min。中型和大型机组均采用电动盘车装置，可以自动投入和切断。

图 3-26 为汽轮机常用的具有螺旋轴的电动盘车装置。电动机 5 通过小齿轮 1 和大齿轮 2、啮合齿轮 3 和盘车大齿轮 4 两次减速后带动汽轮机主轴转动。啮合齿轮的内表面铣

有螺旋齿与螺旋轴相啮合，并可沿螺旋轴左右滑动。推动手柄可以改变啮合齿轮在螺旋轴上的位置，并控制盘车装置电动机行程开关和润滑油门。投入盘车时，首先拔出保险销，然后向左（图 3-26 所示方向）推转手柄，啮合齿轮便向右移动靠向盘车齿轮。再用手盘动联轴器并继续推转手柄，啮合齿轮即可与盘车齿轮全部啮合。当手柄推至工作位置时，润滑油错油门被打开向盘车装置供油，同时电动机行程开关闭合，盘车装置投入工作。依靠螺旋齿上的轴向分力，啮合齿轮被压紧在螺旋轴上的凸肩上，保持与盘车齿轮的完全啮合。汽轮机冲转后，当转子转速高于盘车转速时，啮合齿轮由主动轮变为从动轮，螺旋齿上的轴向分力改变了方向，将啮合齿轮向左推直至退出啮合位置。在润滑油门下油压及弹簧力的作用下，手柄向右摆动直到断开位置，同时润滑油门和电动机行程开关复位。此时，润滑油被切断，电动机电源断开，盘车装置停止工作，保险销自动落入销孔将手柄锁住。操作停止按钮切断电源，也可使盘车装置停止工作。当电动机电源被切断后，盘车装置的转速迅速下降，而转子惯性大，转速下降较慢，因此啮合齿轮变成从动轮被推向左边，此后的动作与盘车装置自动退出时相同。

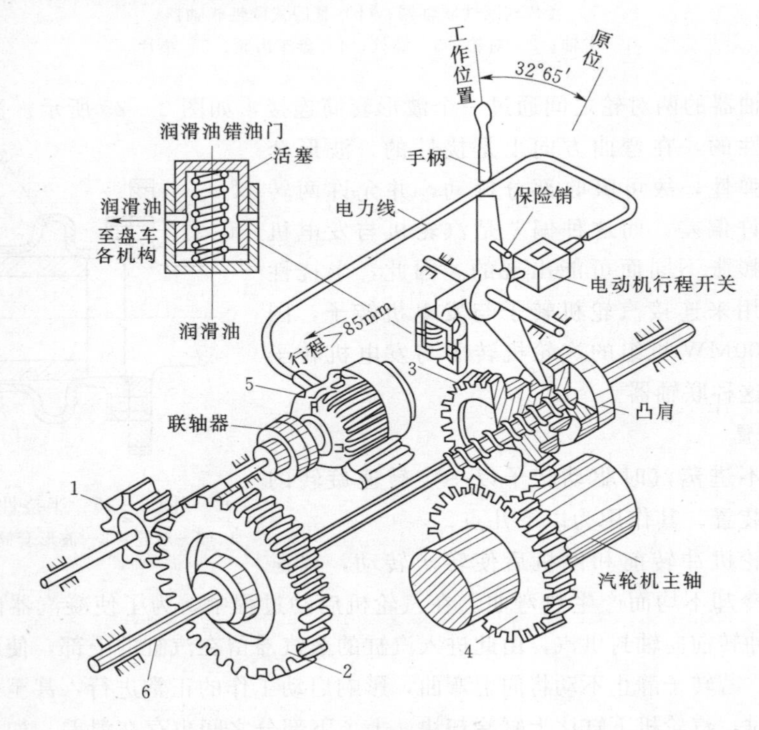

图 3-26 具有螺旋轴的电动盘车装置

1—小齿轮；2—大齿轮；3—啮合齿轮；4—盘车大齿轮；5—电动机；6—螺旋轴

第四节 汽轮机调节、保护及供油系统

一、汽轮机调节系统

汽轮机调节系统的任务是根据电力负荷的变化随时调整机组出力，同时维持汽轮机的转速在额定值，以保证机组的频率在规定的范围内。汽轮机调节系统按其结构特点可划分为两种形式，即液压调节系统和电液调节系统。

1. 液压调节系统

液压调节系统由转速感受机构、传动放大机构、配汽机构和反馈装置组成。转速感受机构又称调速器，它能够感受汽轮机转速的变化，并将这种转速变化信号转化为机械位移信号或油压信号作为传动放大机构的输入信号。按工作原理的不同可把调速器分为机械离心式（高速弹簧片）和液压离心式（径向孔泵、旋转阻尼）。传动放大机构的作用是接受转速感受机构的信号，并加以放大，然后传递给配汽机构，使其动作。反馈装置是传动放大机构在将转速信号放大传递给配汽机构的同时，还发出一个信号使滑阀复位，油动机活塞停止运动，使系统稳定。配汽机构接受传动机构的信号来改变汽轮机的进汽量。

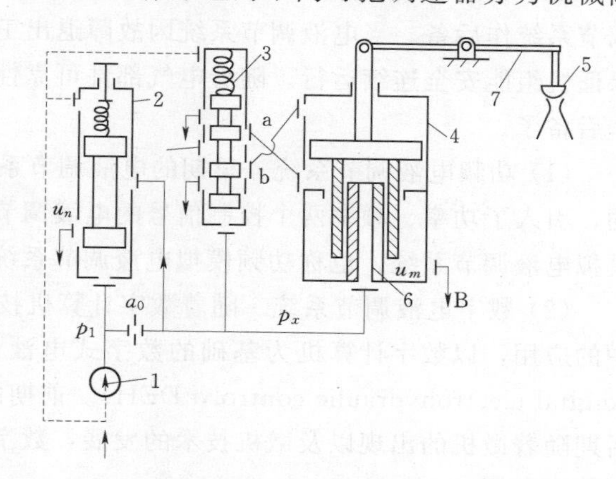

图 3-27 典型的径向泵液压调节系统原理图
1—径向泵；2—压力变换器；3—滑阀；4—油动机；5—调节汽阀；6—反馈油口；7—传动杠杆

图 3-27 所示为典型的径向泵液压调节系统原理图，该系统的转速感受机构由径向泵 1、压力变换器 2 等组成，传动放大机构由滑阀 3、油动机 4、反馈油口 6 等组成。配汽机构由调节汽阀 5 及调节汽阀与油动机之间的传动杠杆 7 等组成。径向泵出口有一路压力油通至压力变换器活塞的下部腔室，作为反映转速变化的脉冲信号，而压力变换器上部腔室与径向泵进口相通。因此，径向泵进出口油压差作用在压力变换器活塞上，稳定状态下，这个油压差对压力变换器活塞产生的向上作用力与弹簧对活塞的向下作用力相平衡。

（1）主调节过程。当外界负荷减小时，机组转速将升高，径向泵的出口油压升高，产生转速调节信号，压力变换器活塞上的力平衡被破坏，使活塞上移，泄油口关小，阀位调节油压升高。滑阀 3 顶部受弹簧力作用，底部受阀位调节油压的作用，在稳态时，滑阀 3 处于中间位置，遮断了通向油动机的油口 a 和 b，使油动机活塞稳定在某一位置。随着阀位调节油压力的升高，滑阀 3 的力平衡遭到破坏，向上作用力大于向下作用力，滑阀 3 上移，打开通向油动机的油路 a 和 b，压力油进入油动机活塞下腔室，油动机上腔室排油，引起油动机活塞上移，调节汽阀 5 关小，导致汽轮机主蒸汽流量与内功率相应减小。

（2）阀位反馈调节过程。阀位反馈信号取自反馈油口 6。当油动机活塞上移时，带动活塞下部套筒上移，这个套筒所控制的反馈油口 6 开大，泄油量增加，引起调节油压回降，油动机滑阀 3 向下回移，一直到压力恢复原值，滑阀 3 回移到原来的中间位置，重新遮断通向油动机的油口 a 和 b，使油动机活塞停止移动，系统便达到了新的稳定状态。

当外界负荷增大时，调节方法相同，但信号的变化方向相反。

2. 电液调节系统

电液调节系统主要由电气部件和液压部件组成。利用电气部件测量与传输信号相对方便，并且信号的综合处理能力强，控制精度高，操作、调整与调节参数的修改方便。液压部件用作执行器（调节汽阀驱动装置）时充分显示出响应速度快、输出功率大的优越性，是其他类型执行器所无法取代的。

由于早期电气部件的可靠性较低，所以在给机组配置电液调节系统的同时还配有液压调节系统作后备。当电液调节系统因故障退出工作时，由液压式调节系统来接替工作，以保证机组能安全连续运行。随着电气部件可靠性的提高，后来就不需要配置液压调节系统作后备了。

(1) 功频电液调节系统。早期的电液调节系统是以模拟电路组成的模拟计算机为基础的，引入了功率、频率两个控制信号的电液调节系统，常称为功频电液调节系统，又称为模拟电液调节系统，也称功频模拟电液调节系统。

(2) 数字电液调节系统。随着数字计算机技术的发展及其在电厂热工过程自动化领域中的应用，以数字计算机为基础的数字式电液调节系统研制成功，也可简称为数字电调（digital electrohydraulic control，DEH）。前期的数字电调大多以小型计算机为主机构成；后期随着微机的出现以及微机技术的发展，数字电调改用以微机为主机，因此又称为微机型数字电调。

二、危急遮断保护系统

为了避免汽轮机设备在运行异常情况下发生损坏事故，必须采取必要的安全保护措施。汽轮机保护的含义较广，大致可分为3个级别。

(1) 第一级——防护。努力创造条件，保障汽轮机正常运行，防止威胁汽轮机运行安全的异常情况发生，防重于治。

(2) 第二级——救护。当威胁汽轮机运行安全的异常情况已发生但不严重时，积极采取救治措施，避免情况恶化，电超速保护装置的保护策略就是按这一级别来设计的。例如，在任何情况下，只要转速达到额定转速的103%（超速量不大）时，电超速保护装置就会动作，暂时关闭调节汽阀、使进汽量减小，避免汽轮机进一步超速。

(3) 第三级——危急遮断。当异常情况发展到严重威胁汽轮机运行安全的危急程度时迅速关闭汽轮机所有主汽阀和调节汽阀，遮断汽轮机的进汽通道，实现紧急停机。机组一般设置的危急遮断装置有：超速保护、轴向位移保护、轴承供油低油压和回油高油温保护、EH（抗燃）油低油压保护、凝汽器低真空保护等。此外，数字电液调节系统还提供一个可接受所有外部遮断信号的遥控遮断接口，以供运行人员紧急时使用。

三、供油系统

供油系统的主要作用有以下两点。

(1) 供给轴承润滑系统用油。在轴承的轴瓦与转子的轴颈之间形成油膜，起润滑作用，并通过油流带走由摩擦产生的热量和由高温转子传来的热量。

(2) 供给调节系统与危急遮断保护系统用油。供油系统的可靠工作对汽轮机的安全运行具有十分重要的意义。一旦供油中断，就会引起轴颈烧毁一类的重大事故。供油系统按工作介质可分为采用汽轮机油的供油系统和采用抗燃油的供油系统。

1. 采用汽轮机油的供油系统

根据供油系统中主油泵的形式不同，采用汽轮机油的供油系统又可分为具有容积式油泵的供油系统和具有离心油泵的供油系统两大类。对大型汽轮机来说，采用较多的是离心油泵的供油系统，下面只对离心油泵的供油系统作简单介绍。

图 3-28 所示是一种典型的离心油泵供油系统示意图。离心式主油泵由汽轮机主轴直接驱动。

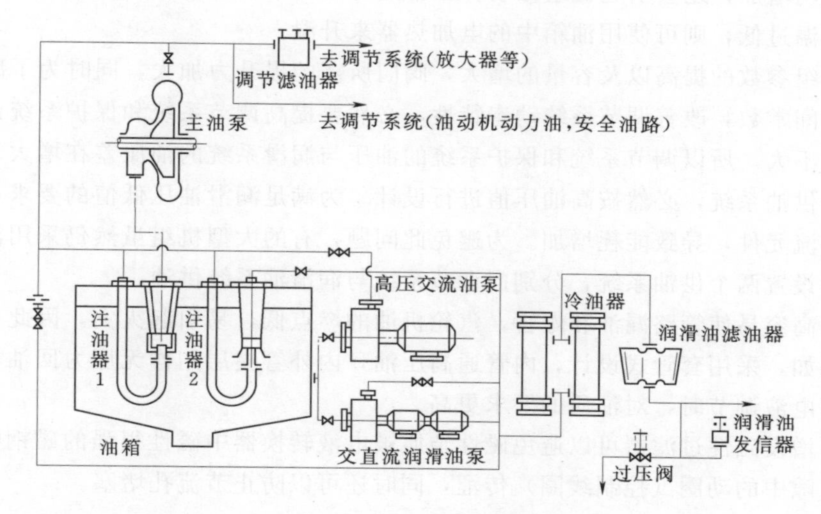

图 3-28　典型的离心油泵供油系统示意图

它的压力流量特性曲线较平坦，在油动机快速动作需要大量用油时不至于引起供油压力及润滑油量变动太大。离心泵的工作缺点主要是泵的进口自吸能力差，进口侧受空气影响大。为了避免进口侧吸入空气，离心式主油泵进口采用注油器 1 正压供油。为了减轻油动机快速动作需大量供油时注油器 1 的负担，在系统中将油动机的排油引至主油泵进口。此外，为了保证润滑油供应正常，还单独设置了注油器 2，它与注油器 1 并联运行。注油器将主油泵来的高压油经过喷嘴进行加速，流速剧增，压力剧减，将油箱内的净油吸入，再经扩压管后，动能转化为压力势能，压力升高后供油。

系统中的高压交流油泵的出口压力与主油泵出口压力相近（或略低些），容量小些。高压交流油泵在启动时使用，因为此时主油泵因转速低而不能正常供油。当汽轮机升速至接近于额定转速时，主油泵出口压力略大于系统中的油压，由逆止阀自动内切换，使系统由高压交流油泵供油自动转换到主油泵供油，这时可将高压交流油泵停下。

大型汽轮机油管路容积很大，进油前存有不少空气，所以在启动高压交流油泵前一定要先启动交流低压润滑油泵，以便在较低油压下将油管中的空气赶尽。否则，高压油突然进入管道会引起油击现象。

图 3-28 中的交直流润滑油泵是一低压油泵，可分别由两侧的交流电动机、直流电动机驱动。当系统中的润滑油压下降到某一限定值时，低油压发信器将发出信号，自启动交流电动机；在系统润滑油压低于另一更低的限定值时自启动直流电动机。例如，在系统润滑油压因故下降而交流电源又失去的情况下，会在油压跌至对应的限定值时自启动直流电

动机，从而保障润滑油系统不断油。

为了过滤油中的杂质，在油箱中设有滤网，油管上设有滤油器。有的供油系统还外设有净油装置。

油温不能太高或太低。油温太高，使油的黏性过小，轴承中油膜的承载能力下降，易产生干摩擦而损坏设备，同时油温高还会加速油的劣化；油温太低，使油的黏性过大，油膜的摩擦耗功增加，还会引起机组振动。正常运行时由系统管路中的冷油器来调温。机组启动前若油温过低，则可使用油箱中的电加热器来升温。

随着机组参数的提高以及容量的增大，阀门所需的提升力加大，同时为了减小油动机尺寸以及时间常数，改善调节系统动态特性，必然要提高调节系统和保护系统油压，而润滑油压变化不大。所以调节系统和保护系统的油压与润滑系统的油压差在增大，这样若仍采用同一个供油系统，必然按高油压值进行设计。为满足润滑油压低值的要求，系统中不得不设置节流元件，导致能耗增加。为避免此问题，有的大型机组虽然仍采用汽轮机油作工质，但却设置两个供油系统，分别向调节系统与润滑油系统供油。

油压提高容易使管路漏油和爆管，汽轮机油的燃点低，易引起火灾，因此必须加强防火措施。例如，采用套管式设计，内管通高压油，内外管夹层用作无压力回油母管等。当汽轮机采用电液调节时，对油质的要求更高。

系统中增设磁性过滤器可以避免磁性杂质被电液转换器中磁性很强的磁钢吸附，从而防止磁钢气隙中的动圈（控制线圈）传涩，同时还可以防止节流孔堵塞。

2. 采用抗燃油的供油系统

(1) 抗燃油及供油系统。为了提高控制系统的动态响应品质，大容量汽轮机组普遍采用了抗燃油。抗燃油是一种三芳基磷酸酯的合成油，它具有良好的润滑性能、抗燃性能和流体稳定性，自燃点为560℃以上。因而，在事故情况下，当有高压动力油泄漏到高温部件上时，发生火灾的可能性大大降低。但抗燃油价格昂贵，有一定腐蚀性，且对人体健康有影响，不宜在润滑系统内使用，因而设置单独的抗燃油供油系统，常称为EH（electro-hydraulic）油系统。国产优化引进型300MW机组的EH油系统主要由EH油箱、高压油泵、控制单元、蓄能器、过滤器、冷油器、抗燃油再生装置及其他有关部套组成。系统的基本功能是提供电液控制部分所需要的压力油，驱动伺服执行机构，同时保持油质完好。整个EH油系统由功能相同的两套设备组成，当一套投运时，另一套为备用，如果需要则立即自动投入。

为了保证电液控制系统的性能完好，在任何时候都应保持抗燃油油质良好，使其物理和化学性能都符合规定。因此，除了在启动系统前要对整个系统进行严格的清洗外，系统投入使用后还必须按需要运行抗燃油再生装置，以保证油质。

系统工作时，由交流电动机驱动高压叶片泵，油箱中的抗燃油通过油泵入口的滤网被吸入油泵。油泵输出的抗燃油经过EH控制单元中滤油器、卸荷阀、逆止阀和过压保护阀，进入高压集管和蓄能器，建立起系统需要的油压。当油压达到14.484MPa时，卸荷阀动作。切断油泵出口与高压油集管的联系，将油泵的出口油直接送回油箱。此时，油泵在卸荷（无负荷）状态下工作，EH系统的油压由蓄能器维持。在运行中，伺服机构和系统中其他部件的间隙漏油使EH系统内的油压逐渐降低，当高压集管的油压降至

12.42MPa 时，卸荷阀复位，高压油泵的出口油重新供向 EH 系统。高压油泵就这样在承载和卸荷的交变工况下运行，使能量的消耗量和油温的升高量减少，可以增加油泵的工作效率和延长油泵的寿命。回油箱的抗燃油由方向控制阀导流，经过一组滤油器和冷油器流回油箱。抗燃油的回油管是压力回油管，回油管中的压力靠低压蓄能器维持。系统正常运行时，油压由卸荷阀控制维持在 12.420～14.484MPa 范围内。当油泵在卸荷状态下工作时，位于卸荷阀和高压集管之间的逆止阀可防止抗燃油从 EH 油系统通过卸荷阀反流进入油箱。运行和备用的两套装置有一个共同的过压保护阀，用以防止 EH 油系统油压过高，当压力达到 15.86～16.21MPa 时，过压阀动作，将油泵出口油直接送回油箱。

在高压集管上装有压力开关，用于自动启动备用油泵和对油压偏离正常值进行报警。另外，在冷油器出水口管道上装有温度控制器，通过调节冷却水量来控制油箱的温度。油箱内部还装有温度测点和油位计，在油温过高和非正常油位时报警。

(2) 蓄能器。为了维持系统油压在卸荷阀两个动作油压之间的相对稳定，以防止卸荷阀或过压保护阀反复动作，在国产引进型 300MW 机组 EH 油系统中装有 5 只活塞式蓄能器，也称高压蓄能器。其中一只容量较大，为 19L，安装在油箱边上，另外 4 只容量较小的安装在调节阀附近的支架上。活塞式蓄能器实际上是一个有自由浮动活塞的油缸。活塞的上部是气室，下部是油室，油室与高压油集管相通，为了防止泄漏，活塞上装有密封圈。蓄能器的气室充以干燥的氮气，充气时，用隔离阀将蓄能器与系统隔绝，然后打开其回油阀排油，使油室压力为 0，此时通过蓄能器顶部的气阀充气，活塞落到下限位置，正常的充气压力是 8.966MPa。机组运行时，蓄能器中的气压与系统中的油压相平衡，不会发生气体泄漏。但停机时，系统中无油压，会发生漏气。当气室压力小于 7.932MPa 时，需要再次充气。在调节机构动作而油泵又没有连续向集管输油的情况下，蓄能器的储油借助气体膨胀被活塞压入高压油集管，以保证调节机构动作需油量及所需的动作油压。当集油管油压达 14.484MPa 时，卸荷阀动作使高压油处于卸荷状态工作，无压力油送入集管，这时活塞式蓄能器的气室压力也是 14.484MPa，用以维持系统的油压和补充系统的用油量。另外，在通向油箱的压力回油管路上装有 4 个低压蓄能器。低压蓄能器结构是球胆式的。由合成橡胶制成的球胆装在不锈钢壳体内，通过壳体上的充气阀可以向球胆内充入干燥的氮气，充气压力为 0.2096MPa。壳体下端接压力回油管，球胆将气室与油室分开，起隔离油气的作用。由于合成橡胶球胆可以随氮气的压缩或膨胀任意变形，因此使低压蓄能器在回油管路上起调压室的缓冲作用，减小回油管中的压力波动。当球胆中氮气压力降至 0.1655MPa 时，必须再充气。

(3) EH 油再生装置。EH 油再生装置是一种用来储存吸附剂和使抗燃油得到再生的装置。再生的目的是使油保持中性，并去除油中的水分等。该装置主要由硅藻土滤油器与波纹纤维滤油器（精密滤油器）串联而成，实际上是一个精密滤油组件，通过带节流孔的管道与高压油集管相通。国产引进型 300MW 机组中，此节流孔管路每分钟大约有 3.78L 的油流过油再生装置，然后进入油箱。硅藻土过滤器根据情况可以经旁路，使油仅通过波纹纤维滤油器。

第五节　汽轮机的热力系统及辅助设备

一、凝汽设备

（一）凝汽设备的作用

凝汽设备是凝汽式汽轮机装置的重要组成部分之一，它在热力循环中起着冷源的作用。

降低汽轮机排汽的压力和温度，可以提高循环热效率。降低排汽参数的有效办法是将排汽引入凝汽器凝结为水。凝汽器内布置了很多冷却水管，冷却水源源不断地在冷却水管内通过，蒸汽放出汽化潜热凝结成水。凝汽器中蒸汽凝结的空间是汽液两相共存的，压力等于蒸汽凝结温度所对应的饱和压力。蒸汽凝结温度由冷却条件决定，一般为30℃左右，所对应的饱和压力约为4～5kPa，该压力大大低于大气压力，从而在凝汽器中形成高度真空。

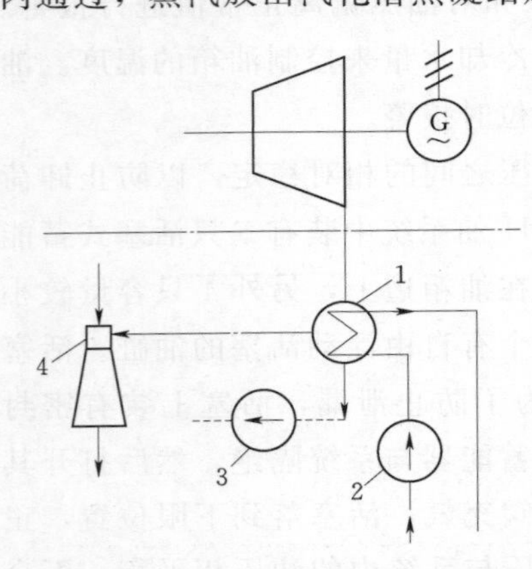

图3-29　最简单的凝汽设备示意图
1—凝汽器；2—循环水泵；3—凝结水泵；4—抽气器

以水为冷却介质的凝汽设备，一般由凝汽器、凝结水泵、抽气器、循环水泵以及它们之间的连接管道和附件组成。

最简单的凝汽设备示意图如图3-29所示。汽轮机的排汽排入凝汽器1，其热量被由循环水泵2不断打入凝汽器的冷却水带走，凝结后的水汇集在凝汽器的底部热井内，然后由凝结水泵3抽出送往锅炉作为给水。凝汽器的压力很低，外界空气易漏入。为防止不凝结的空气在凝汽器中不断积累而升高凝汽器内的压力，采用抽气器4不断将空气抽出。

凝汽设备的主要作用有两方面：一方面是在汽轮机排汽口建立并维持高度真空；另一方面是保证蒸汽凝结并供应洁净的凝结水作为锅炉给水。

此外，凝汽设备还是凝结水和补给水去除氧器之前的先期除氧设备；它还接受机组启停和正常运行中的疏水和甩负荷过程中旁路排汽，以收回热量和减少循环工质损失。

（二）凝汽器的结构类型

目前燃煤电厂和核电站广泛使用表面式凝汽器，其特点是冷却介质与蒸汽经过管壁间接换热，从而保证了凝结水的洁净。

1. 表面式凝汽器的结构及工作过程

表面式凝汽器的结构如图3-30所示。冷却水管2装在管板3上，冷却水从冷却水进水管4进入凝汽器，先进入下部冷却水管内，通过回流水室5流入上部冷却水管内，再由冷却水出水管6排出。蒸汽进入凝汽器后，在冷却水管外汽侧空间冷凝。凝结水汇集在下部热井7中，由凝结水泵抽走。这样，凝汽器的内部空间被分为两部分，一部分是蒸汽空间，称为汽侧；另一部分为冷却水空间，称为水侧。凝汽器的传热面分为主凝结区10和空气冷却区8两部分，这两部分之间用空气冷却区与主凝结区隔板9隔开。蒸汽进入凝汽器后，先在主凝结区大量凝结，到达空气冷却区入口处时，蒸汽流量已大为减少。剩下的蒸汽和空气混合物进入空冷区，蒸汽继续凝结。到空气抽出口处，蒸汽的分压力明显减小，所对应的饱和温度降低，空气和很少量的蒸汽得到冷却。空气被冷却后，容积流量减少，抽气器负荷减轻，抽气效果好。

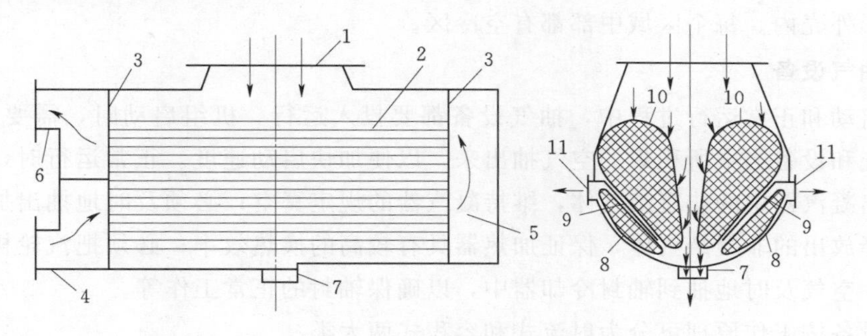

图 3-30　表面式凝汽器结构

1—蒸汽入口；2—冷却水管；3—管板；4—冷却水进水管；5—回流水室；6—冷却水出水管；7—热井；8—空气冷却区；9—空气冷却区与主凝结区隔板；10—主凝结区；11—空气抽出口

2. 表面式凝汽器的分类

根据冷却介质不同，表面式凝汽器又分为空气冷却式和水冷却式两种。其中，水冷却式凝汽器应用得较广泛，因此水冷却表面式凝汽器常简称为表面式凝汽器。空冷式凝汽器只在缺水地区使用。根据冷却水流程的不同，凝汽器可分为单流程、双流程和多流程凝汽器。同一股冷却水在凝汽器冷却水管中经过一次往返后才排出的，称为双流程凝汽器。若冷却水只经过单程就排出，称为单流程凝汽器。三流程、四流程等多流程凝汽器以此类推。流程数越多，水阻越大。大型机组的凝汽器多采用单流程凝汽器，中、小型机组多采用双流程。根据空气抽出口位置不同，即凝汽器中汽流流动形式的不同，现代凝汽器分为汽流向心式和汽流向侧式两大类，如图 3-31（a）、（b）所示。汽流向侧式凝汽器，它的抽气口布置在凝汽器两侧，这样排汽由排汽口到抽气口的流程较短，汽阻较小，能保证有较高的真空；另外，在管束的中部设有蒸汽通道，可使部分蒸汽畅通无阻地到达热井加热凝结水，使凝结水温度接近排汽温度。汽流向心式凝汽器，其抽气口布置在管束的中心位

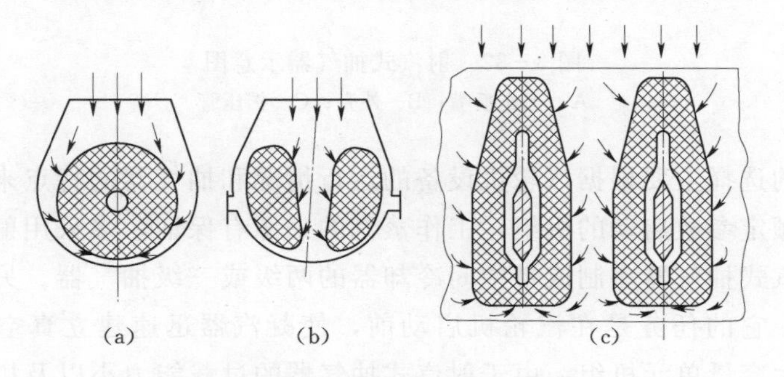

图 3-31　凝汽器的结构形式示意图

（a）汽流向心式；（b）汽流向侧式；（c）多区域汽流向心式

置，蒸汽由管束四周向中心流动，汽阻小，而且蒸汽可以从两侧流向热井以加热凝结水，但由于下部管束不易与蒸汽接触，使各部分管子的热负荷不均匀。随着单机功率的增大，凝汽器尺寸和冷却水管数量剧增。为加大管束四周中的进汽边界，缩短蒸汽流程以减小汽阻，出现了多区域向心式凝汽器，如图 3-31（c）所示。独立区域由两个到十几个，平行布置于矩形外壳内。每个区域中部都有空冷区。

二、抽气设备

机组启动和正常运行过程中，抽气设备都要投入运行。机组启动时，需要把一些汽、水管路系统和设备当中所积集的空气抽出来，以便加快启动速度。正常运行时，必须用它及时地抽出凝汽器中的非凝结气体，维持凝汽器的规定真空；必须及时地抽出加热器热交换过程中释放出的非凝结气体，保证加热器具有较高的换热效率；必须把汽轮机低压段轴封的蒸汽、空气及时地抽到轴封冷却器中，以确保轴封的正常工作等。

抽气设备按工作原理可分为射流式和容积式两大类。

（一）射流式抽气器

根据工作介质的不同，射流式抽气器可分为射汽式和射水式两种。

1. 射汽式抽气器

射汽式抽气器如图 3-32 所示，由工作喷嘴 A、外壳 B 和扩压管 C 组成。工作蒸汽进入喷嘴 A，A 中的高速汽流在混合室中与周围气体分子产生动量交换，夹带气体分子前进，使周围形成高度真空。外壳 B 的入口与凝汽器抽气口相连，蒸汽空气混合物不断地被吸入混合室，进入扩压管。此时汽流动能转换为压力能，速度降低，压力升高。蒸汽空气混合物最终排入大气。

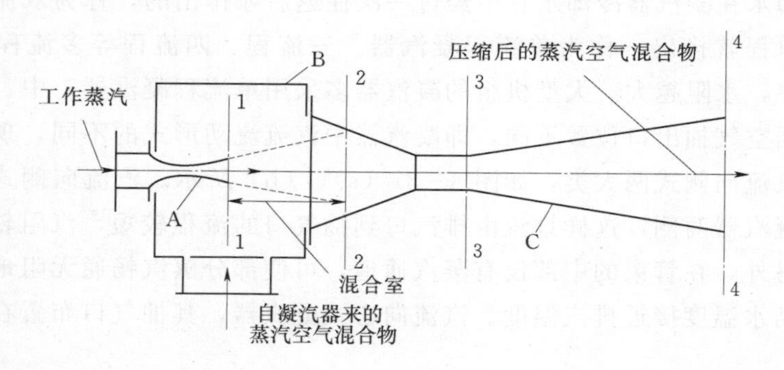

图 3-32　射汽式抽气器示意图

A—工作喷嘴；B—外壳；C—扩压管

抽气器形式的选择主要根据汽轮机设备的运行情况和抽气器的特点来考虑。一般对于高、中压母管制额定参数启动的机组，工作蒸汽的来源有保证，多采用射汽式抽气器。为提高经济性，射汽式抽气器多制成带中间冷却器的两级或三级抽气器。另外，还要配置专用的启动抽气器，它的任务是在汽轮机启动前，使凝汽器迅速建立真空，以缩短启动时间；对于高参数大容量单元机组，由于射汽式抽气器的过载能力小以及机组滑参数启动时需要引入其他的工作汽源，使系统复杂化，所以多采用射水式抽气器。

2. 射水式抽气器

短喉部射水式抽气器结构示意图如图 3-33 所示。一般由专用水泵供给工作水，工作水进入水室 1，然后进入喷嘴 2，形成高速水流，在高速水流周围形成高度真空，凝汽器的蒸汽空气混合物被吸进混合室 3，与工作水相混合，部分蒸汽立即在工作水表面凝结，然后一起进入扩压管 4，速度减小、压力升高后排出扩压管。

当专用水泵或其电动机故障或厂用电中断时，工作水室水压立即消失，混合室内就不能建立真空。这时凝汽器压力仍是很低的，而排水井水面的压力是大气压力，故不洁净的工作水将从扩压管倒流入凝汽器，污染凝结水。为此在混合室入口处设置了逆止阀 5，用以阻止工作水倒流。射水式抽气器结构简单，工作可靠，启动运行方便。通常需专设工作水泵，工作水量较大，被抽出的混合气体中蒸汽含量较大，不能回收，工质损失较多，但不同于射汽式抽气器需考虑工作蒸汽来源。射水式抽气器适用于滑参数启动和滑压运行的单元制再热机组。

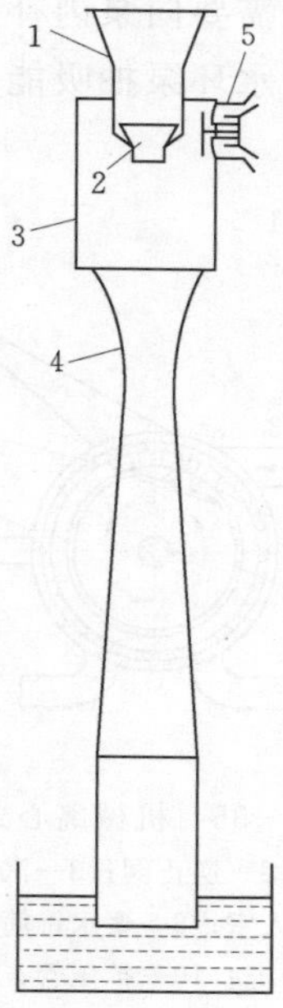

图 3-33　短喉部射水式抽气器结构示意图
1—工作水室；2—喷嘴；3—混合室；4—扩压管；5—逆止阀

（二）容积式抽气器

容积式抽气器分为水环式真空泵和机械离心式真空泵两种。

1. 水环式真空泵

水环式真空泵结构原理图如图 3-34 所示。水环式真空泵的主要部件是叶轮、叶片、泵壳、吸气管、排汽口。叶轮偏心地安装在壳体内，叶片为前弯式。在水环泵工作前，需要先向泵内注入一定量的水。电动机带动叶轮旋转，水受离心力的作用，形成沿泵壳旋转流动的水环。这样，由水环内表面、叶片表面、轮毂表面、壳体的两个侧表面围成了许多密闭小空间。因为叶轮的偏心安装，这些小空间的容积随叶片旋转呈周期性变化。在旋转的前半周，即由 a 转向 b，小空间的容积由小变大，压力降低，可通过吸气口吸入气体。进而，在后半周，即由 c 转向 d，小空间的容积由大变小，已经被吸入的气体压缩升压。当压力达到一定程度时，通过排气口将气体排出。这样，水环泵就完成了吸气、压缩、排气 3 个连续的过程，达到抽气的目的。

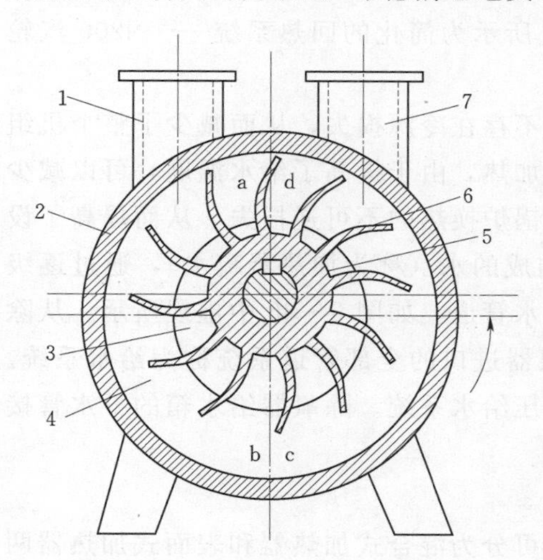

图 3-34　水环式真空泵机构原理图
1—吸气管；2—泵壳；3—空腔；4—水环；5—叶轮；6—叶片；7—排汽管

水环泵在排气时，工作水会排出一小部分。经过气水分离器后，这一小部分水又送回泵内，所以工作水的损失较小。为保证稳定的水环厚度，在运行中需要向泵内补充凝结水，但量很少。工作水温对其抽吸能力有较大影响，当水温升高时，水环泵抽吸能力下降，故运行时要保证工作水冷却器的正常运行。

水环式真空泵由于功耗低，运行维护方便，工作可靠，启动性能好，利于环保等优点，多作为国产 300～600MW 机组的配套设备。

2. 机械离心式真空泵

机械离心式真空泵的结构原理图如图 3-35所示，离心真空泵的工作轮安装在与聚水锥筒 6、汽水混合物吸入管 3 相连接的外壳 9 中，工作水由水箱 11 经吸水管 12 进入吸入室 5。随着工作轮 8 旋转，工作水经一个固定喷嘴 7 喷出，并进入旋转着的工作轮的叶片槽道内。水被叶片分隔成许多的小股水柱，这些高速水柱夹带由吸入管 3 吸入的汽气混合物进入聚水锥筒 6，在锥筒内增加流速后进入扩压管 10，并在压力稍大于大气压力之后排入水箱 11，经汽、水分离后，气体排出，工作水继续参加循环。

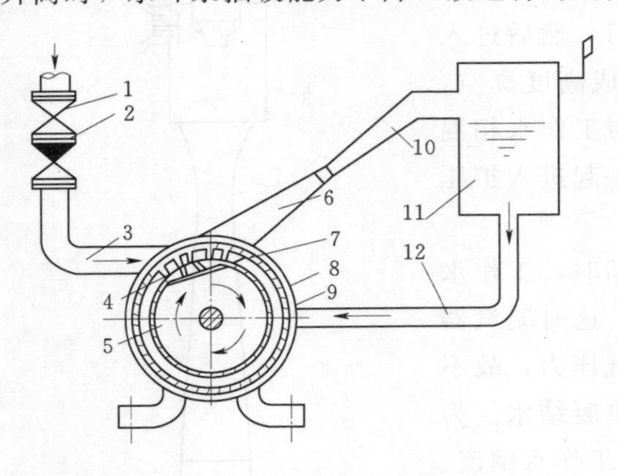

图 3-35　机械离心式真空泵结构原理图

1—闸阀；2—逆止阀；3—汽水混合物吸入管；4—叶片；5—吸入室；6—聚水锥筒；7—喷嘴；8—工作轮；9—外壳；10—扩压管；11—水箱；12—吸水管

机械离心式真空泵也需要定期补充冷水，以防工作水的流失和水温的升高。这种泵在 100～300MW 机组上应用比较广泛。

三、给水回热加热设备及系统

（一）系统概述

从汽轮机中抽出一部分蒸汽，送到加热器中对锅炉给水进行加热，与它对应的热力循环和热力系统称为回热循环和回热系统。图 3-36 所示为简化的回热系统——N200 汽轮机组回热系统。

由于回热抽出的蒸汽不再排入凝汽器，所以它不存在冷源损失，从而减少了整个机组的冷源损失，提高了热效率。另外，采用给水回热加热，由于提高了给水温度，可以减少锅炉受热面和因温差过大而产生的热应力，减少了锅炉换热的不可逆损失，从而提高了设备运行的可靠性和经济性。在加热器中放热后凝结成的水（称为加热器疏水），通过逐级自流方式或疏水泵，送至除氧器或凝汽器或主凝结水管道，如图 3-36 中虚线所示。从除氧器给水箱，经给水泵和高压加热器，到锅炉省煤器进口的全部管道系统称为给水系统。其中给水泵之前为低压给水系统，给水泵之后为高压给水系统。除氧器给水箱的下水管接在低压母管上，再由母管分配到给水泵。

（二）回热加热器

回热加热器按照内部汽、水接触方式的不同，可分为混合式加热器和表面式加热器两类；按受热面的布置方式，可分为立式和卧式两种。

1. 混合式加热器

蒸汽与水在加热器内直接接触加热，在此过程中蒸汽释放出热量，水吸收了大部分热

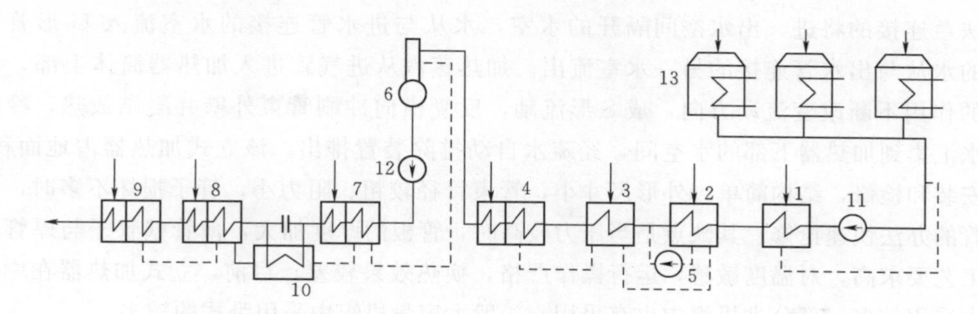

图 3－36　N200 汽轮机组回热系统原理图

1～4—低压加热器；5—疏水泵；6—高压除氧器；7、8、9—高压加热器；10—疏水冷却器；11—凝结水泵；12—给水泵；13—凝汽器

量使温度得以升高，在加热器内实现了热量传递，完成了提高水温的过程。

混合式加热器可以将水加热到该级加热器蒸汽压力下所对应的饱和水温度，充分利用了加热蒸汽的能量，热经济性较表面式加热器高。而且与汽、水直接接触，没有金属传热面，因而加热器结构简单，金属耗量少，造价低，便于汇集各种不同参数的汽、水流量，如疏水、补充水、扩容蒸汽等，同时还可以兼作除氧设备使用，避免高温金属受热面被氧腐蚀。但其系统连接可靠性差，运行费用高。一般机组除了除氧器外均采用表面式加热器。

2. 表面式加热器

加热蒸汽与水在加热器内通过金属管壁进行传热，通常水在管内流动，加热蒸汽在管外冲刷放热后凝结下来，成为加热器的疏水。对于无疏水冷却器的疏水温度，它是加热器筒体内蒸汽压力下的饱和温度，由于金属壁面热阻的存在，管内流动的水在吸热升温后的出口温度比疏水温度要低，它们的差值称为传热端差（即加热器压力下饱和水温度与出水温度之差，也称传热上端差）。

与混合式加热器相比，表面式加热器因有传热端差存在，未能最大程度地利用加热蒸汽的能量，热经济性较混合式差；同时由于有金属传热面，金属耗量大，内部结构复杂，制造较困难，造价高，需要增加与其配合的疏水设备；不能除去水中的氧和其他气体，未能有效地保护高温金属部件的安全等。但由于其回热系统简单，运行安全可靠，布置方便，系统投资和土建费用少等特点，得到了广泛应用。

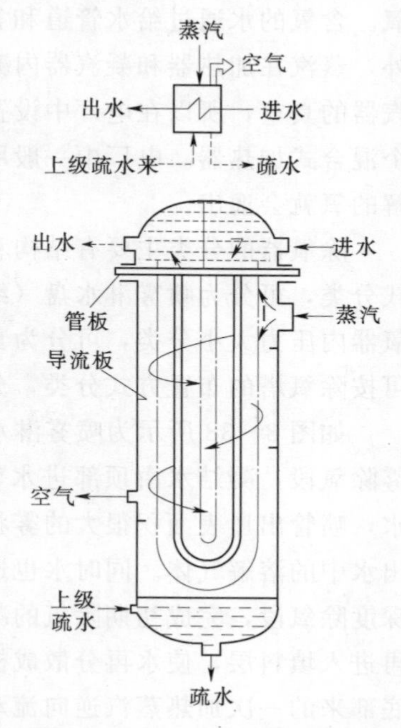

图 3－37　管板 U 形管束立式加热器原理图

表面式加热器也有卧式和立式两种。图 3－37 所示为管板 U 形管束立式加热器原理图，这种加热器的受热面由铜管或钢管形成的 U 形管束组成，采用胀接或焊接的方法固定在管板上。整个管束插入加热器圆形筒体内，管板上部

有用法兰连接的将进、出水空间隔开的水室，水从与进水管连接的水室流入U形管，吸热后的水从与出水管连接的另一水室流出。加热蒸汽从进气管进入加热器筒体上部，借导向板的作用不断改变流动方向，成S形流动，反复横向冲刷管束外壁并凝结放热，冷凝后的疏水汇集到加热器下部的水空间，经疏水自动排除装置排出。该立式加热器占地面积小，便于安装和检修，结构简单，外形尺寸小，管束管径较粗、阻力小，管子损坏不多时，可采用堵管的办法快速抢修。其缺点是当压力较高时，管板的厚度加大，薄管壁管子与厚管板连接，工艺要求高，对温度敏感，运行操作严格，换热效果较差。目前，立式加热器在中、小机组中采用较多，部分大机组中也有采用。一般大容量机组中采用卧式的较多。

加热器由筒体、管板、U形管束和隔板等主要部件组成。筒体的右侧是加热器水室。它采用半球形、小开孔的结构形式。水室内有分流隔板，将进出水隔开。给水由给水进口处进入水室下部，通过U形管束吸热升温后从水室上部给水出口处离开加热器。加热蒸汽由入口进入筒体，经过蒸汽冷却段、冷凝段、疏水冷却段后蒸汽由气态变为液态，最后由疏水出口流出。卧式加热器因其换热管横向布置，在相同凝结放热条件下，其凝结水膜较竖向换热管凝结水膜壁薄，其单管表面传热系数约高1.7倍，同时在筒体内易于布置蒸汽冷却段和疏水冷却段，在低负荷时可借助于布置的高度差来克服自流压差小的问题。因此，卧式热经济性高于立式，但它的占地面积则较立式的大。目前我国300MW、600MW机组回热系统多数采用卧式回热加热器。

（三）给水除氧设备

热力系统中，处于真空状态下工作的管道及设备难免有空气漏入，因此空气中的氧及其他气体会溶于主凝结水中，同时因汽水损失补入到热力系统的补充水也含有大量的溶解氧。含氧的水通过给水管道和省煤器时，会造成氧腐蚀（压力越高这种腐蚀越严重）。另外，蒸汽在加热器和凝汽器内凝结时析出空气附着在换热面上，会减弱换热效果，降低凝汽器的真空，所以在电厂中设置除氧器除去水中的溶解氧及其他气体。除氧器实际上是一个混合式加热器。电厂中一般用加热法进行除氧，即用蒸汽将水加热到沸腾状态，水中溶解的氧就会逸出。

除氧器的分类主要有结构和压力两种方式。按结构分类是根据水在除氧塔内的播散方式分类，可分为喷雾淋水盘（细流）式、喷雾填料（喷雾膜）式等。按压力分类是根据除氧器内压力大小分类，可分为真空式除氧器、大气压式除氧器和高压除氧器几种。此外也可按除氧塔的布置方式分类，分为立式除氧器和卧式除氧器。

如图3-38所示为喷雾淋水盘填料卧式高压除氧器的结构示意图。在除氧器上部为喷雾除氧段，凝结水由顶部进水管引入进水室，进水室在长度方向上布置4排喷管向下喷水，喷管出口表面积很大的雾状水滴与向上流动的二次蒸汽进行强烈的热交换，快速离析出水中的溶解气体。同时水也迅速被加热到饱和温度，完成初期除氧任务。除氧器下部为深度除氧段，完成初期除氧的凝结水，通过布水槽钢均匀喷洒在淋水盘上（有若干层）后再进入填料层，使水再分散成极薄的水膜以减小表面张力，同时也创造了足够的时间，与底部来的一次加热蒸汽逆向流动，使汽水加热交换面积达到最大值，完成深度除氧任务。填料层通常由一些比表面积（单位体积的表面积）很大的材料组成，如不锈钢Q形钢片、丝网或屑，玻璃纤维压制的圆环或蜂窝状填料，以及不锈钢角钢等，它们把水分散成巨大的传质水膜，以利于除去水中残余的气体。

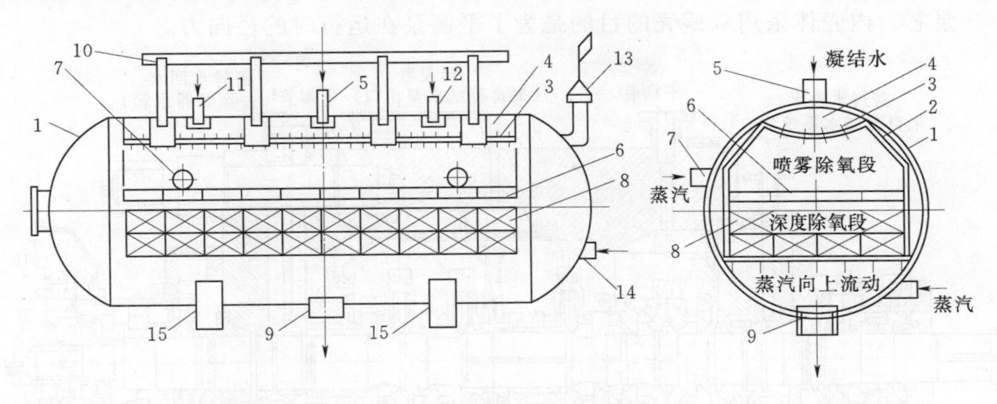

图 3-38　喷雾淋水盘填料卧式高压除氧器结构示意图

1—除氧器本体；2—两侧包板；3—恒速喷嘴；4—凝结水进水室；5—凝结水进水口；6—布水槽钢；7—加热蒸汽进口；8—淋水盘箱；9—下水管；10—排气管；11—疏水管；12—备用接口；13—弹簧式安全阀；14—高加疏水入口；15—汽平衡管

除氧器的工作压力可以是固定不变的，也可以是随机组负荷的变化而变化的，前者称为定压运行，后者称为滑压运行或变压运行。后者热经济性高，故越来越多地被大容量机组采用。

（四）给水泵和凝结水泵

给水泵和凝结水泵都是用来提高水的压力的，凝结水泵将凝汽器中的主凝结水抽出，提高压力后经低压加热器送至除氧器；给水泵将除氧器给水箱中的水抽出提高压力后，经高压加热器送至锅炉。给水泵和凝结水泵均为离心泵，水从中心轴向进入旋转的叶轮后，被叶片推动旋转起来，由此而产生的离心力使水的压力提高，并将水沿径向甩出叶轮。只有一个叶轮的为单级离心泵。因一个叶轮提高水的压力是有限的，故凝结水泵、给水泵一般由多个叶轮串联起来工作，将水的压力提高到更高的值，以满足系统工作的需要，这种泵称为多级离心泵。下面以给水泵为例说明离心泵的具体结构。

给水泵的驱动方式有交流电动机驱动和小型汽轮机驱动两种，电动主给水泵一般用于300MW 容量以下的机组，采用液力联轴器变速调节；汽动主给水泵用于 300MW 及以上的机组上，机组变工况时通过改变小汽轮机的转速满足不同负荷对锅炉给水参数的要求，电动给水泵作为备用泵或启动给水泵。如 600MW 机组配备了两台 50%的汽动泵和一台30%的电动泵，正常运行时，两台汽动给水泵并联运行可满足机组最大负荷时锅炉给水量的要求，电动泵用于启动工况或因某台汽动泵故障停运时与另一台汽动泵并联运行。

图 3-39 为某 600MW 机组锅炉汽动给水泵的结构示意图。该泵为双壳体、筒形、双吸式五级卧式离心泵。主要由外壳、端盖、内蜗壳、叶轮、主轴、套筒和轴承等组成。泵的外壳是无中分面的锻制圆柱筒。外壳的前、后端盖与外壳之间采用止口定位、螺栓螺母连接方式，端盖与壳体之间设有密封垫片。前、后端盖经平衡管相连通，使给水泵进出口处的轴封均处于泵的进口压力之下。泵的内壳体是双蜗壳形，上、下两半，法兰结构连接方式。内壳体套装在外壳之中，采用止口、密封垫片的定位密封方式，并通过后端盖将内

壳体固定。内壳体内部包含着泵的转动部分——转子；内壳体和转子组成泵的螺旋形内芯——泵芯。内壳体采用双蜗壳的目的是为了平衡泵在运行时的径向力。

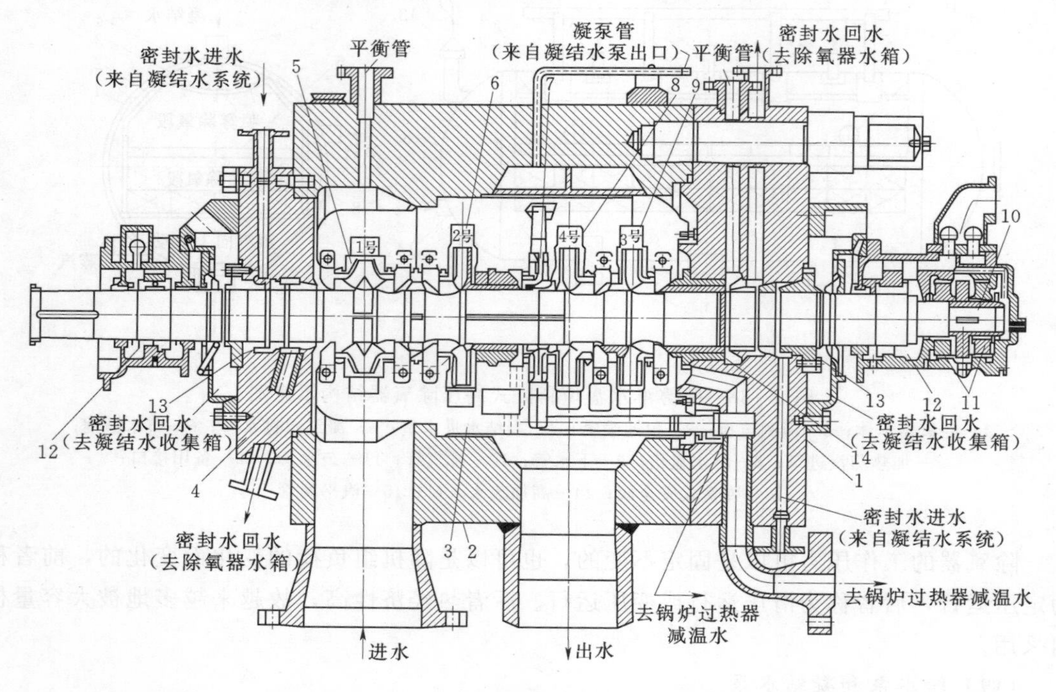

图3-39　汽动给水泵结构示意图

1—后端盖；2—外泵壳；3—泵壳；4—前端盖；5—1号级叶轮；6—2号级叶轮；7—后置级叶轮；8—4号级叶轮；9—3号级叶轮；10—泵轴；11—推力轴承；12—支承轴承；13—节流套筒；14—平衡套筒

泵芯的蜗壳内是泵的转动部分，包括叶轮、主轴、套筒和轴承等部件。在各级叶轮进出口、平衡套筒、中间套筒处，均设有可以更换的密封环，密封环轴向长度根据该处的压差而定，以减小泵芯与叶轮之间的轴向泄漏量。叶轮为密封式结构，精密铸造而成，流道表面光洁，以保证较高的通流效率。1级叶轮为双吸式结构，目的仍然是降低其进口流速，使其在较低的进口静压头下也不发生汽蚀，安全运行；其余各级叶轮均为单吸式结构。叶轮上的叶片在叶轮进口处的布置采用延伸式。叶片延伸布置比平行布置做功面积大，进口处速度较低，能提高泵的抗汽蚀能力。

泵轴两端的轴封装置均采用密封水、节流套筒的螺旋密封形式。螺纹齿顶与节流套筒之间留有径向间隙（单侧约为0.15～0.22mm），轴封冷却水（即密封水）通过套筒上的节流孔流入螺纹槽与套筒内圆之间的间隙，当泵轴旋转时起轴向密封作用。为防止机组变负荷运行时锅炉给水泵入口发生汽蚀而导致给水中断，大容量机组给水泵均设有前置泵。

四、主、再热蒸汽系统

锅炉供给汽轮机蒸汽的管道、蒸汽管间的连通母管、通往用新汽设备的蒸汽支管等称为主蒸汽管道。

再热就是将做过功的高压缸排汽引出来送到锅炉的再热器再加热，提高温度后，又引回汽轮机后面的级中继续膨胀做功。回热和再热循环都是电厂提高经济性的措施。同时，再热还减少了汽轮机排汽湿度，改善了汽轮机末几级叶片的工作条件。从汽轮机高压缸排汽中引出至锅炉，从锅炉至汽轮机中压缸的管道统称为再热管道。

主蒸汽管道系统有单元制主蒸汽管道系统、切换母管制主蒸汽管道系统和集中母管制主蒸汽管道系统形式，原理图如图 3-40 所示。集中母管制主蒸汽管道系统是发电厂所有锅炉生产的蒸汽都送到集中母管中，再由集中母管把蒸汽引入各汽轮机和辅助用汽设备的蒸汽管道系统，如图 3-40（a）所示。切换母管制主蒸汽管道系统是指每台锅炉与它对应的汽轮机组成一个单元，正常时机、炉组成单元运行，各单元间还装有切换母管，每个单元与母管连接处，另装一段联络管和 3 个切换阀，当需要时切换运行，如图 3-40（b）所示。单元制主蒸汽管道系统是指一台锅炉配一台汽轮机的管道系统（包括再热蒸汽管道），组成独立单元，各单元间无横向联系，用汽设备的蒸汽支管由各单元主蒸汽管引出，如图 3-40（c）所示。

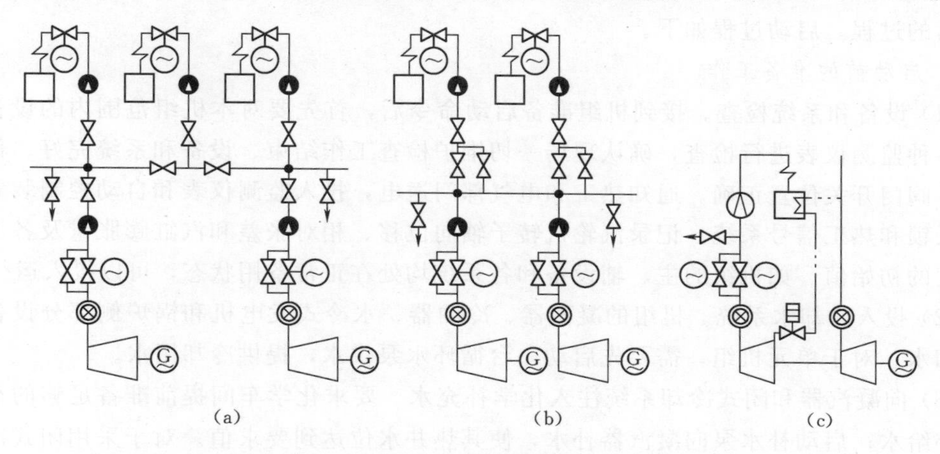

图 3-40　3 种形式的主蒸汽管道系统原理图

（a）集中母管制；（b）切换母管制；（c）单元制

单元制主蒸汽、再热蒸汽系统要求有混温措施，它分为双管式系统、单管-双管式系统和单管-双管-单管式系统 3 种形式。

五、旁路系统

大容量中间再热机组都采用单元制主蒸汽管道系统，锅炉或汽轮机发生故障时，机炉必须同时停止运行。为了便于机组启停、事故处理和适应某些特殊运行方式，绝大多数再热机组都设置了旁路系统。

旁路系统是指高参数蒸汽不进入汽缸的通流部分做功，而是经过与该汽缸并联的减温减压器，将降压减温后的蒸汽送至低一级参数的蒸汽管道或凝汽器的连接系统。实际上，旁路系统是单元机组在启动和事故情况下起调节和保护作用的一种系统。

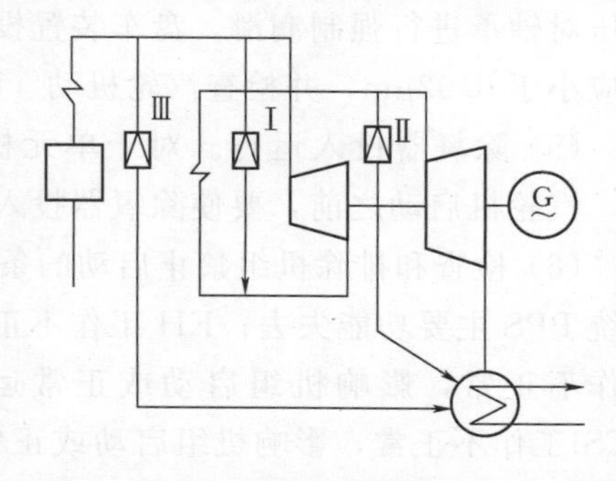

图 3-41　再热式机组的旁路系统原理图

Ⅰ—高压旁路；Ⅱ—低压旁路；Ⅲ—整机旁路

如图 3-41 所示，新蒸汽不进入汽轮机高压缸，而是经降压减温后直接进入再热器冷段的系统，称为高压旁路或Ⅰ级旁路。再热器出来的蒸汽不进入汽轮机的中、低压缸，而是经降压减温后直接排入凝汽器的系统，称为低压旁路或Ⅱ级旁路。新蒸汽不流经整个汽轮机，却经降压减温后直接排入凝汽器的系统，称为整机旁路或Ⅲ级大旁路。它们可以组合成不同的旁路系统。直流锅炉的旁路系统，还包括启动分离系统。

第六节 汽轮机的启停及运行调整

一、汽轮机的启动和停机

（一）冷态滑参数启动

汽轮机冷态启动是指汽轮机从冷状态到热状态、从静止到额定转速转动、从空负荷到满负荷的过程。启动过程如下。

1. 启动前的准备工作

（1）设备和系统检查。接到机组准备启动命令后，首先要对本机组范围内的设备、系统和各种监测仪表进行检查，确认现场一切维护检查工作结束、设备和系统完好、仪表齐全、各阀门开关位置正确。通知热工和电气部门送电，投入监测仪表和自动控制装置及保护、联锁和热工信号系统。记录汽轮机转子轴向位移、相对胀差和汽缸膨胀量及各测点金属温度的初始值。如机组的主、辅设备和各系统均处在正常备用状态，可以投入运行。

（2）投入冷却水系统。机组的凝汽器、冷油器、水冷式发电机和锅炉侧部分设备都需要冷却水。对于单元机组，需要先启动一台循环水泵供水，提供冷却用水。

（3）向凝汽器和闭式冷却系统注入化学补充水。要求化学车间提前准备足够的符合要求的补给水；启动补水泵向凝汽器补水，使其热井水位达到要求值。对于采用闭式冷却系统的大型机组，同时向闭式冷却系统注入化学补给水，启动闭式冷却泵。

（4）启动供油系统和投入盘车设备。为防止转子受热不均，在蒸汽有可能进入汽轮机的情况下，必须投入盘车设备，进行连续盘车。为减小盘车功率，防止轴承磨损，在投入盘车前必须启动润滑油和顶轴油系统。此时启动交流润滑油泵向系统充油，进行油循环，并进行低油压保护试验，试验后直流事故油泵处于备用状态。为了减小盘车功率和避免轴承磨损，大型机组均配有顶轴油泵。在盘车装置投入前，启动顶轴油泵，利用很高的顶轴油压对轴承进行强制润滑。盘车装置投入后，应测取转子偏心率（晃度）的初始值，其变化应小于 0.02μm，并检查汽轮机动、静部分有无摩擦。

（5）除氧器投入运行。对于单元机组，当长时间停机停炉时，除氧器也要停运。因此，汽轮机启动之前，要使除氧器投入运行，以便向锅炉供水。

（6）检查和排除机组禁止启动的条件：任一操作子系统失去人机对话功能；电厂保护系统 PPS 主要功能失去；EH 工作不正常，影响机组启动或正常运行；高、低压旁路系统工作不正常，影响机组启动或正常运行；调节装置失灵，影响机组启动或正常运行；OTSI工作不正常，影响机组启动或正常运行；高中压主汽门、调速汽门或抽汽逆止门卡涩；润滑油系统任一油泵或 EH 高压油泵不正常；主机转子偏心度大于报警值；汽轮发电机组转动部分有明显摩擦声；润滑油油质不合格或主油箱油位低报警；EH 油箱油位低或油质不合格；汽轮机上、下缸温差超限；危急保安器充油试验不合格。

2．轴封供汽

冲转前要建立较高的真空度，需投轴封供汽，以防空气经轴封漏入汽缸。对于大、中型机组，轴封冷却器采用主凝结水冷却，因此在轴封供汽、启动轴封抽气器之前，应投入凝结水系统。凝汽器热井注水后，可启动凝结水泵，打开凝结水再循环阀，进行凝结水再循环。

打开厂用蒸汽母管向轴封供汽联箱供汽暖管，待管内压力合格后，投入轴封供汽压力调节器。启动轴封抽气器，打开供汽阀，向轴封供汽。启动凝汽器抽气泵，建立凝汽器真空。打开各加热器的空气阀，利用凝汽器的真空度，抽出各加热器汽侧的空气。

3．盘车预暖

为了避免启动时产生热冲击，减少转子的寿命损耗、防止转子的脆性断裂，要求进入汽轮机的蒸汽温度要与汽缸、转子金属温度相匹配。为此，有些汽轮机采用盘车预热的方式，即在盘车状态下通入蒸汽或热空气，进行预暖机。一般盘车预热是在锅炉点火以前用辅助汽源进行预热，因而可以缩短启动时间。

4．冲转、升速、暖机

（1）冲转。锅炉蒸汽参数达到冲转要求，汽轮机各项指标符合冲转条件，可进行汽轮机冲转。高压缸冲转时有调速汽门冲转、自动主汽门冲转、电动主汽门旁路门冲转 3 种方式。

1）调速汽门冲转是在自动主汽门和电动主汽门全开的情况下，用 DEH 系统操作调速汽门来冲转、升速、升负荷。该方式可减少对蒸汽的节流，但冲转时只开启部分调速汽门，不是全周进汽，易使汽缸受热不均。优点是启动过程中用调速汽门控制，操作方便灵活。

2）自动主汽门冲转时，调速汽门全开，冲转时汽轮机全周进汽受热均匀。但自动主汽门处于节流和被冲刷状态，易造成关闭不严，降低了自动主汽门的保护作用。

3）用电动主汽门的旁路门（或预启门）冲转时，自动主汽门和调速汽门全开、电动主汽门全关，缓缓开启旁路门冲转。这种方法既具有全周进汽、加热均匀的优点，又能避免自动主汽门的冲刷。缺点是在 10％额定负荷左右，需进行由旁路门到调速汽门控制的切换。

转子冲动后，应关闭调速汽门，用听针或专业设备进行低速摩擦检查。确认无异常再重启调速汽门，维持在 400～600r/min 转速下，对汽轮机组进行全面检查。

（2）升速。低速检查结束后，以 100～150r/min 的升速率，将汽轮机转速升高到中速(1100～1200r/min)，并在此转速下进行中速暖机。

中速暖机时，要注意避开临界转速。中速暖机结束后，继续提升转速，通过临界转速时，要迅速而平稳地通过，切忌在临界转速下停留以免造成强烈振动；但也不能升速过快，以致转速失控，造成设备损坏。

升速过程中，润滑油温会逐渐升高，当油温达到 45℃时，应投入冷油器维持油温在 40～45℃。

在升速过程中，金属的温度和膨胀量均会增加，所以需要严格控制和监视以下几点。

1）升速率。一般升速率是根据蒸汽与金属温度的实际情况来确定的，蒸汽温度和金属温度的差值不同，所选用的升速率也不同。

2）在升速过程中，应由专人监测各轴承的振动值，并与以往启动时的振动值比较。

3）当接近2800r/min时，注意调速系统动作是否正常，检查主油泵的切换和工作是否正常，并进行发电机升压准备。定速后，根据汽轮机各状态参数，决定是否立即并网。

4）定速后，根据金属温度及温差、胀差、振动情况来决定是否进行额定转速暖机。

（3）暖机。暖机的目的主要有两个，即防止材料的脆性破坏和过大的热应力。中速暖机主要是提高转子的温度，防止低温脆性破坏。若暖机转速控制的太低，则放热系数小，温度上升过慢，延长了启动时间；若暖机转速控制得太高，则会因离心力过大而带来脆性破坏的危险。因此，在确定暖机转速时，要两者兼顾，同时还应考虑避开转子的临界转速。

暖机时应注意以下问题。

1）暖机转速应避开临界转速。

2）在大型反动式汽轮机中，暖机的主要目的是提高高、中压转子的温度，防止其脆性破坏。暖机转速一般在额定转速的2/3左右，即2000r/min左右，其蒸汽流量约为额定转速时的1/4～1/3，应力为额定转速时的1/2左右。

3）暖机结束后，应检查汽缸总膨胀和中压缸膨胀情况，并检查记录各处的胀差值。

4）对于自启动的汽轮机，暖机时间应根据实际的热应力和金属温度情况实时确定。

5. 并网、带负荷

（1）并网。达到额定转速后，经检查确认设备正常，完成规定的试验项目，即可进行发电机并网操作。

发电机与系统并网时要求主开关合闸时不产生冲击电流，并网后能保持稳定的同步运行。因此，机组并网时必须满足发电机与系统的电压相等、电压相位一致、频率相等。

并网前，通过调整发电机转子的励磁电流来改变转子磁场强度，使其输出电压满足要求；通过调整汽轮机的转速，使发电频率与电网频率相等。而发电机输出电压相位与电网三相电压相位的对应，则要通过调整两者频率的微小差值，逐渐缩小对应相的相位差值来实现。机组并网后，立即带初始负荷。冷态启动时，初始负荷通常为机组额定负荷的5%左右。

（2）初负荷暖机。并网后转子、汽缸的温差将增加，容易出现较大的金属温差及差胀。所以机组并网后，需带一段时间的初负荷，进行初负荷暖机。暖机负荷和暖机时间是根据蒸汽和金属温度的匹配情况来决定的，暖机负荷通常为额定负荷的5%左右。

从并网到初负荷暖机，锅炉燃烧状况尽量不变，通过调速汽门开度增大来升负荷。调速汽门开大，部分进汽逐渐加大，调节级汽温上升，此时高压差胀正值增加得很快。因此，调速汽门操作要缓慢，调节级气温上升率控制在1～1.5℃/min为宜。

在初负荷暖机阶段，除严格控制蒸汽温度变化率和金属温差外，还须监视差胀变化，如发现差胀过大时，应延长暖机时间。同样也应监视振动，发现振动值过大，应延长暖机时间。

（3）升负荷。冷态启动升负荷过程是零件金属被加热的主要阶段。通过控制升负荷率来控制零件金属的温升速度及其内部的温差，从而控制汽缸和转子的热应力和相对胀差。对于冷态启动，在低负荷区，升负荷率控制在每分钟增加额定负荷的0.5%～0.8%；在中等负荷区，上述值为0.6%～1.0%；在高负荷区，上述值为0.8%～1.2%。在滑参数升负荷阶段，升负荷率主要取决于主蒸汽升压速度，通常控制升压速度为每分钟升高额定压力的1%左右。金属的温升速度和内部温差，除了取决于升负荷速度之外，还与主蒸汽的温升速度有关。一般在负荷的50%以下，蒸汽的温升速度为1～2℃/min；50%以上为0.5～1℃/min，以保证汽缸内、外壁温差不大于50℃；汽缸法兰内、外壁温差不大于100℃；相对胀差不大于允许值。根据汽缸内、外壁温差和相对胀差的情况，在低负荷和中负荷区适当安排暖机，暖机时间一般为30～60min，以使零件内部温差相应减小。在暖机过程中，若汽缸内、外壁温差和相对胀差基本稳定，本次暖机过程结束，可继续升负荷直至满负荷。

滑参数启动与额定参数启动相比有以下的特点。

(1) 采用滑参数启动时，锅炉点火后，就可以用低参数蒸汽预热汽轮机和锅炉间的管道，锅炉压力、温度升至一定值后，汽轮机就可冲转、升速和并网带负荷。随着锅炉参数的提高，机组负荷不断增加，直至带到额定负荷。这样大大缩短了机组的启动时间。

(2) 滑参数启动用较低参数的蒸汽暖管和暖机，加热温差小，金属内温度梯度也小，使热应力减小；另外，由于低参数蒸汽在启动时，体积流量大，流速高，放热系数也就大，即滑参数启动可在较小的热冲击下得到较大的金属加热速度，从而改善了机组加热的条件。

(3) 滑参数启动时，体积流量大，可较方便地控制和调节汽轮机的转速与负荷，且不致造成金属温差超限。

(4) 随着蒸汽参数的提高和机组容量的增大，额定参数启动时，工质和热量的损失大。而滑参数启动时，锅炉基本不对空排汽，几乎所有的蒸汽及其热能都用于暖管、冲转和暖机，大大减少了工质的损失。

(5) 滑参数启动升速和带负荷时，可做到调速汽门全开，实现全周进汽，使汽轮机加热均匀，缓和了高温区金属部件的温差和热应力。

(6) 滑参数启动时，通过汽轮机的蒸汽流量大，可有效地冷却低压段，使排汽温度不致升高，有利于排汽缸的正常工作。

(7) 滑参数启动可事先做好系统准备工作，操作大为简化，各项限额指标也容易控制。

（二）热态启动

热态启动前应确认以下条件是否满足：①上、下汽缸温差应在允许范围内；②大轴晃度不允许超过规定值；③主蒸汽温度和再热蒸汽温度，应分别高于对应的汽缸金属温度50℃以上；④润滑油温不低于35℃；⑤胀差应在允许范围内。

热态启动的特点如下。

1. 交变热应力冲击大

在热态启动过程中，转子表面热应力可分为由冷冲击产生的拉应力阶段和加热过程产生的压应力阶段。机组热态启动时，转子初始温度较高，而新蒸汽进入调节级时汽温有所降低，因而汽温低于转子的表面温度受到冲击拉应力；达到一定负荷后，调节级汽温升至与转子温度同步后转子由冷却过程逐渐变为加热过程，表面的热应力转变为压应力，转变点的工况与转子的初始温度有关。在整个热态启停中，转子表面多次承受拉、压应力，在这种交变热应力作用下，经过一定周次的循环，金属表面就会出现疲劳裂纹并逐渐扩展以致断裂。

2. 需要高温轴封汽源

热态启动前盘车装置连续运行，先向轴端汽封供汽，后抽真空，再通知锅炉点火。因为汽轮机在热态下，高压转子前后轴封和中压转子前轴封金属温度均较高，如果不先向轴封供汽就开始抽真空，则大量的冷空气将从轴封段被吸入汽缸内，使轴封段转子收缩，胀差负值增大，甚至超过允许值。另外，还会使轴封套内壁冷却产生松动及变形，缩小径向间隙。因此，热态启动时要先送轴封蒸汽后抽真空，以防冷空气漏入汽缸内。轴封蒸汽应有温度监视设备，投入时要仔细地进行暖管疏水，切换汽源时要缓慢，以防主汽温骤变。

3. 易产生热弯曲

汽轮机运行时，转子旋转带动蒸汽流旋转，保证了受热或冷却的均匀。但停机时，当转子静止后，由于上下汽缸温差，使缸内热流不对称，或向汽封送汽不对称，这将使转子产生热弯曲，甚至通流部分产生动静摩擦。转子的弯曲程度由晃动度来监测，如启动前转子的晃动度超过规定值，应延长盘车时间，消除转子热弯曲后，才能启动。

4. 启动速度快

由于热态启动时金属的温度高，因此热态启动应尽快升速、并网、带负荷直至额定负荷，以防止汽轮机出现冷却。热态启动从盘车到转速升至3000r/min，一般只需要10min，从空负荷到满负荷大约需要60min。利用旁路系统，可在较短时间内把主汽温、再热汽温升至热态启动所需的温度值，能够较快、较容易地实现蒸汽温度与汽轮机金属温度的匹配。

5. 控制胀差

在热启动的初始阶段，蒸汽流经进汽管道，又经阀门节流和调节级焓降损失，温度有所降低，转子有较大冷却，长度收缩，因而出现负胀差。对单流程汽缸来说，停机后进汽部分的转子温度较高，它比汽缸向轴承侧的散热强度大，又受较冷的汽封蒸汽冷却，因此使汽轮机转子收缩，甚至到极限位置，这些现象限制了汽轮机的热态启动。如果出现负胀差，可以增加主蒸汽温度，也可以加快升速和增加负荷，加大蒸汽量，使进入汽轮机的蒸汽温度提高，当高于转子温度后转为加热状态，负胀差消失。

6. 需要校对启动曲线

热态启动的启动曲线类似冷态启动曲线。根据实际的热状态，找出热态启动的初始负荷，即在冷态启动曲线上找出与之相对应的工况点。如有的机组启动工况点定为高压上缸内壁的某特定金属温度，与该温度相对应的负荷作为热态启动的初始负荷，与这一点相对应的蒸汽参数即为冲转参数。也可以采用专门给出的热态启动曲线。

7. 对于蒸汽参数的要求高

热态启动对主蒸汽参数有一定要求，主汽温应高于高压缸调速级汽室和中压缸进汽室的温度，否则蒸汽将起冷却作用，而在升负荷时又起加热作用，这将产生低周交变应力。

因再热器布置在低温烟气区，故再热蒸汽在热态启动时比主蒸汽温升慢。在热态冲转时，要求再热汽温也应与金属温度相适应，并有50℃的过热度，这样应要求主蒸汽温度更高一些。

（三）中压缸启动

单元大容量机组，由于锅炉升温升压速度和旁路系统的限制，需加长机组热态启动时间，为此出现了采用旁路系统配合中压缸送汽的启动方式。

中压缸启动在冲转前进行倒暖高压缸，由中压缸进汽冲转，机组带到一定负荷后，再切换到常规的高、中压缸联合进汽方式，直到机组带满负荷，切换进汽方式时的负荷称为切换负荷。有些机组不是在带负荷后切换启动方式，而只是在机组中速暖机后，即切换成高、中压缸联合进汽方式，这种方式也称中压缸启动方式，其目的是满足机组快速启动的要求。

在热态启动时，当达到预定的启动参数后，关闭高压缸使其处于真空状态下，开启中压缸进汽门，进行冲转、升速、并网、带负荷。一般情况下，启动过程由中压调速汽门控制，并在升负荷过程中，逐渐关小低压旁路，以保持再热器压力恒定，一直升负荷到规定数值。或者低压旁路接近关闭，切换到高压缸进汽，直到高压缸内压力增加到稍高于再热器的压力时，高压缸排汽止回阀自动打开。

中压缸启动的主要步骤有：①锅炉点火；②倒暖高压缸；③投入旁路；④提高主汽及再热汽温；⑤汽轮机投盘车；⑥维持锅炉参数稳定；⑦中压缸冲转；⑧升速；⑨并网和带负荷；⑩切换到高压缸进汽。

1. 实施中压缸启动必须具备的条件

（1）控制的要求。中压缸启动时，高、中压主汽门和调门都应能单独启闭；在缸切换开始时，高、中压调门能按比例联合开大关小；切缸时，高压调门必须在较短的时间内达到预定开度。在冲转和切缸过程中，高、中压旁路必须配合高、中压调门的开度变化来维持主蒸汽和再热蒸汽参数的基本恒定。

（2）旁路容量的要求。中压缸冲转和带切缸负荷的蒸汽，需要通过高压旁路提供，而低压旁路又要储备必要的蒸汽流量，在中压缸冲转时为中、低压缸供汽，且维持再热蒸汽压力。故中压缸启动必须有旁路来配合，旁路容量主要取决于切缸负荷和主蒸汽及再热蒸汽在切缸时的参数。

（3）为高压缸设置专用疏水扩容器。当中、低压缸进汽冲转或在切缸前的初负荷时，高压缸处于负压状态，高压缸及与之相通的管道阀门疏水集中接入一个专用疏水扩容器，与其他管道和中、低压缸疏水分开，这样可以避免其他疏水倒入高压缸。

（4）对中压调门的要求。采用中压缸启动后，汽轮机冲转蒸汽由中压调门控制，所以中压调门必须具有冲转前的严密性和小流量的稳定性。

（5）设置高压缸倒暖阀、真空阀。高压缸抽真空阀用于在汽轮机负荷达到一定水平即切换汽缸之前对高压缸抽真空，以防止高压缸末级因鼓风而发热造成损坏。在冲转及低负荷运行期间，切断高压缸进汽以增加中、低压缸的进汽量，有利于中压缸的加热和低压缸末级叶片的冷却，同时也有利于提高再热蒸汽压力。

暖缸阀是在冷态启动时用于加热高压缸的一个进汽隔离阀。汽轮机冲转启动的第一阶段，中压转子和汽缸温度上升较慢，都不会产生过高的应力。而高压缸则不同，高压缸在进汽前必须要先经过预热。当锅炉主蒸汽达到一定温度时，就可以通过预暖阀进行汽轮机的预热。此时，高压缸内的压力将和再热器的压力同时上升，高压缸金属温度将上升到相应于再热蒸汽压力的饱和温度。

(6) 监测保护。中压缸冲转初期高压缸未通蒸汽。随着转速升高，叶轮摩擦鼓风损失使其温度升高，因此应采取一定的冷却措施，防止部件超温。另外，高压缸被隔离时，转子轴向推力会比较大，这限制了高压缸被隔离的最大负荷。

2. 中压缸启动参数的选择原则

(1) 温度。温度的选择主要考虑蒸汽对汽缸、转子等部件的热冲击，既要避免产生过大的热应力，又要保证汽轮机具有合理的加热速度。一般冷态冲转时推荐冲转的再热蒸汽温度在250～280℃之间。在汽缸处于温态和热态时，汽温应到高出汽缸金属温度的50℃，而且应有50℃以上的过热度。切缸时，主蒸汽温度应到高于高压内缸温度的70℃。

(2) 压力。在中压缸冲转至带切缸负荷过程中，中、低压缸带有一定的负荷，此时再热器压力的高低决定了中调门的开度。在切缸负荷流量下，中调门具有80%～85%的开度比较合适。一方面，开度过大，再热蒸汽压力偏低，调节性能差；开度偏小则使得在切缸时，与中压调门按比例匹配的高调门开度也偏小，不能保证切缸时的高压缸最小流量。另一方面，再热蒸汽压力越低，要求低旁容量越大，而压力过高，将造成切缸时高压缸排汽止回阀不容易打开。根据以上要求，中压缸启动的再热蒸汽压力选为0.5MPa较为合适。主蒸汽压力的选择主要取决于高旁容量和切缸负荷流量。确定蒸汽温度之后，所选汽压应有50℃以上的过热度，所以冲转时主蒸汽压力选为4MPa较适宜。

(3) 切缸负荷的选择。切缸负荷受到两个条件的限制，一个条件是旁路容量大小的限制，即高旁应能通过切缸负荷下的流量；另一个条件是轴向推力，中压缸启动时，高压缸不进汽，汽轮机轴向推力中失去了高压转子的反向推力这一部分，所以中、低压缸的进汽量和负荷受轴向推力的限制。

(四) 停机

汽轮机停机就是将带负荷的汽轮机卸去全部负荷，发电机从电网中解列，切断进汽使转子静止。汽轮机停机过程是汽轮机部件的冷却过程，停机中的主要问题是防止机组各部件冷却过快或冷却不均匀引起较大的热应力、热变形和胀差。汽轮机停机一般来说可分为正常停机和事故停机。正常停机可根据停机的目的有额定参数停机和滑参数停机之分。额定参数停机是当设备和系统有某种情况时需要短时停机，很快就能恢复运行，因此要求停机后汽轮机部件金属温度仍保持较高水平，在停机过程中，锅炉的蒸汽压力和温度保持额定值。

在额定参数停机降负荷过程中，应注意相对胀差的变化，如出现较大的负胀差时应停止降负荷，待胀差减小后，再降负荷。

滑参数停机在调节门接近全开的情况下，采用降低新蒸汽压力和温度的方式降负荷，锅炉和汽轮机的金属温度也随之相应下降。此种停机的目的是为了将机组尽快冷却下来。如果要求的停机时间不长，为了缩短下一次启动时间，则不要使机组过分冷却，应尽量使蒸汽温度不变，利用降低锅炉汽包内蒸汽压力的方法降低负荷。在降负荷时通流部分的蒸汽温度和金属温度都能保持较高的数值，达到快速减负荷停机。

1. 额定参数停机

（1）停机前的准备。对设备和系统要进行全面检查，并按规定进行必要的试验，使设备处于随时可用的良好状态等。

（2）减负荷。关小调速汽门，汽轮机进汽量随之减少，机组所带的有功负荷相应下降。在有功负荷下降的过程中应注意调节无功负荷，维持发电机端电压不变。降负荷后发电机定子和转子电流相应减少，线圈和铁芯温度降低，应及时减少通入气体冷却器的冷却水量。氢冷发电机组的发电机轴端密封油压可能因发电机温度的降低改变了轴封结构的间隙而发生波动，所以应做及时调整，氢压也要作相应调整。

在降负荷过程中，要注意调整汽轮机轴封供汽，以减少胀差和保持真空；降负荷速度应满足汽轮机金属温度下降速度不超过1～1.5℃/min的要求；为使汽缸、转子的热应力、热变形和差胀都控制在允许的范围内，当每减去一定负荷后，要停留一段时间，使转子和汽缸的温度均匀地下降，减少各部件间的温差。在降负荷时，通过汽轮机内部的蒸汽流量减少，机组内部逐渐冷却，这时汽缸和法兰内壁将产生热拉应力，并且汽缸内蒸汽压力也将在内壁造成附加的拉应力，使总的拉应力变大。

（3）发电机解列及转子惰走。解列发电机前，应将厂用电切换至备用电源供电。当有功负荷降到接近零值时，发电机解列，同时应将励磁电流减至零，断开励磁开关。解列后，调整抽汽和非调整抽汽管道止回阀应自动关闭，同时密切注意汽轮机的转速变化，防止超速。停止汽轮机进汽时，须先关小自动主汽门，以减轻打闸时自动主汽门阀芯落座的冲击。然后手打危急保安器，检查自动主汽门和调速汽门，使之处于关闭位置。打闸断汽后，转子惰走，转速逐渐降到零。随着转速的下降，汽轮机的高压部分出现负胀差，而中低压部分出现正胀差。所以，在打闸前要检查各部分的胀差。如果打闸前低压胀差比较大，则应采取措施避免打闸后出现动静间隙消失导致摩擦事故。

2. 滑参数停机

大容量汽轮机的停机是分段进行的。从满负荷到90%负荷阶段，汽轮机处于定压运行阶段，主蒸汽参数均为额定值。当关小调速汽门时，会产生较大的节流温度降，为避免产生过大的热应力，应控制减负荷的速度。从90%负荷到35%负荷，汽轮机处于滑压运行的阶段。主蒸汽压力随着负荷的降低而成比例地降低，主汽温度和再热温度基本保持不变。从35%负荷到机组与电网解列阶段，汽轮机又维持在定压运行。

在滑停过程中，一般规定主汽温降率为1～1.5℃/min，再热蒸汽温降率小于2℃/min。调节级汽温比该处金属温度低20～50℃为宜，但应有近50℃的过热度，最后阶段过热度要不小于30℃。

滑参数停机过程容易出现较大的负胀差，因此在新蒸汽温度低于法兰内壁金属温度时，应投入法兰加热装置以利用其低温蒸汽来冷却法兰。滑停过程中严禁汽轮机超速试验，以防超速试验时为提高主汽压而出现蒸汽带水。

3. 正常停机过程中应注意的问题

（1）严密监视机组的参数。对主汽压力、主汽温度、再热蒸汽温度、汽轮机胀差、绝对膨胀、轴向位移、转子振动、轴承金属温度及汽轮机转子热应力等，在停机过程中应严密监视。在减负荷过程中，应掌握减负荷的速度。减负荷的速度是否合适，以高、中压转子的热应力不超标为标准。

(2) 关于停盘车。汽轮机停机后，必须保持盘车连续进行。因为停机后，汽轮机汽缸和转子的温度还很高，需要有一个逐步的冷却过程。在这个过程中，必须由盘车保持转子连续旋转，一直到高、中压转子温度小于150℃，才可停止盘车。

如果因故障原因停盘车，盘车在再次启动前，必须先手动盘车360°，确认正常后方可投入盘车；如果手动盘车较紧，必须连续手动盘车盘到轻松后，才可再次投入连续盘车。故障停止盘车的同时，必须同时停止轴封蒸汽和破坏真空，以防造成汽轮机局部收缩和灰尘进入汽轮机。

在盘车的同时要控制真空变化，记录转子惰走时间，以便与原始惰走曲线相比较，判明转子是否处于最佳状态。转子惰走时，轴封送汽不可停止过早，以防大量冷空气漏入汽缸，发生局部冷却。停机后轴封可停止供汽，否则进汽会使上下缸温差增大，造成热变形。

(3) 盘车时润滑油系统运行。停机后在盘车运行时，润滑油系统、顶轴油系统必须维持运行。当汽轮机调节级温度达到150℃以下，盘车停止后，润滑油系统、顶轴油系统才可以停止运行。

4. 异常停机

(1) 紧急停机。紧急停机是指汽轮机出现了重大事故，不论机组当时处于什么状态、带多少负荷，必须立即紧急脱扣汽轮机，在破坏真空的情况下尽快停机。

一般在运行过程中，如发生以下严重故障，必须紧急停机：①汽轮发电机组发生强烈振动；②汽轮机断叶片或明显的内部撞击声音；③汽轮发电机任何一个轴承发生烧瓦；④汽轮机油系统着大火；⑤发电机氢密封系统发生氢气爆炸；⑥凝汽器真空急剧下降无法维持；⑦汽轮机严重进冷水、冷汽；⑧汽轮机超速到危急保安器的动作转速而保护未动作；⑨汽轮发电机房发生火灾，严重威胁机组安全；⑩发电机空侧密封油系统中断；⑪主油箱油位低到保护动作值，而保护未动作；⑫汽轮机轴向位移突然超限，而保护没有动作。

一旦发生事故，只能采用紧急安全措施，打掉危急保安器的挂钩，并解列。在危急情况下，为加速汽轮机停止转动，可以打开真空破坏阀破坏汽轮机的真空。但一般不宜在高速时破坏真空，以免叶片突然受到制动而损伤。

(2) 故障停机。故障停机是指汽轮机已经出现了故障，不能继续维持正常运行，应采用快速减负荷的方式，使汽轮机停下来进行处理。故障停机，原则上是不破坏真空的停机。一般汽轮发电机在运行过程中如发生以下故障，应采取故障停机方式：①蒸汽管道发生严重漏汽，不能维持运行；②汽轮机油系统发生漏油，影响到油压和油位；③汽温、汽压不能维持规定值，出现大幅度降低；④汽轮机热应力达到限额，仍向增加方向发展；⑤汽轮机调速汽门控制故障；⑥凝汽器真空下降，背压上升至25kPa；⑦发电机氢气系统故障；⑧发电机密封油系统仅有空侧密封油泵在运行；⑨发电机检漏装置报警，并出现大量漏水；⑩汽轮机辅助系统故障，影响到主汽轮机的运行。

二、汽轮机的运行方式

汽轮机启动完成后，各部件的温度分布基本均匀，机组转入正常运行状态。汽轮机带负荷后，随蒸汽参数的升高和流量的增大，汽缸和转子的加热开始加强，至50%～60%负荷时，加热逐渐趋向缓和。此后，汽轮机部件温度虽然有所上升，但各部件的温度分布渐趋均匀，至此汽轮机转入正常运行。

汽轮机正常运行过程中，需要根据电网的要求进行负荷调节，根据负荷调节方法的不同，汽轮机的运行方式可分为定压运行和变压运行两种方式。

（一）定压运行

机组主蒸汽参数保持额定值，依靠改变汽轮机调速汽门开度来适应外界电负荷变化的运行方式，称为定压运行。对于采用节流调节的汽轮机，通过改变调速汽门开度实现负荷改变；对于采用喷管调节的汽轮机，通过依次开启或关闭调节阀实现负荷改变。定压运行方式的机和炉分别控制，相互牵连较少，主要应用在中小型机组和带基本负荷的大型机组。但是，定压运行方式在改变负荷时会产生节流损失。

汽轮机带基本负荷定压运行时，调速汽门全开，此时节流损失最小，经济性最高，汽轮机各部位的金属温度处于稳定状态。但在负荷变动时，由于调门的开度变小，节流损失增加，使级的热效率下降，同时使通流部分的蒸汽温度和汽缸金属温度发生变化，尤其是在调节级，会产生一定的热应力。

在部分负荷时，调节级部分进汽度一般在0.7以下，最多能到0.8左右，结果会产生汽缸沿圆周方向加热的不均匀。部分负荷时，会出现一个调速汽门接近全开而第二个调速汽门尚未开启的情况，此时调节级的焓降最大，而第一喷管组的蒸汽流量也达最大值，使调节级动叶片的应力增大；部分进汽造成的激振力会使动叶的应力急剧上升。

部分负荷时，高压缸排汽温度的变化较大，并随负荷的降低而减小，低温再热器冷段进口蒸汽温度降低，从而影响再热蒸汽的吸热和出口温度，这不仅使循环热效率降低，而且还影响到中、低压缸运行的稳定性。

因此，只有在基本负荷时，定压运行才是最经济的。部分负荷时完全采用定压运行方式不仅使经济性降低，而且也使可靠性下降。

（二）变压运行

变压运行，又称滑压运行，是指汽轮机在不同负荷工况运行时，调速汽门保持全开的运行方式。此时机组功率的调节通过汽轮机入口蒸汽压力的改变来实现，而主蒸汽和再热蒸汽温度尽量保持在额定值不变。

1. 变压运行的分类

（1）纯变压运行。在整个负荷变化范围内，所有调速汽门全开，单纯依靠锅炉主蒸汽压力变化来调整机组负荷。这种方式无节流损失，高压缸可获得最佳效率和最小热应力，给水泵耗能也最小。但该方式运行时汽轮机的负荷变化速度取决于锅炉，因此在负荷调节时存在很大的时滞性，对电网负荷突然变化的适应能力差，因而不能满足电网一次调频的需要，一般很少采用。

（2）节流变压运行。为弥补纯变压运行负荷调整慢的缺点，采用正常情况下调速汽门不全开的方法，对主蒸汽保持5%～15%的节流作用，当电网负荷突然增加时全开调速汽门，利用锅炉的蓄热量来暂时满足负荷增加的需要，待锅炉蒸发量增加、汽压升高后，调速汽门再关小到原位，这种方式称为节流变压运行。这种方式的特点是存在节流损失，但能吸收负荷波动，调峰能力强。

（3）复合变压运行。复合变压运行是变压和定压相结合的一种运行方式，在实际应用中又分为3种方式。

1）变-定复合模式。低负荷时变压运行，高负荷时定压运行。一般在高于85%～90%额定负荷时定压运行。这种方式既具有低负荷时变压运行的优点，又保证了单元机组在高负荷时的调频能力。

2）定-变复合模式。低负荷时定压运行，高负荷时变压运行。这种方式使机组在低负荷时保持一定的主蒸汽压力，从而可保证机组有较高的循环效率和安全性。

3）定-变-定复合模式。高负荷和极低负荷时定压运行，在其他负荷区变压运行。一般高负荷区（额定负荷的100%～85%）保持定压运行，通过调整调速汽门的开度来调节负荷；在中间负荷区（额定负荷的85%～30%），全开部分调速汽门进行变压运行；在低负荷区（额定负荷的30%以下）又恢复到低汽压定压运行方式。这是目前单元机组采用比较广泛的一种复合变压运行方式，该方式兼有前两种复合运行方式的特点，在高负荷时满足调频要求，中间负荷时有较高的热效率。

2. 变压运行的特点

（1）变压运行的优点如下所述。

1）负荷变化时蒸汽温度变化小。变压运行中，负荷降低时压力同时降低，使工质被加热至同样过热蒸汽温度所需的每千克蒸汽的吸热量减少。因此，与定压运行相比，同样蒸汽流量吸收相同烟气热量时，变压运行过程中的温升大。汽压降低，蒸汽比容增大，流过过热器的蒸汽流速同额定流速相比变化不大；过热器处的烟气温度虽随负荷的降低而降低，但由于蒸汽压力降低后饱和蒸汽温度也相应下降，所以过热器的传热温差变化不大。因此，在变压运行时，过热蒸汽温度可以在很宽的负荷范围内基本维持额定汽温。

2）汽轮机的内效率较高。变压运行时，主蒸汽压力随负荷的减小而降低，但主蒸汽温度和再热蒸汽温度不变。虽进入汽轮机的蒸汽质量流量减小，但容积流量基本不变，速度、焓降等也保持不变，而蒸汽压力的降低，使湿汽损失减小，所以汽轮机内效率可维持较高水平。

3）减小汽轮机高温部分的热应力。变压运行时，汽轮机高压缸各级汽温几乎不变，且为全周进汽，温度分布均匀。因此，汽轮机高温部分金属温度变化小，可降低热应力，延长部件的使用寿命，提高了汽轮机的负荷适应能力。

4）改善低负荷时中、低压缸的工作条件。变压运行时，由于过热蒸汽温度保持不变，高压缸的排汽温度近乎不变，在降负荷时，锅炉也能维持额定再热汽温。再热汽温的稳定和末级温度的降低，改善了中、低压缸的工作条件。

5）降低给水泵能耗。变压运行中负荷的调节是通过蒸汽压力的改变来实现的，因此，可采用变速给水泵调节给水流量，这样减少了给水调节门的节流损失，降低了给水泵的能耗。

6）可缩短再启动时间。低负荷变压运行时，汽轮机金属温度基本不变，所以汽缸能保持在高温下停用，缩短了再启动的时间。

7）延长锅炉承压部件和汽轮机调速汽门的寿命。低负荷时压力降低，减轻了从给水泵到汽轮机高压缸之间所有部件的负载，延长系统各部件的寿命。汽轮机调速汽门由于经常处于全开状态而大大减轻了腐蚀和磨损。

（2）变压运行的缺点如下所述。

1）负荷变动时汽包和水冷壁联箱等处产生的附加应力，限制了机组变负荷速度。变压运行时，锅炉汽包压力随负荷的变化而变化，汽包压力下的饱和温度也随之变化，其允许的变化速率是限制负荷变化速率的一个重要因素。

2）机组的循环热效率随负荷下降而下降。由于主汽压力随负荷的降低而下降，因此朗肯循环效率也随负荷下降而下降，在低于一定压力后，下降幅度更加显著。变压运行的经济性，取决于压力降低使循环效率的降低和汽轮机内效率的提高、给水泵功耗减少以及再热汽温升高而使循环效率提高等各项因素的综合，而且与机组的结构、参数和所采用的变压运行方式也有关，不能简单地认为变压运行一定比定压运行经济。

三、汽轮机的正常运行维护

汽轮机的运行维护工作是保证汽轮机组安全经济运行的关键，须做好以下维护工作。

（1）经常性对汽轮机的运行进行检查、监视和调整，及时发现设备缺陷并消除；提高设备的健康水平，预防事故的发生和扩大，提高设备利用率，保证设备长期安全运行。

（2）通过经常性的检查、监视及经济调度，尽可能使设备在最佳工况下工作，提高设备运行的经济性。

（3）定期进行各种保护试验及辅助设备的正常试验和切换，保证设备的安全可靠性。

在正常运行维护的过程中，安全运行至关重要，涉及安全性的主要运行参数有：①主、再热蒸汽的压力、温度及主、再热蒸汽的温差；②高压缸排汽温度；③轴向位移及高、中压缸胀差；④机组振动情况；⑤轴承油温、金属温度；⑥各监视段压力；⑦转速。

（一）监视段压力

在凝汽式汽轮机中，除最后一级、二级外，调节级汽室压力和各段不调整抽汽压力与主蒸汽流量成正比。因此，运行中可根据调节级汽室压力和各段抽汽压力监视通流部分工作是否正常，通常把调节级和各级抽汽处的压力称为监视段压力。

当主蒸汽参数、再热蒸汽压力和排汽压力正常时，调节级蒸汽压力与汽轮机负荷近似成正比关系。根据这一正比关系，可以作出负荷与汽压的关系曲线，用以核对功率和限制负荷。一般制造厂都会给出各种型号的汽轮机在额定负荷下的蒸汽流量与各监视段的汽压值，以及所允许的最大蒸汽流量和各监视段压力。实际应用时，针对具体的机组，在安装或大修后，可参照制造厂的数据，实测通流部分的负荷、主汽流量与监视段压力的关系，并绘制成曲线，作为监督标准。

监视段压力可用于检查通流部分有无部件损伤或者严重结垢等。如果通流部分严重结垢，则通流面积减少，其前面监视段压力增大，而后面各监视段压力减小，同时结垢使机组内效率降低，各级反动度增加，轴向推力加大。如果通流部分部件损坏如叶片损伤变形等，也会使监视段压力升高。如果调节级和高压缸各段抽汽压力同时升高，中、低各段抽汽压力降低，则可能是中压调速汽门开度受到了限制。如果某个加热器停运，相应的抽汽段压力也将升高。

（二）轴向位移

汽轮机转子在运行中受到轴向推力的作用，会发生轴向位移，又称“窜轴”，监督轴向位移指标可以了解推力轴承的工作状况及汽轮机动、静部分轴向间隙的变化情况。

转子轴向位移的大小反映了汽轮机推力轴承的工作状况。轴向推力增大、推力轴承结构缺陷或工作失常、轴承润滑油质恶化等都会引起轴向位移的增大，造成推力瓦块烧损，使汽轮机动、静部件摩擦，造成设备的严重损坏。推力轴承监视的项目有推力瓦块金属温度和推力轴承回油温度，一般规定推力瓦块乌金温度不允许超过95℃，回油温度不允许超过75℃。

运行中如发现轴向位移增大时，应对汽轮机进行全面检查，即：监视推力瓦块温度升高程度、检查和倾听机内声音、检查各轴承振动值等。若运行中发现推力轴承温度显著升高，应及时减小负荷，使轴向位移和轴承温度下降到规定范围内。运行中若因轴向位移超过极限而引起轴向位移保护动作、机组跳闸，应及时解列停机，防止事故扩大。

当机组负荷增大、蒸汽流量增大或蒸汽参数降低、凝汽器真空降低、监视段压力升高等情况出现时，都会引起轴向推力增大，特别是汽缸进水将引起很大的轴向推力。因此，必须加强对轴向位移的监视。

（三）机组振动

汽轮发电机组是高速转动设备，正常运行时允许有一定程度的振动，但强烈振动则可能是设备故障或运行调节不当引起的。汽轮机的大部分事故，尤其是设备损坏事故，都在一定程度上表现出某种异常振动，而振动又会加快设备的损坏，形成一种恶性循环。因此，运行中要注意监督机组的振动，及时采取措施，保证设备的安全。

发生异常振动时，应及时降低机组的负荷或转速，使振动值降低。在减负荷的同时观察机组状态和蒸汽参数，找到原因，消除障碍，然后才能恢复负荷。当振动值超过规定值，启动振动保护动作，汽轮机跳闸，若保护未动应立即手动打闸停机。

（四）胀差

胀差是衡量汽轮机状态的一个重要指标，用来监视汽轮机通流部分动、静之间的轴向间隙。胀差值增大，将引起某一部分的轴向间隙减小，如果相对胀差值超过了规定值，就会使动静间的轴向间隙消失，发生动静摩擦，可能引起机组振动增大，甚至发生叶片脱落、大轴弯曲等事故。因此，运行中胀差应小于制造厂规定的限制值。

运行中主蒸汽流量变化及蒸汽温度变化时，要注意胀差的变化，限制负荷变化率和蒸汽温度变化率，能有效控制胀差。

（五）轴瓦温度

汽轮发电机组主轴在轴承的支持下高速旋转，引起轴瓦和润滑油温度的升高，在运行中要监视轴瓦温度和回油温度，当发现下列情况时要停止汽轮机运行：①任一轴承回油温度超过75℃，或突然升高到70℃；②轴瓦金属温度超过85℃；③回油温度升高，轴承内冒烟；④润滑油压低于规定值；⑤盘式密封瓦回油温度超过80℃或乌金温度超过95℃。

为了使轴瓦工作正常，各轴承进口油温应不低于40℃。为了增加油膜的稳定性，各轴承进口油温应维持在45℃。为保证轴瓦的润滑和冷却，运行中还应经常检查油箱油位、油质及冷油器的运行情况。

（六）初参数与终参数的监督

在汽轮机运行中，初终汽压、汽温、主蒸汽流量等参数都等于设计参数时，这种运行工况称为设计工况，又称为经济工况。运行中如果各种参数都等于额定值，则这种工况称为额定工况。在实际运行中，很难使参数严格地保持设计值，这种与设计工况不符合的运行工况，称为汽轮机的变工况。这时进入汽轮机的蒸汽参数、流量和凝汽器真空的变化，将引起各级的压力、温度、焓降、效率、反动度及轴向推力等发生变化，这将影响汽轮机运行的经济性和安全性，所以在正常运行中，应该认真监督汽轮机初、终参数的变化。

1. 主蒸汽压力升高

当主蒸汽温度和凝汽器真空不变，而主蒸汽压力升高时，蒸汽在汽轮机内的总焓降增大，末级排汽湿度增加。

主蒸汽压力升高时，即使机组调速汽门的开度不变，主蒸汽流量也将增加，机组负荷增大，这对运行的经济性有利。但如果主蒸汽压力升高超出规定范围时，将会直接威胁机组的安全运行。因此，在机组运行中不允许主蒸汽压力超过规定的极限数值。

2. 主蒸汽压力下降

当主蒸汽温度和凝汽器真空不变，而主蒸汽压力降低时，蒸汽在汽轮机内的总焓降减少，蒸汽比容将增大。此时，即使调速汽门开度不变，主蒸汽流量也要减少，机组负荷降低；若汽压降低过多，机组将带不满负荷，运行经济性降低，这时调节级焓降仍接近于设计值，而其他各级焓降均低于设计值，所以对机组运行的安全性没有不利影响。如果主蒸汽压力降低后，机组仍要维持额定负荷不变，就要开大调速汽门增加主蒸汽流量，这将会使汽轮机最末几级特别是最末级叶片过负荷，影响机组安全运行。

3. 主蒸汽温度升高

在汽轮发电机组运行中，主蒸汽温度变化对机组安全性、经济性的影响比主蒸汽压力更为严重。当主蒸汽温度升高时，主蒸汽在汽轮机内的总焓降、汽轮机相对内效率和热力系统循环热效率都有所提高，热耗降低，使运行经济效益提高；但是主蒸汽温度的升高超过允许值时，对设备的安全十分有害，主要是调节级叶片可能过负荷、机组振动可能增大等。

4. 主蒸汽温度降低

当主蒸汽压力和凝汽器真空不变，主蒸汽温度降低时，主蒸汽在汽轮机内的总焓降减少，若要维持额定负荷，必须开大调速汽门的开度，增加主蒸汽进汽量。主蒸汽温度降低不但影响机组运行的经济性，也威胁着机组的运行安全。其主要危害是末级叶片可能过负荷、末几级叶片的蒸汽湿度增大、各级反动度增加、高温部件将产生很大的热应力和热变形、有水冲击的可能等。

5. 凝汽器真空降低

当主蒸汽参数不变，凝汽器真空降低时，蒸汽在汽轮机内的总焓降减小，排汽温度升高。这对机组的经济、安全运行有较大的影响，主要表现在以下几方面。

（1）汽轮机的排汽压力升高时，主蒸汽的可用焓降减少，排汽温度升高，被循环水带走的热量增多，蒸汽在凝汽器中的冷源损失增大，机组的热效率明显下降。

(2) 当凝汽器真空降低时，要维持机组负荷不变，需增加主蒸汽流量，这时末级叶片可能超负荷，对冲动式纯凝汽式机组，真空降低时，若要维持负荷不变，则机组的轴向推力将增大，推力瓦块温度升高，严重时可能烧损推力瓦块。

(3) 当凝汽器真空降低使汽轮机排汽温度升高的较多时，将引起排汽缸及低压轴承等部件受热膨胀、机组产生不均匀变形等。

(4) 当凝汽器真空降低，排汽温度过高时，可能引起凝汽器铜管的胀口松弛，破坏凝汽器的严密性。

(5) 凝汽器真空下降，将使排汽的体积流量减小，对末级叶片的工作不利。

6. 凝汽器真空升高

当主蒸汽压力和温度不变，凝汽器真空升高时，蒸汽在汽轮机内的总焓降增加，排汽温度降低，循环水所带走的热量损失减少，机组运行的经济性提高；但要维持较高的真空，在凝汽器循环水进口温度相同的情况下，就必须增加循环水量，这时循环水泵就要消耗更多的电量。因此，机组只有维持在凝汽器的经济真空下运行才是最有利的。另外，真空提高到汽轮机末级喷嘴的蒸汽膨胀能力达到极限时，汽轮发电机组的电负荷就不再增加。故凝汽器的真空超过经济真空并不经济，并且还会使汽轮机末几级的蒸汽湿度增加，使末几级叶片的湿汽损失增加，加剧了蒸汽对动叶片的冲蚀作用，缩短了叶片的使用寿命。因此，凝汽器真空升高过多，对汽轮机运行的经济性和安全性也是不利的。

思　考　题

1. 冲动式和反动式汽轮机的工作原理是什么？现代大型汽轮机都采用何种形式？所实习机组的汽轮机采用何种形式？

2. 结合所实习机组说明汽轮机由哪些主要部件组成？

3. 结合所实习机组说明汽轮机型号中各项的意义。

4. 汽轮机的静子由哪些设备组成？

5. 汽轮机的转子由哪些设备构成？

6. 汽轮机的调节系统的作用及工作原理是什么？

7. 汽轮机油系统的作用是什么？

8. 结合所实习机组说明汽轮机有哪些辅助设备？各设备有什么作用？熟悉各设备在系统中的位置及生产现场中的布置位置。

9. 汽轮机运行主要的监视参数有哪些？这些参数对汽轮机的运行有什么影响？

10. 汽轮机的运行方式有哪些？

第四章　汽 轮 发 电 机

第一节　汽轮发电机的工作原理

一、工作原理

发电机是发电厂的主要设备之一，它同锅炉、汽轮机合称为燃煤发电厂的三大主机。汽轮发电机是同步发电机的一种，它是由汽轮机作原动机拖动转子旋转，利用电磁感应原理将机械能转换为电能的设备。汽轮发电机包括发电机本体、励磁系统和冷却系统等。

交流旋转电机主要分为同步电机和异步电机。同步电机主要用作发电机，而异步电机主要用作电动机。所谓同步电机即指电机的转速为同步转速（恒定值），而异步电机即指电机的转速不同于同步转速（非恒定值）。

按照电磁感应定律，导线切割磁力线感应出电动势，这是发电机的基本工作原理。图4-1所示为同步发电机的工作原理图。发电机转子与汽轮机转子为同轴连接，当蒸汽推动汽轮机高速旋转时，发电机转子随之转动。发电机转子绕组内通入直流电流后，便建立一个磁场，这个磁场有一对主磁极，它随着汽轮发电机转子旋转。如图4-2中虚线所示，其磁通自转子的一个极（N极）出来，依次经过空气间隙、定子铁芯、空气间隙、进入转子另一个极（S极）构成回路。

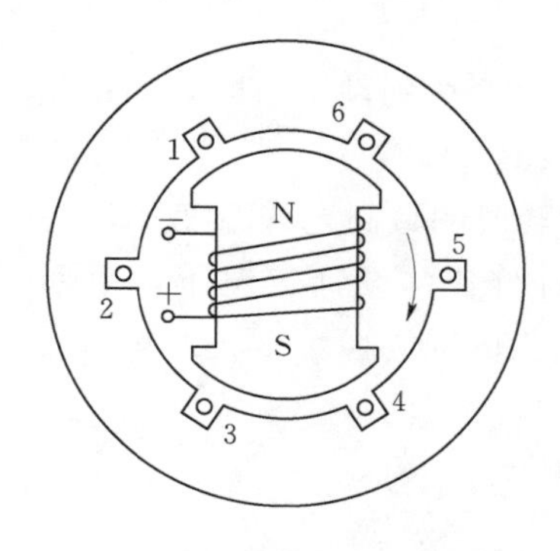

图4-1　同步发电机工作原理图
1～6—定子绕组；N、S—转子磁极

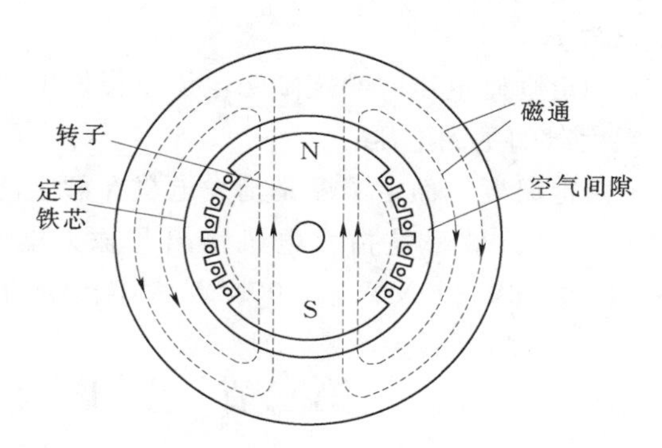

图4-2　汽轮机发电机转子磁通的磁路示意图

根据电磁感应定律，发电机磁极旋转一周，主磁极的磁力线被装在定子铁芯内的A、B、C三相绕组（导线）依次切割，在定子绕组内感应的电动势正好变化一次，亦即感应电动势每秒钟变化的次数，恰好等于磁极每秒钟的旋转次数。发电机转子具有一对磁极（即一个N极、一个S极），转子旋转一周，定子绕组中的感应电动势正好交变一次（假如发电机转子为P对磁极时，转子旋转一周，定子绕组中感应电动势交变P次）。当汽轮机以3000r/min旋转时，发电机转子转速为50r/s，磁极也要变化50次，那么在发电机定子绕组内感应电动势也变化50次。这样，发电机转子以50r/s的恒速旋转，在定子三相绕组内感应出相位不同的三相交变电动势，即频率为50Hz的三相交变电动势。这时若将发电机定子三相绕组引出线的末端（即中性点）连在一起，绕组的首端引出线与用电设备连接，就会有电流流过，这个过程即为汽轮机转子输入的机械能转换为电能的过程。

二、同步发电机的主要技术数据

为使发电机按设计技术条件运行，一般在发电机出厂时都在铭牌上标注出额定参数，并在说明书中加以说明。这些额定参数主要有以下10个。

（1）额定容量（或额定功率）。额定容量是指发电机在设计技术条件下运行输出的功率，用kVA或MVA表示；额定功率是指发电机输出的有功功率，用kW或MW表示。

（2）额定定子电压。额定定子电压是指发电机在设计技术条件下运行时，定子绕组出线端的线电压，用kV表示。我国生产的300MW和600MW发电机组额定定子电压一般为20～22kV。

（3）额定定子电流。额定定子电流是指发电机定子绕组出线的额定线电流，单位为A。

（4）额定功率因数（$\cos\varphi$）。额定功率因数是指发电机在额定功率下运行时，定子电压和定子电流之间允许的相角差的余弦值。300MW机组的额定功率因数为0.85，600MW机组的额定功率因数为0.9。

（5）额定转速。额定转速是指正常运行时发电机的转速，用r/min（每分钟转数）表示。我国生产的汽轮发电机转速均为3000r/min。

（6）额定频率。我国电网的额定频率为50Hz（即每秒50周）。

（7）额定励磁电流。额定励磁电流是指发电机在额定出力时，转子绕组通过的励磁电流，单位为A或kA。

（8）额定励磁电压。额定励磁电压是指发电机励磁电流达到额定值时，额定出力运行在稳定温度时的励磁电压。

（9）额定温度。额定温度是指发电机在额定功率运转时的最高允许温度（℃）。

（10）效率。效率是指发电机输出与输入能量的百分比，设计工况下，效率一般在93%～98%之间，300MW和600MW大型机组的效率在98%以上。

第二节　发电机的结构

发电机与汽轮机、励磁机等配套组成同轴运转的汽轮发电机组，发电机最基本的组成部件是定子和转子。如图4-3所示为300MW汽轮发电机主要部件示意图（图中省去了机组左端的汽轮机部分）。定子由铁芯1和定子绕组2构成，固定在机座（壳）3上。转子4由轴承支撑置于定子铁芯中央，转子绕组上通以励磁电流。

为监视发电机定子绕组、铁芯、轴承及冷却器等各重要部位的运行温度，在这些部位埋置了多只测温元件，通过导线连接到温度巡检装置，在运行中进行监控，并通过计算机进行显示和打印。

在发电机本体醒目的位置装设有铭牌，并标出发电机的主要技术参数，作为发电机运

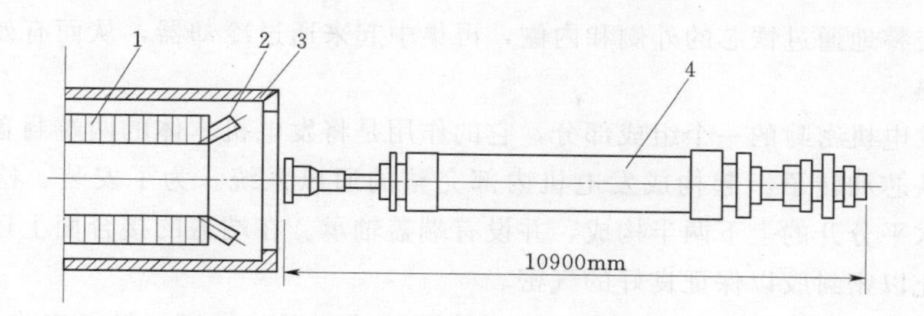

图 4-3 300MW 发电机主要部件示意图

1—定子铁芯；2—定子绕组（端部）；3—机座（壳）；4—转子

行的技术指标。

一、发电机的定子

发电机的定子由定子铁芯、定子绕组、机座、端盖及轴承等部件组成。

1. 定子铁芯

定子铁芯是构成发电机磁路和固定定子绕组的重要部件。为了减少铁芯的磁滞和涡流损耗，定子铁芯采用导磁率高、损耗小、厚度为 0.5mm 的优质冷轧硅钢片冲制而成。每层硅钢片由数张扇形片组成一个圆环形，每张扇形片都涂了耐高温的无机绝缘漆。冲片上冲有嵌放线圈（亦称为定子线棒）的下线槽及放置槽楔用的鸽尾槽。扇形冲片利用定子定位筋定位，通过球墨铸铁压圈施压，夹紧成一个刚性圆柱形铁芯，用定位筋固定在内机座上。齿部是通过压圈内侧的非磁性压指来压紧。边段铁芯涂有黏结漆，在铁芯装压后加热，使其黏结成一个牢固的整体，进一步提高铁芯的刚度。

为了减少端部漏磁通在压圈和边段铁芯中引起的发热以及在端部铁芯中的附加电气损耗，在压圈上装有全铜屏蔽；边端铁芯为阶梯状以增加铁芯内圆与转子之间的气隙；并在齿上冲有小槽。

2. 定子绕组

定子绕组嵌放在定子铁芯内圆的定子槽中，分三相布置，电角度互成 120°，以保证转子旋转时在三相定子绕组中产生互成 120°相位角的电动势。每个槽内放有上、下两组相互绝缘导体（亦称线棒），每个线棒由直线部分（置于铁芯槽内）和两个端接部分组成。直线部分是切割磁力线并产生感应电动势的有效边。端接部分起连接作用，把各线棒按一定的规律连接起来，构成发电机的定子绕组。中、小型发电机的定子线棒均为实心线棒。大型发电机由于散热的需要，采用内部冷却的线棒，即由若干实心线棒和可通水的空心线棒并联组成。

3. 机座及端盖

机座是用钢板焊成的壳体结构，它的作用主要是支持和固定定子铁芯和定子绕组。此外，机座可以防止氢气泄漏和承受住氢气的爆炸力（以东方 300MW 发电机为例）。机座一般用钢板焊接而成，应有足够的强度和刚度，并能满足通风散热的要求。

在机壳和定子铁芯之间的空间是发电机通风（氢气）系统的一部分。由于发电机定子采用径向通风，将机壳和铁芯背部之间的空间沿轴向分隔成若干段，每段形成一个环形小风室，各小风室相互交替分为进风区和出风区。这些小室用管子相互连通，并能交替进行通风。氢气交替地通过铁芯的外侧和内侧，再集中起来通过冷却器，从而有效地防止热应力和局部过热。

端盖是发电机密封的一个组成部分，它的作用是将发电机本体的两端封盖起来，并与机座、定子铁芯和转子一起构成发电机内部完整的通风系统。为了安装、检修和拆装方便，端盖由水平分开的上下两半构成，并设有端盖轴承。在端盖的接合面上还设有密封沟槽，沟槽内充以密封胶以保证良好的气密。

轴瓦采用椭圆式水平中分面结构，轴瓦外圆的球面形状保证了轴承有自调心的作用。在转轴穿过端盖处的氢气密封是依靠油密封的油膜来保证的。密封瓦为铜合金制成，内圆与轴间有间隙，装在端盖内圆处的密封座内。密封瓦分成4块，在径向和轴向均有卡紧弹簧箍紧，尽管密封瓦在径向可以随轴一起浮动，但在密封座上下均有销子可以防止它切向转动。密封油经密封座和密封瓦的油腔流入瓦和轴之间的间隙沿径向形成油膜以防止氢气外泄，在励端油密封设有双层对地绝缘以防止轴电流烧伤转轴。

二、发电机的转子

发电机的转子主要由转子铁芯、励磁绕组（转子线圈）、护环和风扇等组成，是发电机最重要的部件之一。由于发电机转速高，转子受到的离心力很大，所以转子都呈细长形，且制成隐极式，以便更好地固定励磁绕组。

1. 转子铁芯

发电机转子采用高强度、导磁性能良好的合金钢加工而成。沿转子铁芯表面铣有用于放置励磁绕组的凹槽。槽的排列方式一般为辐射式，槽与槽之间的部分为齿。未加工的部分通称大齿，其余称小齿。大齿作为磁极的极身，是主要的磁通回路。在大齿表面沿横向铣出若干个圆弧形月牙槽，使大齿区域和小齿区域两个方向的刚度相同。

2. 励磁绕组

励磁绕组为若干个线圈组成的同心式绕组。线圈用矩形扁铜线绕制而成。励磁绕组放在槽内后，绕组的直线部分用槽楔压紧，端部径向固定采用护环，轴向固定采用云母块和中心环。励磁绕组的引出线经导电杆接到集电环（滑环）上再经电刷引出。

3. 护环和中心环

因为转子旋转时，转子线圈端部受到很大的离心力作用，为了防止对转子线圈端部的破坏，转子采用了非磁性、高强度合金钢锻件加工而成的护环来保护转子线圈端部。护环分别装配在转子本体两端，与本体端热套配合，另一端热套在悬挂的中心环上。转子线圈与护环之间采用模压的绝缘环绝缘。为了隔开和支撑端部线圈，限制它们之间由于温差和离心力引起的位移，端部线圈间放置了模压的环氧玻璃布绝缘块。中心环对护环起着与转轴同心的作用，当转子旋转时，轴的挠度不会使护环在交变应力作用下受到损伤。中心环还有防止转子线圈端部轴向位移的作用。

4. 转子引线和集电环

通过转子引线与集电环以及电刷装置，可以给发电机提供额定出力及强励时所需的励磁电流。转子电流通过电刷通入热套在转子外伸端的集电环，再通过与集电环相连接的径向和轴向导电螺杆传到转子绕组。导电螺杆用高强度和高导电率的铜合金制成。导电螺杆与转轴之间有密封结构以防漏氢。集电环用耐磨合金钢制成，是一对带沟槽的钢环，经绝缘后热套在转子轴上的。在集电环与转轴之间设有绝缘套筒。集电环上加工有轴向和径向通风孔。表面的螺旋沟可以改善电刷与集电环的接触状况，使电刷之间的电流分配均匀。两个集电环间设有同轴离心式风扇以冷却集电环和电刷。

5. 风扇

风扇装于发电机转子的两端，用以加快氢气在定子铁芯和转子部位的循环，提高冷却效果。

6. 中心孔

转轴内部通有长轴向中心孔，对应于本体部分的中心孔用导磁中心轴填塞，以减小铁轭部磁阻。

第三节 发电机的励磁方式

同步发电机若要能正常工作，就必须为它提供一定的励磁电流，才能建立起旋转磁场。同时，同步发电机的机端电压与机端电流的大小与励磁电流之间存在着一定的关系，通过改变励磁电流就可影响同步发电机在电力系统中的运行特性。

一、励磁系统的主要作用

(1) 在正常运行条件下，供给发电机励磁电流，并根据发电机所带负荷情况，相应的调整励磁电流，以维持发电机端电压在一定的水平上。

(2) 发电机并列运行时，使无功功率分配合理。

(3) 当系统发生突然短路故障时，能对发电机进行强励，以提高系统运行的稳定性，短路故障切除后，使电压迅速恢复正常。

(4) 当发电机负荷突减时，能进行快速减磁，以防止电压过分升高。

(5) 发电机发生内部故障，如匝间短路或转子发生两点接地故障掉闸后，以及正常停机能对发电机自动灭磁。

二、励磁方式的分类

发电机的励磁方式按励磁电源的不同分为3种方式：

第一种方式是直流励磁机励磁方式，多用于中、小型汽轮发电机组。

第二种方式是交流励磁机励磁方式，其中按功率整流器是静止还是旋转的不同又可分为交流励磁机静止整流器励磁方式（有刷）和交流励磁机旋转整流器励磁方式（无刷）两种。

第三种方式是静止励磁方式，其中最具代表性的是无励磁机的静止晶闸管励磁方式，即自并励励磁方式。后两种励磁方式多用于大型汽轮发电机组。

1. 直流励磁机励磁方式

汽轮发电机传统的励磁方式是采用同轴的直流发电机作为励磁机，通过励磁调节器改变直流励磁机的励磁，来改变供给发电机转子的励磁电压，从而调节转子的励磁电流，达到调节发电机电压和功率的目的。直流励磁机励磁方式主要有3个问题，第一个问题是直流励磁机受换向器所限其制造容量不可能大。第二个问题是整流子、碳刷及滑环磨损，污染环境，降低绝缘水平，运行维护麻烦。第三个问题是励磁调节速度慢、可靠性低。早期的中、小型汽轮发电机容量较小，所需的励磁容量也较小，因此采用直流励磁机励磁方式。随着汽轮发电机单机容量的增大，励磁功率显著增长，传统的直流励磁机励磁方式已无法适应大容量汽轮发电机组的需要。伴随着大功率电力整流器件和装置的问世，适应大型汽轮发电机组的交流励磁机励磁方式和静止励磁方式得到了迅速的发展。

2. 交流励磁机带静止整流器励磁方式

交流励磁机带静止整流器励磁系统的原理如图 4－4 所示。同步发电机转子绕组的励磁电流由静止半导体整流器供给，与同步发电机同轴的交流主励磁机是整流器的交流电源。主励磁机的励磁电流由与其同轴的一台交流副励磁机经三相可控硅整流供给，交流副励磁机做成永磁式。随着发电机运行参数的变化，励磁调节器 AVR（调节电路）自动地改变主励磁机励磁回路可控整流装置的控制角，以改变其励磁电流，从而改变主励磁机的输出电压，也就调节了发电机的励磁电流。交流励磁机的频率一般采用 100Hz，交流副励磁机多采用永磁式中频同步发电机，其频率一般为 400～500Hz，以减少励磁绕组的电感及时间常数。交流励磁机静止整流器励磁系统通常称为三机励磁方式。发电机、主励磁机和副励磁机 3 台交流同步发电机同轴旋转，励磁机不需换向器，而整流装置和励磁调节器是静止的，所以励磁容量不会受到限制。

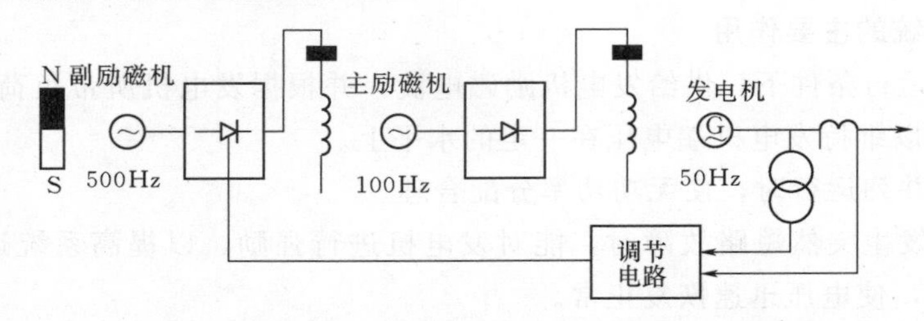

图 4－4　交流励磁机带静止整流器励磁系统的原理

3. 交流励磁机带旋转整流器励磁方式

这种励磁系统将交流励磁机制成旋转电枢式。旋转电枢输出的多相交流电流经装在同轴的硅整流器整流后，直接送给同步发电机的转子绕组，如图 4－5 所示。这样就无需通过电刷及集电环装置，所以又称为无刷励磁系统。同静止整流器励磁系统相比，由于旋转整流器励磁系统中没有集电环及电刷等装置，从而避免了大型汽轮发电机集电环及电刷易发生故障的难题。在国产 300MW 的机组中，目前旋转整流器励磁系统配套使用于全氢冷及水氢氢冷机组上。

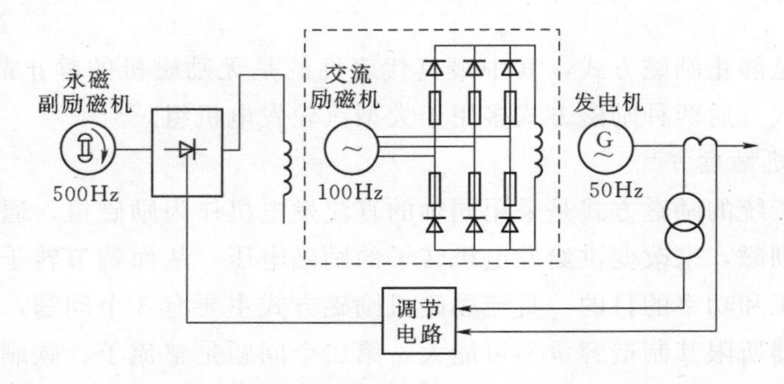

图 4－5　交流励磁机带旋转整流器励磁系统的原理

4. 静止励磁方式

静止励磁方式中最具代表性的为无励磁机的静止晶闸管励磁系统，即自并励励磁系统，其晶闸管整流装置的电源，可采用发电机端的整流变压器供电，也可由厂用母线引出的整流变压器供电。

用整流变压器作为励磁电源具有简单可靠、容量不受限制、设备费用低、缩短了机组轴系的长度、整流设备安装地点不受限制、不需要经常监视和维护等优点，因而在600MW大容量机组（特别是大型水轮发电机上）得到广泛的应用。

第四节　汽轮发电机冷却方式

发电机运行时，其内部产生的各种损耗都将转化为热能，从而引起发电机发热。尤其是大型汽轮发电机，因其结构细长，中部热量不易散发，发热问题更为严重。如果发电机温度过高，会直接影响发电机的使用寿命，因此冷却问题对大型发电机是非常重要的。

一、典型的冷却方式

1. 空气冷却

空气冷却的发电机是通过发电机的通风系统。由空气的循环将发电机内部热量带出使其得以冷却。空气冷却能力小，摩擦损耗大。当发电机容量增大时，各种损耗产生的热量增多，空冷发电机的尺寸也要做得比较大。因此，这种冷却方式一般用于中、小型发电机。

2. 氢气冷却

用氢气代替空气冷却，其效果要好得多。因为氢气比空气轻10多倍，导热性比空气高6倍多，流动性比空气好，故采用氢冷时，风阻损耗大为减小，冷却效果明显加强，所以可提高单机的容量。但是，如果氢气不纯净，会引起爆炸，所以要注意防爆和防漏问题。汽轮发电机采用氢气冷却的方式，可分为氢内冷和氢外冷。用氢气吹拂定子铁芯和导体绝缘表面带走热量的方式为氢表面冷却，即氢外冷。氢外冷发电机冷却系统的构成与空气冷却系统基本相同，只是将氢外冷却器装在发电机壳内，以减少氢气的用量。冷却介质氢直接接触绕组导体的冷却方式称为氢内冷。这种冷却方式可使绝缘导体表面的热量直接由冷却介质带走，可大大提高冷却效果。

3. 水内冷

将经过处理的水，直接通入空芯导线的内部，带走热量的冷却方式叫水内冷。由于水的散热能力远远大于空气和氢气，所以水内冷是一种较理想的冷却方式。把经过处理的洁净水同时通入定子绕组和转子励磁绕组的空心导体内进行冷却，则称为双水内冷。如图4-6所示为双水内冷发电机的水系统示意。

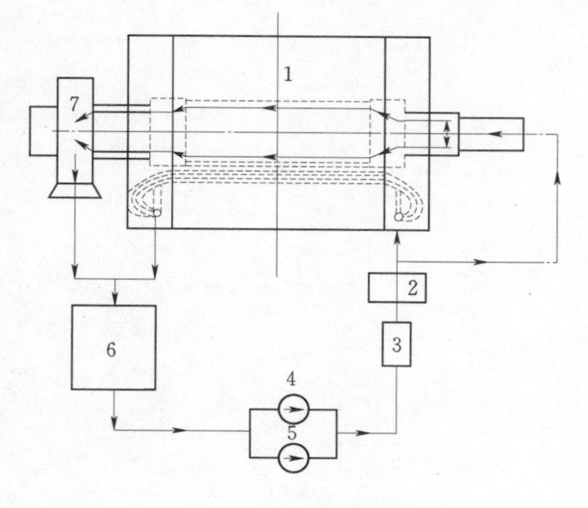

图4-6　双水内冷发电机水系统示意图

1—双水内冷发电机；2—过滤器；3—冷水器；4—运行水泵；5—备用水泵；6—水箱；7—出水支座

定子绕组端头有特殊的水电接头，通过一段绝缘塑胶管接至进水、出水总管。高速旋转的转子绕组有进水装置，冷却水于励磁机侧的轴端由静子的进水支座流入转轴的中心孔，然后沿几个径向孔流到集水箱，再等分地分别流经装在集水箱上的进水绝缘管，沿轴向流入各路线圈。冷水吸热后再经过各支路的出水绝缘水管，汇总到出水箱，通过出水箱外圆上的排水孔喷到出水支座内，最后由出水总管引出。

二、冷却方式的应用

汽轮发电机的容量不同，采用的冷却方式也不一样。50MW 以下的汽轮发电机，一般采用空气冷却；50～100MW 的汽轮发电机，一般采用氢外冷；100～150MW 的汽轮发电机，一般采用定子绕组氢外冷，转子绕组氢内冷，铁芯氢冷；200MW 以上的大型汽轮发电机，广泛采用定子绕组水内冷，转子绕组氢内冷，定子和转子铁芯氢冷，简称水氢氢冷却方式；有的发电机定、转子绕组都采用水内冷，称为双水内冷。

思　考　题

1. 汽轮发电机的工作原理是什么？
2. 汽轮发电机的定子主要由哪些部件组成？
3. 汽轮发电机的转子主要由哪些部件组成？
4. 汽轮发电机励磁设备的作用是什么？简述所实习电厂汽轮发电机的励磁方式。
5. 汽轮发电机的冷却方式有几种？所实习电厂的汽轮发电机采用何种冷却方式？

第五章　燃煤电厂除尘及输灰系统

第一节　除尘器分类和性能指标

一、除尘器的组成和分类

一般来说，任意形状与任何密度的固体粉尘或液滴，大小为 $10^{-3}\sim10^{3}\mu m$，与气体介质一起所组成的气态分散体系称为气溶胶（又称含尘气体）。把气溶胶中固相粉尘或液相雾滴从气体介质中分离出来的过程称为除尘过程（又称为分离捕集过程）。将气溶胶尘粒从气体介质中分离出来并加以捕集的装置统称为除尘器。

1. 除尘器的组成

各种除尘器虽然所受的作用外力不同，但都是由四大部件组成，即含尘气体引入的除尘器进口、实现气尘分离的除尘空间（或称除尘室）、排放捕集粉尘的排尘口和除尘后排放相对洁净气体的出口组成。其除尘过程为：进入除尘器后的含尘气体或气溶胶在某一区域或空间内在不同外力的作用下，粉尘颗粒被推移向某一分界面，推移的过程就是气尘分离的过程，也是粉尘的浓缩过程，最后粉尘到达某分界面时就从运载介质中分离出来。这个界面称为分离界面。经分离界面而被捕集的粉尘最后通过排尘口排出除尘器。除尘后的相对洁净气体，从排气出口排出。

2. 除尘器的分类

通过长期生产实践和科研成果的应用，在工业窑炉上使用的除尘器有多种多样，但按作用于除尘器的外力或作用机理，除尘器可分为以下4类：①电除尘器；②袋式除尘器；③机械除尘器；④湿式除尘器。

我国燃煤电厂当前应用的除尘器主要为电除尘器，少部分为袋式除尘器，而机械除尘器和湿式除尘器已很少应用。因此，本教材主要对电除尘器进行介绍。

二、除尘器的性能指标

除尘器的性能主要包括以下6项指标。

(1) 处理气体的流量。

(2) 除尘器的压力损失。

(3) 除尘效率。

(4) 设备基建投资与运转管理费用。

(5) 使用寿命。

(6) 占地面积或占用空间体积。

以上6项性能指标中，前3项属于技术性能指标，后3项属于经济性能指标。在某些特定的条件下，压力损失与除尘效率是诸矛盾中的一对主要矛盾。前者是除尘器所消耗的能量，后者是除尘器所产生的效果。从除尘技术角度来看，总是希望所消耗的能量最少，而达到最高的除尘效率。即评价除尘器性能就是要求所谓的“低阻高效”。

作为除尘器的气体流量，一般习惯用体积流量表示。但由于除尘器服务对象的气体状态不同，例如锅炉排气的温度有高低，压力偏离大气压力较大，为了进行比较，有必要规定统一的标准状态，即规定压力为 101325Pa，温度为 273.16K 为标准状态。所以处理气体流量都换算成为标准状态的流量 Q_n，单位为每小时标准立方米（Nm^3/h）。在计算除尘器体积流量时，还必须注意湿度的影响。由于水蒸气的凝结与蒸发，会引起气体体积的变化。特别是计算体积浓度时，是用干气体的体积，还是用湿气体的体积，必须事先加以注明。

除尘器的压力损失是指含尘气体通过除尘器的阻力，为除尘器进口处的全压与出口处的全压之差，即气体流经除尘器时需要消耗的总机械能，是除尘器的重要性能之一。从节能和降低运行费用的角度来讲，其值当然是越小越好，引风机的功率几乎与它成正比。除尘器的压力损失和管道、风罩等压力损失以及除尘器的气体流量是选择风机的依据。

除尘器的总除尘效率又称除尘器的捕集分离效率，有以下几种表达形式。

$$\eta=\left(1-\frac{M_o}{M_i}\right)\times 100\% \tag{5-1}$$

$$\eta=\frac{M_c}{M_i}\times 100\% \tag{5-2}$$

$$\eta=\left(1-\frac{C_o Q_{oN}}{C_i Q_{iN}}\right)\times 100\% \tag{5-3}$$

当 $Q_{iN}=Q_{oN}$ 时，即除尘器的漏风量 $\Delta Q=0$ 时有：

$$\eta=\left(1-\frac{C_o}{C_i}\right)\times 100\% \tag{5-4}$$

式中　η——总除尘效率，%；

M_i、M_o——除尘器进口、出口处的粉尘质量流量，kg/h；

M_c——除尘器分离捕集的粉尘质量流量，kg/h；

C_i、C_o——除尘器进口、出口处气体含尘浓度，kg/Nm^3；

Q_{iN}、Q_{oN}——除尘器进口、出口处的气体流量，Nm^3/h。

第二节　电除尘器系统

一、电除尘器的工作原理

电除尘器是利用高压电源产生的强电场使气体电离，即产生电晕放电，进而使悬浮尘粒荷电，并在电场力的作用下，将悬浮尘粒从气体中分离出来的除尘装置。电除尘器有许多类型和结构，但它们都是由机械本体和供电电源两大部分组成的，都是按照同样的基本原理设计的。如图 5-1 所示为管式电除尘器工作原理示意图。接地金属圆管称为收尘极（也称阳极或集尘极），与直流高压电源输出端相连的金属线称为电晕极（也称阴极或放电极）。电晕极置于圆管的中心，靠下端的重锤张紧。在两个曲率半径相差较大的电晕极和收尘极之间施加足够高的直流电压，两极之间便产生极不均匀的强电场，电晕极附近的电场强度最高，使电晕极周围的气体电离，即产生电晕放电，电压越高，电晕放电越强烈。在电晕区气体电离生成大量的自由电子和正离子，在电晕外区（低场强区）由于自由电子动能的降低，不足以使气体发生碰撞电离而附着在气体分子上形成大量负离子。当含尘气体从除尘器下部进气管引入电场后，电晕区的正离子和电晕外区的负离子与尘粒碰撞并附着其上，实现了尘粒的荷电。荷电尘粒在电场力的作用下向电极性相反的电极运动，并沉积在电极表面。当电极表面上的粉尘沉积到一定厚度后，通过机械振打等手段将电极上的粉尘捕集下来，从下部灰斗排出，而净化后的气体从除尘器上部出气管排出，从而达到净化含尘气体的目的。

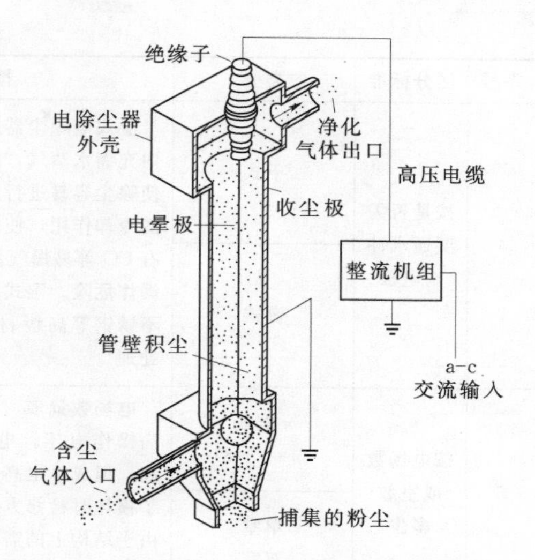

图 5-1　管式电除尘器工作原理示意图

实现电除尘的基本条件是：①由电晕极和收尘极组成的电场应是极不均匀的电场，以实现气体的局部电离；②具有在两电极之间施加足够高电压，能提供足够大电流的高压直流电源，为电晕放电、尘粒荷电和捕集提供充足的动力；③电除尘器应具备密闭的外壳，保证含尘气流从电场内部通过；④气体中应含有电负性气体（诸如 O_2、SO_2、Cl_2、NH_3、H_2O 等），以便在电场中产生足够多的负离子，来满足尘粒荷电的需要；⑤气体流速不能过高或电场长度不能太短，以保证荷电尘粒向电极驱进所需的时间；⑥具备保证电极清洁和防止二次扬尘的清灰和卸灰装置。

二、电除尘器的分类

由于各行业工艺过程的不同，烟气和粉尘性质各异，对电除尘器提出了不同要求，因此出现了各种类型的电除尘器，见表 5-1。

表 5-1　电除尘器的类型和特点

序号	区分标准	类型	特点	使用
1	按电场烟气流动方向	立式	烟气由下而上流经电场称为立式电除尘器，烟气水平进入电场称为卧式电除尘器。立式占地小但高度较大，检修不便，且不易做成大型电除尘器	中小型水泥厂中多用立式电除尘器，有些化工部门也采用小型立式电除尘器，其他部门绝大多数采用卧式电除尘器
		卧式		
2	按电极形状	板式	棒帏式电除尘器阳极用实心圆钢制成帏状，结实、耐腐、不易变形，但较重，耗钢材多，且积灰不易振落。管式多制成立式，且小容量较多	有色冶金系统因烟气温度较高，工况不够稳定，故使用棒帏式电除尘器。管式电除尘器用在高炉烟气净化和炭黑制造部门
		棒帏式		
		管式：并列管式		
		管式：同心圆管式		
3	按电晕区和除尘区是否分开	单区	双区电除尘器前区，一般用 5～10μm 极细钨丝作阴极产生离子，后区除尘。因后区不要求产生离子，电压可降低，结构可简化，也省电。但尘粒若在前区未能荷电，到后区即无法捕集。另外，二次飞扬的尘粒也因无法再荷电而无法捕集	目前世界上使用的绝大多数电除尘器均为单区电除尘器。双区电除尘器仅在空气净化方面有应用
		双区		

续表

序号	区分标准	类型	特点	使用
4	按是否需要通水冲洗电板	干式	湿式电除尘器用水冲洗电极，使电场内充满水蒸气，降低了尘粒的比电阻，使除尘容易进行。另外，由于水对烟气的冷却作用，使烟气量减少。如烟气中有CO等易爆气体，则用水冲洗可减少爆炸危险。湿式的缺点是易腐蚀，要用不锈钢等高级材料，排出的泥浆难以处理	一般只在易爆气体净化时或烟气温度过高而企业又有现成泥浆处理设备时才用湿式电除尘器，如高炉炉气净化和转炉炉气净化时有时用湿式电除尘器。在制酸系统也有用湿式的
		湿式		
5	按电场数或室数多少	n电场（$n=3\sim8$）	电场数量多，可分场供电，有利于提高操作电压。电场多，自然除尘效率高，但成本也高。分室的目的一般是为了损坏时检修方便。有时大型电除尘器由于结构上的需要也分成双室甚至三室的，这对气流分布也较有利	在有色冶金部门中用双室较多，其他场合多数用单室。电场多少则是根据除尘效率要求的高低而决定的。进口含尘量越多，除尘效率要求越高，所以需要电场数越多
		单室 双室		
6	按电极间距大小	窄间距（150mm）	在高比电阻粉尘时，电极距宽能提高阴极表面电场强度，增加电场电流，有利于除尘。电极距宽便于检修，但电源电压要求较高，最高达200kV，绝缘要求高，价格贵	日本在水泥、玻璃、石灰等工业中有应用，称作WS型电除尘器或ESCS型电除尘器
		宽间距（>160mm）		
7	按其他标准	防爆式	防爆电除尘器有防爆装置，能防止爆炸，或者爆炸时卸荷减少损坏等。原式电除尘器正离子参加捕尘工作，使电除尘器能力增加。可移动电极电除尘器顶部装有电极卷取器	防爆电除尘器用在特定场合，如平炉烟气、转炉烟气的除尘。原式电除尘器是电除尘器的新品种，目前还在研究中。可移动电极电除尘器常用于净化高比电阻粉尘的烟气
		原式		
		移动电极式		

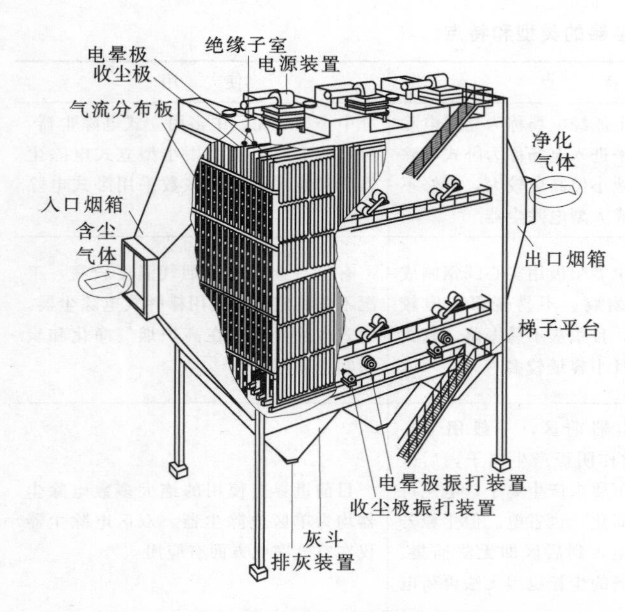

图5-2 常规板卧式电除尘器的结构透视图

三、电除尘器的本体结构

目前，燃煤电厂中应用的基本是板卧式电除尘器。如图5-2所示为常规板卧式电除尘器的结构透视图。

电除尘器的本体系统主要包括：收尘极系统（含收尘极振打）、电晕极系统（含电晕极振打和保温箱）、烟箱系统（含气流分布板和槽形板）、箱体系统（含支座、保温层、梯子和平台）和储卸灰系统（含阻流板、插板箱和卸灰阀）等。

1. 收尘极系统

电除尘器的收尘极系统由收尘极板、极板的悬挂和极板的振打装置3个部分组成。它与电晕极共同构成电除尘器的空间电场，是电除尘器的重要组成部分。收尘极系统的主要功能是协助尘粒荷电，捕集荷电粉尘，并通过振打等手段使极板表面附着的粉尘呈片状或团状剥落到灰斗中，达到防止二次扬尘和净化气体的目的。

(1) 收尘极板的形状。收尘极板又称阳极板或沉淀极板，是电除尘器的主要部件之一。卧式电除尘器中常见的收尘极板形式如图 5-3 所示。

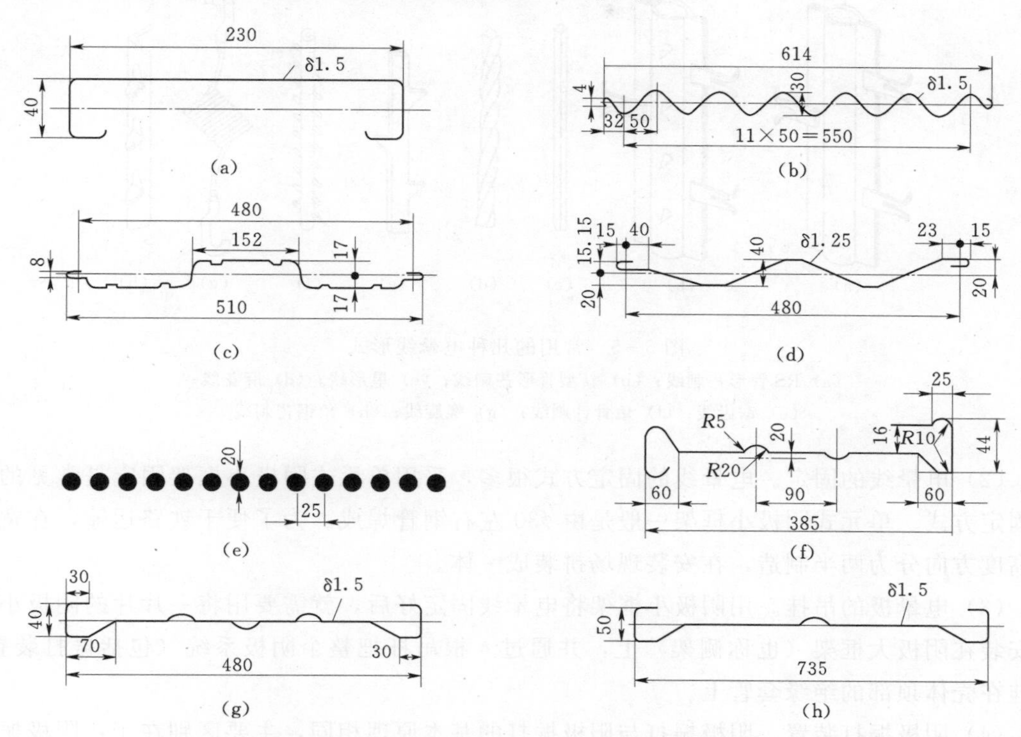

图 5-3　卧式收尘极板的形式（单位：mm）

(a) 小 C 形板；(b) 波纹板；(c) CW 形板；(d) ZT 形板；(e) 棒帏形板；(f) Z 形板；(g) 480C 形板；(h) 735C 形板

(2) 收尘极板的悬挂。收尘极板的悬挂方式很多，紧固形悬挂是常见的一种悬挂方式。如图 5-4 所示为极板悬挂方式示意图。

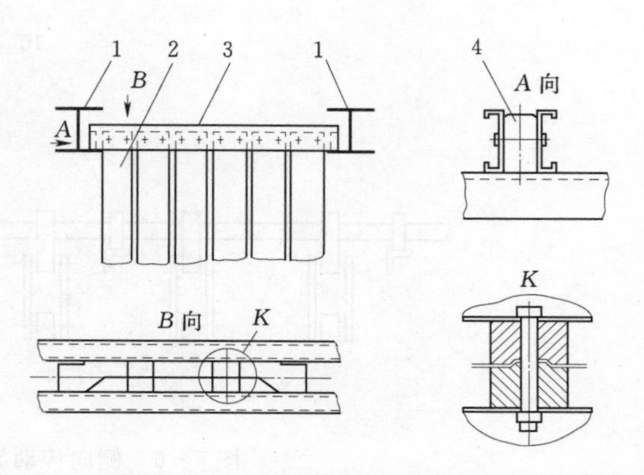

图 5-4　紧固形极板悬挂方式

1—壳体顶梁；2—极板；3—悬挂梁；4—支承块

(3) 收尘极的振打装置。收尘极的振打方式很多，侧向传动旋转挠臂锤振打是常见的一种振打方式。振打装置安装于阳极板的下部，从侧面振打。该振打装置由传动机构、振打轴、振打轴承和振打锤 4 个部分组成。

2. 电晕极系统

电除尘器的电晕极系统由电晕线、阴极小框架、阴极大框架、阴极吊挂装置、阴极振打装置、绝缘套管和保温箱等组成。电晕极与收尘极共同构成极不均匀电场，它也是电除尘器的重要组成部分。

（1）电晕线形式。电晕线又称阴极线或放电线，也是电除尘器的主要部件之一。电晕线性能的好坏，将直接影响到电除尘器的性能。故针对不同工况条件的需要，各制造厂设计、制造出多种电晕线形式。如图 5-5 所示为国内常用的几种电晕线形式。

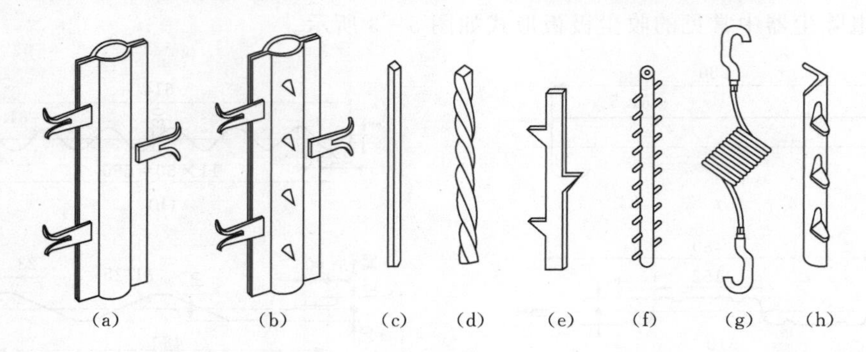

图 5-5 常用的几种电晕线形式

(a) RS 管形芒刺线；(b) 新型管形芒刺线；(c) 星形线；(d) 麻花线；(e) 锯齿线；(f) 鱼骨针刺线；(g) 螺旋线；(h) 角钢芒刺线

（2）电晕线的固定。电晕线的固定方式很多，采用单元式阴极小框架固定是常见的一种固定方式。单元式阴极小框架一般是由 $\phi30$ 左右钢管焊成。为了便于铁路运输，在宽度或高度方向分为两半制造，在安装现场拼装成一体。

（3）电晕极的吊挂。用阴极小框架将电晕线固定好后，就需要用将一片片的阴极小框架安装在阴极大框架（也称侧架）上，并通过 4 根吊杆把整个阴极系统（包括振打装置）吊挂在壳体顶部的绝缘套管上。

（4）阴极振打装置。阴极振打与阳极振打的基本原理相同，主要区别在于：阴极振打轴、振打锤带有高电压，所以必须与壳体及传动装置绝缘。阴极振打装置的形式很多，侧向传动旋转挠臂锤振打装置是常见的一种形式。这种振打装置的组成如图 5-6 所示，它与阳极振打装置的传动方式相同。

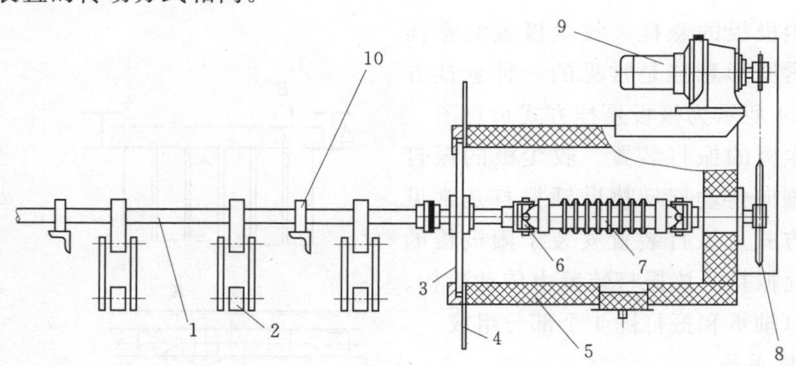

图 5-6 侧向传动旋转挠臂锤振打装置

1—振打轴；2—挠臂锤；3—绝缘密封板；4—本体壳体；5—保温箱；6—万向联轴节；7—电瓷转轴；8—链轮；9—减速电机；10—尘中轴承

3. 烟箱系统

电除尘器的烟箱系统由进、出气烟箱，气流均布装置和槽形极板组成。其主要功能是过渡电场与烟道的连接，使电场中气流分布均匀，防止局部高速气流冲刷产生二次扬尘，并可利用槽形极板协助收尘，达到充分利用烟箱空间和提高除尘效率的目的。

(1) 烟箱的结构。烟箱包括进气烟箱和出气烟箱两部分。电除尘器通过烟道被连接到净化气体系统中。为了改善电场中气流的均匀性，将渐扩的进气烟箱联到电除尘器电场前，以便使气流逐渐扩散；将渐缩的出气烟箱连接到电除尘器的电场后，以便使气流逐渐被压缩。为防止烟箱底部积灰，其底部与水平面夹角 α 可在 50°～60°之间取值。

出气烟箱与进气烟箱形式基本相同，但出气烟箱与水平面夹角 α 一般应取 60°，因为出口处粉尘粒度比进口处细，因而黏附力强，取较大 α 角可以防止出口积灰。

(2) 气流均布装置。烟气进入电除尘器通常都是从小断面的烟道过渡到大断面的电场内的，所以要在进气烟道和烟箱内加装气流均布装置，使进入电场的烟气分布均匀，气流均布装置由导流板、气流分布板和分布板振打装置组成。

(3) 槽形极板。槽形极板一般采用 3mm 厚的钢板冷压或模压制成，每块槽形极板宽 100mm，翼缘为 25～30mm，长度依据出气烟箱高度而定。通常将各长条槽形极板交错对接组成两排槽形极板，按垂直于气流方向一起悬吊在电除尘器出气烟箱入口的断面上。两槽形极板之间的气流间隙宜取 50mm 左右，使槽形板排的空隙率不小于 50%。有时为了减小槽形板排的阻力，将各槽形极板与气流平行布置，按一定间距离散组成槽形板排，并悬吊在出气烟箱内。

4. 箱体系统

电除尘器的箱体主要由两部分组成，一部分是承受电除尘器全部结构重量及外部附加载荷的框架。一般由底梁、立柱、大梁和支撑构成；另一部分是用以将外部空气隔开，形成一个独立的电除尘器除尘空间的壁板。壁板应能承受电除尘器运行的负压、风压及温度应力等。

(1) 梁、柱。电除尘器的梁、柱可采用热轧型钢制作。单肢梁的翼缘采用厚 16～20mm，宽 250～300mm 的钢板，腹板采用厚 10～14mm 的钢板，沿梁的长度方向每隔 800mm 焊一块加固筋，加固筋可用 8mm 的钢板制作，梁的高度根据强度计算确定。箱形顶梁采用厚 5～6mm 的钢板焊成箱形断面，其宽度根据安装在内部的绝缘套管所需的绝缘距离确定。电除尘器的边梁通常取 800mm 宽，而中间梁的宽度取 1200～1500mm，箱形梁的高度需考虑进入检修绝缘套管及电加热器等的方便，一般取 1500～1900mm。组成肢柱的宽度应取与顶梁的宽度一致。

(2) 壁板。电除尘器的壁板包括箱体两边的侧墙板，箱体顶部的屋面板，屋顶板，进、出气烟箱的箱壁板和储灰斗的斗壁板等。

电除尘器的侧墙板由若干单位宽、5mm 厚的竖条钢板拼装焊接而成。侧墙板的两侧与立柱相连，板的外侧焊有若干根水平布置的角钢作为加强筋，以满足侧墙板的荷载要求。屋面板的设计可参照侧板方法进行。

另外，为方便电除尘器的维护和检修，需在电除尘器的壳体上安装若干个人孔门，人孔门与外壳连成一体，且应密封良好，启、闭方便。

(3) 辅助设备。电除尘器壳体上的辅助设备包括保温层、护板、梯子、栏杆、平台、吊车和防雨棚等。

保温材料一般选用岩棉或矿渣棉板，密度为 100kg/m³，导热系数为：0.105～0.146kJ/(m·h·℃)，保温层厚度一般为 100mm，高温电除尘器可用 150～200mm，低温除尘器可用 50～60mm。

保温层外面包覆金属护板，一般常用 0.5mm 或 0.75mm 镀锌钢板，用户要求时也可用铝合金板。

梯子和平台是维护及检修的通道，要求通行方便并具有承受检修荷载的能力。一般平台均为槽钢框架覆盖栅格板结构，重量轻，不积灰。梯子宽度为 600～800mm，踏板为栅格板。栏杆设置应符合有关国标要求，高度 1050mm，下部设有踢脚板。

梯子、平台、栏杆对除尘器的外观有较大影响，设计施工时都应注意整体美观效果。

5. 储卸灰系统

电除尘器的储卸灰系统由灰斗、阻流板、插板箱和卸灰装置等设备组成，以实现捕集粉尘的储存、防止灰斗漏风和窜气、适时卸灰和防止堵棚灰等作用。

(1) 灰斗。电除尘器壳体下部的灰斗结构如图 5-7 所示，图 5-7 (a) 为灰斗的外形结构图，图 5-7 (b) 为灰斗的内部结构图。从图 5-7 中可以看出，灰斗上口有一由钢板焊成的双层法兰，高度约 100～150mm，用以搭放在底梁的支架上。灰斗上口四周与底梁的上平面用薄钢板连接，所有接缝处均满焊，保证除尘器的密封性。

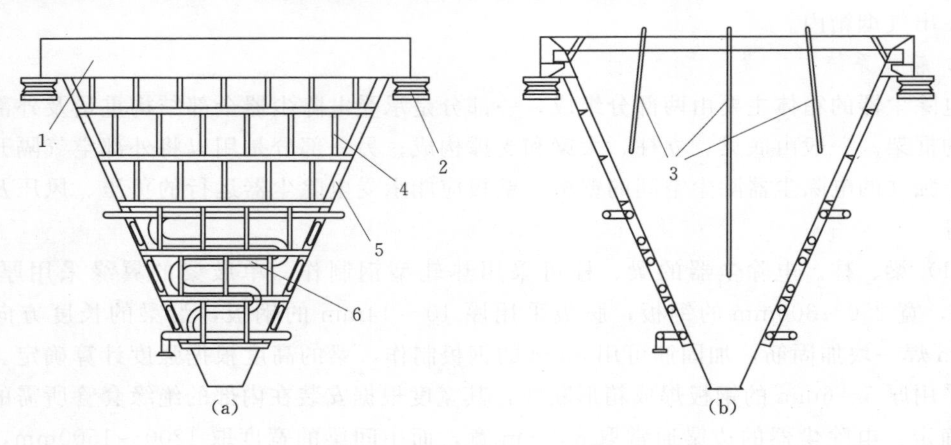

图 5-7　灰斗的结构

(a) 灰斗的外形结构；(b) 灰斗的内部结构

1—底梁；2—支座；3—阻流板；4—竖肋；5—壁板；6—蒸汽加热管

电除尘器的灰斗一般分为上下两段制造，下段一般制造为整体，并且把蒸汽加热管也焊接在灰斗下段上。上段又分为四片或多片制造，各片之间用角钢或槽钢作为连接法兰，在现场先用螺栓连接，然后焊接。

为了保证灰斗内不积灰，灰斗内壁与水平面的夹角一般设计为 60°～65°，有时甚至更大。

(2) 阻流板。阻流板主要作用是防止灰斗部位漏风和窜气。因为极板下部到灰斗之间为非放电空间，没有收尘功能，烟气如果从此处经过会加大冲刷和减少尘粒收集，甚至会造成灰斗中的灰重新被气流带至电场中。

(3) 插板箱。插板箱是连接灰斗和卸灰阀的一个中间设备。正常工作时插板箱处于开启位置，当卸灰阀发生故障需检修时，将插板箱关闭，就可以打开卸灰阀处理故障，同时不影响电除尘器的运行。插板箱一般有 300mm×300mm、400mm×400mm 两种规格。

(4) 卸灰装置。电除尘器灰斗下部的卸灰装置根据灰斗的形式和卸灰方式而异，其中回转式卸灰阀是最常见的一种卸灰装置。它靠回转叶轮在壳体内的转动而完成卸灰动作。卸灰口多采用 400mm×400mm，叶轮转速为 20r/min，连续卸灰量约 40t/h。为了保持气密，回转叶轮的叶片端部镶嵌橡胶条，并使进灰口到卸灰口之间经常保持两片以上叶片与壳体内壁接触。为了改善叶轮格腔的装料情况，在回转式卸灰阀中装有均压管，使叶轮待受料格腔的气压与灰斗内的气压均衡，以利于灰料卸入，提高格腔的装满系数。当除尘器内部负压较小时，也可不装均压管。

四、电除尘器的供电控制

(一) IPC 系统的构成和功能

智能电除尘器控制系统（简称 IPC 系统）主要由主机控制台、工业控制计算机、显示器、打印机、键盘、鼠标、远程通信接口、A/D 接口、I/O 接口、网卡、调制解调器、信号调理卡、通信总线、下位机（包括高压控制系统、低压控制系统）、传感器（包括烟气浊度仪、温度检测仪、除尘段电压、电流和功率、锅炉负荷）等构成。

IPC 系统的主要功能如下。

(1) 运行数据与状态检测功能。主机从各下位机获得电除尘器各种电气设备的运行参数和状态信息，通过各种检测装置获得浊度信号、锅炉信号、温度、压力信号以及其他同电除尘器的运行、管理密切相关的参数。在系统软件的管理下，生成运行报表、趋势曲线和报警记录，并以图形、表格、曲线、文本等方式进行显示、打印。

(2) 控制参数设定功能。在上位机上通过键盘或鼠标可以设定：①T/R 系统的运行方式、电流极限、启动/停止的控制，绘制电场伏安特性曲线；②振打、卸输灰系统的运行参数或直接控制某一台电机连续运行或停机；③温度控制系统的恒温控制参数设定或直接控制某一台加热器的启动/停止。

(3) 默认值库管理功能。IPC 系统中设了一个系统运行参数设定值默认值文件库，库的每一个文件都用来保存确信适用于某一工况的最佳控制参数，这些参数包含所有设备的运行控制参数。当工况发生变化时，如煤种的变化，则只需调用相应的默认值库文件，就能直接修改全部的运行参数，免去了繁琐的调试工作。

(4) 能量管理功能（EMS 功能）。即功率最佳化控制，IPC 系统根据除尘器出口烟道不透明度的反馈，自动调整各 T/R 系统的工作方式和输出功率，在节约电源功率的同时，保证烟气的达标排放。

(5) 振打最佳化控制功能。IPC 系统根据不透明度反馈值及有关参数，综合判断振打效果，自动调整最佳振打周期及时序关系。也可在切断高压电源或减少其输出功率的情况下振打，加强振打清灰的效果。

(6) 自动开机、停机功能。IPC 系统根据锅炉负荷及进、出口烟气温度等参数，自动把电除尘器的有关设备投入运行或停止运行。

(7) 口令保护功能。IPC系统拥有一套多级口令保护系统，避免被未经许可人员的非法操作。

(8) 网络功能。主要包括：①通过网卡，把该计算机作为工厂计算机网络（如MIS网）的一个工作站，向网络发送数据或接收数据，实现数据资源共享；②利用MODEM和公用电话系统，可以同远地计算机通信，在远地计算机上，制造厂技术人员可以对设备的运行、管理、维护提供技术支持和帮助；③通过ISP提供服务。IPC系统可以在因特网上获得制造厂的远程技术服务。

(9) 其他功能。根据需要可增设与除尘器有关的其他参数，如烟道阀门、风机状态、烟气中的CO、O_2、SO_2含量和硅整流变压器油温等，这些参数可在屏上显示或打印输出，也可以参与过程控制，如CO信号的防爆控制。

（二）H型高压供电设备的工作原理

1. H型高压供电设备的主要功能

(1) 控制功能。包括：火花跟踪控制，最高平均电压控制，间歇供电控制，其他控制（如临界火花控制、恒火花率控制、反电晕检测控制等）可根据用户要求提供。

(2) 故障报警和保护功能。包括：过流保护，负载短路保护，负载开路保护，危险油温保护，SCR短路保护，偏励磁保护。

(3) 自检和自恢复功能。系统在每次上电时执行自诊断程序，当系统中的EPROM、RAM、主要接口芯片及SCR等主要器件失效时，发出报警信号，并中止程序的运行。在运行过程中，当由于某种特殊原因（如强干扰）引起控制程序不能正常运行或程序运行出错时，控制系统能在一定时间后自动重新启动运行，恢复系统的正常工作。

(4) 火花检出和响应功能。系统具有灵敏的火花检出方式，并自动区分高能量火花和低能量火花。当产生火花时的电流峰值不大于火花前的电流峰值的一个设定倍数，或者火花电流的持续时间小于一个规定的时间，判别为低能量火花。对于低能量火花，仅将发生闪络后的下一个半波的导通角降低一个百分数（如10%），并直接开始慢恢复过程。

(5) 显示功能。DAVC控制器面板上设有6位LED数码显示器，可显示一次电流、一次电压、二次电流、二次电压、火花率、控制方式等运行参数。显示方式可由选择开关设定为定参数显示和巡回显示两种。当系统故障跳闸或自检出系统故障时，由显示器显示故障的类型性质。

(6) 扩展功能。控制器预留打印机接口，可直接配μP－16、μP－40等各种打印机，可定时打印和即时打印日期、时间和当前运行参数。预留串行通信口，可实现同上位机的联机，组成智能电除尘器控制系统。

2. H型高压供电设备主电路工作原理

H型高压供电设备的主电路由供电回路、操作控制回路和辅助电路组成。

交流380V电源经熔断器FU1、FU2、主接触器KM1主接点、快速熔断器FU8，加在两只反并联晶闸管V1、V2上，当晶闸管控制极G获得来自在DAVC控制器的移相触发脉冲信号后，晶闸管导通，且其导通角的大小随着DAVC控制器送出的触发脉冲的变化而改变，380V电压经晶闸管移相调压后，加在硅整流变压器T1的初级，经升压、整流后输出负直流高压，经阻尼电阻R6、高压隔离开关QS1施加在电除尘器的电晕极上，向电除尘器电场输出脉动负直流高压，使得电场发生气体电离、粉尘荷电、荷电粉尘向收尘极板运动等，从而达到供给电除尘器电场电晕电流并捕集粉尘的目的。与此同时，由直流高压侧电流取样电阻R9和电压取样电阻R7获取电除尘器电场运行的各种信息，送至DAVC控制器和显示回路，DAVC控制器内的微处理器系统对获得的各种反馈信息进行综合、加工和处理后，发出各种控制指令，控制晶闸管的导通角，使设备输出尽可能高的电晕功率，形成一个闭环的电压自动控制系统。从而达到电除尘器的安全、稳定、高效运行。

3. DAVC控制器的工作过程

设备启动后，按一下电压自动调整器上的复位按键，显示器LED上将出现一排“8”字。按一下运行按键，电压自动调整器首先进入自检过程，对EPROM、RAM、晶闸管等器件进行自检（如某器件有故障，则显示器上出现“EC”字样，并跳闸告警），自检程序通过后，则执行调压主程序。8031单片机从程序存储器EPROM中顺序取出控制指令，按指令要求，选择工作状态和控制特性，综合各运行参数（由隔离放大器输入，并经A/D转换成数字量），并加以运算和判断，发出指令去控制定时器产生主控脉冲，该脉冲经门控和光电隔离放大，送去触发调压晶闸管。晶闸管导通角的大小，决定了DAVC设备输出直流电压的高低。也就是说，8031单片机控制程序的核心工作是决定定时器输出主控脉冲的产生过程。主控脉冲出现得早，晶闸管导通角就大，输出直流电压就高；反之亦然。当主控脉冲不出现时，晶闸管就截止，设备则不输出高压。

在电场不出现闪络或短路、过电压等故障状态的情况下，单片机将按主程序要求，在电压上升的不同阶段以不同的速率改变定时器的时间常数，使设备输出值能尽快达到电流或电压的额定值，而不至于出现冲击现象。

在设备运行或电压上升过程中，如出现电场闪络现象，则单片机必须中断执行主程序，转到火花处理程序中去，火花处理程序要做的工作是判别火花的强弱，决定是否需要关断晶闸管，如要关断，又需确定关断几个半波，如不要关断，又要确定下一个半波晶闸管的导通角大小，或者是闪络后，电压该从什么起点开始升压等。火花闪络处理要涉及一系列的运算、比较、判断的过程，这些都需要单片机去完成，然后由单片机发出指令去控制定时器的时间常数，改变主控脉冲的形成时间，实现火花闪络处理的要求。火花闪络处理程序完成后，单片机又转入执行主控制程序，设备又处于正常的运行状态。

设备在运行过程中，如出现短路、过电压、过流等故障状态时，单片机也必须中断执行主程序，转入相应的故障处理程序。只要出现上述任何一种状态，设备都将跳闸报警，并显示故障性质。

DAVC电压自动调整器对闪络信号及故障现象的检测都是通过硬件和软件结合完成的，并通过中断申请的方式通知8031单片机，单片机响应中断后，即转入相应的处理程序。

LED显示器在单片机的管理下工作，其功能是显示各种运行参数和故障性质，可以对运行参数作巡回显示，也可以作定参数显示。

打印机主要用于打印运行时间、运行参数和故障性质。可以按程序要求定时自动打印，也可通过操作键进行人工干预，随时打印各种运行参数。

（三）电除尘器低压控制设备的工作原理

电除尘器的低压控制设备是指除高压供电设备以外的其他一切用电设施的自动控制设备。它是一种多功能的自动控制系统，它与电除尘器本体、高压供电设备一起构成电除尘器的三大部分。

1. 阴、阳极振打控制工作原理

如图 5-8 所示，左边为阴、阳极振打和卸灰电机控制的电原理图，右边为 MPC-24A 微机振打卸灰控制器输入/输出信号原理图。主回路采用交流接触器 KM1 输出控制，由断路器 QA1、热继电器 K1 组成短路、过载和缺相保护电路。K2 为 MPC-24A 微机振打卸灰控制器的输出继电器，K3、K4 为自动/手动控制继电器，QA2 为控制回路断路器，SA1 为自动/手动控制开关，SA2 为就地控制/集中控制选择开关，HR1 为运行指示灯。设备投运时，先合上电源开关 QA1、QA2。就地控制时，将控制开关 SA2 置于左侧“手动”位置，SA2 的 1、3 接通，KM1 得电，其触点闭合，振打电机开始工作。集中控制时，将控制开关 SA2 置于右侧“本柜”位置，SA2 的 4、2 接通。

手动控制时，将控制开关 SA1 置于左侧“手动”位置，SA1 的 1、4 接通，继电器 K4 得电，其触点闭合，经 SA2 使接触器 KM1 线圈接通电源，接触器 KM1 主接点合上，电机投入运行。手动停机时，则将控制开关 SA1 置于中间“停机”位置。

自动控制时，将控制开关 SA1 置于右侧“自动”位置，SA1 的 3、2 接通，继电器

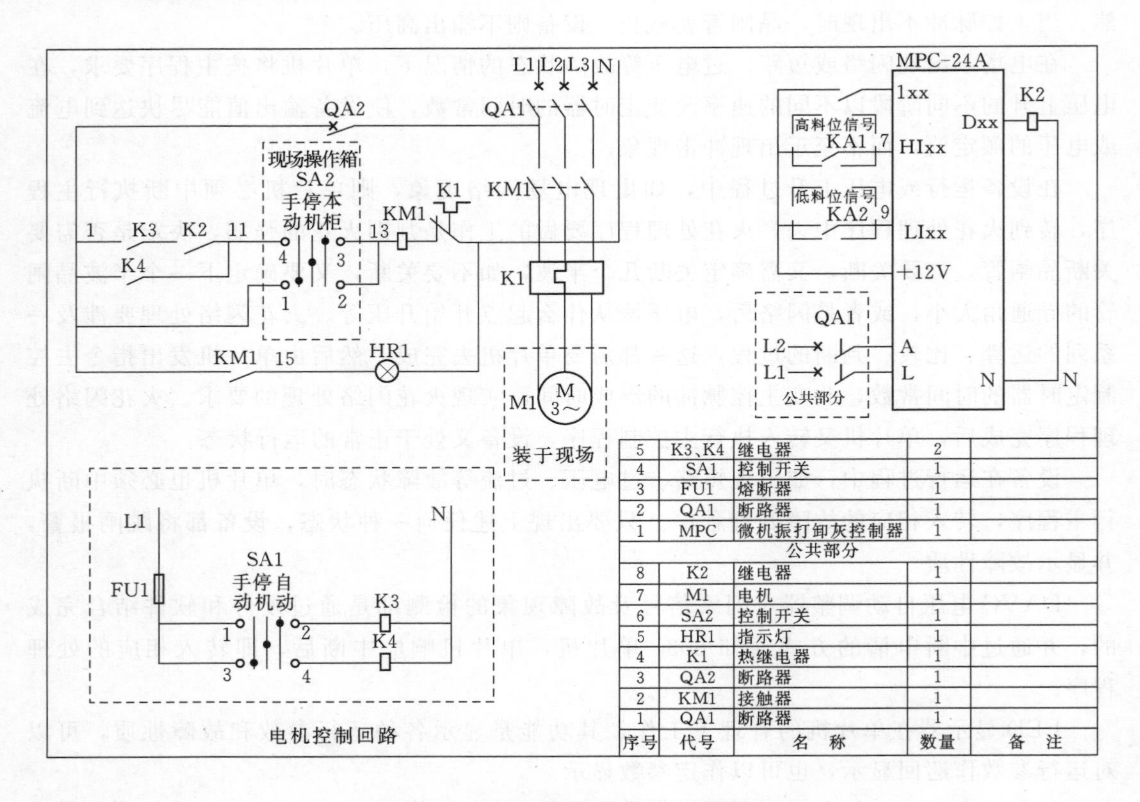

序号	代号	名　称	数量	备　注
5	K3、K4	继电器	2	
4	SA1	控制开关	1	
3	FU1	熔断器	1	
2	QA1	断路器	1	
1	MPC	微机振打卸灰控制器	1	
		公共部分		
8	K2	继电器	1	
7	M1	电机	1	
6	SA2	控制开关	1	
5	HR1	指示灯	1	
4	K1	热继电器	1	
3	QA2	断路器	1	
2	KM1	接触器	1	
1	QA1	断路器	1	

图 5-8　振打、卸灰电机控制原理图

K3得电，其触点闭合，同时控制器处于工作状态，则各回路按控制器的控制程序运行。程控装置采用MPC系列多通道可编程定时及逻辑自动控制器，经合理编程，每个控制通道按一定时序周期性运行，每个控制通道有信号输出时，中间继电器K2线圈与电源接通，K2常开触点闭合，接触器KM1线圈得电，接触器KM1主接点合上，电机投入运行。

接触器KM1的常开触点作为状态返回输入控制器，若输出状态与接触器返回状态不相符，则控制器判断电机控制回路有故障，发出报警。另外，控制器具有串行通信口，能与上位机进行串行通信，组成IPC智能控制系统。

2. 料位检测与卸灰控制工作原理

卸灰控制工作原理与阴、阳极振打控制相同，这里不再重复。料位检测方法很多，有差压式、电容式、光电式、机电式、γ射线式、超声波式、微波式以及射频导纳式等。

3. 电加热控制工作原理

电加热主回路采用交流接触器KM1输出，断路器QA1用于短路保护。各回路具有手动、自动控制。

手动控制时，先合上电源开关QA1、QA2，再将控制开关SA1置于左侧“手动”位置，SA1的1、4接通，继电器K4得电，其触点闭合，接触器KM1线圈与电源接通，接触器KM1主接点合上，电加热器投入加热。手动停机时，则将控制开关SA1置于中间“停机”位置。

自动控制时，将控制开关SA1置于右侧“启动”位置，SA1的3、2接通，继电器K3得电，其触点闭合。同时控制器处于工作状态，则各回路按控制器的控制程序运行。自动恒温控制采用MTC系列微机温度控制器，所有加热点采用铂热电阻为检测元件，检测信号送至MTC控制器，控制器面板上可显示通道的检测温度。各加热器的工作受铂热电阻检测的温度信号控制，加热点温度未达到MTC内设定的温度值时，相应控制通道有信号输出，中间继电器K2线圈与电源接通，K2常开触点闭合，接触器KM1线圈与电源接通，接触器KM1主接点合上，电加热器投入加热，当加热点温度达到设定温度值时加热器停止工作。

接触器KM1常开触点作为状态返回输入控制器，若输出状态与接触器返回状态不相符，则控制器判断电加热控制回路有故障，发出报警。控制器具有上、下限温度报警和检测元件故障报警等功能。另外，控制器具有串行通信口，能与上位计算机进行串行通信，组成IPC智能控制系统。

五、电除尘器的运行维护

1. 电除尘器投运前的检查

从安全及发现问题方便处理角度考虑，检查程序宜为：电除尘器电场→电除尘器辅助电气设备→电除尘器辅助机械设备→电除尘器高压供电设备。

电除尘器投运前的检查应认真填写操作票，这是保障电除尘器投运前检查质量的重要手段。

2. 电除尘器投运前的试运行

电除尘器投运前的试运行内容包括：①高压供电系统的空载升压试验；②阴、阳极振打系统试运行；③卸灰系统试运行；④加热系统试运行；⑤输灰系统试运行。

3. 电除尘器的投运操作

(1) 投运前的检查。检查电除尘器的电场、辅助电气设备、辅助机械设备和高压供电设备应完好，高、低压供电控制系统经试运行合格。

(2) 按照电除尘器运行规程要求填写电除尘器投运操作票。

(3) 送上输灰装置、卸灰装置、阴阳极振打装置、电加热装置和高压供电设备的电源。

(4) 在锅炉点火前24h，投入各加热装置（绝缘套管电加热装置、灰斗蒸汽加热装置)，并控制各温度在规定范围内。

(5) 在锅炉点火前2h，启动卸灰、输灰装置和冲灰水系统，启动阴、阳极振打装置，并置于连续运行位置。

(6) 在锅炉点火时，投入进、出口烟温和压力检测仪、CO分析仪和烟气浊度仪等检测设备，并注意观察各仪表指示应正常。

(7) 在锅炉点火后期（油煤混燃稳定、油枪数量减少1/2、电除尘器入口烟气温度高于该类烟气的露点温度或锅炉负荷超过50%)，当接到值长命令后，按要求依次投入四、三、二、一电场的高压供电设备。高压供电设备启动时，应先采用“手动”方式升压，判断电场无故障后，方可在自动状态下运行，并调节输出电压和电流至需要值，调节火花率至合格值。

(8) 锅炉正常运行后，将输灰装置，卸灰装置，阴、阳极振打装置等均切换为自动控制方式。

(9) 操作完毕后，应对电除尘器的辅助机械设备和高、低压供电控制设备进行一次全面检查，并报告值长，做好记录。

4. 电除尘器的运行监视与记录

下列表计指示、信号属于监视内容，要求电除尘器控制室有专人值班监视，除进行故障及异常处理外，不能离岗。

(1) 电场的一次、二次电压、电流及浊度仪指示。

(2) 振打程控运转信号及振打电机运转指示灯。

(3) 卸、输灰系统的有关压力、灰位信号及卸灰电机运转指示灯。

(4) 电加热器的运行指示及有关温度信号。

(5) CO气体分析仪的指示、报警。

(6) 各类异常、故障报警及跳闸信号。

(7) 一些其他因特殊工艺要求为安全、可靠运行而设置的有关指示及信号。

电除尘器所有操作均作记录，异常情况及设备缺陷要详细记录，备品备件消耗要记录，工作票、操作票、接地线装拆要记录。公共仪器具要交接班，电除尘器各电场的运行参数及进、出口烟温，CO浓度，浊度仪指示应每小时记录一次，各绝缘子室温度、变压器油温、电场火花率及气象情况应每班记录一次。

5. 电除尘器的运行检查

电除尘器的运行检查内容和要求见表5-2。对于大型电除尘器，可规定巡查路线，采用检查卡，有利于保证检查质量。每周一次的检查工作，可与专职检修人员一起进行。在特殊情况下，如设备出现异常，气候条件恶劣，要加强有关设备的巡查。

表5-2 电除尘器的运行检查内容和要求

设备	部位	检查内容和要求	检查时间
高压供电装置	高压控制柜	晶闸管发热及冷却风扇工作情况	每班一次
		主回路电缆头是否存在发热变色情况	每班一次
		电流表指示的闪络是否有上冲情况	每班一次
		柜内电压自动调整器等主要器件积灰情况	每班一次
	整流变压器（电抗器可参照其中部分内容）	变压器的声音、油温、油位、油色	每班一次
		进线电缆头的发热情况	每班一次
		变压器渗漏油情况	每班一次
		呼吸器干燥剂颜色	每班一次
		阻尼电阻及连接点是否过热、闪络或开路	每班一次
		高压绝缘部件是否闪络	每班一次
	高压开关柜	隔离开关位置指示，到位情况	每班一次
		隔离开关机械闭锁是否良好	每班一次
		高压电缆及引入处是否放电，油浸电缆是否漏油	每班一次
		绝缘部件是否放电	每班一次
低压控制设备及配电装置	电力变压器	油温、油位、油色、渗漏油情况	每周一次
		声音、电缆接头发热、工作情况	每周一次
		呼吸器干燥剂颜色	每周一次
	配电装置及电缆夹层	母线及各专用盘连接部位发热情况	每班一次
		电缆及接头发热情况，电缆孔门关闭封堵情况	每周一次
	低压控制设备	振打程控是否偏差、出错	每周一次
		卸灰、电加热自控是否符合要求	每周一次
		各动力箱内接线是否松动，熔断器是否烧坏，热继电器、空气开关是否动作	每周一次
		各类控制屏、保护屏、仪表等设备是否清洁，接地线是否松动	每周一次
	检测设备	各点温度和压力指示是否正常	每周一次
		CO分析仪指示是否正常	每周一次
		浊度仪指示是否正常	每周一次
本体设备	振打装置	保险片是否断裂	每班一次
		减速机是否漏油、缺油，有否振动、过热、异常声音	每班一次
		电动机运转是否正常	每班一次
	整体	各人孔门是否严密	每周一次
		壳体是否存有较大漏风（负压有漏风声）	每月一次
		保温及护板是否脱落	每月一次
储排灰设备	灰斗	灰斗有无堵灰	每班二次
		加热是否正常，是否出现冷灰斗，蒸气加热管有无泄漏	每班二次
	卸灰输灰设备	水力冲灰水压是否正常，喷嘴是否堵塞，冲灰水沟是否阻塞，冲灰水箱有无冒灰，落灰管是否畅通	2h检查一次
		气力输灰压力是否正常，管路有无阻塞、冒灰	2h检查一次
		卸灰电机是否工作正常，插板阀等处是否冒灰，减速机是否正常	每班二次

6. 电除尘器的运行调整

随着燃烧煤种、锅炉负荷和燃烧情况的变化，电场烟尘条件也随着改变，必须对有关运行参数和控制特性进行调整，以适应锅炉运行工况的变化，使电除尘器始终保持高效、稳定的运行。电除尘器的运行调整内容包括：①变压器抽头的调整；②电抗器抽头的调整；③“电流极限”的调整；④“火花率”的调整；⑤高压供电设备控制方式的选择；⑥低压控制设备控制特性的调整。

7. 电除尘器的定期试验

电除尘器的定期试验项目与时间安排见表 5-3。

表 5-3　　电除尘器的定期试验项目与时间安排

项　目	内　容	周期
报警装置	试验报警装置的声、光报警信号是否正常	每日一次
高压供电控制设备	各种控制方式能否正常切换，控制特性能否正常调整	每月一次
卸灰、振打、电加热控制	“自动”改“手动”能否正常切换	每月二次
温度检测装置	能否准确显示各测点温度（与现场表计比较）	每月一次
CO 分析仪	能否准确显示（与现场表计比较）	每月一次
浊度仪	能否准确显示（与现场表计比较）	每月一次
事故照明	事故照明能否自投	每月一次
接地电阻测试	要求接地装置的接地电阻小于 2Ω	每年一次
高压网络绝缘电阻测试	用 2500V 兆欧表测量，要求绝缘电阻大于 1000MΩ	每年一次

8. 电除尘器的定期维护工作

电除尘器的定期维护项目与时间安排见表 5-4。

表 5-4　　电除尘器的定期维护项目与时间安排

维护项目	维　护　内　容	维护周期
1. 机械传动部件加油、检查	（1）给容易磨损的各机械传动部件加油。 （2）给高低压控制柜及晶闸管元件冷却风机转动部分加润滑油。 （3）给振打、卸灰减速机构加油。 （4）对高压隔离开关、操作机构和安全机械锁机械传动部位加油、检查、调整	一周 3 个月 3 个月 6 个月
2. 高、低压供电控制设备检查	（1）用示波器测量电压自动调整器的工作情况并作记录，要求电压自动调整器工作电源符合制造厂的要求，触发脉冲对称，反馈波形对称、圆滑而饱满。 （2）检查振打时控装置工作程序是否正常，设定时间是否准确。 （3）检查卸灰控制装置工作是否正常，料位检测是否准确。 （4）检查温度测量装置是否正常，调整或更换测温元件	3 个月 3 个月 3 个月 一年
3. 整流变压器及阻尼电阻检查	（1）整流变压器高位布置时，检查、清理事故储油箱及放油管路。 （2）工作接地检查，测量接地极的接地电阻应小于 2Ω。 （3）整流变压器进线接头和阻尼电阻连接点的检查、处理。 （4）瓷件擦拭。 （5）检查更换整流变压器呼吸器的干燥剂。 （6）变压器油位检查及油位补充。 （7）变压器油的试验，其耐压值应大于 40kV/2.5mm。 （8）测量整流变压器绝缘电阻，要求一次侧应大于 300MΩ，高压端正向对地应接近于零，反向应大于 1000MΩ	半年 一年 3 个月 3 个月 半年 半年 一年 一年

续表

维护项目	维 护 内 容	维护周期
4. 检测设备检查	(1) 对CO气体分析仪定期做机械校零、电气校零和满量程试验。 (2) 检查CO分析仪取样头积灰和破损情况，定期清扫和更换硅胶。 (3) 检查浊度仪镜头表面有无异物污染，并进行清理。 (4) 定期清理浊度仪的空气过滤器和更换滤筒	3个月 半年 半年 半年
5. 易损部件检查	如保险片、熔断器、指示灯、润滑油等应定期检查，及时更换	1个月
6. 消防器材检查	在控制室、电缆层、整流变压器室、除尘变压器室、配电室均应配置消防器材，应定期检查、更换	参照消防规定

9. 电除尘器运行中异常情况处理

(1) 电气方面发生下列情况之一时，应立即停运设备。

1) 整流变压器发热严重，变压器和电抗器的绕组温升超过65℃，整流变压器上层油面的最高温升超过40℃或油箱内部有明显的闪络、拉弧、振动等。

2) 阻尼电阻起火。

3) 高压绝缘部件闪络严重，高压电缆头闪络放电。

4) 供电装置失控，出现大的电流冲击。

5) 电气设备起火。

6) 其他严重威胁人身及设备安全情况。

(2) 机械方面发生下列情况之一时，应立即停运设备。

1) 电场发生短路。

2) 电场内部异极间距严重缩小，电场持续拉弧。

3) CO浓度已到跳闸值（一般为2%），或者有迹象表明电场内部已出现自燃。

4) 振打、卸灰机构卡死应立即停运电机，输灰系统中采用冲灰水箱连续卸灰而冲灰水突然中断时应停运卸灰阀。

(3) 电气方面发生下列情况之一时，应酌情考虑停运设备。

1) 整流变压器、电抗器发热严重，已超过正常允许值。

2) 阻尼电阻冒火，供电装置出现偏励磁。

3) 晶闸管元件冷却风扇故障而元件发热严重。

4) 各电缆接头，尤其是主回路电缆头、整流变压器接头、电抗器进线接头发热严重。以上几点在判断为非环境因素并对设备构成威胁时要停运处理。

5) 开机时高压侧绝缘不能满足要求，应分清影响绝缘的是电源侧还是电场侧，然后进行处理。

(4) 机械方面发生下列情况之一时，应酌情考虑停运设备。

1) 灰斗堵灰。如发生冲灰水中断、冲灰水箱、输灰管路堵塞，而电场继续投运时，应密切注意灰斗高灰位情况，并按照各电场除尘量、灰斗储存余量估算电场运行时间，尽量避免灰斗满灰，造成电场积灰短路。电场积灰短路时，不仅失去除尘效果，也会使电极烧蚀、变形，造成振打卡死，有的灰块会因此搁到电场某一位置造成电场不完全短路。

2) 锅炉投油。碰到因主设备原因造成锅炉较长时间投油燃烧且油煤混烧比例超过通常规定值时，长期停运电除尘器会对环保及正常生产（如风机叶片磨损）造成很大影响，这时要权衡利弊，做综合考虑。

10. 电除尘器的停运操作

（1）接到锅炉准备停炉通知后，准备好停运操作用具和安全用具。

（2）按照电除尘器运行规程要求填写电除尘器停运操作票。

（3）随着锅炉负荷降低，在锅炉投油助燃时，或电除尘器入口烟温降至露点温度以下时，接值长命令，按要求依次退出一、二、三、四电场的高压供电设备。高压供电设备停运时，应先将电场电压手动降至零后，再按停机按钮，最后断开电源。

（4）锅炉设备完全停运后，便可退出进、出口烟温和压力检测仪、CO 分析仪和烟气浊度仪等检测设备。

（5）停止对各电场供电后，可将所有振打装置改为连续振打方式运行，待锅炉完全停运后，再继续运行 4h 后方可停运。

（6）振打装置停运后，确认灰斗内的灰已全部排尽时，方可停运卸灰、输灰装置，并关闭冲灰水供水总阀门。

（7）振打、卸灰、输灰停运后，最后停运各加热装置。

（8）电除尘器整机停止运行后，将控制柜电源开关切至断开位置。

（9）操作完毕后，应对电除尘器的辅助机械设备和高、低压供电控制设备进行一次全面检查，并报告值长，做好记录。

第三节　低低温电除尘技术

低低温电除尘技术将电除尘器入口烟气温度降至酸露点温度以下，在大幅提高除尘效率的同时可以高效捕集 SO_3，保证燃煤电厂满足低排放要求，并有效减少 PM2.5 的排放。低低温电除尘系统采用低温省煤器时，还可以将回收的热量加以利用，具有较好的节能效果。国内多个燃煤电厂低低温电除尘器的成功投运证明，这一技术可以很好地满足最严格的排放标准要求，而且为实现节能减排开辟了一条新路径。

一、工作原理及组成

1. 工作原理

含有高浓度粉尘和 SO_2 的烟气流经空预器后，烟气温度降至 130℃左右，接着通过热回收装置（又称烟气冷却器）或烟气换热系统（包括热回收器和再加热器），烟气温度降至酸露点以下，一般为 90℃左右，使烟气中大部分 SO_3 冷凝形成硫酸雾，黏附在粉尘表面并被碱性物质中和，粉尘特性得到很大改善，比电阻大大降低。同时，烟温降低使得烟气流量减小并能有效提高电场击穿电压，从而提高除尘效率。

经过低低温除尘器除尘后的烟气粉尘浓度降低，接下来进入吸收塔，温度进一步降低至 50℃以下，如此低温的烟气具有相当大的腐蚀性，于是烟气需进入烟气再加热器（即后置再加热器）进行再加热，利用前面低温换热器吸收的热量对烟气进行加热，使其温度升高至 90℃或更高，避免对下游设备产生腐蚀，最后烟气通过烟囱排放。

2. 组成

低低温电除尘器主要由机械本体和电气控制两大部分组成。

(1) 机械本体。机械本体部分包括阴、阳极系统及清灰装置，外壳结构件，进出口封头，气流分布装置等。

(2) 电气控制。电气控制部分包括高压电源、低压控制装置、集控系统及自适应控制系统等。其中，烟气温度调节与电除尘自适应IPC智能控制系统能够与高压电源、低压控制装置、热回收器或烟气换热系统的电气系统进行通信，并实现监视、控制功能。

二、技术特点

1. 除尘效率高

(1) 粉尘比电阻下降。按以往研究来看，电除尘中粉尘比电阻的最佳除尘效率区间为$10^4 \sim 10^{11}$（Ω·cm），而电厂烟气中的粉尘比电阻一般都超过10^{11}（Ω·cm）。当烟气温度从130℃降至90℃时，烟气中大部分SO_3冷凝形成硫酸雾，黏附在粉尘表面，粉尘比电阻会随之降低，使之处于最佳除尘效率区间内，继而提高电除尘器的除尘效率。

(2) 击穿电压上升。电除尘器入口烟气温度的降低，使电场击穿电压上升，从而提高除尘效率。实际工程案例表明，排烟温度每降低10℃，电场击穿电压将上升3%，从而提高电场强度，增加粉尘荷电量，提高除尘效率。

(3) 烟气流量减小。烟气在进入除尘器前温度降低，烟气流量减小，使得其流速也相应减小，在电除尘器内的停留时间就会增加，比集尘面积增大，使得电除尘装置可以更有效地对烟尘进行捕获，从而达到更高的除尘效率。

2. 可去除绝大部分的SO_3

在低低温电除尘器中，烟温已降至酸露点以下，气态的SO_3将冷凝成液态的硫酸雾。因烟气含尘浓度高，粉尘总表面积大，这为硫酸雾的凝结附着提供了良好的条件。国外有关研究表明，低低温电除尘系统对于SO_3去除率一般在80%以上，最高可达95%，是目前SO_3去除率最高的烟气处理设备。

三菱重工的低低温电除尘系统中，热回收器进口的SO_3设计质量浓度为10ppm（约35.7mg/m^3），灰硫比大于100，低低温电除尘器出口的SO_3设计质量浓度小于1ppm（约3.57mg/m^3），去除率可达到90%以上。

国外有关研究表明，热回收器中SO_3浓度随烟气温度变化，烟气温度在100℃以下时，几乎所有的SO_3在热回收器中转化为液态的硫酸雾并黏附在粉尘上。

3. 提高湿法脱硫系统协同除尘效果

国外有关研究对低温电除尘器与低低温电除尘器出口粉尘粒径、电除尘器出口烟尘浓度与脱硫出口烟尘浓度关系进行了探讨，低温电除尘器出口烟尘平均粒径一般为1～2.5μm，低低温电除尘器出口粉尘平均粒径一般可大于3μm，低低温电除尘器出口粉尘平均粒径明显高于低温电除尘器；当采用低低温电除尘器时，脱硫出口烟尘浓度明显降低，可有效提高湿法脱硫系统协同除尘效果。

4. 节能效果明显

研究表明，当仅采用热回收器时，对于1台1000MW机组，烟气温度降低30℃，可回收热量1.50×10^8kJ/h（相当于5.3t标煤/h）。当采用烟气换热系统时，回收的热量主要传送至再加热器，提高烟囱烟气温度，以此来提升外排污染物的扩散性。由于烟气温度的降低，上述两种形式均可节约湿法脱硫系统的水耗量，可使风机的电耗和脱硫系统用电率减小。

5. 二次扬尘有所增加

粉尘比电阻的降低会削弱捕集到阳极板上的粉尘的静电黏附力，从而导致二次扬尘现象比低温电除尘器有所增加，但在采取相应措施后，二次扬尘现象能得到很好的控制。

6. 更优越的经济性

由于烟气温度降至酸露点以下，粉尘性质发生了很大的变化，比电阻大幅下降。因此，在达到相同除尘效率前提下，低低温电除尘器的电场数量可减少，流通面积可减小，且其运行功耗也有所降低。低低温电除尘系统采用热回收器时可回收热量，兼具节能效果。热回收器的投资成本，一般可在3～5年内回收。

三、核心问题及应对措施

（一）低温腐蚀及应对措施

低低温电除尘器不允许产生低温腐蚀。由于烟气温度降至酸露点以下，SO_3在热回收器中冷凝，形成具有腐蚀性的硫酸雾，并吸附在烟尘表面上。对于部分含硫量高、灰分较低的煤种，灰硫比小于100时，硫酸雾可能未被完全吸附，则应考虑低温腐蚀的风险。

1. 灰硫比与腐蚀的关系

灰硫比是评价烟气腐蚀性的重要参数。相关学者的研究结果显示，合适的灰硫比可保证SO_3凝聚在粉尘表面，不会发生设备腐蚀。相关试验研究表明，当灰硫比大于100时，腐蚀率几乎为零。

2. 低温腐蚀风险的应对措施

对于实际工程应用，对低温腐蚀风险进行了充分考虑，建议采取以下应对措施。

（1）保证灰硫比大于100。对于部分含硫量高、灰分较低的煤种，如灰硫比不大于100时，硫酸雾可能未被完全吸附，则应考虑低温腐蚀的风险，可采取燃用混煤的方式提高灰硫比。

（2）防止灰斗腐蚀。因烟气温度较低，具有腐蚀性的硫酸雾黏附在飞灰表面，飞灰流动性降低，且飞灰在灰斗内有一定的储存时间，因此灰斗板材宜采用ND钢或内衬不锈钢板以避免腐蚀风险。

（3）防止人孔门及其周围区域的腐蚀。因烟气温度较低且人孔门周围不可避免地存在一定量的漏风，人孔门及其周围也是容易发生腐蚀的区域之一，因此双层人孔门与烟气接触的内门宜采用ND钢或内衬不锈钢板，在每个人孔门周围约1m范围内的壳体钢板宜采用ND钢或内衬不锈钢板。

（二）影响除尘效率的因素

1. 烟气温度

烟气温度与除尘效率的关系如图5-9所示，可以看出，低低温电除尘器不但大幅提高了除尘效率，并扩大了电除尘器对煤种的适应性。

2. 比电阻

除尘效果与比电阻有直接关系，相关研究表明，不同煤种比电阻与烟气温度的关系如

图 5－10 所示。

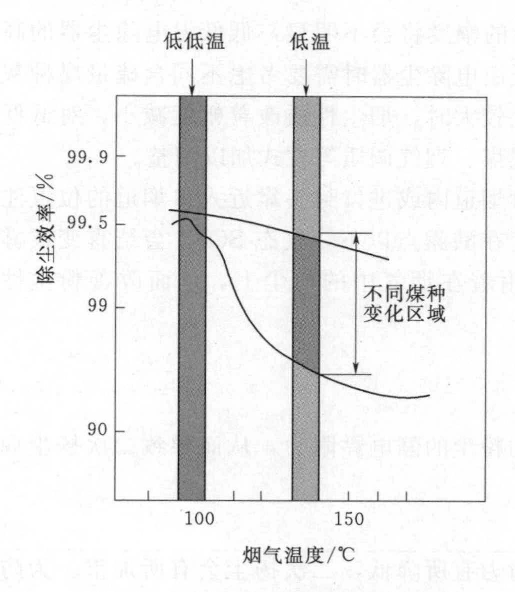

图 5－9　烟气温度与除尘效率的关系

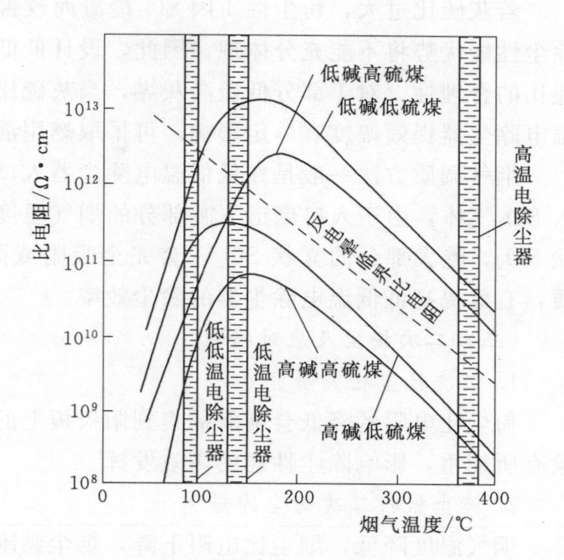

图 5－10　不同煤种比电阻与烟气温度的关系

电除尘器要达到高效率需避免高比电阻粉尘引起的反电晕现象，低低温电除尘器在90℃左右的烟气温度下运行，在这种条件下粉尘的比电阻明显下降，能够消除反电晕现象。原来那些因为收尘特性较为恶劣而被排除在燃煤范围之外的煤种也可以保证正常的荷电状态，从而大幅提升除尘效率。

（1）低碱低硫煤。对于低碱低硫煤，低温区域（120～150℃）和高温区域（300～400℃）的比电阻都明显超过其反电晕临界值，而低低温区域（90℃左右）在反电晕临界值以下，低低温电除尘器的工作稳定，除尘效率大幅上升。

低低温电除尘器使得原来收尘性能比较差，在烟气排放方面因不适合燃烧而被排除在外的煤种也可以维持正常的工作状态，从而实现高效除尘。

（2）低碱高硫煤。对于低碱高硫煤，比电阻值在低温和高温区域中，一般会超过或接近反电晕临界值，而在低低温区域，其比电阻值降至反电晕临界值以下，除尘效率可大幅上升。值得注意的是，由于煤种含硫量较高，其采用低低温电除尘技术时需考虑灰硫比，以避免腐蚀风险。

（3）高碱低硫煤。对于高碱低硫煤，比电阻在低低温、低温、高温区域中，均小于其反电晕临界值，但低低温区域与低温区域相比，其比电阻降低了约半个数量级，其值约为 10^{11}（Ω·cm），除尘效率的提效幅度可能有限，但对 SO_3 的去除率可大幅提高。

（4）高碱高硫煤。对于高碱高硫煤，比电阻值在低低温、低温、高温区域中，均小于反电晕临界值，虽然低低温区域与低温区域相比，可以使粉尘比电阻降低一个数量级以上，其值约为 10^9（Ω·cm），但两个区域对应的比电阻值均远小于反电晕临界值。值得注意的是，低温电除尘器本身的除尘效率就较高，因此采用低低温电除尘技术时需注意其提效幅度。另外，还需考虑灰硫比值，以避免腐蚀风险。

3. 灰硫比

若灰硫比过大，粉尘性质因 SO_3 冷凝而改善的幅度将会不明显，低低温电除尘器的高除尘性能优势将不能充分体现。因此，设计低低温电除尘器时需要考虑不同含硫量煤种灰硫比的合理性。对于部分低硫高灰煤，当灰硫比较大时，烟尘性质改善幅度减小，对低低温电除尘器提效幅度有一定影响，可采取燃用混煤、烟气调质等方式加以调整。

烟气调质方法一般是在低低温电除尘器入口烟道内或进口封头靠近入口烟道的位置注入 SO_3 气体，由于入口烟道下游部分的烟气温度在酸露点以下，气态 SO_3，会结露变成雾状 SO_3，绝大部分的雾状 SO_3，会完全吸附或附着在烟气中的粉尘上，从而改善粉尘性质，有效提高低低温电除尘器的除尘效率。

（三）二次扬尘及应对措施

1. 二次扬尘相关研究

粉尘比电阻的降低会削弱捕集到阳极板上的粉尘的静电黏附力，从而导致二次扬尘现象有所加重，影响除尘性能的高效发挥。

2. 防止振打二次扬尘的措施

烟气温度降低，烟尘比电阻下降，烟尘黏附力有所降低，二次扬尘会有所加重。为防止二次扬尘，可采取下述两种措施之一。

（1）适当增加电除尘器容量，即通过加大流通面积、降低烟气流速来控制二次扬尘。

（2）采用旋转电极式电除尘技术或离线振打技术。

旋转电极式电除尘器是一种高效电除尘设备，其收尘机理与低温电除尘器相同，由前级常规电场和后级旋转电极电场组成。旋转电极电场采用回转的阳极板和旋转的清灰刷。附着于回转阳极板上的烟尘在尚未达到形成反电晕的厚度时，就被布置在非收尘区的旋转清灰刷彻底清除，因此不会产生反电晕现象。旋转清灰刷布置在非电场区，清除的灰直接进入灰斗从而可最大程度地减少二次扬尘。

离线振打式电除尘器在电除尘器若干个烟气通道对应的出口或进、出口相关位置设置烟气挡板，通过关闭需要振打烟气通道的挡板，且对该烟气通道内的电场停止供电，并通过风量调整装置防止相邻通道烟气流量大幅增加而导致的流场恶化，从而避免了振打引起的二次扬尘。

在采取上述两种措施之一的同时，还可采用下述措施。

（1）设置合理的振打周期。只要末电场二次电压、二次电流无明显变化时无需振打。一般当阳极板积灰厚度达 1～2mm 时振打一次，末电场振打周期一般可为 12h 以上。

（2）设置合理的振打制度。末电场各室不同时振打；最后两个电场不同时振打；末电场阴、阳极不同时振打；降低振打电机转速，避免多锤振打重合而导致二次扬尘叠加。

（3）设置合理的振打区域。采取较小的电场长度或划分较小的振打区域，提高振打加速度及其均匀性。

（4）其他辅助方法。如出口封头内设置槽形板，将二次扬尘再次捕集。

（四）入口烟气温度控制措施

1. 至酸露点以下

只有烟气温度降至酸露点以下，烟气中的大部分 SO_3 才能在热回收器中转化为硫酸雾并黏附在粉尘表面，提高除尘效率的同时去除烟气中的大部分 SO_3。实际运行过程中锅炉燃煤的酸露点随燃煤不同也会发生变化，且酸露点的理论计算也是一个估算值。在一般情况下，为保证低低温电除尘器在酸露点以下运行，烟气温度宜低于酸露点温度理论计算值5～10℃（国内大部分煤种的烟气酸露点在90～110℃之间）。当烟气温度裕量过小，即低低温电除尘器入口烟气温度过于接近酸露点温度时，可能发生 SO_3 在热回收器中未冷凝而逃逸到电除尘器中冷凝的现象，使电除尘器或其下游设备存在腐蚀风险。

2. 烟气温度不宜低于85℃

当烟气温度低于85℃时，灰的流动性一般会变得很差，特别是当保温措施不好或出现局部漏风时，易产生灰斗堵灰情况，灰斗下部的气力输灰系统也同时会存在问题；且由于换热器端差小，热回收器的投资幅度会加大，经济性变差。因此，低低温电除尘器烟气温度不宜低于85℃。

3. 入口烟气温度一般为90℃左右

综上所述，考虑到电除尘器温降3～5℃，并结合相关运行经验，在国内大部分煤种情况下，低低温电除尘器入口烟气温度一般应为90℃左右。

（五）其他问题应对措施

采用低低温电除尘技术时，应采取以下措施。

1. 防止灰斗堵灰

由于收集下来的灰的流动性变差，可适当增大灰斗卸灰角，宜不小于65°；灰斗需有更大面积的加热系统以保证灰的流动性及更好的防腐，加热方式应可靠，加热均匀，且加热高度宜超过灰斗高度的2/3。另外，灰斗也需要有更有效的保温措施。

灰斗加热对于低低温电除尘器非常重要。低温电除尘器灰斗加热所需功率相对较低，一般可选择电加热。而低低温电除尘器灰斗加热所需功率较高，推荐采用蒸汽加热。

2. 防止绝缘子室结露

为防止绝缘子结露爬电，宜采用热风吹扫措施或防露型绝缘子。与热风吹扫相比，防露型绝缘子可节约电耗，具有较好的经济性，在燃煤电厂已得到了成功应用，证明其在技术上是成熟的。

3. 严格控制漏风

低低温电除尘器运行处于烟气酸露点以下，为防止因漏风引起的低温腐蚀，应严格控制漏风，所有人孔门可采用中空硅橡胶密封条，阴极振打器密封圈考虑采用中空硅橡胶材料。一般600MW及以上机组低低温电除尘器本体要求其漏风率不大于2%，优于常规电除尘器的漏风率不大于2.5%的指标。

4. 采用离线振打技术时需控制烟气流速

采用离线振打技术时，烟气流速不宜过大。采用离线振打技术时，阻断烟气通道后，电场的烟气流速不宜大于1.2m/s。

5. 采用先进的气流分布技术

气流分布的均匀性对除尘效率影响很大，气流分布不均匀时，在流速低处所提高的除尘效率远不足以弥补流速高引起除尘效率的降低，因而使除尘总效率降低。除尘器设计效率越高，气流分布对除尘效率的影响越大。低低温电除尘器合理的气流分布能有效减少二次扬尘。气流分布对热回收器的换热效果也有重要影响，热回收器入口气流分布越均匀，换热效果越好。气流分布数值模拟技术的涌现，能细致研究低低温电除尘系统内温度、密度、流速和压力等的变化规律及分布情况，从而为进、出口烟道结构设计、导流板布置型式、气流分布元件设计及针对性研究气流分布原因引起的二次扬尘问题提供科学依据。

6. 需配置节能优化控制系统

应配置节能优化控制系统，与高压电源、低压控制装置、热回收器或烟气换热系统的电气系统进行通信，并实现监视、控制功能，实现电除尘器的保效节能。

由于受锅炉燃烧工艺波动以及燃煤煤种波动的影响，烟气酸露点、排烟温度往往呈动态变化，这些变化对烟气换热系统的正常运行造成影响，对电除尘器稳定、高效地收尘也会产生影响。为此，需要配置一套将烟气换热系统与电除尘相适应的节能优化控制系统，该系统对烟温变化、电除尘电场运行参数、烟尘浊度变化等数据进行分析处理，实现自动调节烟气换热总量和电除尘电场高压运行方式，达到有效降低能耗和提高除尘效率的综合效果，从而实现烟气余热利用和低低温电除尘器一体化运行的优化运行控制。

第四节　湿式电除尘技术

湿式电除尘器（WESP）是一种用水清除吸附在电极上粉尘的电除尘器，发电厂主要用它来除去脱硫塔后湿气体中的粉尘、酸雾等有害物质，是治理燃煤电厂大气污染物排放的精处理环保装备。WESP根据阳极类型的不同可分为三大类，即：金属极板WESP、导电玻璃钢WESP和柔性极板WESP。目前国内已掌握上述3种不同类型WESP的核心技术，且均有投运业绩，并积累了一定的运行经验。随着部分燃煤电厂超低排放的实施，WESP已得到大规模的推广应用。

一、金属极板湿式电除尘技术

（一）工作原理

金属极板WESP的工作原理如图5-11所示。放电极在直流高电压的作用下，电晕线周围产生电晕层，电晕层中的空气发生雪崩式电离，从而产生大量的负离子，负离子与粉尘或雾滴粒子发生碰撞并附着在其表面荷电，荷电粒子在高压静电场力的作用下向集尘极运动，到达集尘极后，将其所带的电荷释放掉，尘（雾）粒子就被集尘极所收集；水流从集尘板顶端流下形成一层均匀稳定的水膜进而通过水冲刷的方式将所收集尘粒清除。同时，喷到通道中的水雾也能捕获一些微小烟尘。从除尘原理上看，金属极板WESP与干式电除尘器都经历了电离、荷电、收集和清灰4个阶段。与干式电除尘器不同的是，金属极板WESP采用液体冲洗集尘极表面来进行清灰，而干式电除尘器采用振打或钢刷清灰。

（二）技术特点

金属极板WESP具有以下技术特点。

（1）能提供几倍于干式电除尘器的电晕功率。

（2）不受粉尘比电阻影响，可有效捕集其他烟气治理设备捕集效率较低的污染物（如PM2.5等）。

（3）可捕集湿法脱硫系统产生的衍生物，消除石膏雨。

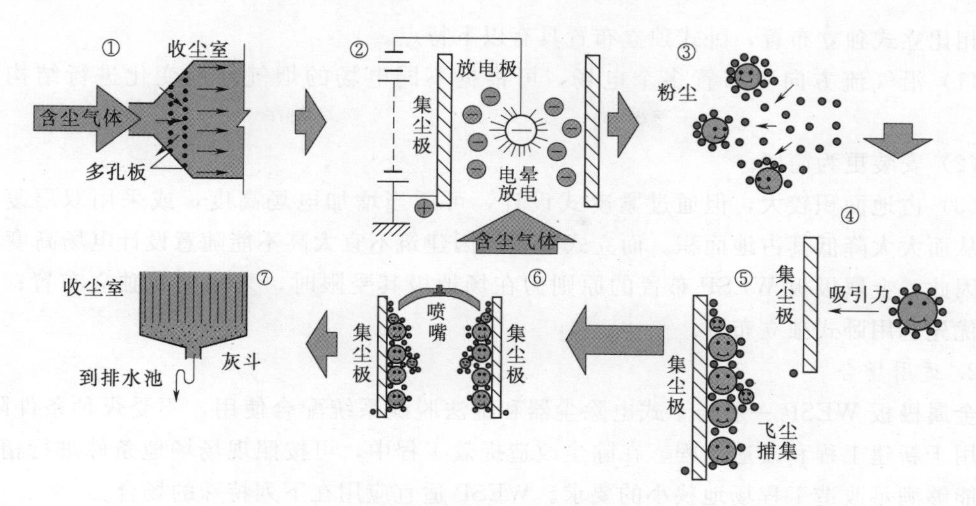

图 5-11　金属极板 WESP 的工作原理示意图

(4) 可达到其他除尘设备难以达到的极低的排放指标：颗粒物排放浓度可不大于 $3mg/m^3$。同时对 SO_3、重金属汞等具有脱除作用。

(5) 阳极板采用耐腐蚀的不锈钢、高端合金等材料，极板机械强度大、刚性好。

(6) 运行电压高、稳定性好，运行电流大，性能更高效、稳定。

(三) 主要结构与系统组成

1. 主要组成部件

金属极板 WESP 主要由本体、阴阳极系统、喷淋系统、水循环系统以及电控系统等组成。卧式金属极板 WESP 本体结构与干式电除尘器基本相同，包括进出口封头、壳体、放电极及框架、集尘极、绝缘子、喷嘴、管道、灰斗等。

2. 工艺水系统

结构合理、运行稳定的工艺水系统是 WESP 保持设备稳定性的关键因素之一。目前国内 WESP 厂家的工艺水系统都不尽相同，差别很大。采用连续喷水方案的 WESP，其工艺水系统一般为 WESP 通过供水箱提供原水对后端喷淋装置进行喷淋，通过循环水箱提供循环水对前端喷淋装置进行喷淋，使极板形成稳定均匀的水膜，并将吸附在极板上的粉尘冲走。WESP 顶端喷淋装置的喷淋水在完成内部清洗后回到废水箱，分成两路水进行循环利用：废水箱中的大部分水进入循环水箱，循环水箱中的水加入 NaOH 中和后，通过循环水泵抽送，被用于前端喷淋装置冲洗电极，输水管路上安装有过滤器以清除杂质防止喷嘴堵塞，喷淋水在完成 WESP 内部清洗后再次回到废水箱，如此循环使用；而废水箱的一小部分水外排到脱硫系统，以将工艺水系统中的悬浮物维持在一定的水平。外排水的水质能达到湿法脱硫系统补充用水的水质要求，这样可形成“WESP-WFGD”大系统的水平衡，从而使 WESP 的废水量降为零。

(四) 布置方式及适用场合

1. 布置方式

金属极板 WESP 布置方式可分为立式独立布置和卧式独立布置两种。此外，立式 WESP 也可布置在脱硫塔顶部。

相比立式独立布置，卧式独立布置具有以下特点。

（1）沿气流方向可布置多个电场，可根据不同电场的烟气特性变化进行结构优化设计。

（2）安装更为简便。

（3）占地面积较大，但通过紧凑式设计，可适当增加电场高度，或采用双层复式结构，从而大大降低其占地面积。而立式布置时因建筑不宜太高不能随意设计电场高度。

因此，金属极板WESP布置的原则为在场地极其受限时，采用立式独立布置；一般情况优先选用卧式独立布置。

2. 适用场合

金属极板WESP一般与干式电除尘器和湿法脱硫系统配合使用，不受煤种条件限制，可应用于新建工程和改造工程。在除尘改造提效工程中，可按照现场场地条件进行精心设计，能够满足改造工程场地狭小的要求。WESP适宜应用在下列特殊的场合。

（1）WESP进口烟气需为饱和烟气。

（2）对于新建工程，当烟尘排放浓度限值不大于$5mg/m^3$时。

（3）对于改造工程，当除尘设备及湿法脱硫设备改造难度大或费用很高、烟尘排放达不到标准要求，尤其是烟尘排放限值为$10mg/m^3$或更低，且场地允许时。

（4）燃用中、高硫煤的机组。

（五）参数的选择

合理的参数选型是保证WESP设备的除尘性能的前提条件。WESP和干式电除尘器一样，其除尘效率都可通过Deutsch－Anderson方程来计算。影响除尘效率的主要参数是驱进速度与比集尘面积。驱进速度与WESP的结构型式、粉尘的粒径大小、入口浓度等因素密切相关。粉尘在WESP电场中的驱进速度远高于干式电除尘器。WESP的比集尘面积多选择在$7\sim16m^2/(m^3/s)$之间，除尘效率一般可达70%以上。

烟气流速也会影响WESP的除尘效率。在WESP的流通面积确定后，处理烟气量增加，则WESP的除尘效率相应降低。金属板式WESP选用的烟气流速一般保持在3.0m/s以下，最高不大于3.5m/s，流速太高会影响去除效率。

（六）防腐工艺

为保证WESP长期高效地运行，需要进行结构防腐的考虑和设计。WESP位于湿法脱硫下游，其内部工作在高湿、含酸的腐蚀环境中，而水循环系统的水在冲洗电极后与捕集到电极上的酸雾混合而呈酸性，腐蚀性强，对其内部件、水系统管道防腐要求都极高。为此，需要选择合适的材料，制定防腐措施和施工工艺。

1. 壳体

WESP壳体是密封烟气、支承全部内件重量及外部附加载荷的结构件，要求有足够的刚度、强度及气密性。从结构方面来讲，壳体仅内部接触酸腐蚀烟气，因此WESP壳体材料通常采用普通碳钢，内表面需涂有满足防腐标准厚度的玻璃鳞片衬里，安装时需严格检查壳体内表面的易腐蚀点，如焊缝、构件连接处及盖板等。

壳体（顶棚除外）安装结束后，为防止腐蚀进行玻璃鳞片内衬。焊接部分不平整容易积聚空气，导致在开始运行时衬里浮起。因此，为了使焊接部分尽可能平整，需要对其进行处理。可用打磨机将焊接部分的表面处理平整。

2. 集尘极和放电极等内构件

由于 WESP 采用液体冲洗集尘极表面的方式进行清灰，材料必须能够耐烟气中酸雾及腐蚀性气体的腐蚀，各种耐腐蚀的不锈钢、高端合金等材料都可供选择。需指出的是，为了在恶劣工况下仍能保护设备，材料的选用必须基于“最坏情况”分析而确定。集尘极材料的选取与放电极相同，一般选用 316L 或性能更优的不锈钢材质。用加碱中和后的循环水在合理的喷淋冲洗系统配备下，保证不锈钢阴阳极得到有效的冲洗保护，从而长期稳定运行。

不锈钢的焊接需要用氩弧焊进行彻底的作业。同时应将易产生腐蚀的连接点减至最少，因为极板一旦发生故障，不仅会扰乱电场，而且会产生火花，引起除尘性能的下降。

即使用了不锈钢，部件的接合部分有“空隙”的话，就会有 SO_3 等“酸”进入而发生腐蚀，因此从 WESP 结构设计上应尽可能减少这种“空隙”。

3. 其他配套件

当净化有腐蚀性气体时，腐蚀性物质会转移到水中，因此水系统箱罐要用防腐材料保护。选择水系统箱罐内衬材料的基本要求是耐磨、耐腐蚀、便于施工以及性价比高。

此外，WESP 喷淋系统中管道、阀门以及内部配管和喷嘴的选择也应充分考虑接触介质的性质和防腐性能。凡直接接触酸性液体的管道及阀门均采用不锈钢材质；水箱采用碳钢涂覆玻璃鳞片层进行防腐。

由于绝缘装置与含尘烟气直接接触，会造成积灰降低绝缘性能，因此需采取相应的措施以隔绝含尘烟气与绝缘瓷套接触，如在绝缘装置上设置电加热装置。

（七）气流分布技术

WESP 为烟气的精处理设备，气流分布均匀对其实现超低排放具有重要影响。气流分布不均将导致局部气流流速高，从而影响除尘效率。

由于粉尘特性及保证设备压力降要求，WESP 进口气流分布板开孔率往往设计较大。因此没有可靠的气流分布技术，难以实现 WESP 内良好的气流分布。可以通过以下措施解决气流分配问题。

(1) WESP 系统进行气流分布数值模拟，解决理论设计问题。

(2) 物理模型实验，修正理论偏差。

(3) 现场调整，实现气流分配与分布达到设计指标要求，有效保证 WESP 性能。

二、导电玻璃钢湿式电除尘技术

（一）工作原理

该技术采用导电玻璃钢材质作为收尘极，放电极采用金属合金材质，每个放电极均置于收尘极的中心。导电玻璃钢 WESP 工作时，通过高压直流电源产生的强电场使气体电离，产生电晕放电，使湿烟气中的粉尘和雾滴荷电，在电场力的作用下迁移，将荷电粉尘及雾滴收集在导电玻璃钢收尘极上，雾滴被收集后在收尘极表面形成自流连续水膜，实现收尘极表面清灰。

导电玻璃钢 WESP 与金属极板 WESP 的主要差别在于：导电玻璃钢 WESP 采用液膜自流并辅以间断喷淋实现阳极和阴极部件清灰，金属极板 WESP 需要连续喷淋形成水膜。

（二）技术特点

（1）阳极模块采用特殊导电玻璃钢，具有极强的抗酸和氯离子腐蚀性能，强度高、硬度高、耐腐蚀性强。

（2）导电玻璃钢 WESP 为节水节能型深度烟气净化设备。无需连续喷淋，采用定期间断清洗的方式，水耗小。

（3）阳极模块组件可采用工厂成型，可实现整体模块化安装，有利于保证制作安装质量，安装简便，施工工期短。

（4）布置方式灵活，可采用立式或卧式方式布置在脱硫塔外，也可布置在脱硫塔顶，节省场地空间，特别适用于场地有限的改造项目。

（5）收尘极管为蜂窝状结构，空间利用率高，可有效增大比集尘面积。

（6）常规导电玻璃钢为有机高分子材料，耐高温性能不如金属材质，通常烟气温度要求小于 90℃。

（三）主要结构与系统组成

导电玻璃钢 WESP 主要由壳体、收尘极、放电极、工艺水系统、热风加热系统和电气热控系统等部分组成。

1. 壳体

壳体是支撑电除尘器的核心部件，阴极系统和阳极系统的承力结构，由型钢和钢板焊接而成，有足够的强度和稳定性；壳体作为 WESP 的工作室，需严密无泄漏。

除尘器壳体受力构件采用金属结构，阳极模块的支撑结构选用矩形钢，材质不低于 Q235B，采用玻璃鳞片防腐。导电玻璃钢 WESP 的阳极模块具有密封性，因此阳极模块部分可不设壁板，可以采用彩钢板等一般材料进行外部密封。阳极模块以外部分壁板一般采用普通碳钢，并且内表面需涂有薄层防腐材料（玻璃钢、玻璃鳞片和衬胶等），也可采用全玻璃钢结构。

2. 收尘极

收尘极即阳极，由六边形蜂窝状导电玻璃钢材料组合而成。导电玻璃钢主要由树脂、玻璃纤维和碳纤维等组成，具有密度小、强度高、导电性好和极强耐腐蚀性。长度一般设计为 4.5～6.0m，内切圆直径 300～400mm。

3. 放电极

放电极即阴极，其作用是和阳极一起构成电场，产生电晕，形成电晕电流。包括放电线、悬吊装置、框架及固定装置。

选用起晕电压低、放电均匀、易于清洗、安装方便的放电线。放电线的材质主要有铅合金、钛合金以及双相不锈钢 2205 等材料，这些材料均为耐腐蚀材料，适用于湿式除尘器应用工况。铅材料放电线比较软，可成型螺旋多齿放电线，钛合金和双相不锈钢 2205 材料放电线为带状多刺放电线。

4. 工艺水系统

导电玻璃钢 WESP 的工艺水系统比较简单。供水系统为清洗装置提供冲洗水，水源一般来自电厂脱硫工艺水或厂工业用水。喷淋系统喷嘴的规格、排列要保证集尘极表面能充分润湿和冲洗。导电玻璃钢 WESP 收集的废水较少，300MW 机组满负荷运行时 1～2t/

h，收集废液可以通过排水系统直接引至脱硫地坑或制浆池，不需要额外设置废水处理和水循环系统。排水管道材料选用玻璃管或衬胶管。

清洗系统的设计与除尘器的供电区相匹配，通常一个供电区设置一套清洗系统，清洗系统与高压供电装置连锁控制，清洗过程中能自动降低和提高运行电压，避免电场闪络击穿。

清洗喷嘴材料采用非金属防腐材料或2205双相不锈钢或同等耐腐蚀性能的金属材料，除尘器内部的清洗管道采用与收尘极同等级的耐腐蚀材料，法兰连接螺栓采用2205双相不锈钢或同等耐腐蚀性能的材料。

5. 热风加热系统

WESP处理的是湿饱和烟气且烟气压力为正压，含尘烟气直接与绝缘装置接触，绝缘瓷瓶上会凝结液滴，产生爬电现象，影响电源系统的稳定运行。因此，需采取相应措施防止绝缘瓷瓶上结露，一般采用热风加热系统。

（四）布置方式及适用场合

导电玻璃钢WESP一般采用立式布置方式，也可实现卧式布置方式。根据工程特点，设备本体可根据现场的具体情况选择采用吸收塔塔顶整体布置、塔外布置两种布置方式。

导电玻璃钢WESP在新建和改建项目中都具有很好的适用性，适合布置于湿法脱硫之后，用于脱硫后湿烟气的深度净化处理。

（五）参数的选择

WESP应用于收集湿饱和烟气中的水雾滴与微细颗粒混合物。由于湿饱和烟气中的水雾滴存在，改变了粉尘颗粒物表面特性且提高了颗粒物表面荷电特性，从而促进粉尘颗粒物在电晕场内的定向移动，易被荷电和收集。

1. 电场风速

根据不同入口烟尘浓度和出口烟尘排放，选用经济合理的电场风速范围，达到最佳除尘效果。WESP电场风速是干式电除尘器电场风速的3倍左右。WESP在烟尘排放浓度小于$10mg/m^3$时，电场风速不宜大于3m/s，烟气停留时间不宜小于2s。WESP在烟尘排放浓度小于$5mg/m^3$时，电场风速不宜大于2.5m/s。

2. 比集尘面积

根据不同入口烟尘浓度和出口烟尘排放，需选取合理的比集尘面积，以达到最佳排放效果，一般选择在$20\sim25m^2/(m^3/s)$之间。比集尘面积越大，烟尘排放越小。但超过一定范围后，增加比集尘面积对降低粉尘排放浓度的作用不显著，因此WESP设计选用一个电场较经济合理。

（六）防腐工艺

导电玻璃钢WESP阳极模块采用玻璃钢材质，具有很好的防腐蚀性能，无需额外防腐。与湿烟气接触的进出口烟道与壳体一般采用玻璃鳞片防腐或采用全玻璃钢材质。考虑到玻璃鳞片可能存在脱落导致阳极模块短路，阳极模块上方的壳体可采用碳钢＋衬预硫化丁基橡胶防腐。

阴极大梁、支撑梁等相对容易防腐的大型部件采用衬胶或玻璃鳞片防腐。放电线可采用铅锑合金、2205双相不锈钢、钛合金等不同材质，提高放电线的耐腐蚀性。绝缘子为陶瓷材质，收集液管道采用FRP管或衬胶管。

（七）气流分布技术

气流分布对WESP的性能有显著的影响。第一，良好的气流分布可以保证除尘效果，由于电场的收尘效果受电场风速的影响较大，若气流分布不均，电场风速过高将降低收尘效率，电场风速过低又会使所携带的烟尘不足，导致收尘效率无法达到设计指标。第二，良好的气流分布可以降低设备阻力，若气流分布不均，很容易产生涡流和局部高流速区域。因此，气流分布是WESP设计中十分重要的一环。

一般来说，烟气从吸收塔进入湿法电除尘装置前需进行初次气流分配，使其相对均匀地进入装置入口喇叭；烟气进入喇叭后再次进行气流分布，使其均匀进入除尘通道，出口烟箱对流场分布也有影响，在设计时要引起足够的重视。

三、柔性极板湿式电除尘技术

（一）工作原理

柔性极板WESP属于湿式膜电除尘器的一种，其工作原理如图5-12所示。用作阳极材料的柔性绝缘疏水纤维滤料经喷淋系统水冲洗以后，水流通过纤维毛细作用，在阳极表面形成一层均匀水膜，水膜及被浸湿的“布”作为收尘极。尘粒在水膜的作用下靠重力自流向下而与烟气分离；极小部分的尘（雾）粒子本身则附着在阴极线上形成小液滴靠重力自流向下。收集物落入集液槽，经管道外排至指定地点。

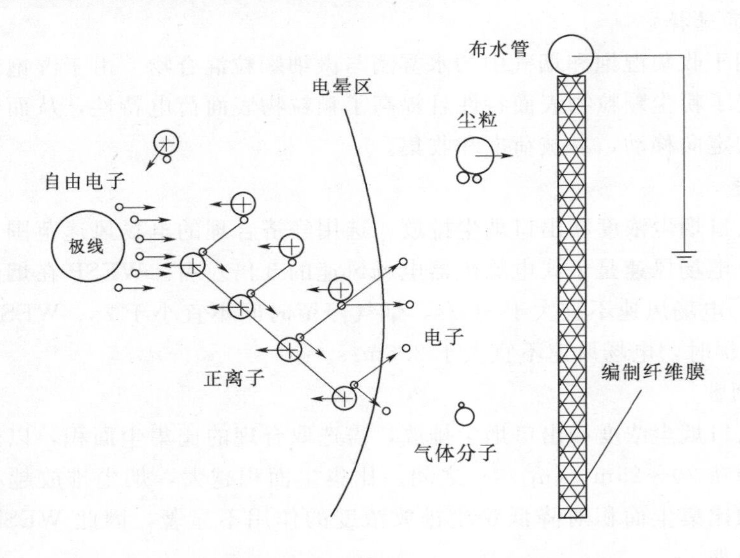

图5-12　柔性极板WESP工作原理示意图

（二）技术特点

（1）柔性绝缘疏水纤维滤料用作阳极材料，具有重量轻的特点，其本身不导电，在吸水后，毛细纤维中的水膜及被浸湿的“布”作为收尘极，“布”作为导电体水膜的载体。

（2）柔性阳极耐酸碱腐蚀性优良，材料结构特性利于表面形成均匀水膜，不需要连续冲洗，冲洗水量很少。

（3）高速气流促使柔性放电极、收尘极自振，结合表面均匀水膜冲洗，具备自清灰特性，以保持阴、阳极表面高度清洁。

（4）实现对 SO_3、浆液滴、微细粉尘气溶胶、重金属的联合高效脱除，大幅缓解烟囱腐蚀压力，并可满足更高的环保要求。

（5）阴、阳极可单独更换，维护方便，附属系统简单。

（三）主要结构与系统组成

柔性极板 WESP 根据阳极布置形式分立式和卧式两种。主要由本体、收尘极、放电极、布水系统及排水系统等机务部分和供电电源、高低压控制系统等电气部分组成。

本体部分包括进、出气系统，集液槽，保温箱及附属楼梯栏杆平台等；收尘极包括阳极上、下固定模块，阳极布，阳极布固定支柱等；放电极包括阴极上、下固定梁，阴极线，高压悬吊，高压引线等；布水系统包括阳极喷淋和阴极喷淋等；收集液一般直接排入脱硫地坑；供电电源优选智能、高效、低耗的电源。

（四）布置方式及适用场合

1. 布置方式

根据工程场地特点，设备可以灵活选择布置方式及位置。

（1）柔性极板 WESP 作为一个独立装置，布置于吸收塔出口净烟道处，与吸收塔相互独立，可以水平（卧式）布置，也可以竖直（立式）布置。

（2）根据工程特点，吸收塔内保留一级或二级机械除雾器，柔性极板 WESP 可选择吸收塔塔顶整体布置方式。

（3）采用模块化设计。

2. 适用场合

柔性极板 WESP 适用于电力、冶金等湿法脱硫后烟气需要超低排放的领域，可使粉尘排放浓度达到小于 $5mg/m^3$。

（五）参数的选择

（1）烟气流速：2～3m/s，要求超低排放时选较小值。

（2）停留时间：2～3s，要求超低排放时选较大值。

（3）比集尘面积：$18\sim30m^2/(m^3/s)$，要求超低排放时选较大值。

（4）电场数：1～2个；室数：1～8个。

（5）设计除尘效率：$\eta>85\%$。

（6）出口液滴含量：$<20mg/m^3$。

（7）出口粉尘排放浓度：$<5mg/m^3$。

（六）防腐工艺

内部件主要为非金属耐腐蚀材料和 2205 双相不锈钢结构件。碳钢壳体接触烟气部分主要采用玻璃鳞片防腐涂敷或镶片，防腐要求及等级不低于吸收塔内壁防腐的要求。上出气封头或顶板可采用整体玻璃钢结构。

（七）气流分布技术

气流流场的均匀性对干式及湿式电除尘器同样重要。除尘器必须精确设置导流及整流装置，必须进行数值模拟，必要时还需要进行实物模拟及现场测试调整，以保证工作段水平截面气流流速偏差值应小于 25%（相对标准偏差率），这是性能保证的一个重要条件。

进、出气方式可以灵活设置，方式不限。为有效降低液滴浓度，出气方式优先选用上出气方式。

第五节　气力除灰系统的特点及分类

气力除灰是一种以空气为载体，借助某种压力（正压或负压）设备和管道系统对粉状物料进行输送的方式。燃煤电厂的除灰系统是一种比较先进、经济、环保的科学技术。

一、气力除灰系统的特点

气力除灰方式与传统的水力除灰及其他除灰方式相比，具有以下优点。

（1）节省大量的冲灰水。

（2）在输送过程中，灰不与水接触，故灰的固有活性及其他物化特性不受影响，有利于粉煤灰的综合利用。

（3）减少灰场占地。

（4）避免灰场对地下水及周围大气环境的污染。

（5）不存在灰管结垢及腐蚀问题。

（6）系统自动化程度较高，所需的运行人员较少。

（7）设备简单，占地面积小，便于布置。

（8）输送路线可以任意地选取，布置上比较灵活。

（9）便于长距离定点输送以及将分散在各除灰点的灰渣进行集中。

气力输送方式存在以下不足。

（1）与机械输灰方式比较，动力消耗较大，管道磨损也较严重。

（2）输送距离和输送出力有一定限制。

（3）对于正压系统，若运行维修不当，容易对周围环境造成污染。

（4）对运行人员的技术素质要求较高。

（5）对粉煤灰的粒度和湿度有一定的限制，粗渣和潮湿的灰不宜输送。

二、气力除灰系统的分类

气力除灰输送系统根据飞灰被吸送还是被压送，分为正压气力除灰输送系统和负压气力除灰输送系统两大类型。其中，正压气力除灰输送系统又分为高正压气力除灰输送系统（又称正压系统）和微正压气力除灰输送系统（又称微正压系统）。

气力除灰系统一般有以下要求。

（1）气力除灰系统的选择应根据输送距离、灰量、灰的特性以及除尘器的形式和布置情况确定，根据工程具体情况经技术经济比较，可采用单一系统或联合系统。

（2）气力除灰系统的设计出力应根据系统排灰量、系统形式、运行方式确定。对采用连续运行方式的系统，应有不小于该系统燃用设计煤种时的排灰量50%的裕度，同时应满足燃用校核煤种时的输送要求并留有20%的裕度；对采用间断运行方式的系统，应有不小于该系统燃用设计煤种时的排灰量100%的裕度。必要时，可设置适当的紧急事故处理设施。

（3）气力除灰的灰气比应根据输送距离、弯头数量、输送设备类型以及灰的特性等因素确定。

(4) 气力除灰管道的流速应按灰的粒径、密度、输送管径和除灰输送系统等因素选取匹配。

(5) 压缩空气管道的流速可按 6～15m/s 选取。

(6) 设计匹配气力除灰系统时，应充分考虑当地的海拔和气温等自然条件的影响。

(7) 压缩空气作输送空气时，宜设置空气净化系统

第六节　气力除灰设备

一、电动锁气器

电动锁气器又称回转式给料器或星型泄料阀，是一种通用供料设备，常安装于锅炉除尘器灰斗和物料发送装置之间，作为气力除灰系统的前置给料设备，或者安装在储灰库或中转灰库的卸灰口处，作为后续输送设备的给料设备。

电动锁气器的作用有 3 个：一是均匀、定量地卸（供）灰，避免由于卸灰量不当造成卸灰管堵塞；二是锁灰，在必要时停止转动，中断卸灰；三是锁气，电动锁气器不论用于灰斗下部还是储灰库或中转仓下部，在其进、出口断面之间都存在一定的压差。例如，电除尘器内通常为负压，而正压气力除灰系统的除灰管道为正压，从而在电动锁气器进出口间形成了上小、下大的“反压”，造成漏风，影响除尘效果和灰斗正常卸灰。若漏入外界冷风，将使热灰遇冷受潮，使灰斗堵灰或蓬灰。目前，绝大部分电厂，不论气力除灰方式还是水力除灰方式，在锅炉除尘器灰斗与物料发送装置或制浆设备之间均安装有电动锁气器。

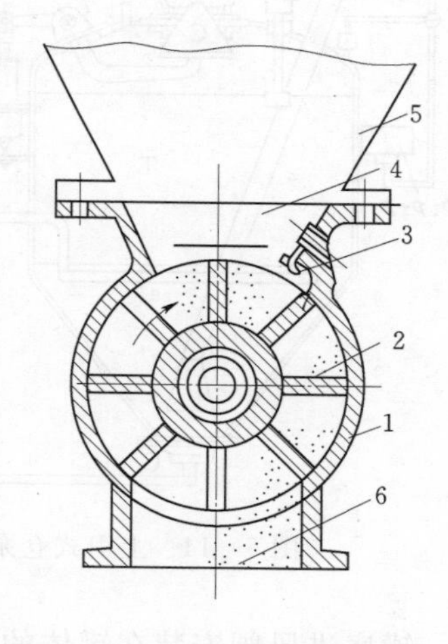

图 5-13　电动锁气器结构图

1—外壳；2—叶轮；3—防卡挡板；4—进料口；5—灰斗；6—出料口

电动锁气器的结构如图 5-13 所示。它由外壳、星形转子和传动装置组成。工作时灰从上部灰斗直接落入机壳内的部分叶片之间（称格室），然后随叶片旋转至下端，从出口排出。转子一般由电动机和减速机驱动，其转速一般不超过 60r/min；转速过高时，进入锁气器的物料易被叶片甩出，使出力下降。

为防止由电动锁气器轴孔处漏入外部空气或漏出灰，在机壳的轴孔处配有密封圈和压盖。转子两端与机壳内侧壁的间隙不要超过 0.3～0.4mm。另外，转子叶片的顶部装有可拆换的端部压板和密封条（如毛毡条），转动时毛毡条与机壳内壁之间以摩擦状态接触，以防漏气。毛毡条或其他材料的密封条应紧贴机壳内壁，但也不得过紧，以空载时能用手盘动为宜。

新装配的电动锁气器应进行 2～4h 的空载试验，检修更换密封条后可进行 1～2h 的空载检查。

二、物料发送设备

物料发送设备泛指向输送管道或其他设备提供物料的机械装置。不同方式的除灰系统，所采用的发送设备是不同的。例如，正压除灰系统采用的是仓式气力输送泵、气锁阀、螺旋泵等；负压除灰系统采用的是受灰器或物料输送阀。

（一）仓式气力输送泵

仓式气力输送泵简称仓泵，它是一种压力罐式的供料容器，其自身并不产生动力，但可以借助于外部供给的压缩空气对装入泵内的粉状物料进行混合、加压，再经管道输送至储灰库、中转仓或灰用户。

仓泵按其出料管引出方向分为上引式仓泵和下引式仓泵两大类型；按输送方式（间歇输送还是连续输送）可分为单仓泵和双仓泵。

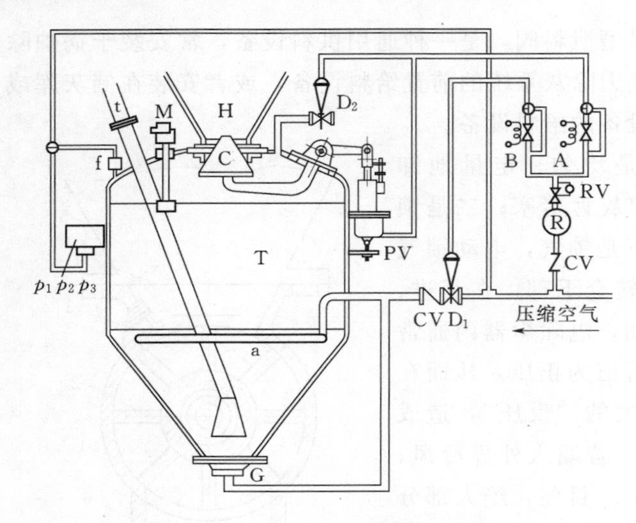

图 5-14　上引式仓泵结构原理图

1. 上引式仓泵

图 5-14 所示为传统的上引式仓泵（又称大仓泵）的结构原理图。

上引式仓泵由罐体、伞形透气阀、进料阀、伞形进风阀、罐底进风阀、料位探测器以及出料管等部件组成。罐体是一个带拱形封头，锥形筒底的圆筒形压力容器。罐体的顶部装有进料阀，由活塞开关控制启闭，进料阀的阀芯为锥帽形。进料阀直接固定在罐体的封头上。

通过摇臂杆和连杆与罐体外的气缸相连。为防止阀芯的偏斜，在阀芯导轴上配有三角支撑的导向架。

罐底进风阀安装在罐体的底部。由于其阀盘的受力面积大，开关行程小，易于启闭，当压缩空气进入阀座的气室时，阀盘即被顶开。阀杆的下端连接有弹簧座，可对阀门的启闭起缓冲作用。压缩空气切断后，阀盘靠其自重，以及弹簧的张力作用，与气室的上阀座保持紧密的接合。罐体进风阀的开度可根据系统设计要求进行调整。

在罐体下部的锥体段，沿内部布置有环形吹松管，在罐底进风阀的上面装有马蹄形出料管。环行吹松管的进风量可根据输送浓度和输送距离的需要进行调整。若输送距离较远，则可适当减小吹松管的进风量，降低排料浓度，防止输送管道的堵塞。马蹄形管口与罐底进风阀之间的距离，也应根据系统出力和输送距离等要求确定，一般为 14～30mm。输送距离长时，间距要小些，输送距离短时，则可适当加大。

2. 下引式仓泵

下引式仓泵又称为气力喷射泵，如 CP 型和 QPB 型等，图 5-15 所示为下引式仓泵的结构原理图。它由带锥底的罐体、进料阀、料位开关、排料斜喷嘴和供气管等部分组成。下引式仓泵的工作原理与上引式仓泵有所不同，输送管的入口在仓泵底部的中心，不需要在罐内先将灰进行气化，而是靠灰本身的重力和背压空气作用力将灰送入输送管内。因此，理论上混合比可不受限制。

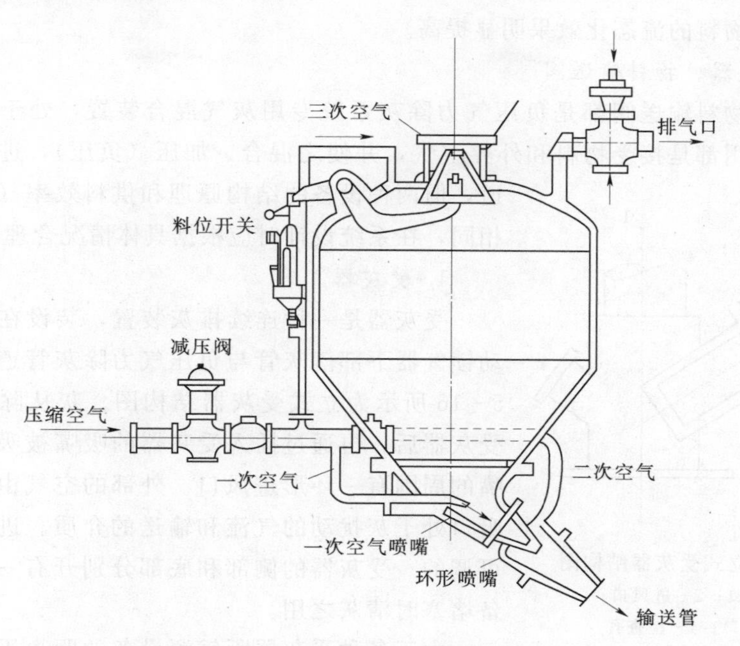

图 5-15 下引式仓泵结构原理图

下引式仓泵所用的压缩空气分为3路：第一路从斜喷嘴进入，作为吹送排料之用，称为一次空气；第二路从仓泵的出口斜喷嘴周围送入，用来调节输送灰气混合比，同时使灰粒加速，称为二次空气；第三路是从仓泵顶部送入，作为罐内平衡压力，使罐内的灰容易流出，称为三次空气。一次空气对输送出力和输送浓度的影响较大，在输送过程中必须保证适当的一次、二次、三次空气比例关系。

从仓泵的调试情况来看，仓泵所需的一次、二次、三次空气之间的比例与系统出力、输送距离以及灰的物理特性（如比重、粒径、含水量、黏附性）等因素有关，如调节不当，很容易发生除灰管道堵塞现象。

3. 流态化仓泵

流态化仓泵是一种罐底装有气化装置的仓式气力输送泵。通过该气化装置使聚集于罐底的物料流化，便于灰气混合物均匀进入出料管，降低气流的扰动损失，提高了输送浓度或输送灰气比。流态化仓泵输送耗气量较小，输送的阻力较低，除灰管道的磨损减轻，是一种应用前景很好的气力输送设备。

早期流态化仓泵的罐底流态化装置采用多孔的气化板（如帆布），代替上引式仓泵罐底所采用的罐底进风阀，使罐体底部的灰能够得到更好的扰动，成为便于输送的流态化状态，从而提高输送灰气比和输送能力。经过不断总结经验核试验研究开发，近几年的流态化仓泵上更普遍地采用了一种新型的罐底流态化装置，这种流态化装置的原理完全不同于传统的多孔透气板，它是由一组直径不同，且层叠放置的圆形钢板组成，每层圆形钢板之间留有约2mm间隙，形成环形气流栅；从气流栅流出的气流对罐底沉积物料产生扰动并使之流态化。这种流态化装置的最大优点是不易堵塞，即使发生堵塞也极易排除；并且由于气化风是从气流栅中呈放射性喷出，喷出后遇到锥形罐壁的阻挡产生自下而上的U形环流，从而使物料的流态化效果明显提高。

（二）受灰器、物料输送阀

受灰器和物料输送阀都是负压气力除灰系统专用灰气混合装置，处于除灰系统的始端，其基本作用都是接受物料和外界空气，并使之混合、加压（负压），进而吸入输灰管道，但两种设备的结构原理和供料效率（灰气比）不尽相同，在系统设计时应根据具体情况合理选用。

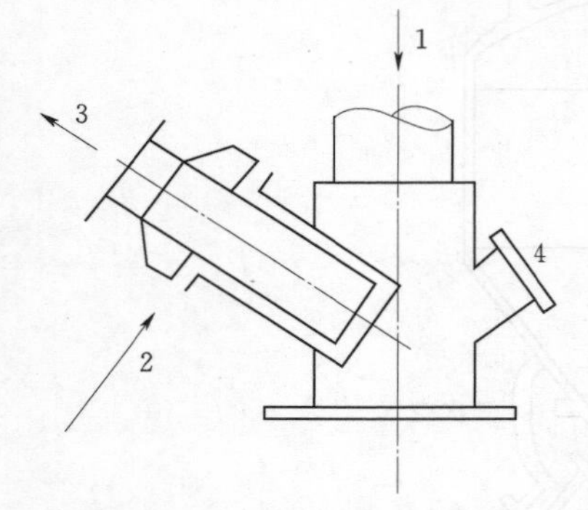

图5-16　立式受灰器结构图
1—进料口；2—进风口；
3—出料口；4—检查孔

1. 受灰器

受灰器是一种连续排灰装置，装设在除尘器灰斗电动锁气器下部落灰管与负压气力除灰管道的交汇处。图5-16所示为立式受灰器结构图。灰从除尘器灰斗进入受灰器后，再通过插入受灰器的吸嘴被吸入管道。在吸嘴的周围有一环形进风口。外部的空气由此进入，作为吸口处干灰扰动的气流和输送的介质。进风口的截面是可调的。受灰器的侧部和底部分别开有一个检查孔，以备堵塞时清灰之用。

由于各种受灰器距气源设备的距离不等，因而阻力也不同。运行中应将距气源设备较远的受灰器进风口开大些，以减小该处的进风口阻力；而将离抽气设备较近的受灰器吸嘴进风口关小些，以增大进口阻力。从而使各受灰器排灰支管与除灰母管连接处的负压基本接近，避免出现因其负压相差过大而造成各受灰器排灰不均，甚至堵灰的现象。此外，受灰器进风口的加工应尽可能精细些，以免造成因节流压损过大而影响调节性能。

2. 物料输送阀

物料输送阀又称E形阀或除灰卸料阀，是继受灰器之后用于负压气力输送系统的一种新型灰气混合装置。其作用与受灰器相同，也是将存储在灰斗下的干灰与输送空气混合成灰气混合流，均匀稳定地输送到管道内。

物料输送阀一般为卧式布置。主要由阀体、进气阀、滑动闸门和气缸组成。不锈钢滑动闸门由气缸控制其开关，气缸接有电磁阀及行程开关，可进行远距离控制。利用滑动闸门，可控制进入系统的灰量，也可使灰斗与输送管道分开。

吸入系统中的空气量由两个位于物料输送阀进口与滑动闸门之间的进风阀供给，是输送空气的主气源。运行中，当系统达到一定真空度时，汽缸控制滑动闸门打开，空气从进风阀进入，与灰斗落下的灰混合，气灰混合物经除灰管道输送至储灰库或中转仓，直到飞灰输送完后，真空度下降，滑动闸门随之关闭。调整进风阀，可改变输送浓度。在阀体的后面及底部设有手孔门，用以清除杂物及积灰。

（三）气锁阀

气锁阀是微正压气力除灰系统的主要设备，图5-17所示为气锁阀的结构原理图。它是一种利用重力将灰或其他粉体物料，从其上方的低压区传送到下部高压区的新型设备。在系统中其布置方式类似于负压系统的受灰器和物料输送阀，也是每只灰斗的底部各安装一只气锁阀。

1. 气锁阀的结构原理

气锁阀通常由上料室、下料室、上闸板门、下闸板门、气缸及三通平衡阀组成。下料室的上闸板门即是上料室的下闸板门，而下料室的出料口是与输灰管道开放连接的。三通平衡阀的作用是通过切换相应的管路对上料室交替加压和泄压。

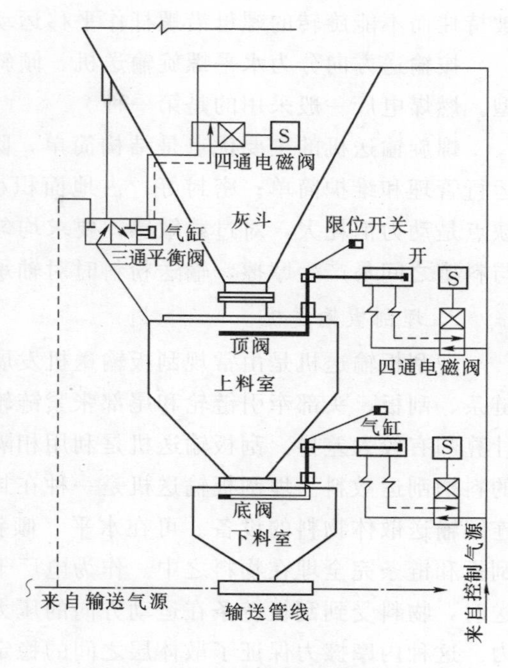

图 5-17 气锁阀的结构原理图

在上料室的锥体部分，设有4只气化装置，以提高灰的流动性，防止在锥口产生堵灰或棚灰。上、下闸板由气缸操纵的拐臂和轴带动旋转。轴穿过盖板，气缸装在闸板外面，便于检修和更换。轴通过其方形的端部带动闸板，板弹簧装在闸板下面施压，使闸板贴合在阀座上。阀座由陶瓷制成，具有很高的耐磨性，可以更换。在上料室和下料室的侧面均设有检修用手孔门。

2. 气锁阀的工作程序

气锁阀的工作程序是：当除尘器灰斗中的灰积到设定时间时，灰斗与上料室之间的平衡阀自动打开，三通平衡阀处于使上料室与灰斗连通状态；待灰斗与上料室的压力达到平衡时，上闸板门打开，灰料借助自身重力流入上料室，并在上料室储存下来（因而上室又称为储灰室）；经过另一预设时间间隔后，灰斗与上料室之间的三通平衡阀自动关闭，上闸板门也随之关闭。三通阀切换到与压力风管相通时的位置，对上料室加压，使室内压力稍高于输送管道的压力；下闸板门开启，物料以一定速度流入输送管道，被气流带走；再经一预定时间后，下闸板门关闭，停止输送。同时三通平衡阀再次切换，对上料室泄压；随后上闸板门再次开启，进入下一个装料、泄料程序，依次反复循环。

气锁阀除用于锅炉除尘器灰斗底部，还可用于负压除灰系统灰库库顶布袋除尘器的下部，主要作用是将灰库与高真空系统隔离，并将布袋除尘器小灰斗中的灰排入灰库。

三、干灰集中设备

燃煤电厂锅炉电除尘器灰斗数量较多，为了简化系统，通常利用干灰集中设备将某个电场不同灰斗的灰集中起来，送往其他后续输送设备（如仓泵或干灰制浆设备）。最常用的集中设备有螺旋输送机、埋刮板输送机和空气斜槽。

1. 螺旋输送机

螺旋输送机是一种利用螺旋叶片旋转推移物料的连续输送机械。它主要由螺旋轴、料槽及驱动装置组成。料槽的下部是半圆柱形槽体，带有螺旋叶片的螺旋轴沿纵向安装于料槽内，上部为可分段开启以便于检修的平面盖板。当螺旋轴转动时，物料由于其自身质量及其与槽壁件的摩擦力的作用，不随螺旋轴一同做旋转运动，这样由螺旋轴旋转而产生的轴向推动力就直接作用到物料上而成为物料运动的推动力，使物料沿轴向滑动的现象恰似被持住而不能旋转的螺母沿螺杆作平移运动一样。

按输送方向分为水平螺旋输送机、倾斜螺旋输送机和垂直（向上）螺旋输送机 3 种类型。燃煤电厂一般采用的是第一种。

螺旋输送机的主要优点是结构简单，除驱动装置和螺旋轴外，不再有其他运动部件，运行管理和维护简单；密封好；占地面积小，横截面积小，便于在电除尘器灰斗下安装。缺点是动力消耗大，对过载敏感，要求均匀加料，螺旋机壳和悬吊轴承易磨损，旋转叶片与料槽之间易产生摩擦，输送粉料时对轴承防灰的要求高等。

2. 埋刮板输送机

埋刮板输送机是由常规刮板输送机发展而来的一种连续输送设备。两者虽都具有牵引链条、刮板、头部牵引链轮和尾部张紧链轮等主要部件，但结构特点、工作原理以及设计计算却有较大差异。刮板输送机是利用相隔一定间距固定在牵引链条上的刮板，沿着敞开的料槽刮运散料。埋刮板输送机是一种在封闭的矩形断面料槽内，借助于运动的刮板链条连续输送散体物料的设备。可在水平、倾斜、弯曲或垂直方向上输送粉装物料。运行时，刮板和链条完全埋在物料之中。作为电厂干灰集中设备，常采用水平布置方式。在水平输送时，物料受到刮板链条在运动方向的压力及物料自身重量的作用，在物料间产生内摩擦力。这种内摩擦力保证了散体层之间的稳定状态，并足以克服物料在料槽中移动而产生的外摩擦力，使物料形成整体料流而被输送制出料口。

埋刮板输送机的优点是结构简单、体积小、安装方便、布置灵活、料槽具有足够的刚度、一般不必另加支架。密封性好，细灰不易外漏，并可根据电除尘器底部灰斗的数量、位置设置相应的装料口和出料口，装料口的尺寸可根据不同电场的卸灰量设计。埋刮板输送机的缺点是链条埋在物料层中、工作条件恶劣、容易产生磨损。

3. 空气斜槽

空气斜槽是一种常见的粉料输送设备，它可以代替螺旋输送机和埋刮板输送机作为干灰集中设备，并且具有螺旋输送机和埋刮板输送机所没有的优点，如无运动部件、不存在机件磨损问题、功耗低等。但在布置方面也存在先天性的不足，只能向下倾斜输送，而不能水平或向上倾斜输送。

如图 5-18 所示，空气斜槽是一个长方形断面的输送管道，分上、下两个槽体。为了减小粉料运动时的摩擦阻力，从斜槽的上端部向下槽体送入一定压力和风量的空气。空气透过上、下槽体之间的多孔板（又称气化板）均匀地流入上槽体，再透过上槽体的粉料层从斜槽尾端的顶部排出。空气透过多孔板时，使粉料尘层处于流态化，从而大大提高了粉料的流动性，达到借助重力输送的目的。由此可知，空气斜槽内的空气流并不产生使粉料运动的推力，只是起流态化作用，以减小粉料与槽体、粉料自身颗粒之间的摩擦力。推动粉料向前运动的是粉料自身重力。因此，从本质上讲，空气斜槽并不属于气力输送装置，而是一种气化作用下的重力输送装置。正是由于这一点，决定了空气斜槽的先天性不足，即只能以一定角度向下倾斜输送，不可以向上和水平输送。不同的粉料，由于物理性质不同，斜槽的倾斜度有所不同，一般斜度为 4°～6°；当用于电厂干灰集中设备时空气斜槽的安装斜度不应小于 6°。

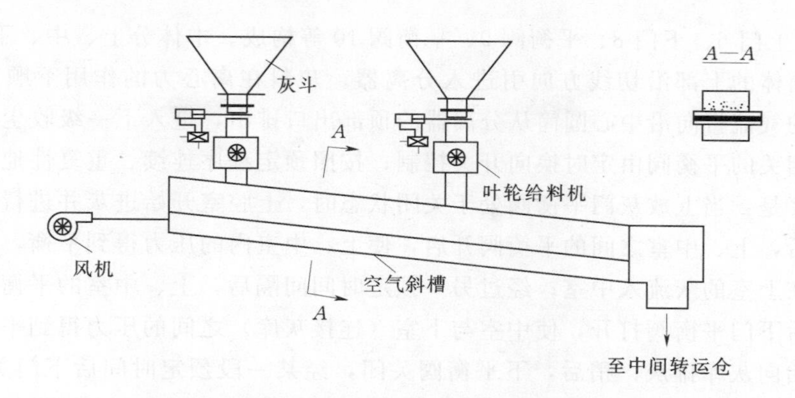

图 5-18 空气斜槽的结构原理图

四、收尘设备

气力除灰系统中灰气分离除尘设备的主要作用是将干灰从灰气混合物中分离出来，收集到储灰库或中转仓内。根据有关技术规定，正压气力除灰系统的除灰管道直接接入储灰库，乏气经布袋除尘器过滤后排放。负压气力除灰系统中，气灰混合物须经过两级或三级收尘器进行分离，第一（二）级收尘器为旋风收尘器，第二（三）级收尘器为布袋收尘器或泡沫收尘器。本节对燃煤电厂气力除灰系统中应用较多的几种库顶收尘设备的结构、原理及有关性能作简要介绍。

（一）旋风分离器

旋风分离器是负压气力除灰系统的关键设备之一，通常安装在灰库的库顶作为物料和空气流的第一级分离设备。旋风分离器是利用飞灰切向进入旋风分离器筒体时所产生的惯性离心力进行灰气分离的。大部分粗颗粒被甩向筒壁，少量细灰随清洁空气从分离器的顶部出口排出，并进入二级除尘器。

用于锅炉烟道粉尘分离的标准型旋风分离器有多种，如CLT/A型、CLP/A型以及CLP/D型等。这些标准型旋风分离器也曾较多地应用于负压气力除灰系统，但是由于气力除灰管道内气流的含尘浓度大大高于锅炉烟道的烟气含尘浓度，标准旋风分离器在结构设计上存在诸多不适宜之处。近年来国内厂家借鉴国外技术，研制开发了多种专门适用于负压气力除灰系统首级收尘的新型旋风分离器，其中B60型和CLT/A-1×1.0型两种设备已广泛应用于燃煤电厂负压气力除灰系统中。

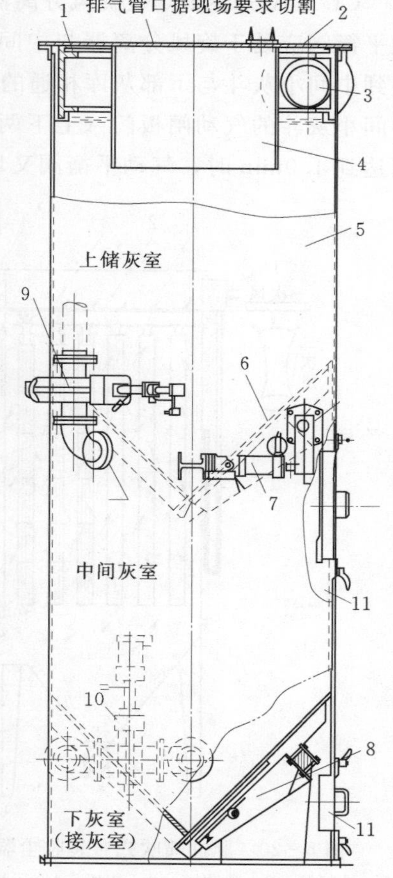

图 5-19 B60型旋风分离器

1—耐磨衬板；2—顶盖；3—进气口；4—排气口；5—筒体；6、8—上、下卸灰门；7—汽缸；9、10—上、下平衡阀；11—检修门

1. B60型旋风分离器

如图5-19所示，B60型旋风分离器主要由筒体5、

耐磨衬板1、上门6、下门8、平衡阀9、平衡阀10等构成。本体分上、中、下3个腔室。含尘气流从筒体的上部沿切线方向引进入分离器。灰料在离心力的作用下顺筒壁向下流动。分离后的气流折向沿中心圆筒从分离器的顶部出口排出，进入下一级收尘器。分离器的放灰门和相关的平衡阀由定时换向开关控制；按照预定程序连续、重复性地动作。分离器的工作程序是：当上放灰门平衡阀处于关闭状态时，上腔室开始进灰并进行分离；经某段预定时间后，上、中室之间的平衡阀开启，使上、中室内的压力得到平衡，然后上门打开，让聚集在上室的灰流入中室；经过另一预定时间间隔后，上、中室的平衡阀关闭，上门关闭，然后下门平衡阀打开，使中室与下室（连接灰库）之间的压力得到平衡，而后下门打开，开始向灰库排灰；稍后，下平衡阀关闭，经某一段预定时间后下门关闭。至此，完成一次分离、排灰循环，设备进入下一个循环。分离器的受灰分离、排灰的全部过程既保持了连续性，又保持了除灰管道与灰库之间的密封。

2. CLT/A-1×1.0型旋风分离器

CLT/A-1×1.0型旋风分离器工作程序如下。当系统投入运行时，旋风分离器的气动平衡阀应处于旋风分离器与中间小灰斗连通的位置上，运行3.5min后，气动平衡阀切换到中间小灰斗与下部灰库相通的位置。此时关闭旋风分离器的下气动闸门板。同时打开中间小灰斗的气动闸板门（上下两只气动闸板门联锁动作），开始向灰库排灰，当排灰时间达到1.0min时，气动平衡阀又切换到旋风分离器与中间小灰斗相通的位置，同时打开旋风分离器下气动阀板门，关闭中间小灰斗下的气动闸板门，依次连续运行。

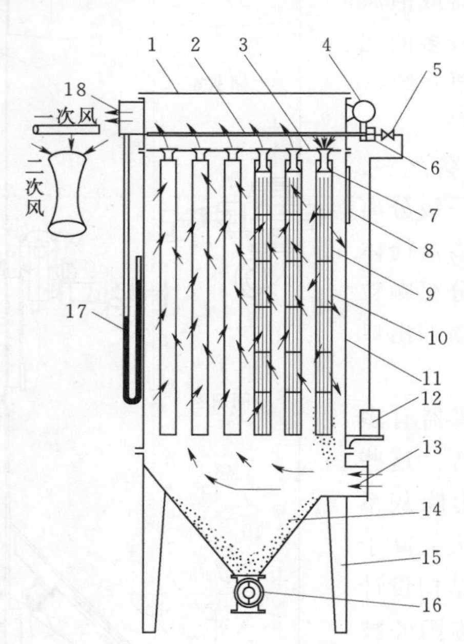

图5-20　脉冲喷吹式布袋收尘器结构示意图

1—排气箱；2—喷吹管；3—花板；4—压缩空气包；5—压缩空气控制阀；6—脉冲阀；7—喇叭管；8—备用进气口；9—滤袋支撑骨架；10—滤袋；11—除尘箱；12—脉冲信号发生器；13—进风管；14—灰库斗；15—机架；16—电动锁气器；17—U形衡压计；18—净化气体出口管

（二）脉冲布袋收尘器

布袋收尘器是一种高效收尘装置，它利用多孔纤维材料的过滤作用将含尘气流中的灰捕集下来。布袋收尘器广泛应用于各种型式的气力除灰系统中。

布袋收尘器按过滤方式，分为内滤式和外滤式；按清灰方式，分为机械振打式、反吹式和脉冲喷吹式等。

脉冲喷吹式布袋收尘器的基本结构如图5-20所示。它由以下几部分组成。

（1）上箱体，包括排气箱1、净化气体出口管18。

（2）中箱体，包括除尘箱11、滤袋10、支撑滤袋的骨架9及花板3。

（3）下箱体，包括灰库斗14及进风管13。

（4）排灰系统，包括电动锁气器16。

（5）喷吹系统，包括压缩空气包4、

喷吹管2、压缩空气控制阀5、脉冲阀6、喇叭管7及脉冲信号发生器12。控制阀有气动和电动两种。

含灰气流由进风管13进入灰斗库上部，由于气流的速度和方向都急剧改变，大部分灰从气流中分离出来，落入灰库斗内，剩余的细灰随气流冲向滤袋，并附着在滤袋外表面。清洁空气进入滤袋内部，再由收尘器的出口排入大气。

留在滤袋一侧的细灰，大部分借助自身重力脱落到底部灰斗库内，小部分继续附着在滤袋外表面。细灰在滤袋外表面的适量附着，提高了滤袋的过滤性能，但附着厚度的增大，使得过滤阻力不断增加。为了保持收尘器的阻力在一定范围之内（一般为1.2～1.5kPa)，必须经常清除滤袋表面的积灰。脉冲喷吹式布袋收尘器由脉冲控制仪定期按程序触发开启电磁喷气阀，使气包内的压缩空气由喷吹管孔眼高速喷出。每个孔眼对准一个滤袋的中心，通过文氏管的诱导，在高速气流周围形成一个比原来的喷射气流（一次风）流量大3～7倍的诱导气流（即二次风）。两股气流一同经文氏管进入滤袋，滤袋在瞬间产生急剧膨胀，引起冲击振动，并产生由袋内向袋外的逆向气流，使黏附在滤袋外表面的积灰被吹抖下来，落入灰库斗14。喷吹一排滤袋使其清灰的过程叫一个脉冲。每一喷吹管的喷吹时间，即脉冲宽度（t_1），可在0.05～0.30s范围内调节。两排滤袋清灰的时间间隔（t_2）称喷吹间隔。喷吹时间t_1加上喷吹间隔t_2为脉冲周期（t_3）。脉冲周期可以根据收尘器阻力情况在1～60s或更长时间内调节。全部滤袋完成一个清灰循环过程的时间为喷吹周期。

正压气力除灰系统的库顶布袋收尘器与灰库直接安装在一起，用于过滤灰库乏气，又称为排气收尘器。由于灰库的排气压力很小，故本体结构与负压气力除灰系统的布袋除尘器有所不同，通常为箱式结构。灰经正压除灰管道首先进入灰库，由于灰库的突然扩容作用，95%以上的灰直接落入灰库，极少量细灰随排气一起进入库顶排气布袋除尘器，经过滤后排入大气。

五、气源设备

气源设备的功能是将自身的机械能传给空气，使空气产生压力差而在输送管道内流动，为气力输送系统提供动力源。气力输送系统对气源设备有特殊要求，如效率高，风量、风压要满足输送物料的要求；风压变化时对风量的影响要小等。燃煤电厂气力除灰系统常用的气源设备有空气压缩机、鼓风机（如离心式、罗茨式）和水环式真空泵等。

（一）罗茨风机

1. 工作原理

罗茨风机分卧式和立式两种。图5-21所示的是一台卧式罗茨风机，它有两个渐开腰形转子（空心或实心）2、长圆形机壳1、两根传动轴3及进风口、排风口所组成。机壳可分为带有水冷、气冷和不设冷却装置三类。传动机构是在两轴的同端装有式样和大小完全相同的、且互相啮合的两个齿轮，使主动轴直接与电动机相连，并通过齿轮带动使从动轴作相反向的转动。每个转子旋转一周，能排挤出两倍阴影体积的空气，因而主动轴每旋转一周就排挤出4倍阴影体积的空气。罗茨风机进、出口合理的布置应为：上端进风下端排风（对卧式而言），这样可以利用高压气体抵消一部分转子与轴的重力，降低轴承压力，减少磨损。

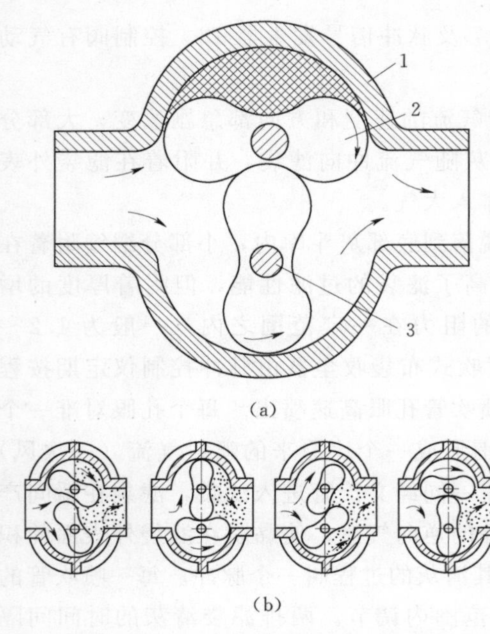

图 5-21　卧式罗茨风机

(a) 罗茨风机结构；(b) 罗茨风机工作原理示意图
1—机壳；2—腰形转子；3—传动轴

2. 性能特点

优点：

(1) 正常情况下，压力的变化对风量影响很小，风量主要与风机的转速成正比。因此，罗茨风机基本属于定容式。

(2) 吸气和排气时无脉动，不需要缓冲气罐。

(3) 占地面积小，便于布置和安装。

(4) 因转子与转子之间，转子与壳体之间保留有 0.2～0.5mm 的间隙，不存在摩擦现象，允许气流含有一定粉尘。

(5) 与水力喷射泵及水环式真空泵相比，不存在“排气带水”问题。

(6) 运行可靠，维护方便，耐用。

缺点：

(1) 噪声大，进、出口需装设消音器。

(2) 在高真空工况下，叶片间隙漏风加剧，使输送空气量下降，易造成堵管。

(二) 水环式真空泵

1. 工作原理

负压气力输送系统借助于真空泵在管路中保持一定的真空度。常用的动力源是水环式真空泵。水环式真空泵实际上也是一种回转式压缩机，它抽取容器中的气体，将其加压到大气压以上，从而能够克服排气阻力，将气体排入大气，在容器中造成负压。

2. 性能特点

优点：

(1) 结构简单，没有阀门和其他配气构件。

(2) 摩擦小，可在一定含灰气流条件下工作。

(3) 不产生噪声。

(4) 吸、排气均匀，运转平稳。

(5) 负压高，适用于高灰气比、高真空的气力除灰系统。

缺点：

(1) 当灰中碱性氧化物（如 CaO）含量高时，泵壳、叶轮易结垢（碳酸盐），需定期清洗。

(2) 当烟气中 SO_2 含量高时，泵壳、叶轮易腐蚀，故不适用于高硫煤。

(3) 建立水环功耗大，因而效率低。

(4) 需有相应的补充水和排水系统。

(5) 进气温度过高时，泵内的水产生汽化破坏真空度，因此对高温气体须配置复喷降温器。

（三）空气压缩机

1. 活塞式空压机

活塞式空压机主要由机体、气缸、活塞、曲柄-连杆机构及气阀机构（进气阀及排气阀）等组成。活塞式空气压缩机的工作原理是：当气缸内的活塞离开上死点移动时，活塞顶上容积增大，形成真空。在气缸内负压作用下，（或在气阀机构的作用下）进气阀打开，外面的空气经进气管充满气缸的容积。当活塞向上移动时，进气阀关闭，空气因活塞回行而压缩，直至排气阀打开。经压缩后的空气从气缸经排气管送入储气罐。进气阀及排气阀一般由气缸内与进、排气管间所造成的空气压力差而自动开闭。国产活塞式空气压缩机可分为固定式和移动式两类。气缸有两级：第一级为低压缸，第二级为高压缸。为了增加输气量和减少功率消耗，在两级气缸之间采用风冷（风扇、散热片）或水冷却器。空气自滤清器进入第一级压缩机气缸经压缩后，排至冷却器进行冷却，然后再进入第二级压缩机气缸，经第二级压缩后，排至储气罐。气缸的布置可分为立式、V 形或 W 形。压缩机由电动机或柴油机带动。

活塞式空气压缩机结构比较简单，操作容易；压力变化时，风量变化不大。但由于排气量较小，且有脉动流出现，所以一般根据系统的风量要求设一个或几个储气罐。空气压缩机机组本身尺寸较大，加上储气罐，安装占地面积较大。此外，要注意压缩空气由于绝热膨胀而出现冷凝水，因此应采取适当的除水滤油措施。

2. 螺杆式空压机

（1）工作原理。螺杆式空压机是由两个方向相反的螺杆作为主、副转子。通常，主转子靠电动机通过齿轮联轴器及增速器驱动。副转子靠从动齿轮作相反方向旋转。转子旋转时，空气先进入啮合部分，靠转子沟与外壳之间形成的空间进行压缩。提高压力后从排气口排出。吸气侧则不断将空气吸入。

转子与外壳之间要保持一定的间隙，靠轴承支承。两个转子靠定时齿轮调整，使它在旋转时，既保持一定间隙，又不相互接触。轴封部分装有碳精制的迷宫式密封，以防止漏气。轴承除滑动轴承外，还装有止推轴承，以保持与外壳之间一定的外间隙。轴封部分与轴承之间装有挡油填料，防止润滑油吸入外壳内。

螺杆式空压机也分单级和双级压缩两种，单级的压缩比可达 4，双级的可达 9。产气量在 700～13500m^3/h 范围。

（2）性能特点。螺杆式空压机具有以下特点。

1）压缩过程是容积式的连续压缩，压缩比在很大的范围内仍能稳定运转，完全没有脉动现象和飞动现象。

2）即使工作压力有些变化，排气或吸气量变化也很小。这一特性适合于作气力输送装置的空气源。

3）转子间及转子与外壳间留有一定的间歇，完全不接触。因此，磨损问题不大，并且内部不需要润滑。所以产生的压缩空气不含油分。

4）无往复运动部件，只作高速运动。因此，运动部件的平衡好，振动小。

5）体积小、重量轻、基础及占地面积不大。

六、除灰管道

输送管道是气力除灰系统的基本组件，也是影响除灰系统正常运行的重要环节。不合理的管线设计会增大输送阻力，引发堵管；而不合理的管件配置不仅会增大输送阻力，而且还是造成管道（件）磨损的重要原因。

（一）除灰管道的配管技术

气力除灰系统的运行性能随着除灰管道设计布置的不同而有很大变化。除灰管道的布置应注意以下问题。

1. 尽量减少弯头数量

灰气混合物在弯头处发生转向，产生局部阻力损失，消耗气源能量。灰粒因与弯管内壁外侧发生碰撞而突然减速，通过弯头后又被气流加速，如果在短距离内设置弯头过多，就会使在第一个弯头中减速的灰料还未充分加速又进入下一个弯头，这样不仅造成输送速度间断并逐渐地减小，使两相流附加压力损失增大，而且还会造成气流脉动。当输送气流速度不足时，会使颗粒群的悬浮速度降低到临界值以下，从而引起管道堵塞，这也是为什么灰管堵塞往往从弯头开始的原因。因此，在配管设计中，尽量减少弯头数量，多采用直管。

2. 采用大曲率半径的煨弯管

当不可避免的采用弯管时，要求尽量采用大曲率半径的煨弯管。对于相同弯曲角度的弯管，煨弯管的压力损失明显小于成型直弯管件和虾腰管。弯管的压力损失不仅取决于弯曲角度，而且与曲率半径有关。曲率半径越大，压损越小。因此，弯管的曲率半径应根据实际情况尽可能大一些，避免拐“死弯”。

3. 水平管与垂直管合理配置

灰管内灰气混合物的流动状态是决定其输送阻力和输送效果的先决条件。气流在管内的流动越紊乱，则沿灰管断面的浓度分布越均匀，因而就越不容易堵塞。在长直倾斜管道中，气流的流动相对平稳，灰粒受到的垂直向上的扰动力较小，当这种扰动力不足以克服颗粒重力作用时，就会逐步产生颗粒沉降，出现灰在管底停滞，即形成空气只在管子上部流动的“管底流”，或者出现停滞的灰在管底忽上忽下的滚动流动，最终造成管道堵塞。

当输送管道中合理布置垂直管道时，上述不利情况将会得到有效改善。因为垂直管可以使行将沉降的颗粒群受到扰动，而且这种扰动力与重力的方向恰恰相反，其悬浮输送的作用是直接的、高效的。因此，有时采用水平管与垂直管组合配置反而比单一倾斜管更有利。当然，有些情况下可能采用倾斜管与垂直管的组合方式更合理。

4. 合理配置变径管

变径管俗称“大小头”，是长距离气力输送管道常用的一种管件。灰气混合物经过一段距离输送后，会因压力损失而消耗一定输送能量，这部分压损消耗的主要是气体的静压头。由于损失的能量以废热的能量形式传递到介质中的，因此这一能量转换过程是个不可逆的过程。对于等直径管道，管道延伸越长，压损越大，气流的压力就越低，而气流压力的降低；必然导致气体密度减小，气体膨胀，流速提高。密度的减小，将使气流携带能力下降，容易造成堵管；而气体流速的提高，又将提高灰粒对管壁的磨损。增设变径管使输送管径增大，可以使气流的静压提高，流速降低，从而能够有效地避免上述情况的发生。

（二）除灰管道的防磨技术

1. 灰管道磨蚀机理

在输送粉粒状物料时，一般是越接近输料管底部，物料分布越密。因此，在水平直管或倾斜管中输送磨削性强的物料时，首先是在管底磨损。但是，输料管中粒子的分布是随物料的物性、输送气流速度、输送浓度、管径及配管等情况而变化的。有时物料是在管底停滞，只在上部进行输送。经验证明，此时管子上部的磨损比管底还严重。

对弯头来说，物料由于惯性而撞到外壁，一部分粒子又从壁面反射回来，另一部分粒子在壁面擦动，因此在圆断面弯头的外壁中部，会产生像用凿子凿出的那样的凹坑。

输料管的磨损是一个非常复杂的现象，实际情况难以从理论上作出定量的分析。关于磨损机理的假设，认为有以下 3 种形式。

（1）擦动和滚动磨损。由于粒子的摩擦引起的表面磨损。

（2）刮痕磨损。由于粒子深入表面，产生局部的削离。

（3）撞击磨损。由于粒子的撞击，使表面的组织产生局部的破碎和脱离。

实际中，这几种磨损是很难明确地区分的，往往是同时并存。并且，一种形式的磨损，也会引起其他形式的磨损。

2. 影响磨损的因素分析

影响磨损的因素一般包括如下。

（1）输送物料特性，包括颗粒粒径和形状、密度、硬度、水分、破碎性和黏附性等。

（2）输料管，包括输料管的材质和金属组织、硬度、表面加工情况、内径、配管方式及形状等。

（3）输送条件，包括输送速度、输送浓度、温度及流动状态等。

经验证明，这些因素对磨损的影响不是孤立的，而是综合地出现的。因此，即使对同一种物料，采用相同材料的输料管，由于输送条件不同，磨损程度也不同。

输料管表面上的磨损并不是均匀的，首先在局部发生，然后逐步发展，在表面可以画出不规则的等高线，正如在路面上产生局部的坑洼一样。磨损的部位是由于材料的缺陷或粒子的摩擦和撞击而产生的伤痕。

直管磨损的相对较轻，故较少采取防磨措施。为了延长输送管道的使用寿命，可将管子旋转 180°继续使用。弯管磨损比直管要严重得多，对于弯管仅靠增大其弯曲半径不能完全解决磨损问题，主要应根据不同的输送物料和不同输送条件采用相应的防磨、耐磨技术措施。

七、灰库

灰库又称灰仓，位于气力除灰系统的末端，是各类气力除灰系统所共有的设施，具有收集、存储和泄料功能。

燃煤电厂的灰库根据其基本功能可分为储灰库和中转灰库。储灰库的主要功能是将干灰收集下来并在一定期限内储存在库内，以备装车（船）外运。储灰库一般距离电除尘器较远，建在厂内或厂外。

灰库由上至下一般分为 4 个建筑层：库顶层、仓室层、机务层和库底层。库顶层主要安装有干灰分离设备，如旋风分离器、脉冲布袋除尘器、电除尘器和乏气布袋收尘器等。

此外，还有真空压力释放阀、料位计、配气箱以及管道切换阀等附属装置。

仓室层，即储灰仓。仓室从建筑材料上分为钢结构和钢筋混凝土结构，从仓室形状上分为锥斗仓和平底筒仓。锥斗仓多为钢结构，平底筒仓多为钢筋混凝土结构。目前燃煤电厂多为钢筋混凝土结构的平底筒仓，事实上平底筒仓并非平底，只是锥度很小。为了保证灰库干灰顺畅排出，仓室底部呈放射形布置若干气化斜槽。

机务层安装有电动锁气器、散装机或湿式搅拌机以及检修平台、就地控制装置等。

库底层即零米层，是灰外运的通道。因此，库底层应具有足够的空间高度。对于中转灰库，在零米层及零米层以下通常布置外运转运设备，如仓泵或干灰制浆设备、灰渣池、灰渣泵等。

灰库的功能和设备配置与灰的最终或后续处理方式、输送量、场地条件以及资金条件等许多因素有关，各电厂不尽相同。许多大型灰库同时具有中转和储存的功能。

由于灰库底部装有气化装置，灰堆自身存在一定的安息角，灰库不可能被装满。此外，库顶装有料位计、高料位报警和高料位停运系统等，灰库上部必须留有一定空间。因此，灰库的充满系数中总是小于1。

对于高度较低的小灰库，其充满系数可按0.7～0.8选取。

第七节　气力除灰系统及控制

一、仓泵正压气力除灰系统

正压气力除灰系统一般指仓泵系统。它是以压缩空气作为输送介质，将干灰输送到灰库或其他指定地点。由于该系统具有输送距离远，输送量大，系统所需供料设备少等特点，成为国内燃煤电厂应用最早、最广泛的一种粉煤灰气力输送方式。

1. 系统流程

正压气力除灰系统是由供料设备、气源设备和集料设备三大基本功能组件以及管道、控制系统等构成。正压气力除灰系统的核心供料设备是仓式气力输送泵，电动锁气器（又称星型卸料器或回转式给料器）是与之相配套的前置供料器；气源设备采用最多的是空压机组、罗茨风机或其他高压风机；集料设备是种结构较为简单的小型布袋收尘器，布袋通常安装在灰库库顶之上，也可以根据需要直接安装于用灰现场。

图5-22给出了正压气力除灰系统的工艺流程：干灰从电除尘器灰斗流出，经闸板阀、电动锁气器、进入干灰集中设备，干灰集中设备将来自若干不同灰斗的干灰集中馈给一台仓泵。在仓泵内干灰与压缩空气混合，将灰稀释为悬浮状态，并经除灰管道直接打入灰库。大部分干灰落入库底，少量细灰随乏气进入安装于库顶的小布袋收尘器，细灰被收集下来重新落入灰库，清洁空气直接排入大气。

正压气力除灰系统的供料设备除仓泵外，还应包括其前置给料设备——电动锁气器和干灰集中设备。电动锁气器的主要作用为：一是连续定量给料，二是隔绝上下空气。干灰集中设备将多只灰斗的灰汇集一起，达到多灰斗共用一台仓泵的目的。燃煤电厂常用的干灰集中设备有空气斜槽、螺旋输送机和埋刮板机等。

选择正压气力除灰方式还是其他方式，应根据输送距离、灰量、灰的特性以及除尘器

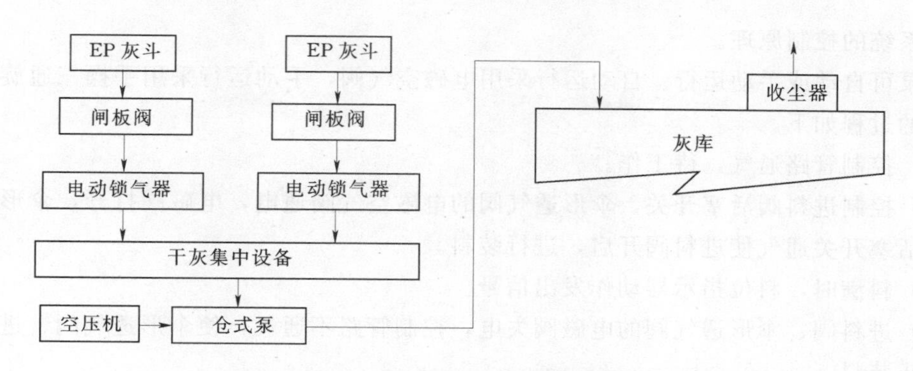

图5-22　正压气力除灰系统工艺流程框图

型式和布置情况确定。当输送管线长度不超过200m时，宜采用负压气力除灰方式；当输送管线长度为200～450m时，宜采用低压气锁阀气力除灰方式；当除灰管线长度大于450m时，可考虑采用正压气力除灰（仓泵）方式或其他方式（如小仓泵等）；当电除尘器灰斗较多且输送距离又较远时，可采用正～负压联合气力除灰系统，或采用空气斜槽～正压式联合气力除灰系统。

2. 系统特点

正压气力除灰系统具有下述技术特点。

(1) 适用于从一处向多处进行分散输送。若在除灰母管后连接多路分支管，改变输送线路，并安装切换阀组，可按照程序控制分别向不同的灰库或供灰点卸灰。若能保持各分支管路灰气流合理分配，也可同时向多点卸灰。

(2) 适合于大容量、长距离输送。与负压输送系统不同，正压系统输送浓度和输送距离的增大所造成的阻力增大，可通过适当提高气源压力得到补偿。而空气压力的增高，使空气密度增大，有利于提高携载粉体的能力，其浓度与输送距离主要取决于鼓风机和空气压缩机的性能和额定压力。

(3) 收尘设备处于系统的低压区，故该设备对密封的要求不高，结构比较简单，一般不需要装锁气器。而且分离后的气体可直接排入大气，故一般只需安装一级小布袋收尘器。

(4) 气源设备在供料器之前，故不存在气源设备磨损问题。

(5) 可向某些正压容器供料。

该系统的缺陷：

(1) 供料设备处于系统的高压区，对供料设备密封性能要求较高。

(2) 间歇式正压输送系统（如单仓泵）不能实现连续供料。

(3) 当运行维护不当或系统密封不严时，会发生跑冒灰现象，造成周围环境的污染。不过，与负压系统相比，系统漏气对系统运行稳定性的影响不大，而且给管路查漏提供了方便。

3. 系统控制

正压气力除灰系统是利用压缩空气将干灰沿除灰管道输送至灰库或中转仓，输送空气压力较高，输送距离较长。其主要设备是仓泵。下面以CB泵为例，说明一下仓泵正压气力除灰系统的控制原理。

仓泵可自动或手动运行。自动运行采用电磁空气阀，手动运行采用手操三通旋塞。自动运行的过程如下。

(1) 控制管路通气，待工作。

(2) 控制进料阀活塞开关，伞形透气阀的电磁空气阀通电，电磁阀打开，伞形透气阀开启。活塞开关通气使进料阀开启，进行装料。

(3) 料满时，料位指示器动作发出信号。

(4) 进料阀、伞形透气阀的电磁阀失电，控制管路不通气，使伞形透气阀、进料阀关闭，停止装料。

(5) 在透气阀、进料阀关闭后，进料阀位置开关动作。其位置继电器接点闭合，控制伞形阀的电磁空气阀通电，电磁阀打开，伞形阀开启，将缸底进风阀打开，缸体进风出料。

(6) 其后循环进行。

在启动运行时或自动控制故障时，也可将转换开关切换到手动位置，手动运行。手动运行的过程如下。

(1) 手操开启三通旋塞（考克），使伞形透气阀、进料阀开启，进行装料。

(2) 料位指示器发出料满信号时，手操关闭进料三通旋塞，使伞形透气阀、进料阀关闭，停止装料。

(3) 手操开启送料三通旋塞，伞形阀开启，将缸底进风阀打开，缸体进风出料。

(4) 出料完毕后，手操关闭送料三通旋塞，伞形阀关闭，缸底进风阀关闭，手动运行过程完毕。

(5) 其后循环进行。

但手动运行容易造成仓泵堵塞、灰管堵塞等故障，因此运行时应特别注意。

双仓泵与单仓泵的工作原理不同之处在于：双仓泵的两台仓泵进料和出料是交替进行的。当一台处于出料状态时，另一台则处于进料状态。

二、负压气力除灰系统

1. 系统流程

负压气力除灰系统的工艺流程如图 5-23 所示。利用抽气设备的抽吸作用，使除灰系统内产生一定负压，当灰斗内的干灰通过电动锁气器落入供料设备时，与吸入供料设备的空气混合，并一起吸入管道，经气粉分离器分离后的干灰落入灰库，清洁空气则通过抽气设备重返大气。

负压气力除灰系统应在每个除尘器灰斗下分别安装一台供料设备。负压气力除灰系统常用的供料设备有除灰控制阀或受灰器。用受灰器时，与除尘器灰斗之间应装设手动插板门和电动锁气器。用除灰控制阀时，与除灰器灰斗之间应装设手动插板门。除灰控制阀系统中装有多根分支管时，在每根分支输送管上应装切换阀，切换阀应尽量靠近输送总管。

如果输送距离较长可分为两段变径布置，在各段起点的输送速度均应大于最低输送速度。

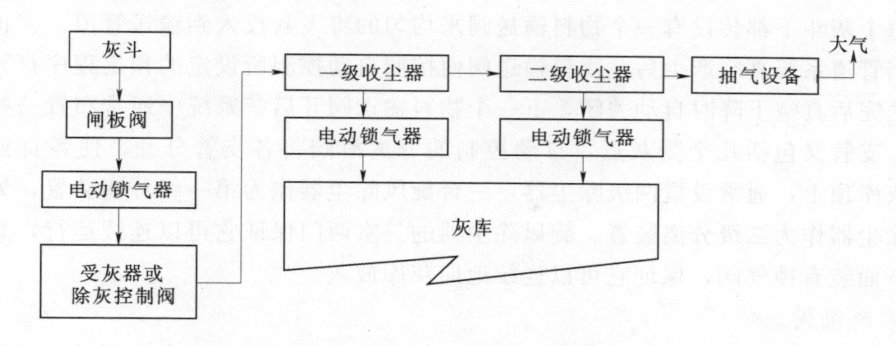

图 5-23　负压气力除灰系统的工艺流程图

负压气力除灰系统应设专用的抽真空设备，抽真空设备可选用回转式风机，水环式真空泵或水力抽气器。输送灰量较小（20t/s），卸灰点分散，而且外部允许湿排放时，负压除灰系统的抽真空设备可采用水力抽气器。水力抽气器出口的灰浆，可利用高差自流至灰场或直接排入排浆设备。

负压气力除灰系统要求在灰库顶部设置 2～3 级收尘器，通常以高浓度旋风分离器作为一（二）级收尘器，以脉冲布袋收尘器、电除尘器或泡沫除尘器作为二（三）级收尘器。

布袋收尘器应装有自动脉冲吹扫布袋装置，吹扫用的空气应为干燥空气，其压力按制造厂提供的资料选用：当无资料时宜为 500kPa。

2. 系统特点

负压气力除灰系统具有下述技术特点。

(1) 适用于从多处向一处集中送灰。无需借助干灰集中设备，几只、十几只，甚至几十只灰斗可以共用一条输送母管将粉煤灰同时送入或依次送入灰库。

(2) 由于系统内的压力低于外部大气压力，所以不存在跑灰、冒灰现象、工作环境清洁。

(3) 因供料用的受灰器布置在系统始端，真空度低，故对供料设备的气封性要求较低。

(4) 供料设备结构简单，体积小，占用高度空间小，尤其适用于电除尘器下空间狭小不能安装仓泵的场合。

(5) 系统漏风不会污染周围环境。

3. 系统缺陷

(1) 因灰气分离装置处于系统末端，与气源设备接近，故其真空度高，对设备的密封性要求也高，故设备结构复杂。而且由于抽气设备设在系统的最末端，对吸入空气的净化程度要求高，故一级收尘器难以满足要求，需安装 2～3 级高效收尘器。

(2) 受真空度极限的限制，系统出力和输送距离不高。因为浓度与输送距离越大，阻力也越大。这样，输送管内的压力越低，空气也越稀薄，携载灰粒的能力也就越低。

4. 系统控制

负压气力除灰系统是利用负压来输送飞灰，输送所需负压由抽真空设备产生。在电除尘器的每个灰斗下都装设有一个物料输送阀来均匀的将飞灰投入到输送管道。在正常的情况下，当管道系统真空产生后，物料输送阀便按照自动控制所设定的预定程序打开，直到飞灰输送完后真空下降时自动关闭，下一个物料输送阀开启。系统中通常布置一些分支管道，每一支管又包括几个受灰点，自动控制的分离滑阀将各支管分开，使各自独立地运行。在灰库顶上，通常设置两级除尘器，一台旋风除尘器作为第一级分离装置，另一台脉冲布袋除尘器作为二级分离装置。旋风除尘器的三室两门保证它可以连续运行，脉冲布袋除尘器下面装有锁气阀，保证它可以连续地向灰库放灰。

5. 系统组成

根据负压气力除灰系统的工艺要求，一般可以将系统划分为4个主要的控制部分。下面分别进行介绍。

(1) 气化风机的控制。为了保证灰斗和灰库卸灰时飞灰流动顺畅和均匀，灰斗和灰库均装有气化风机。另外，为防止飞灰冷凝结块，在气化风机前还装有电加热器。灰斗或灰库中只要有飞灰，气化风机就应不停地运行，灰斗气化风机和灰库气化风机的正常运行是负压气力除灰系统正常运行的条件之一。灰斗或灰库气化风机发生故障时，即发出报警信号，运行人员投入备用风机运行。发出报警信号的情况一般为：①在启动信号发出的规定时间内，风机仍未启动；②风机的进口和出口间温差高；③风机的进口真空度高。对电加热器的投入和切断是用温度开关来控制的，当气化空气的温度达到整定值的上限时，切断电加热器；当温度降低到整定值下限时，投入电加热器对气化空气加热。

在启动气化风机之前，可以对需要运行的风机进行选择。为保证气化风机的安全启动，在每台风机的出口管道上都装有隔离阀，出口隔离阀对风机有联锁作用。所以，在选择好要运行的风机后，就可以开启其出口隔离阀，然后即可启动相应的风机运行。

(2) 抽真空设备的控制。负压气力除灰系统中的抽真空设备有蒸汽喷射器、水力喷射器、水环式真空泵和罗茨风机等。以真空泵为例，每台真空泵均装有出口隔离阀，根据选择的真空泵的运行情况，决定其出口隔离阀的开启与关闭，然后启动相应的真空泵。

真空泵的正常运行是负压气力除灰系统正常运行的必备条件。如果真空泵发生故障，则发出报警信号，同时需投入备用真空泵。发出报警信号的情况为：①在启动信号发出的规定时间内，真空泵仍未启动；②探灰器发出信号；③真空泵进出口间温差高。

如果真空泵的运行也采用“用二备一”的原则，那么它的控制过程与气化风机的是相同的，只是所控制的对象不同而已。

(3) 库顶收尘器的控制。负压气力除灰系统的库顶收尘器一般有两级收尘器。第一级为旋风除尘器，第二级为脉冲布袋除尘器。

旋风除尘器的作用是利用离心力的作用将飞灰从灰气流中分离出来，并对负压系统起密闭作用，防止漏风，保证系统运行要求的高真空度。旋风除尘器的结构为三室两门，两个卸灰门由气动阀门进行控制。运行过程中，每次只能打开一个门，保证负压系统与灰库的常压系统隔离开。且两个卸灰门由限位开关进行联锁，以防同时打开两个门，破坏系统的真空度。在旋风除尘器的上室和中室、中室和下室间各装有一个平衡阀，用以平衡两室间压力，保证飞灰顺利落下。

如果系统处于停机状态，则上、下卸灰门的控制阀和上、下平衡阀均处于关闭状态。

启动真空泵后，同时启动库顶收尘器。

脉冲布袋除尘器用来收集旋风除尘器的气流挟带走的飞灰，为了将高真空系统与灰库常压系统隔离开，在脉冲布袋除尘器与灰库间装有锁气阀。锁气阀结构示意图如图 5-40 所示。锁气阀与布袋除尘器间有一个上门，与灰库间有一个下门，为防止同时打开两门，用限位开关将两门联锁。另外，在锁气阀上连有一个三通平衡阀把布袋除尘器的集尘室和锁气阀的阀室与灰库相连，根据运行过程中操作条件的要求，平衡布袋除尘器的集尘室和锁气阀的阀室之间或锁气阀的阀室和灰库间的压力。

如果旋风除尘器料位计动作发出高料位信号或布袋除尘器差压开关动作发出差压高信号时，表示库顶收尘器故障，应立即发出报警信号并关闭物料输送阀。同时，打开真空破坏阀消除高压差。在故障信号消失 30s 后即可恢复物料输送阀运行。如果在 10min 内故障信号出现 3 次，则系统自动停机。

(4) 物料输送阀的控制。电除尘器的每个灰斗均有一台物料输送阀与除灰支管相连，最后汇集到除灰管。只有在灰斗所在的那一排准备排灰时，支管隔离阀才打开。物料输送阀依次顺序单个进行，灰送至除灰总管经库顶收尘器到灰库。

以 4 排×4 列布置的灰斗为例。真空泵启动后，当除灰总管达到高真空时，高真空开关发出信号，1 号物料输送阀打开开始出灰，一段时间后，真空度下降，低真空开关发出信号，1 号物料输送阀关闭。当高真空开关再发出信号时，2 号物料输送阀打开出灰……依次顺序进行，直到 16 个物料输送阀运行完毕，完成了一个除灰周期。当某条分支管道中的第一台物料输送阀开始运行前，应先将其上的隔离阀打开，待这条分支管的最后一台物料输送阀运行完毕后，关闭该隔离阀。

尽管由于控制对象不同而将负压系统分为 4 个控制部分，但除了气化风机的控制可单独组成一部分外，其他的 3 个控制部分却是互有联系，所以在软件设计过程中应对整个系统做充分的考虑。

三、气锁阀微正压气力除灰系统

微正压气力除灰系统是一种继高正压（仓泵式）和负压之后的较新型的粉煤灰输送系统。由于微正压气力除灰系统的供料设备采用的是气锁阀，因此又称为气锁阀除灰系统。

微正压气力除灰系统既不同于正压系统和负压系统，又与两者有着相近之处。比如，微正压气力除灰系统的供料设备（气锁阀）和正压气力除灰系统的供料设备（仓泵）都属于一种借助于外部气源的压力发送罐，只是罐体结构及气源压力有所不同，微正压系统通常用回转式鼓风机作为气源设备的额定压力小于 200kPa，仓泵的额定压力则要高许多。此外，微正压系统的库顶布袋收尘器的结构原理与正压除灰也相同。但是在系统布置方式上，微正压气力除灰系统与负压气力除灰系统相似，都是采用直联式方式，即每一只灰斗配置一台气锁阀，几台气锁阀共用一条分支管路，几条分支管路共用一条除灰母管。

1. 系统流程

图 5-24 为安装于国内某电厂的一套微正压气力除灰系统示意图。该系统利用风机产生 0.1～0.14MPa 的输送风压将干灰直接送至灰库。风量约 $57m^3/min$，通常由容积式旋转风机提供。

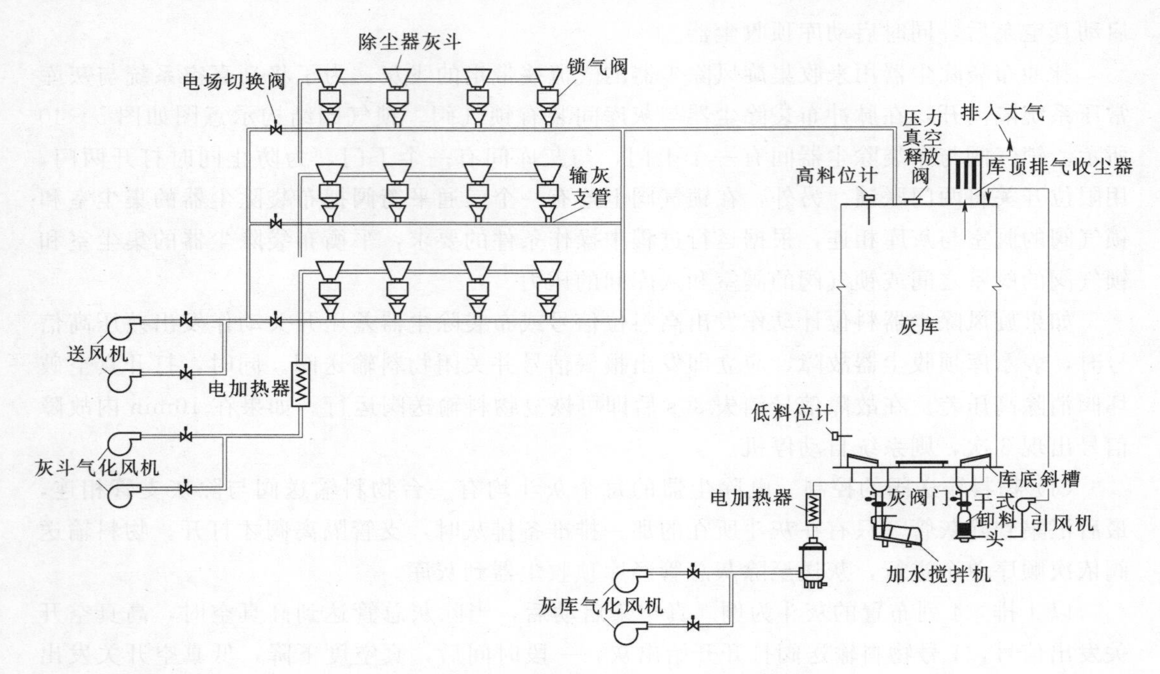

图 5-24　微正压气力除灰系统示意图

灰从灰斗进入输送管时，由气锁阀调节灰斗与除灰管之间的压力，保证干灰能够从压力较低的灰斗流入压力较高的除灰管道（有关气锁阀的结构原理详见本章第六节）。与负压系统相比，微正压系统的输送量较大，输送距离也较远，同时简化了灰库库顶的灰气分离设备。缺点是每个灰斗下均需要较大的空间来安装气锁阀，基建投资较高。

气锁阀正压气力除灰系统中，由鼓风机或空压机产生输送飞灰的正压流。电除尘器下的每个灰斗都装有一台气锁阀，飞灰通过安装在灰斗内的流态化装置的流化进入气锁阀，气锁阀的出口也装有协助放灰的流态化装置，由气锁阀出来的灰气流以一定的速度输往灰库。灰库配备有布袋除尘器以分离出灰气流中的空气，分离后的空气可排向大气或送入除尘器内以防污染环境。灰库中的飞灰由卸灰装置装车或送入灰浆池，以进行远距离输送。

2. 控制原理

在气锁阀正压气力除灰系统中，关键的设备是气锁阀。它是一种利用重力将飞灰从上方的低压力区传送到下方的高压力区的设备。

气锁阀的运行原理及顺序大致可分为以下几步。

（1）先打开平衡三通阀，使气锁阀上室与灰斗相通，平衡两者间的压力。

（2）几秒钟后，打开气锁阀上门，使飞灰依靠重力作用进入气锁阀，并对气锁阀进行小气量的气化。

（3）通过料位计决定飞灰充满情况，或者在跟踪充灰时间终止时气锁阀上门关闭；同时切换平衡三通阀接通气锁阀上室与加压管道。

（4）10 多秒后（使气锁阀上室内压力略高于输送管道压力），打开气锁阀的下门，使飞灰靠此压力进入低正压除灰管道，并同时对气锁阀进行大气量的气化。

除灰完毕后，再依顺序不断重复进行，做周期性的循环。

四、小仓泵正压气力除灰系统

（一）输送机理

小仓泵正压气力除灰系统是结合流态化和气固两相流技术研制的，是一种利用压缩空气的动压能与静压能联合输送的高浓度、高效率气力输送系统。其输送技术的关键是必须将物料在小仓泵内得到充分的流态化，而且是边流化、边输送，改悬浮式气力输送为流态化气力输送。因此，系统整体性能指标大大超过常规的气力除灰系统，是目前世界上成熟可靠的气力输送技术之一。

仓泵控制采用PLC程序控制与现场就地手操相结合的方式。

PLC控制为经常运行方式，系统根据设定的程序自动运行，正常情况下，仓泵进料阀打开，仓泵进料，当仓泵内料满，仓泵料位计发出料满信号，PLC接到料满信号后，发出指令，相继关闭仓泵进料阀，打开进气阀，仓泵开始充气流化，当仓泵内压力达到双压力开关所设定的上限压力时，仓泵出料阀打开，仓泵内灰气混合物通过管道送入灰库。随着仓泵内灰量的减少，仓泵内压力也随之降低，至双压力开关所设定的下限压力后，再延时一定时间吹扫管道，然后关闭进气阀、关闭出料阀、打开进料阀，仓泵开始再次进料，如此循环。实现系统自动运行，同时具有自动保护功能，并发出声光报警。

系统采用仓泵间歇式输送方式，每输送一仓飞灰，即为一个工作循环，每个工作循环分4个阶段。

1. 进料阶段

进料阀呈开启状态，进气阀和出料阀关闭，仓泵内部与灰斗连通，仓泵内无压力（与除尘器内部等压），飞灰源源不断地从除尘器灰斗进入仓泵，当仓泵内飞灰灰位高至与料位计探头接触，则料位计产生一料满信号，并通过现场控制单元进入程序控制器。在程序控制器控制下，系统自动关闭进料阀，进料状态结束。

2. 加压流化阶段

进料阀关闭，打开进气阀，压缩空气通过流化盘均匀进入仓泵，仓泵内飞灰充分流态化，同时压力升高，当压力高至双压力开关上限压力时，则双压力开关输出上限压力信号至控制系统，系统自动打开出料阀，加压流化阶段结束，进入输送阶段。

3. 输送阶段

出料阀打开，此时仓泵一边继续进气，飞灰被流态化，灰气均匀混合；另一边气灰混合物通过出料阀进入输灰管道，并输送至灰库，此时仓泵内压力保持稳定。当仓泵内飞灰输送完后，管路阻力下降，仓泵内压力降低，当仓泵内压力降低至双压力开关整定的下限压力值时，输送阶段结束，进入吹扫阶段，但此时进气和出料阀仍保持开启状态。

4. 吹扫阶段

进气和出料阀仍开启，压缩空气吹扫仓泵和输灰管道，此时仓泵内已无飞灰，管道内飞灰逐步减少，最后几乎呈空气流动状态。系统阻力下降，仓泵内压力也下降至一稳定值。吹扫的目的是吹尽管路和泵体内残留的飞灰，以利于下一循环的输送。定时一段时间后，吹扫结束，关闭进气阀、出料阀，然后打开进料阀，仓泵恢复进料状态。至此，包括4个阶段的一个输送循环结束，重新开始下一个输送循环。

（二）系统特点

（1）较高的灰气比。灰气比可达30～60kg/kg，而常规稀相系统为5～15kg/kg。因此，其空气消耗量大为减小，在大多数情况下，浓相正压气力除灰系统的空气消耗量约为其他系统的1/3～1/2。由此带来一系列有利的因素。

1）供气不必使用大型空气压缩机，因而可采用性能可靠的小型螺杆式空压机。供气系统投资较低，为使系统更加可靠稳定，在压缩空气站增加一套压缩空气干燥过滤系统在经济上也是允许的。

2）输灰系统输送入储灰库的气量较小，因而储灰库上的布袋过滤器排气负荷大大降低，从而有利于布袋过滤器的长期可靠运行。通常由于储灰库所需过滤的空气量大，而储灰库顶部的空间较小，往往造成在高负荷下运行的布袋过早损坏，而本系统较好地解决了这一难题。

3）在通过提高浓度满足出力的前提下，所用管道管径大为减小，常用DN65、DN80、DN100、DN125等小管径管道；而稀相系统管道管径一般在DN125～DN250之间。由于管道管径减小，因而管道自重和冲击力较小，可选用轻型支架或利用现有厂房建筑敷设安装，十分方便，而且投资要比常规稀相系统低得多。

（2）较低的输送流速。在通过提高浓度满足出力的前提下，尽可能降低输送流速以减少磨损。本系统平均流速在8～12m/s，而起始段流速为5～8m/s，为常规稀相系统的1/2左右。因此，输灰管道磨损大为减少。管道磨损小，就可不用价贵的耐磨管，而采用普通无缝钢管即可，只在弯头部位采用耐磨材料或增加壁厚。

（3）较高的工作压力。系统工作压力较高，一般为0.2～0.4MPa，对设备密封性要求较严，但可充分利用常规空压机提供的压头，而且由于其流量大为减小，故足以抵消压力增高所增加的费用。

（4）较好的工作适应范围。输送距离范围宽广，从短距离的50m到1500m长距离，本系统都有其良好的输送业绩。对于更长距离的输送，可采用中间站接力的方式解决，如一级输送采用小型仓泵把飞灰集中至中间转运灰库，二级输送用大型仓泵，远距离输送至终端灰库。

（5）与除尘器的协调性。仓泵与除尘器灰斗直接连通，正常工作情况下，灰斗内仅仅在相应仓泵处于输送状态时才有少量积灰，因而灰斗一般可不设加热和气化设备，并大大有利于除尘器的运行。

（6）安装维修方便。由于仓泵体积小、重量轻，故安装方便，维修也容易。常用仓泵规格为0.25～2.5m^3，设备重量在250～1500kg之间，可直接吊挂在灰斗下。

（7）配置灵活。本系统配置灵活方便，可根据出力需要灵活配置仓泵规格、输灰管道连接方式，以适应实际工况的要求。

（8）可靠性和可维修性。

（9）自动运行水平。本系统自动化程度高，操作简单，系统动态显示、故障报警和处理功能齐全。在必要的时候，既可与电除尘器控制中心联合构成一集控中心，同时又可以本系统局部范围内（如对某一仓泵）实现手动操作，因此操作管理都非常灵活方便。

五、紊流双套管气力除灰技术

紊流双套管气力除灰系统属于正压气力除灰方式，该系统的工艺流程和设备组成与常规正压气力除灰系统基本相同：即通过压力发送器（仓式泵）把压缩空气的能量（静压能和动能）传递给被输送物料，克服沿程各种阻力将物料送往储料库。但是紊流双套管系统的输送机理与常规气力除灰系统不尽相同，主要不同点在于该系统采用了特殊结构的输送管道，沿着输送管的输送空气保持连续紊流，这种紊流是采用第二条管来实现的。即管道采用大管内套小管的特殊结构形式，小管布置在大管内的上部，在小管的下部每隔一定距离开有扇形缺口，并在缺口处装有圆形孔板。正常输送时大管主要走灰、小管主要走气，压缩空气在不断进入和流出内套小管上特别设计的开口及孔板的过程中形成剧烈紊流效应，不断挠动物料。低速输送会引起输送管道中物料堆积，这种堆积物引起相应管道截面压力降低，所以迫使空气通过第二条管（即内套小管）排走，第二条管中的下一个开孔的孔板使“旁路空气”改道返回到原输送管中，此时增强的气流将吹散堆积的物料，并使之向前移动，以这种受控方式产生扰动，从而使物料能实现低速输送而不堵管。

紊流双套管正压气力除灰系统的工作原理图如图 5-25 所示。

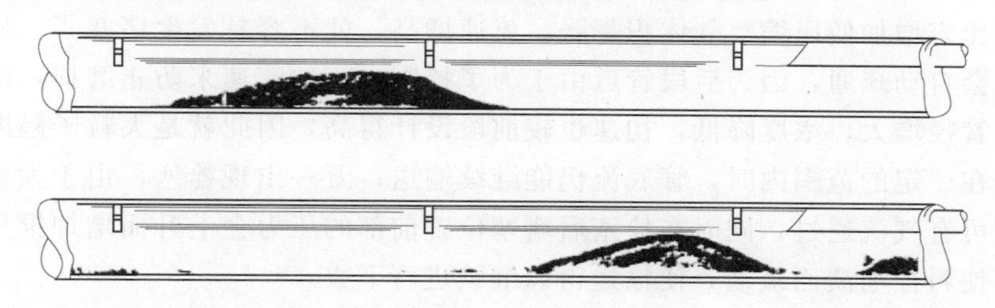

图 5-25　紊流双套管正压气力除灰系统的工作原理图

紊流双套管正压气力除灰系统特点如下。

（1）系统适应性强，可靠性高。紊流双套管系统独特的工作原理，保证了除灰系统管道不堵塞，即使短时的停运后再次启动时，也能迅速疏通，从而保证了除灰系统的安全性和可靠性。这一特点也决定了该系统对输送物料适用范围更为广泛，尤其对石灰粉、矾土等难以输送的粉状物料，比采用其他除灰系统更具优势。该除灰系统输送压力变化平缓，空压机供气量波动小，系统运行工况比较稳定，从而改善了输灰空压机的运行工况，延长设备使用寿命，比常规的单管气力除灰系统性能要好。

（2）低流速，低磨损率。紊流双套管系统的输灰管内灰气混合物起始流速 2～6m/s，末速约为 15m/s，平均流速为 10m/s。而常规除灰系统起始速度为 10m/s，末速约为 30m/s，平均流速约 20m/s。由于磨损量与输送速度的 3～4 次方成正比，这表明紊流双套管输灰管道的磨损量仅为常规气力 1/16～1/8。也就是说，紊流双套管系统的输灰管道寿命为常规系统的 8～16 倍。

（3）投资省，能耗低。由于紊流双套管除灰系统灰气混合物流速低、磨损小，所以不需采用耐磨材料和厚壁管道，这样便可大大降低输灰管道的投资和维护费用。同时，由于输送浓度高，相应的空气消耗量也减少，库顶布袋除尘器过滤面积减小，设备投资费也减少。由于紊流双套管除灰系统输送浓度高，输送空气量的减少，设备配套功率减少，能耗降低。多年的实际运行表明，其动力消耗要比常规的气力除灰系统低30%～50%。据有关资料统计，稀相气力除灰系统单位电耗一般为7～10kW・h/(t・km)，而紊流双套管系统一般为4～6kW・h/(t・km)，年运行费用因此而降低。

(4) 输送出力大，输送距离远。通常，随着输送距离的增加，浓度将降低，系统输送出力也就降低。而紊流双套管除灰系统出力可达100t/h以上，输送距离可达1000m以上，这对于其他气力除灰系统难以实现的。

(5) 进口设备价格较高。

第八节　气力输灰系统的运行和常见故障分析

一、气力除灰系统运行中的常见故障分析和处理

(一) 堵管

堵管通常发生在仓泵等发送器出口后不到150m的起始段内，这是因为起始段的流速低、浓度高、流态最不稳定，随着输送过程中摩擦阻力对压缩空气能量的消耗，管内压力逐渐降低，比容增加使压缩空气体积膨胀，流速增高，就不容易发生堵塞了。后段管道就是堵塞了也会自动疏通，因为后段管道由于为了控制过高的流速来防止磨损，往往采用扩径设计，使管径增大、浓度降低，初速也较前段设计得高，因此就是大粒子趋向沉积于管底，当流速在一定的范围内时，管底流仍能继续输送；万一出现栓塞，由于大粒子间的缝隙大，中间可有气流通过，同时在栓塞后堵塞位置前部的压力会上升而增加推压料栓的静压力，从而使料栓崩溃而疏通，使输送得以继续进行下去。

1. 堵管的原因分析

堵管的原因可能是下述中的一个或数个综合作用引起的。

(1) 误操作。在输送过程中误关了压缩空气，使管内物料沉降，再通气时就容易发生堵管。

(2) 空压机故障使输送空气压力和流量下降，或采用集中空压机站用管网供气时，别处突然大量用气致使输送气量减少、压力降低造成物料沉降而堵管。

(3) 空压机至仓泵或输料管间的空气管道存在泄漏。

(4) 系统设计时压缩空气的压力或流量选择得过小，或管道匹配不当，造成起始流速不能使物料充分悬浮流动，在这种情况下的堵管会经常发生。

(5) 仓泵进料阀或排气阀在输送工况下存在泄漏。在双仓运行工况下，这种泄漏不但会使产生泄漏的仓泵延长输送时间，仓泵或管道内的物料不能全部输完，还会使另一台仓泵输送时发生堵管。

(6) 仓泵马蹄管间隙调得过大，使输送浓度过高造成堵塞。

(7) 仓泵一次、二次风调整不当，造成浓度过高而堵塞。

(8) 仓泵装料过满，物料气化不良，使粉煤灰的流动性变差而影响输送。

(9) 输送管尾部灰库上的袋式除尘器运行不良，滤袋上积灰过多掉不下来使输送的背压过高引起堵管。

(10) 因煤种变化、锅炉燃烧工况的变化、省煤器或静电除尘器故障造成的粉煤灰温

度降低、颗粒粗大、含水量和灰量增加或化学成分的变化，使系统不能适应变化了的工况。

（11）锅炉启动初期的油灰或冷态灰不适合设计的输送工况。

（12）因雨水侵入或喷水冲洗等原因使粉煤灰受潮黏结、颗粒增大，输送时摩擦阻力增加引起的堵管。

（13）除灰管或空气母管上的阀门未全开，造成局部阻力过高或供气不足。

（14）灰斗气化不良，造成物料的流动性较差。

（15）除灰管内有异物或大块物料堵塞。

（16）空压机在卸荷状态下开泵输送，而空压机重新升荷需要一定的时间，造成在这一段时间内系统供气不足，使除灰管内的物料流速下降沉积而堵塞。

2. 故障的处理

首先应将堵塞疏通，疏通的方法有：

（1）对于低碳钢管，可以在堵塞位置的管外采用锤击的方法，使堵塞位置的物料受到震动而疏松，使之能在输送压力下吹通。此法适用于堵塞不太严重的工况，锤击时注意不要损坏钢管。铸石管、合金钢管等脆性材料不适合此法。

（2）对装有除灰管沿程吹堵装置的系统，可先用小锤轻敲管道，找出堵塞位置（一般在空管敲击时声音清脆，而堵塞的部位受到敲击时则声音沉闷；锤击检查法同样可以用来判断卸料管的堵塞位置或仓泵内的大致料位），然后从堵塞位置的后一个吹堵装置开始，就地拧开吹堵阀门，让压缩空气进入除灰管，如能吹通的话，则能听到管内“沙沙沙”的物料流动的摩擦声。吹通约30s后，关上此阀，再打开前一个（向仓泵方向）吹堵阀进行吹堵，直至全线疏通。也可以在控制室，用主控柜上的远方手操吹堵开关从堵塞位置开始，向仓泵方向逐一打开吹堵阀进行吹堵，吹堵时同时观察主控柜上空气母管压力表的示值，当压力降至接近关泵压力时，可视为该点已经吹通，可关闭此点的吹堵阀，开启下一个吹堵阀进行下一个点的吹堵作业。当堵塞位置不明时，可从最后一个吹堵装置吹起。一般空管吹堵时空气母管上压力表的示值下降得很快，发出的声音也不一样。碰到空管，可以立即关闭此阀，进入下一个或跳过1～2个吹堵阀吹堵，以节约吹堵时间。

全线吹通后，再开启仓泵的进气阀进行全系统输送，以清除仓泵内积存的物料，并对除灰管进行扫积，为下一步的正常输送做好准备。

当开启某个位置的吹堵阀后如仍吹不通，可关闭此阀，再选后面（向灰库方向）的吹堵阀进行吹堵，直到能吹通为止。

（3）旁通式吹堵。根据目前的最新经验，在系统设计时可以不设沿程吹堵，只需在仓泵出口约50～100m的除灰管上引出一根与除灰管等径的旁通管至静电除尘器或烟道的入口，除灰管和旁通管的切换可采用电动分路阀或两只气动球阀，气动球阀一只装在分叉点后的除灰管上，另一只装在分叉点后的旁通管上。当发生堵管时，可切换电动分路阀（或打开旁路管球阀，关闭除灰管球阀），大多数情况下都能一次吹通，万一吹不通，则可在堵管状态下关闭仓泵出口的出料球阀，开启仓泵出料球阀后的吹堵总阀，使压缩空气进入堵塞部位，将堵塞部位的灰气排入烟道，同时分叉点前堵塞的灰也会由于卸压而松动，此时，仓泵内的灰因出料球阀的关闭不能进入堵塞部位而增加疏通的负担。然后再将分路阀或两只气动球阀切换到正常除灰位置，使吹堵母管内的压缩空气对分叉点后的堵塞进行吹堵，如果还不能吹通，就再次切换电动分路阀或气动球阀向烟道卸压。通常再严重的堵管，也要不了这样3次循环操作就可以吹通。因此，旁通式吹堵是一种快速吹堵方法，一般少则几分钟，多则30min内就能排除堵塞的故障，而且可以在控制室内操作。

堵塞疏通后，将分路阀或气动球阀切换到正常输送位置，应继续采用程控或手动的方式把仓泵内的物料输完，然后空泵（不进料）用压缩空气吹约10min以清扫除灰管内的积料，以免影响下一次输送。

在吹堵的同时，应根据上述所列的堵管原因进行查找分析、调整和消缺，并采取相应的纠正措施和预防措施，以免堵管的再次发生。原因找到了，处理就比较方便了。

（二）出力不足及其原因分析和处理

1. 仓泵装料量不足

根据《燃煤发电厂除灰设计技术规程》（DL/T 5142—2002）规定，仓泵内装料的充满系数为0.8，也就是说仓泵内料面上部需要留空总容积（几何容积）的20%作为仓泵内物料在汽化后的膨胀余地。而在实际运行时仓泵内的物料是否真正达到了这个位置，若没达到就会使装料量不足，从而引起输送出力的不足。

因此，如果调试或运行时发现出力不足，应核对仓泵的装料量。方法是：将仓泵顶部的压力表卸去，用一根ϕ6mm的圆钢用水蘸湿后垂直插入仓泵内，取出后用尺测量圆钢上不粘灰位置至压力表座法兰之间的距离，然后根据仓泵直径算出空容积，用仓泵几何容积减去这个空容积后即为仓泵的装料容积，再乘以物料的堆积比重就是仓泵的装料量。

如果是装料量不足或因煤种变化等原因引起灰量增加需适当提高装料量时，可采取下列处理方法。

（1）调整料位计的高度使测点位置抬高。对于在仓泵顶部垂直插入安装的料位计，可在安装法兰间加垫需要厚度的垫圈来适当提高料位计的安装高度，或换用较短探杆长度的料位计；对于侧装式料位计，需将原安装孔封堵。另外，在适当位置重新开孔焊装料位计安装座，但这应征得生产厂家的同意，并由压力容器持证焊工进行操作。

（2）在PLC软件上增加延迟时间，使料位计发信后再装一段时间料，从而增加装料量。

（3）当采用时间控制模式时，可适当增加装料时间或电动锁气器的供料时间。

浙江省电力设备总厂生产的仓泵在实际运行中曾多次发生过仓泵内全部满料（无气化容积）现象，甚至物料从卸料管中溢出，但均能输出而未发生堵管。根据笔者的经验，如确有必要，可将充满系数提高到0.85，对系统的正常输送应无影响。

2. 输送时间过长

仓泵是一种需装满料后关闭进料阀才能输送的非连续输送设备，如果输送时间过长，则单位时间内输送的罐数少了，输送出力自然不足。影响输送时间的因素主要有下面几点。

（1）扫积时间过长。气力输送过程中会有一些大颗粒在管底沉积，输送后期需留有适当的时间用压缩空气进行扫积，但要全部吹干净需要花费很长的时间，也不现实。实际工程中通常都允许管内有少量积料，以不影响下一次输送为度。根据经验，目前一般采用除灰管的纯空气阻力＋0.05MPa 作为管泵压力，用户可以在输送实践中试验用更高的关泵压力以节约输送时间，但注意不要使下一次输送造成堵管。

从以上可见，扫积时间是影响输送时间的最主要的原因，也最有潜力可挖。

（2）仓泵马蹄管高度过小，使输送浓度过低，造成输送时间延长，同时还会使马蹄管口和气化板的磨损加剧，应予适当调整。

（3）仓泵一次、二次风配比调节不当，使输送浓度降低，输送时间延长。一次、二次风的调节应由有经验的调试人员操作，调定一个位置后应对开度、位置进行记录，下一次调整前应对工况进行分析，算好调节量后再调，切不可随便乱调。

（4）输送空气量过大，造成流速过大，浓度降低，压力下降缓慢，从而使输送时间过长、磨损增加。

（5）仓泵进料阀或排气阀泄漏，造成输送动力不足、输送缓慢，甚至堵管或仓泵内的灰送不完。当双仓泵输送状态时，这种故障会使产生泄漏的仓泵输送时间延长很多，而下一只仓泵输送时则会发生堵管，出现这种故障时往往容易发生判断失误，造成找不到故障点而无法处理。

（6）仓泵上部加压不够，使仓泵内物料向输送管的卸出速度不足而延长输送时间。处理时应开大仓泵上部的加压手动平衡阀，同时调小二次风进入输送管的入口面积，使二次风管内的压力大于仓泵下部的压力。

（7）对采用集中空压机站用管网供气的系统，宜采用适当的孔板节流，以防气量过大而使压力老降不到关泵压力，造成输送时间延长。

3. 压力回升时间过长

在双仓泵运行时，当一只仓泵输完料后，系统空气母管的压力降至关泵压力，这时是不能立即对另一只仓泵进行输送的，应等压缩空气的压力上升到开泵压力才能进行。空气母管的压力从关泵压力升到开泵压力的时间称“压力回升时间”，它与空气管道和储气罐等的储气容积及空压机的排气量有关。压力回升时间过长，就增加了仓泵满料后的待料时间，从而减少了单位时间内的输送量。减少压力回升时间的途径有以下几种。

（1）选择适当的开泵压力，不宜过高。原则上开泵压力只需取系统的总阻力（气固二相流通过仓泵、除灰管、灰气分离设备等的总阻力）乘以 1.2 的压力富裕系数后再加上空气母管的纯空气阻力，进行调整后即可，无需再增高，更不能把空压机的排出压力当作开泵压力，这样会延长输送时间、增加磨损和浪费能源。开泵压力低了，需要回升的压力顶点也就低了，就减少了压力回升时间。

（2）减少空压机房到仓泵的距离和储气罐的容积，即减少需压力回升的储气容积。

（3）检查消除空气管道中可能存在的泄漏。

（4）适当提高关泵压力。

压力回升时间一般都在 1min 之内，单仓泵由于只有一只仓泵，要装满料后才能输送，输送完了要等装，而装料时间远大于压力回升时间。因此，单仓泵输送可以说不存在压力回升时间过长的问题。

4. 装料时间过长

显而易见，单仓泵系统装料时间长了，单位时间内用于输送的时间就少了，自然会使出力下降。对于双仓泵系统，装料时间宜等于或略小于输送时间加压力回升时间。如果装料时间长了，不但会使两只仓泵都等待输送而浪费时间和减少出力，而且还会在开泵时使空压机处于卸荷状态，容易诱发堵管等故障。

要减少装料时间，可适当调大供料设备的出力，如增加电动锁气器的转速或更换更大出力的锁气器；增加供料管的直径；使供料管尽可能垂直安装等。此外，应注意保持供料管道内物料能顺畅地下卸，防止物料受潮或冷空气的进入；必要时可加设或调整气化加热装置，以加速物料的下卸。

5. 因煤种变化等原因造成灰量增加，使之超过了系统设计的处理能力

此时应采取措施增加装料量，减少输送时间，以尽可能将灰从系统排出。否则只能另设水除灰等旁路输送系统或采用更大容积的发送器。

6. 当输送油灰或冷态粉煤灰时，出力暂时减少

当输送油灰或冷态粉煤灰时，由于灰的流动性较差，会暂时减少出力。但随着油灰的输完和灰温的提高，出力会趋于正常。

7. 实际出力达不到设计出力

当因系统设计有误，使实际出力达不到设计出力时，应重新核算，并采取适当的调整措施；实在达不到的，则需更换更大容量的设备或增设旁路输送系统。

8. 故障处理时间较长

因设备质量问题使故障处理时间较长，占用了输送时间而影响除灰能力的，应尽可能将故障设备修复到设计要求，必要时换用质量较好的设备和元器件。

（三）卸料不畅

卸料不畅包括静电除尘器灰斗和灰库卸料斗，这里最容易发生卸料不畅的故障。其常发原因和相应的处理方法如下。

（1）灰斗中灰的存放时间较长、灰温较低，造成灰结露受潮黏结，引起卸料不畅，严重时甚至“起拱”堵塞。灰斗应当采取良好的保温和加热措施，不能向外漏灰和向内漏气；当发现卸料不畅时，应首先检查加热设备的工作是否正常，电加热器有无因短路、过热烧坏而出现失效现象，蒸汽加热盘管有无泄漏或堵塞现象；灰斗是否有泄漏现象；气化装置的供气压力和流量是否足够，气化空气的加热温度是否适当；如有则应予以修复。对经常发生卸料不畅甚至堵塞的，如没有装设气化加热设施的，最好能配置。气化装置的设置位置以越靠近易“起拱”的喉部效果越好。

（2）电动锁气器叶轮与外壳间的间隙过大，造成外部的冷空气，特别是箱式冲灰器内的湿空气被灰斗内的负压吸入，顶住了灰的下卸，同时造成灰结露受潮而黏结成团，引起卸料不畅和堵塞。因此，卸灰系统必须采用能锁气的电动锁气器作为定量卸料设备，对已有的叶轮给料器，如果间隙过大，则可在叶轮上堆焊后车加工，使单面间隙保持在0.3～0.5mm，然后再装入。

（3）当有油灰或因锅炉燃烧工况等原因需要将灰温较低、含水量较高的粉煤灰在灰斗中存放时，应尽量减少存放的时间，并在卸出时加强气化加热措施。

(4) 卸灰管和阀门应保持密封，并尽可能也采取保温措施。卸灰管要尽量保持垂直安装，至少要与水平面保持60°以上的夹角。

(5) 卸灰时保持排气的通畅；排气管要与水平面保持45°以上的夹角，以防排气中的灰颗粒在排气管内沉积而堵塞排气管。

(四) 局部阻力较大

粉煤灰具有较高的磨琢性，特别是在 SiO_2 的含量较高时，当灰气二相流高速流动时，会引起很大的磨损。

(1) 保持可靠的密封。密封不良时会在缝隙和小孔处形成每秒数十米以上的高速灰气流，使缝隙很快磨大，有时会造成不可弥补的设备损坏。对两相流泄漏的对策，保持密封是根本，采用耐磨材料只是治标。事实证明，有了泄漏再硬的材料也抗不住，只能稍延长一些使用时间罢了。所以在运行中要对密封环节勤检查，出现泄漏要立即处理，不能拖延。要特别注意阀门内部阀芯部位的密封。阀门的密封宜用软硬材料配合，这比两种硬材料的密封要可靠，而且加工精度也可以适当降低。

(2) 避免设备、阀门内的两相流通道和除灰管有急剧的拐弯，选取适当的拐弯半径，控制合宜的流速。对静电除尘器灰的最大输送速度宜小于30m/s。

(3) 除灰管的弯头是局部磨损较严重的部位，因为弯头内的内侧面直接受到灰气流的冲刷。因此宜采用铸石、合金钢弯头或复合材料（钢—塑、钢—陶瓷等）制作的弯头；或者采取降低弯头部位流速的方法，用球形弯头或适当扩大弯头部位的通径；为降低弯头的重量，可选用外侧壁厚、内侧壁薄的弯头；为了弯头磨损后更换方便，可选用外侧背可更换式弯头。弯头的曲率半径按《电力建设施工及验收技术规范（管道篇）》(DL/T 5048—1995) 是 $(6\sim10)D$，国外有研究资料认为曲率半径 $R=2.7D$ 就可。弯头磨穿后的处理，对用可焊接材料制作的，可采用焊补或用钢板贴补，建议在弯头外侧背用槽钢顺圆弧焊一个背包，里边灌入混凝土，可以使用较长时间。对其他弯头，除可卸侧背式弯头可直接更换侧背外，一般只能更换整只弯头。

(4) 除灰直管一般磨损比弯头小，水平放置时的磨损主要在底部，为降低投资，可采用厚度为7～10mm的厚壁碳钢管。发生磨穿现象时，可在焊补后将水平管旋转120°，避开已磨损的管底部，使一根钢管顶3根用。合金钢管由于价格高、重量重、支架密，投资要比厚壁碳钢管高10倍；铸石管须内衬钢管（即二层钢管内充铸石），否则在运输、安装或运行中如受到振动、敲打时极易碎裂而堵塞管道，国内已有发生这种故障的先例；复合钢管价格昂贵，但是一个发展方向。

(五) 除灰管背压过高

通常都是因布袋除尘器工作不正常引起的，会造成除灰不畅，严重时会畅引起堵管。

(1) 由于粉煤灰在经过静电除尘器时带有静电，输送时与管壁摩擦后也会带静电，而带静电的粉尘会牢牢地吸附在滤袋上很难振打下来。因此，用于粉煤灰的布袋除尘器滤料应经过防静电、拒水处理，用一般的滤料常会在滤袋上黏附很厚的一层灰，增加了过滤阻力，使背压过高。

(2) 用于气力除灰系统的布袋除尘器入口的含尘气体的含尘浓度可达 $800g/m^3$，远大于通用的布袋除尘器的 $20\sim40g/m^3$，加上粉煤灰的易吸附性，因此要求用于粉煤灰的布袋除尘器的过滤速度为0.6～0.8m/min，最大应不大于1m/min，否则极易造成背压过高。

(3) 可通过布袋除尘器上的脉冲控制仪适当调长脉冲时间，以增加脉冲空气对布袋的冲击力；布袋的长度宜不大于2.4m；在布袋脉冲反吹时检查布袋的抖动情况，布袋底部在充气时的膨胀抖动应当有力。

(4) 布袋除尘器的脉冲反吹空气应当经过净化干燥处理，其大气露点温度应不大于−40℃。

(5) 适当调整灰库顶部安装的压力—真空释放阀上的配重，使之保持适当的背压，又不冒灰。

(六) 仓泵打开进料阀瞬间冒灰

这是由于仓泵内的余压未完全泄放的缘故。因为输送终了关泵时，仓泵和输送管内尚有大于0.1MPa的压力，如果不把这个压力泄放掉，进料阀打开时它就会进入低压卸料管引起冒灰。这时应通过PLC调整仓泵排气阀的打开时间，使之比进料阀的开启时间提前5～10s，使仓泵内的余压通过排气管泄放掉。如果进料阀和排气阀用同一个电磁阀控制的，可在进料阀控制气管上串接一个一定容积的缓冲罐，或将两者分别用电磁阀控制。

(七) 电动锁气器热态刮擦

这是由于热膨胀或轴承、叶轮、叶轮端盖、外壳的不同轴引起的。对于不同轴的，应拆下测量检查，重新车加工或安装调整；如果确实是膨胀余量不够，可将叶轮外径适当车小。当因严重刮擦或异物卡滞而使保护销拉断的，应在排除故障后用同材料、同直径、同热处理硬度的销轴更换。

(八) 空气斜槽输送不畅

(1) 输送空气量宜保持在每平方米透气层$2m^3/min$，过大则会破坏透气板与灰之间的气垫层，使灰与透气板直接摩擦，增加了阻力，使输送工况变差。当输送空气量适当时，打开斜槽上的手孔门观察，应无灰气冒出，槽中的灰呈快速流动的层流，灰面上有少量的气泡，但不呈沸腾状，这是理想的工况。

(2) 斜槽的排气应通畅，排气管与水平面的夹角应大于45°，上接静电除尘器进口，有微负压。

(3) 斜槽的输送空气宜加热到120℃。

(4) 输送粉煤灰的斜槽的斜度宜不小于8%，当灰颗粒较粗、灰温较低、含水量较高或采用其他办法无法改良斜槽的输送工况时，可适当提高斜槽的斜度。斜槽每提高1%的斜度，可提高20%的出力。

(5) 斜槽的长度较长时，每10～15m宜增加一个进气口，并对下槽进行隔离。

思　考　题

1. 除尘器的性能指标有哪些？
2. 电除尘器的本体由哪几部分构成？
3. 影响电除尘器性能的主要因素有哪些？

4. 电除尘器运行中常见的异常现象有哪些，如何排除？

5. 气力输灰系统有哪几种类型？

6. 试描述小仓泵气力输灰系统的控制工程。

7. 试描述紊流双套管的工作原理。

8. 气力输灰系统中常见的故障有哪些？

第六章　燃煤电厂脱硫脱硝系统

第一节　脱硫脱硝技术概述

我国能源资源以煤炭为主，在能源结构方面，煤炭仍然是我国的主要一次能源，在今后相当长的时间内不会改变，而作为煤炭消费大户的电力行业，2016年全国煤炭发电量占比仍超过70%，由于燃煤后排放的SO_2、NO_x会造成严重的大气污染，因此《中华人民共和国环境保护法》对燃煤电厂SO_2、NO_x的排放做了严格限制。通过采取各种必要的措施，控制燃煤电厂排放的SO_2、NO_x达到国家标准要求，对于推行电力洁净生产和改善我国的大气环境质量有着十分重要的意义。

一、脱硫技术的分类及基本原理

通过对国内外脱硫技术以及国内电力行业脱硫工艺情况的分析研究，目前脱硫技术有燃烧前脱硫、燃烧中脱硫和燃烧后脱硫三大类。

（一）燃烧前脱硫

燃烧前脱硫就是在煤燃烧前把煤中的硫分脱除掉，燃烧前脱硫技术主要有物理洗选煤法、化学洗选煤法、煤的气化和液化、水煤浆技术等。洗选煤是采用物理、化学或生物的方式对锅炉使用的原煤进行清洗，将煤中的硫部分除掉，使煤净化并生产出不同质量、规格的产品。微生物脱硫技术从本质上讲也是一种化学法，它是把煤粉悬浮在含细菌的气泡液中，细菌产生的酶能促进硫氧化成硫酸盐，从而达到脱硫的目的。煤的气化是指用水蒸气、氧气或空气作氧化剂，在高温下与煤发生化学反应，生成H_2、CO、CH_4等可燃混合气体（称作煤气）的过程。煤炭液化是将煤转化为清洁的液体燃料（汽油、柴油、航空煤油等）或化工原料的一种先进的洁净煤技术。水煤浆（coal water mixture，CWM）由灰分小于10%、硫分小于0.5%、挥发份高的原料煤研磨成250～300μm的细煤粉，按65%～70%的煤、30%～35%的水和约1%的添加剂的比例配制而成，水煤浆可以像燃料油一样运输、储存和燃烧。

燃烧前脱硫技术中物理洗选煤技术已成熟，应用最广泛、最经济，但只能脱无机硫；生物、化学法脱硫不仅能脱无机硫，也能脱除有机硫，但生产成本昂贵，距工业应用尚有较大距离；煤的气化和液化还有待于进一步研究完善；微生物脱硫技术正在开发；水煤浆是一种新型低污染代油燃料，它既保持了煤炭原有的物理特性，又具有石油一样的流动性和稳定性，被称为液态煤炭产品，市场潜力巨大，目前已具备商业化条件。煤的燃烧前的脱硫技术尽管还存在着种种问题，但其优点是能同时除去灰分，减轻运输量，减轻锅炉的沾污和磨损，减少电厂灰渣处理量，还可回收部分硫资源。

（二）燃烧中脱硫（炉内脱硫）

炉内脱硫是在燃烧过程中，向炉内加入固硫剂如$CaCO_3$等，使煤中硫分转化成硫酸盐，随炉渣排出。

1. LIMB炉内喷钙技术

早在20世纪60年代末70年代初，炉内喷固硫剂脱硫技术的研究工作已开展，但由于脱硫效率低于30%，既不能与湿法FGD相比，也难以满足高达90%的脱除率的要求，一度被冷落。但在1981年美国国家环保局（EPA）研究了炉内喷钙多段燃烧降低氮氧化物的脱硫技术（LIMB），并取得了一些经验。Ca/S在2以上时，用石灰石或消石灰作吸收剂，脱硫率分别可达40%和60%。对燃用中、低含硫量的煤的脱硫来说，炉内喷钙脱硫工艺简单、投资费用低，特别适用于老厂的改造。

2. LIFAC烟气脱硫工艺

LIFAC工艺即在燃煤锅炉内适当温度区喷射石灰石粉，并在锅炉空气预热器后增设活化反应器，用以脱除烟气中的SO_2。芬兰Tampella和IVO公司开发的这种脱硫工艺，于1986年首先投入商业运行。LIFAC工艺的脱硫效率一般为60%～85%。

加拿大最先进的燃煤电厂采用LIFAC烟气脱硫工艺，8个月的运行结果表明，其脱硫工艺性能良好，脱硫率和设备可用率都达到了一些成熟的SO_2控制技术的水平。我国下关电厂引进LIFAC脱硫工艺，其工艺投资少、占地面积小、没有废水排放，有利于老电厂改造。

（三）燃烧后脱硫（Flue gas desulfurization，简称FGD）

在FGD技术中，按脱硫剂的种类划分，可分为5种方法：以$CaCO_3$（石灰石）为基础的钙法、以MgO为基础的镁法、以Na_2SO_3为基础的钠法、以NH_3为基础的氨法和以有机碱为基础的有机碱法。世界上普遍使用的商业化技术是钙法，所占比例在90%以上。按吸收剂及脱硫产物在脱硫过程中的干湿状态又可将脱硫技术分为湿法、干法和半干（半湿）法。燃煤的烟气脱硫技术是当前应用最广、效率最高的脱硫技术。对燃煤电厂而言，在今后一个相当长的时期内，FGD将是控制SO_2排放的主要方法。目前国内外燃煤电厂烟气脱硫技术的主要发展趋势为：脱硫效率高、装机容量大、技术水平先进、投资省、占地少、运行费用低、自动化程度高、可靠性好等。

1. 干式烟气脱硫工艺

干式烟气脱硫工艺用于电厂烟气脱硫始于20世纪80年代初，与常规的湿式洗涤工艺相比有以下优点：投资费用较低；脱硫产物呈干态，并和飞灰相混；无需装设除雾器及再热器；设备不易腐蚀，不易发生结垢及堵塞。其缺点是：吸收剂的利用率低于湿式烟气脱硫工艺；用于高硫煤时经济性差；飞灰与脱硫产物相混可能影响综合利用；对干燥过程控制要求很高。

（1）喷雾干式烟气脱硫工艺。喷雾干式烟气脱硫（简称干法FGD），该工艺用雾化的石灰浆液在喷雾干燥塔中与烟气接触，石灰浆液与SO_2反应后生成一种干燥的固体反应物，最后连同飞灰一起被除尘器收集。我国曾在四川省白马电厂进行了旋转喷雾干法烟气脱硫的中间试验，取得了一些经验，为在200～300MW机组上采用旋转喷雾干法烟气脱硫优化参数的设计提供了依据。

（2）粉煤灰干式烟气脱硫技术。日本从1985年起，研究利用粉煤灰作为脱硫剂的干式烟气脱硫技术，到1988年年底完成工业实用化试验，1991年年初投运了首台粉煤灰干式脱硫设备，处理烟气量 $644000Nm^3/h$。其特点为脱硫率高达 60%以上，性能稳定，达到了一般湿式法脱硫性能水平；脱硫剂成本低；用水量少，无需排水处理和排烟再加热，设备总费用比湿式法脱硫低 1/4；煤灰脱硫剂可以复用；没有浆料，维护容易，设备系统简单可靠。

2. 湿法烟气脱硫工艺

世界各国的湿法烟气脱硫工艺流程、形式和机理大同小异，主要是使用石灰石（$CaCO_3$）、石灰（CaO）或碳酸钠（Na_2CO_3）等浆液作洗涤剂，在反应塔中对烟气进行洗涤，从而除去烟气中的 SO_2。这种工艺已有 50 年的历史，经过不断地改进和完善后，技术比较成熟，而且具有脱硫效率高（90%～98%），机组容量大，煤种适应性强，运行费用较低和副产品易回收等优点。据美国环保局（EPA）的统计资料，全美燃煤电厂采用湿式脱硫装置中，湿式石灰法占 39.6%，石灰石法占 47.4%，两法共占 87%；双碱法占 4.1%，碳酸钠法占 3.1%。世界各国（如德国、日本等），在大型燃煤电厂中，90%以上采用湿式石灰/石灰石-石膏法烟气脱硫工艺流程。石灰或石灰石法主要的化学反应机理为：

石灰法：$SO_2 + CaO + 1/2H_2O \longrightarrow CaSO_3 \cdot 1/2H_2O$

石灰石法：$SO_2 + CaCO_3 + 1/2H_2O \longrightarrow CaSO_3 \cdot 1/2H_2O + CO_2$

传统的石灰/石灰石工艺有其潜在的缺陷，主要表现为设备的积垢、堵塞、腐蚀与磨损。为了解决这些问题，各设备制造厂商采用了各种不同的方法，开发出第二代、第三代石灰/石灰石脱硫工艺系统。湿法 FGD 工艺较为成熟的还有氢氧化镁法、氢氧化钠法、氨法等。在湿法工艺中，烟气的再热问题直接影响整个 FGD 工艺的投资。因为经过湿法工艺脱硫后的烟气一般温度较低（45℃），大都在露点以下，若不经过再加热而直接排入烟囱，则容易形成酸雾，腐蚀烟囱，也不利于烟气的扩散。所以湿法 FGD 装置一般都配有烟气再热系统。目前，应用较多的是技术上成熟的再生（回转）式烟气热交换器（GGH）。GGH 价格较贵，占整个 FGD 工艺投资的比例较高。德国 SHU 公司开发出一种可省去 GGH 和烟囱的新工艺，它将整个 FGD 装置安装在电厂的冷却塔内，利用电厂循环水余热来加热烟气，运行情况良好，是一种十分有前途的方法。

3. 等离子体烟气脱硫技术

等离子体烟气脱硫技术研究始于 20 世纪 70 年代，目前世界上已较大规模开展研究的方法有两类：

(1) 电子束辐照法（EB）。电子束辐照含有水蒸气的烟气时，会使烟气中的分子如 O_2、H_2O 等处于激发态、离子或裂解，产生强氧化性的自由基 O、OH、HO_2 和 O_3 等。这些自由基对烟气中的 SO_2 和 NO 进行氧化，分别变成 SO_3 和 NO_2 或相应的酸。在有氨存在的情况下，生成较稳定的硫铵和硫酸铵固体，它们被除尘器捕集下来而达到脱硫脱硝的目的。

(2) 脉冲电晕法（PPCP）。脉冲电晕放电脱硫脱硝的基本原理和电子束辐照脱硫脱硝的基本原理基本一致，世界上许多国家进行了大量的实验研究，并且进行了较大规模的中间试验，但仍然有许多问题有待研究解决。

4. 海水脱硫

海水通常呈碱性，自然碱度为 1.2～2.5mmol/L，这使得海水具有天然的酸碱缓冲能力及吸收SO_2的能力。国外一些脱硫公司利用海水的这种特性，开发并成功地应用海水洗涤烟气中的SO_2，达到烟气净化的目的。海水脱硫工艺主要由烟气系统、供排海水系统、海水恢复系统等组成。

二、脱硝技术的分类及基本原理

根据NO_x的产生机理，NO_x的控制主要有3种方法，即：燃料脱氮；改进燃烧方式和生产工艺，即燃烧中脱氮；烟气脱硝，即燃烧后NO_x控制技术。按照操作特点可分为干法、湿法和干湿结合法三大类，其中干法又可分为选择性催化还原法（SCR）、吸附法、高能电子活化氧化法等；湿法分为水吸收法、络合吸收法、稀硝酸吸收法、氨吸收法、亚硫酸氨吸收法等；干湿结合法是催化氧化和相应的湿法结合而成的一种脱硝方法；根据净化原理可分为催化还原法、吸收法和固体吸附法等。燃料脱氮技术至今尚未很好地开发，有待于今后继续研究。下面主要介绍改进燃烧方式和生产工艺脱氮和烟气脱硝。

（一）改进燃烧方式和生产工艺脱氮

由氮氧化物（NO_x）形成的原因可知，对NO_x的形成起决定性作用的是燃烧区域的温度和过量的空气。低NO_x燃烧技术就是通过控制燃烧区域的温度和空气量，以达到阻止NO_x生成及降低其排放的目的。对低NO_x燃烧技术的要求是，在降低NO_x的同时，使锅炉燃烧稳定，且飞灰含碳量不超标。目前常用的方法如下。

（1）降低过剩空气率。通过减少锅炉的供给空气，尤其是减少燃烧区域的过剩氧分，来抑制NO_x的产生。

（2）降低燃烧空气温度。

（3）二次燃烧技术。二次燃烧是将燃烧空气分两个阶段供给，第一阶段在空气比为1以下进行燃烧，再在其后的第二阶段补给不足的空气达到完全燃烧。第一阶段的空气量越少，NO_x的降低效果越好。

（4）烟气再循环技术。将部分燃烧烟气混入燃烧空气中，以降低燃烧空气中O_2的浓度来减弱燃烧，从而降低燃烧温度达到减少NO_x的目的。

（5）改善燃烧器。根据燃烧器的结构，可以采用推迟燃料与空气的扩散混合；促进燃烧的不均一化；促进火焰的热辐射来抑制NO_x的生成。

（6）炉内脱硝法。将在燃烧室内的碳化氢还原生成NO_x，炉内脱硝分为两个过程。第一个过程是用碳化氢还原NO_x，第二个过程是使第一个过程中未燃成分完全燃烧。

（7）燃料转换。NO_x的生成量与燃料的种类有关，一般认为NO_x的生成量是固体燃料＞液体燃料＞气体燃料。将燃煤发电厂中锅炉的固体燃料液化或汽化后使用，能有效降低NO_x的生成。

以上这些低NO_x燃烧技术在燃用烟煤、褐煤时可以达到国家的排放标准，但是在燃用低挥发分的无烟煤、贫煤和劣质烟煤时还远远不能达到国家的排放标准。需要结合烟气净化技术来进一步控制NO_x生成排放。

（二）烟气脱硝技术

1. 选择性催化还原脱硝（SCR）

SCR（selective catalytic reduction）由美国Eegelhard公司发明，日本率先在20世纪

70年代对该方法实现了工业化。它是利用NH_3和催化剂（铁、钒、铬、钴、镍及碱金属）在温度为200～450℃时将NO_x还原为N_2。NH_3具有选择性，只与NO_x发生反应，基本上不与O_2反应。其主要的化学反应如下：

$$4NO+4NH_3+O_2 \longrightarrow 4N_2+6H_2O$$

$$6NO+4NH_3 \longrightarrow 5N_2+6H_2O$$

$$6NO_2+8NH_3 \longrightarrow 7N_2+12H_2O$$

$$2NO_2+4NH_3+O_2 \longrightarrow 3N_2+6H_2O$$

SCR法中催化剂的选取是关键。对催化剂的要求是活性高、寿命长、经济性好和不产生二次污染。在以氨为还原剂来还原NO时，虽然过程容易进行，铜、铁、铬、锰等非贵金属都可起有效的催化作用，但因烟气中含有SO_2、尘粒和水雾，对催化反应和催化剂均不利，故采用SCR法必须首先进行烟气除尘和脱硫，或者是选用不易受烟气污染影响的催化剂；同时要使催化剂具有一定的活性，还必须有较高的烟气温度。通常是采用TIO_2为基体的碱金属催化剂最佳反应温度为300～400℃。

SCR法是国际上应用最多，技术最成熟的一种烟气脱硝技术。在欧洲已有120多台大型的SCR装置的成功应用经验，NO_x的脱除率达到80%～90%；日本大约有170套SCR装置，接近100GW容量的电厂安装了这种设备；美国政府也将SCR技术作为主要的电厂控制NO_x技术。

该法的优点：反应温度较低；净化率高，可达85%以上；工艺设备紧凑，运行可靠，还原后的氮气放空，无二次污染。但也存在一些明显的缺点：烟气成分复杂，某些污染物可使催化剂中毒；高分散的粉尘微粒可覆盖催化剂的表面，使其活性下降；投资与运行费用较高。

我国SCR技术研究开始于20世纪90年代。1995年，台湾台中电厂机组就安装了SCR脱硝装置，大陆第一台脱硝装置安装于福建后石电厂，1999年陆续投运。自2004年国华宁海电厂和国华台山电厂烟气脱硝装置国际招标开始，中国脱硝市场迅速升温。目前国内已有10多个大型环保工程公司和锅炉厂完成和正在进行SCR脱硝技术引进。截至2005年年底，我国大陆已通过环境影响评价批准和待批准的火电脱硝机组容量2900MW，目前我国正处于SCR脱硝项目示范阶段，已运行和在建的SCR装置主要处于环保指标要求较严格的城市和新建的大型燃煤机组。

2. 选择性非催化还原脱硝（SNCR）

选择性非催化还原技术是向烟气中喷氨或尿素等含有NH_3基的还原剂，在高温（900～1000℃）和没有催化剂的情况下，通过烟道气流中产生的氨自由基与NO_x反应，把NO_x还原成N_2和H_2O。在选择性非催化还原中，部分还原剂将与烟气中的O_2发生氧化反应生成CO_2和H_2O，因此还原剂消耗量较大。NH_3做还原剂时，SNCR的总反应方程式如下：

$$4NH_3+6NO_2 \longrightarrow 5N_2+6H_2O$$

该反应主要发生在950℃的条件下，当温度更高时，则可能发生正面的竞争反应，即：

$$4NH_3+5O_2 \longrightarrow 4NO+6H_2O$$

目前的趋势是用尿素代替 NH_3 作为还原剂，从而避免因 NH_3 的泄漏而造成新的污染。尿素作为还原剂时，反应式为：

$$(NH_4)_2CO \longrightarrow 2NH_2+2CO$$

$$NH_2+NO \longrightarrow N_2+H_2O$$

$$CO+NO \longrightarrow N_2+CO_2$$

实验证明，低于900℃时，NH_3的反应不完全，会造成氨漏失；而温度过高，NH_3氧化为NO的量增加，导致NO_x排放浓度增大，所以SNCR法的温度控制是至关重要的。此法的脱硝效率约为40%～70%，多用作低NO_x燃烧技术的补充处理手段。SNCR技术目前的趋势是用尿素代替氨作为还原剂。

与SCR法相比，SNCR法除不用催化剂外，基本原理和化学反应基本相同。因没有催化剂作用，反应所需温度较高（900～1200℃），以免氨被氧化成氮氧化物。该法投资较SCR法小，但氨液消耗量大，NO_x的脱除率也不高。SNCR技术比较适合于中小型电厂改造项目。

绝大部分是将SNCR技术和其他脱硝技术联合应用，如SNCR和低氮燃烧技术联合，以及SNCR与SCR混合技术等。此外，SNCR还与低NO_x燃烧器和再燃烧技术等联合应用。目前，国内江苏阐山电厂、江苏利港电厂在应用低NO_x燃烧技术的基础上，采用SNCR与SCR联合烟气脱硝技术。脱硝工程分为两期，首先实施SNCR部分，SCR部分在环保标准要求更高时实施。

3. 碱性溶液吸收法

碱性溶液吸收法是采用NaOH、KOH、Na_2CO_3、$NH_3 \cdot H_2O$等碱性溶液作为吸收剂对NO_x进行化学吸收，其中氨的吸收率最高。为进一步提高吸收效率，又开发了氨-碱溶液两级吸收，先氨与NO_x和水蒸气进行完全气相反应，生成硝酸铵和亚硝酸铵白烟雾；然后用碱性溶液进一步吸收未反应的NO_x，生成硝酸盐和亚硝酸盐，吸收液经多次循环，碱液耗尽之后，将含有硝酸盐和亚硝酸盐的溶液浓缩结晶，可作肥料使用。该法的优点是能将NO_x回收为亚硝酸盐或硝酸盐产品，有一定的经济效益；工艺流程和设备也较简单。缺点是吸收效率不高，对烟气中的NO_2/NO的比例有一定限制。

三、同时脱硫脱硝技术

1. 电子束照射同时脱硫脱硝技术

除尘后的烟气主要含SO_2、NO_x、N_2、H_2O。它们在电子束加速器产生的电子束流辐照下，经电离、激发、分解等作用，可生成活性很强的离子、激发态分子。再经化学反应，可生成一系列新物质，即：

$$H_2O \longrightarrow H+OH$$

$$O_2 \longrightarrow 2O$$

$$OH+NO \longrightarrow HNO_2$$

$$O+NO \longrightarrow NO_2$$

$$OH+NO_2 \longrightarrow HNO_3$$

$$SO_2+O \longrightarrow SO_3$$

为了提高脱除率，更好地回收和利用生成物，加入氮、石灰水等添加剂，生成固体化学肥料硫酸铵和硝酸铵。

电子束辐照处理烟气技术的优点有：能同时脱硫脱氮，处理过程中不要触媒，不受尘埃影响，没有老化、结集、阻塞、清洗等问题。由于是干式处理法，不影响原系统的热效率，烟气可不必在加热即从烟囱排放。添加氨时，生成物可作肥料使用。脱除率高达80%以上，设备占地面积小，系统简单，维修保养容易。

由于相关技术不够成熟，目前在大型锅炉的应用上有一定困难，但该技术具有相当理想的前景。

2. 电晕放电等离子体同时脱硫脱硝技术

电晕放电过程中产生的活化电子（5～20eV）在与气体分子碰撞的过程中会产生OH、O_2H、N、O等自由基和O_2。这些活性物种引发的化学反应首先把气态的SO_2和NO_x转变为高价氧化物，然后形成HNO_3和H_2SO_4。在氨注入的情况下，进一步生成硫酸铵和硝酸铵等细颗粒气溶胶。产物用常规方法（ESP或布袋）收集，完成从气相中的分离。

锅炉排放的烟气首先经过一级除尘，去掉80%左右的粉尘之后将烟气降温至70～80℃。目前降温的方法有两种：一种方法是热交换器，另一种方法是喷雾增湿降温。一般增湿后的烟气含水10%左右。降温后的烟气与氨混合进入等离子体反应器，反应产物由二次除尘设备收集。采用ESP或布袋均可，但选择布袋更优，最后洁净的烟气从烟囱排出。

电晕放电法与电子束辐照法是类似的方法，只是获得高能电子的渠道不同，电子束法的高能电子束（500～800keV）是由加速器加速得到。后者的活化电子（5～20eV）则由脉冲流柱电晕的局部强电场加速得到。该方法的NO_x脱除率相当可观，其投资和运行费用也相对较低，但目前由于脉冲电源等技术尚不成熟，因此距离大面积工业应用还有一段时间。

电晕放电等离子体和湿法烟气同时脱硫脱硝技术都还在进一步研究中，离大规模的工业应用还有些距离。

四、脱硫脱硝超低排放技术

《燃煤电厂大气污染物排放标准》（GB 13223—2011）进一步降低了燃煤电厂大气污染物的排放限值。2014年9月，国家发改委、环保部和国家能源局三部委联合颁发了《煤电节能减排升级与改造行动计划（2014—2020年）》，要求东部地区新建燃煤机组排放基本达到燃气轮机组污染物排放限值，即在基准氧含量6%条件下，SO_2、NO_x排放浓度分别不高于35mg/m³、50mg/m³。对中部和西部地区及现役机组也提出了要求。国内燃煤发电集团纷纷提出了“超净排放”“近零排放”“超低排放”“绿色发电”等概念和要求，同时不断规范燃煤电厂超低排放烟气治理工程技术方法，从而达到脱硫脱氮超低排放标准的要求。

（一）SO_2超低排放控制技术

针对SO_2超低排放的要求，传统的石灰石-石膏湿法脱硫工艺，在采取增加喷淋层、均化流场技术、高效雾化喷嘴、性能增效环或增加喷淋密度等技术措施的基础上，进一步开发出新技术来提高脱硫效率。这些技术主要包括 pH 值分区脱硫技术和复合塔脱硫技术等。

pH 值分区脱硫技术是通过加装隔离体、浆液池等方式对浆液实现物理分区或依赖浆液自身特点（流动方向和密度等）形成自然分区，以达到对浆液 pH 值的分区控制，完成烟气 SO_2的高效吸收。目前工程应用中较为广泛的 pH 值分区脱硫技术包括单/双塔双循环、单塔双区、塔外浆液箱 pH 值分区等。

复合塔脱硫技术是在吸收塔内部加装托盘或湍流器等强化气液传质组件，烟气通过持液层时气液固三相传质速率得以大幅提高，进而完成烟气 SO_2的高效吸收。目前工程应用中较为广泛的复合塔脱硫技术有托盘塔和旋汇耦合等。

1. 单/双塔双循环脱硫

单塔双循环技术最早源自德国诺尔公司，该技术与常规石灰石-石膏湿法烟气脱硫工艺相比，除吸收塔系统有明显区别外，其他系统配置基本相同。该技术实际上是相当于烟气通过了两次 SO_2脱除过程，经过了两级浆液循环，两级循环分别设有独立的循环浆池、喷淋层，根据不同的功能，每级循环具有不同的运行参数。烟气首先经过一级循环，此级循环的脱硫效率一般在 30%～70%，循环浆液 pH 值控制在 4.5～5.3，浆液停留时间约 4min，此级循环的主要功能是保证优异的亚硫酸钙氧化效果和充足的石膏结晶时间。经过一级循环的烟气进入二级循环，此级循环实现主要的洗涤吸收过程，由于不用考虑氧化结晶的问题，所以 pH 值可以控制在非常高的水平，达到 5.8～6.2，这样可以大大降低循环浆液量，从而达到很高的脱硫效率。

双塔双循环技术采用了两塔串联工艺，对于改造工程，可充分利用原有的脱硫设备设施。原有烟气系统、吸收塔系统、石膏一级脱水系统、氧化空气系统等采用单元制配置，原有吸收塔保留不动，新增一座吸收塔，亦采用逆流喷淋空塔设计方案，增设循环泵和喷淋层，并预留有一层喷淋层的安装位置；新增一套强制氧化空气系统，石膏脱水-石灰石粉储存制浆等系统相应进行升级改造，双塔双循环技术可以较大地提高 SO_2脱除能力，但对两个吸收塔控制要求较高，适用于场地充裕，含硫量增加幅度中的中、高硫煤增容改造项目。

2. 单塔双区脱硫

单塔双区技术通过在吸收塔浆池中设置分区调节器，结合射流搅拌技术控制浆液的无序混合，通过石灰石供浆加入点的合理设置，可以在单一吸收塔的浆池内形成上下部两个不同的 pH 值分区：上部低值区有利于氧化结晶，下部高值区有利于喷淋吸收，但没有采用如双循环技术等一样的物理隔离强制分区的形式。同时，其在喷淋吸收区会设置多孔性分布器（均流筛板），起到烟气均流及持液，达到强化传质，进一步提高脱硫效率、洗涤脱除粉尘的功效。单塔双区技术可以较大提高 SO_2脱除能力，且无需额外增加塔外浆池或二级吸收塔的布置场地，且无串联塔技术中水平衡控制难的问题。

3. 塔外浆液箱 pH 值分区脱硫

塔外浆液箱 pH 值分区技术是利用高 pH 值有利于 SO_2的吸收、低 pH 值有利于石膏浆液的氧化结晶的理论机理，在吸收塔附近设置独立的塔外浆液箱，通过管道与吸收塔对应部位相连，塔外浆液箱所连的循环泵对应的喷淋层位于喷淋区域上部。塔外与塔内的浆液分别对应一级、二级喷淋，实现了下层喷淋浆液和上层喷淋浆液的物理强制 pH 值分区。常规条件下，只需对吸收塔内的浆液 pH 值进行调节，控制塔内浆池的强制氧化程度，相应提高塔外浆液箱的浆液 pH 值，形成塔外浆液与塔内浆池的双 pH 值调控区间，强化二级喷淋的高 pH 值对 SO_2 的深度吸收，大幅提高了脱硫效率。同时，其也在喷淋吸收区设置托盘（均流筛板），起到烟气均流及持液，达到强化传质进一步提高脱硫效率、洗涤脱除粉尘的功效。塔外浆液箱 pH 值分区工艺原理与单塔双区较为相似，主要区别在于以物理隔离方式实现 pH 值分区。

4. 旋汇耦合脱硫

旋汇耦合技术主要是利用气体动力学原理，通过特制的旋汇耦合装置（湍流器）产生气液旋转翻腾的湍流空间，利于气液固三相充分接触，大大降低了气液膜传质阻力，提高了传质速率，从而达到提高脱硫效率、洗涤脱除粉尘的目的，随后烟气经过高效喷淋吸收区完成 SO_2 的吸收脱除。旋汇耦合技术配合使用管束式除尘除雾器，利用凝聚、捕悉等原理，在烟气高速湍流、剧烈混合、旋转运动的过程中，能够将烟气中携带的雾滴和粉尘颗粒有效脱除，一定条件下实现吸收塔出口颗粒物低于 5mg/m^3，雾滴排放值不大于 25mg/m^3。

5. 双托盘脱硫技术

在脱硫塔内配套喷淋层及对应的循环泵条件下，在吸收塔喷淋层的下部设置两层托盘，在托盘上形成两次持液层，当烟气通过托盘时气液充分接触，托盘上方湍流激烈，强化了 SO_2 向浆液的传质和粉尘的洗涤捕捉，托盘上部喷淋层通过调整喷淋密度及雾化效果，完成浆液对 SO_2 的高效吸收脱除。此外，基于不同脱硫工艺各自的特点，海水脱硫、循环流化床脱硫及氨法脱硫工艺等在滨海电厂、循环流化床锅炉二级脱硫、化工自备电站等领域超低排放工程中也有一定应用。

（二）SO_2 超低排放技术路线的选择

1. 石灰石-石膏湿法脱硫

石灰石-石膏湿法脱硫是应用最广泛的脱硫工艺，技术最为成熟，其应用市场占比已超过 90%。随着超低排放技术的发展，其脱硫效率不断提高。对于煤粉炉，由于炉内没有进行脱硫，除非是特低硫煤燃料，其他脱硫工艺较难满足 SO_2 超低排放的要求，一般应采用石灰石-石膏湿法脱硫工艺，针对不同入口 SO_2 浓度，为了能够满足超低排放的目标要求，可参考表 6-1 选择适当石灰石-石膏湿法脱硫技术。

表 6-1　石灰石-石膏湿法脱硫技术选择原则

脱硫系统入口 SO_2 浓度/(mg/m^3)	脱硫效率/%	石灰石-石膏湿法脱硫工艺技术选择
≤1000	≤97	可选用传统空塔喷淋提效，pH 值分区和复合塔技术
≤3000	≤99	可选用 pH 值分区和复合塔技术
≤6000	≤99.5	可选用 pH 值分区和复合塔技术中的湍流器持液技术
≤10000	≤99.7	可选用 pH 值分区技术中 pH 值物理强制分区双循环技术和复合塔技术中的湍流器持液技术

2. 氨法脱硫

氨法脱硫工艺是用液氨和氨水作为吸收剂，其副产品硫酸铵为重要的化肥原料，在工艺过程中不产生废水，技术成熟，适用于SO_2入口浓度小于$10000mg/m^3$，氨水或液氨来源稳定，运输距离短且周围环境不敏感的燃煤电厂。

3. 海水脱硫

海水脱硫工艺以海水为脱硫吸收剂，除空气外不需其他添加剂，工艺简洁、运行可靠、维护方便。其法适用于SO_2入口浓度小于$2000mg/m^3$，海水扩散条件较好，并符合近岸海域环境功能区划要求的滨海燃煤电厂。

4. 循环流化床脱硫

对于循环流化床锅炉，仅靠炉内喷钙脱硫难以实现超低排放的要求，由于锅炉飞灰中含有大量未反应的CaO，且SO_2浓度较低，因此可采用炉内喷钙脱硫与炉后烟气循环流化床法相结合的脱硫工艺，既符合循环流化床锅炉的工艺特点，又不产生废水和无需尾部烟道特殊防腐；也可采用炉内喷钙脱硫（可选用）与炉后湿法脱硫相结合的脱硫工艺。具体工艺方案的选择，应根据吸收剂、水源、脱硫副产品综合利用等条件进行技术经济比较后确定。

（三）氮氧化物超低排放控制技术

燃煤电厂NO_x控制技术主要分为两类：一类是控制燃烧过程中NO_x的生成，即低氮燃烧技术；另一类是对生成的NO_x进行处理，即烟气脱硝技术。烟气脱硝技术主要有SCR、SNCR和SNCR/SCR联合脱硝技术等。

1. 低氮燃烧技术

低氮燃烧技术是通过降低反应区内氧的浓度、缩短燃料在高温区内的停留时间、控制燃烧区温度等方法，从源头控制NO_x的生成量。目前，低氮燃烧技术主要包括低过量空气技术、空气分级燃烧、烟气循环、减少空气预热和燃料分级燃烧等技术。该类技术已在燃煤电厂NO_x排放控制中得到了较多的应用。目前已开发出第三代低氮燃烧技术，在600～1000MW超超临界和超临界锅炉中均有应用，NO_x浓度在$170\sim240mg/m^3$。低氮燃烧技术具有简单、投资低、运行费用低等优点，但其缺点为受煤质、燃烧条件限制，易导致锅炉中飞灰的含碳量上升，从而降低锅炉效率；若运行控制不当还会出现炉内结渣、水冷壁腐蚀等现象，影响锅炉运行稳定性；同时在减少NO_x生成方面的差异也较大。

2. NO_x脱除技术

SCR脱硝技术是目前世界上最成熟的技术，该技术自20世纪90年代末从国外引进吸收，在我国燃煤电行业已得到广泛应用，并在工艺设计和工程应用等多方面取得突破，开发出高效的SCR脱硝技术，以应对日益严格的环保排放标准。目前SCR脱硝技术已应用于不同容量的机组，该技术的脱硝效率一般为80%～90%，结合锅炉低氮燃烧技术后可实现机组NO_x排放浓度小于$50mg/m^3$。SCR技术在高效脱硝的同时也存在以下问题：①锅炉启停机及低负荷时，烟气温度达不到催化剂运行温度的要求，导致SCR脱硝系统无法投运；②氨逃逸和SO_3的产生导致硫酸氢氨的生成，进而导致催化剂和空预器堵塞；③废弃催化剂的处置难题；④采用液氨做还原剂时安全防护等级要求较高；⑤氨逃逸引起的二次污染等。

SNCR脱硝效率一般为30%～50%，结合锅炉采用的低氮燃烧技术也很难实现机组NO_x超低排放；循环流化床锅炉配置SNCR效率一般在60%以上（最高可达80%），主要原因是循环流化床锅炉尾部旋风分离器提供了良好的脱硝反应温度和混合条件，因此结合循环流化床锅炉低NO_x的排放特性，可以在一定条件下实现机组NO_x超低排放。

SNCR/SCR联合脱硝工艺，主要是针对场地空间有限的循环流化床锅炉NO_x治理而发展来的新型高效脱硝技术。SNCR宜布置于炉膛最佳温度区间，SCR脱硝催化剂宜布置于上下省煤器之间。利用在前端SNCR系统喷入的适当过量的还原剂，在后端SCR系统催化剂的作用下进一步将烟气中的NO_x还原，以保证机组NO_x排放达标。与SCR脱硝技术相比，SNCR/SCR联合脱硝技术中的SCR反应器一般较小，催化剂层数较少，且一般不再喷氨，而是利用SNCR的逃逸氨进行脱硝，适用于部分NO_x生成浓度较高、仅采用SNCR技术无法稳定达到超低排放的循环流化床锅炉，以及受空间限制无法加装大量催化剂的现役中小型锅炉的改造。但该技术对喷氨精确度要求较高，在保证脱硝效率的同时需要考虑氨逃逸泄漏对下游设备的堵塞和腐蚀。该技术应用于高灰分煤及循环流化床锅炉时，需注意催化剂的磨损。

为了达到氮氧化物的超低排放，近年来我国在催化剂原料生产、配方开发、国情及工况适应性等方面均取得了很大进步，如高灰分耐磨催化剂技术、无钒催化剂、反应器流场优化技术等均得到了成功应用和推广；同时对硝汞协同控制催化剂功能拓展、失活催化剂再生、废弃催化剂回收等方面也取得了一定突破。

（四）氮氧化物超低排放技术路线选择

我国燃煤电厂所采用的NO_x减排技术措施主要是“低氮燃烧＋选择性催化还原技术（SCR）”，极少数电厂采用了“低氮燃烧＋选择性非催化还原技术（SNCR）”或“低氮燃烧＋SNCR＋SCR”。自《燃煤电厂大气污染物排放标准》（GB 13223—2011）颁布实施以来，绝大多数电厂NO_x排放均已低于$100mg/m^3$。

1. 低氮燃烧＋（SCR）技术

随着超低排放的提出，对于煤粉锅炉仍可采用“低氮燃烧＋选择性催化还原技术（SCR）”，但需要通过以下措施降低NO_x的排放，最终实现NO_x达到$50mg/m^3$。

（1）炉内部分。主要采取低氮燃烧器配合还原性气氛配风系统，降低SCR入口NO_x浓度。

（2）炉外部分。进一步增加催化剂填装层数或是更换高效催化剂，系统脱硝效率可达到80%～90%以上。

根据锅炉出口NO_x的浓度确定SCR脱硝系统的脱硝效率和反应器催化剂层数，表6-2给出SCR脱硝工艺设计原则。

表6-2　SCR脱硝工艺设计原则

锅炉出口NO_x浓度/(mg/m^3)	SCR脱硝效率/%	SCR脱硝反应器催化剂层数
≤200	80	可按2+1层设计
200～350	80～86	可按3+1层设计
350～550	86～91	可按3+1层设计

2. SNCR技术或SNCR/SCR联合技术

对于循环流化床锅炉由于其低温燃烧特性，炉内初始NO_x浓度较低，而尾部旋风分离器则为喷氨提供了良好的烟气反应温度和混合条件。因此，SNCR脱硝是首选脱硝工艺，具有投资省、运行费用低的优点。根据工程设计和实际运行情况，对于挥发分较低的无烟煤、贫煤，炉内初始NO_x浓度一般可控制在150mg/m^{3}以下，此时采用SNCR脱硝即可实现NO_x的超低排放；但对于挥发分较高的烟煤、褐煤，炉内初始NO_x浓度控制指标一般为小于200mg/m^3，此时除了加装SNCR脱硝装置外，可在炉后增加一层SCR脱硝催化剂，以稳定可靠实现NO_x的超低排放。

第二节　燃煤电厂湿法脱硫系统与设备

一、石灰石/石灰-石膏湿法烟气脱硫工艺流程

随着我国环境标准渐趋严格，2015年环境保护部《全面实施燃煤电厂超低排放和节能改造工作方案》的推进，燃煤电厂治理SO_2污染的力度不断加大，全面实施燃煤电厂超低排放要求，将烟尘、SO_2、NO_x的排放限值再次降低至10mg/m^3、35mg/m^3、50mg/m^3。这就要求现有的石灰石/石灰-石膏湿法烟气脱硫技术不断进行改进，以提高脱硫效率。第二代湿法FGD技术重点在于新一代洗涤器的研发。新一代的洗涤器应该具有非常高的性能（脱硫效率远超95%），有更高的可靠性和相对较低的投资和运行费用。主要研究方向集中在开发新型吸收塔以强化吸收剂的溶解和烟气洗涤能力，优化废水处理系统，研究与开发关键设备以及防腐材料等方面。

石灰石/石灰-石膏湿法烟气脱硫工程由烟气脱硫工艺系统、公用系统和辅助工程等组成。烟气脱硫工艺系统包括吸收剂制备系统、烟气系统、吸收系统、副产物处理系统、浆液排放和回收系统及脱硫废水处理系统等；公用系统包括工艺水系统、压缩空气系统和蒸汽系统；辅助工程包括电气系统、建筑与结构、给排水及消防系统、采暖通风及空调系统、道路与绿化等。如图6-1所示为典型石灰石/石灰-石膏湿法烟气脱硫系统工艺流程。主要设备包括气气加热器、增压风机、氧化风机、吸收塔、石膏排出泵、石膏浆罐、石膏

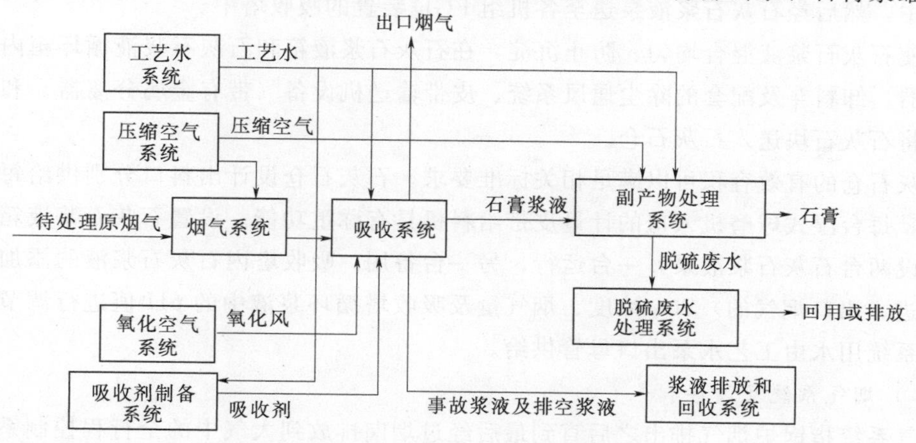

图6-1　典型石灰石/石灰-石膏湿法烟气脱硫系统工艺流程图

旋流器、工艺水箱、废水旋流器、石灰石破碎机、提升泵、烟气挡板门、除雾器、喷淋管、球磨机、真空皮带脱水机、衬胶管道和阀门等。

二、石灰石/石灰-石膏湿法烟气脱硫工艺系统及设备

（一）吸收剂制备系统及设备

吸收剂制备系统包括石灰石卸料系统、石灰石储存系统、湿磨制浆系统、干磨制粉系统、石灰石粉配浆系统以及石灰石浆液供应系统等。该系统主要设备有石灰石卸料仓、振动给料机、除铁器、上料机、石灰石料仓、布袋除尘器、称重给料机、湿式球磨机、湿磨机再循环箱、湿磨机再循环泵以及石灰石浆液旋流器等。石灰石浆液制备系统工艺流程如图 6-2 所示。

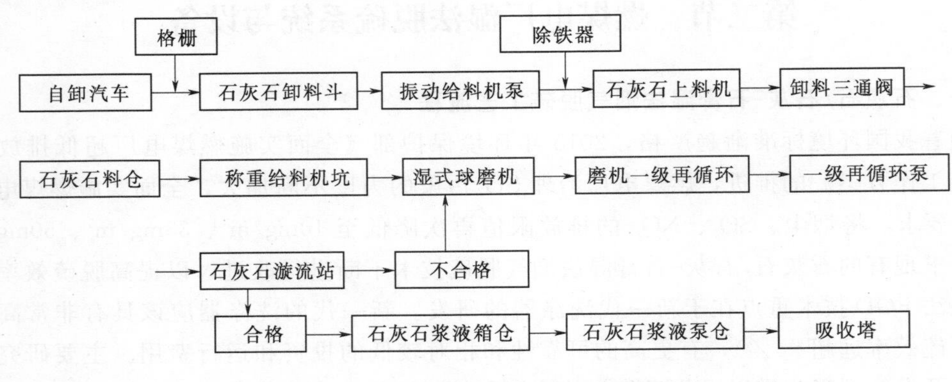

图 6-2 石灰石浆液制备系统工艺流程图

石灰石块（粒径不大于 20mm）由自卸卡车直接卸入地下料斗，经振动给料器、皮带输送机（带有金属分离器）、斗式提升机送至石灰石仓内，再由振动给料机、计量皮带给料机送到湿式球磨机内加水湿磨制成粗浆液送至石灰石浆液循环箱中，粗浆液由石灰石浆液循环泵输送到石灰石浆液旋流站进行粗细颗粒的分离，将石灰石浆液分成底流和溢流两部分。粗颗粒存在于底流中回湿式球磨机再循环磨制。细颗粒存在于溢流中为成品石灰石浆液，粒度要求 325 目 90%通过，含固量约 30%。成品石灰石浆液自流并储存于石灰石浆液箱中，然后经石灰石浆液泵送至各机组 FGD 装置的吸收塔中。

为使石灰石浆液混合均匀、防止沉淀，在石灰石浆液箱和石灰石浆液循环箱内装设浆液搅拌器。卸料斗及配套的除尘通风系统、皮带输送机设备（带有金属分离器）和斗式提升机，将石灰石块送入石灰石仓。

石灰石仓的有效容积可以满足相关标准要求。石灰石仓设计出料口分别供给每台湿式球磨机，每台湿式球磨机入口的计量皮带给料机具有称重功能。设置石灰石浆液箱、每台吸收塔设两台石灰石浆液泵，一台运行，另一台备用。吸收塔内石灰石浆液的添加量根据 FGD（进、出口烟气的）SO_2 浓度、烟气量及吸收塔循环浆液中的 pH 值进行调节。石灰石制浆系统用水由工艺水泵出口母管供给。

（二）烟气系统及设备

烟气系统指锅炉烟气排出之后直到最后经过烟囱排放到大气中的全行程控制系统。烟气系统主要由烟道、烟气挡板、密封风机、GGH 换热器及其辅助设备构成。锅炉热烟气

经过风机加压后进入烟气换热器（GGH）降温侧冷却后，烟气进入吸收塔，向上流动穿过喷淋层，在此烟气被冷却到饱和温度，烟气中的 SO_2 被石灰石浆液吸收。除去 SO_2 及其他污染物的烟气经 GGH 加热至 80℃以上，通过烟囱排放。烟气系统工艺流程如图 6-3 所示。

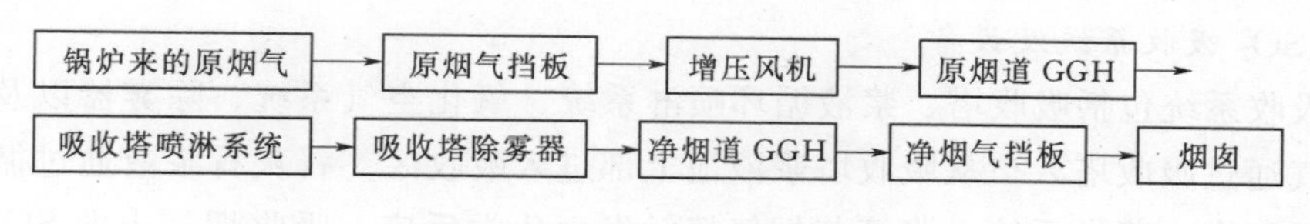

图 6-3　烟气系统工艺流程图

1. 烟道

烟道包括必要的烟气通道、冲洗和排放漏斗、膨胀节、法兰、导流板、垫片/螺栓材料以及附件。按介质性质、烟道位置分为净、原烟道。防腐原烟道、净烟道采用钢衬鳞片树脂或钢衬橡胶。另外，现在的脱硫系统已取消旁路挡板，当系统发生故障时，为了保证脱硫系统的安全，在脱硫烟道入口还设有事故喷淋降温系统。烟道内的冲洗及喷淋管道、喷嘴一般采用耐腐蚀的合金钢或双相不锈钢材料。烟道组件中设有导流片，导流片由螺栓连接支座与烟道壁板固定，支撑板和弯头导流片的材质均为耐稀酸腐蚀钢，在 BMCR 工况下，烟道内烟气流速符合《火力发电厂烟风煤粉管道设计技术规程》（DL/T 5121—2000）。

2. 增压风机

当吸收塔工程和主体工程采用单元配置时，脱硫的增压风机与引风机合并，如果多个主体工程合用一个脱硫塔，增设脱硫增压风机。增压风机分为动叶可调式轴流风机和静叶可调轴流增压风机或离心风机，增压风机的型式、台数及容量选择可根据相关设计标准、经济性和具体情况进行选择，升压风机用于克服 FGD 装置造成的烟气压降。布置于吸收塔上游的干烟区（位置可选择）。增压风机包括电动机和密封空气系统等。动叶可调增压风机出口的流量和压力由入口导叶调节。

3. 烟气换热器（GGH）

目前大量在 FGD 系统中使用的烟气再热器有两种，即：回转式烟气换热器和管式烟气换热器。回转式换热器有漏风，它要控制原烟气向净烟气侧泄漏及防止换热原件腐蚀、堵塞，泄漏率一般要求不超过 1%；管式烟气换热器是通过焊接进行密封的，没有漏风，管式换热器应根据换热管材耐腐蚀性能、换热端差及脱硫系统运行水平等因素，确定降温段换热器烟气的降温幅度，降温段换热器回收的原烟气余温不足时，应采用机械辅助蒸汽作为辅助热源，换热器介质一般采用热媒水。此外，系统还配有一套在线高压水洗装置（约 1 月用 1 次）。在热烟气的进口与 GGH 相连的烟道出口安置一套可伸缩的清洗设备，用来进行常规吹灰和在线水冲洗，自动吹灰系统可保证 GGH 的受热面不受堵塞，保持一定的净烟气出口温度。

4. 烟气挡板

烟气挡板包括入口原烟气挡板和出口净烟气挡板。挡板的设计能承受各种工况下烟气的温度和压力，并且不会有变形或泄漏。烟气挡板多采用双叶片结构，挡板密封空气系统包括密封风机及其密封空气站，密封气压力至少维持在比烟气最高压力高出500Pa，风机设计有足够的容量和压头。每套密封空气站配有1套电加热器。与净烟气接触的部分衬有镍基合金钢，防止烟气对挡板的腐蚀。所有挡板都配有密封系统，以保证“零”泄漏。密封空气由密封空气站提供。

（三）SO_2 吸收系统及设备

SO_2 吸收系统包括吸收塔、浆液循环喷淋系统、氧化空气系统、除雾器以及浆液搅拌系统。烟气通过吸收塔入口从吸收塔浆液池上部进入吸收区。石灰石浆液通过循环泵从吸收塔浆池送至塔内喷淋系统。浆液与烟气接触发生化学反应，吸收烟气中的 SO_2。在吸收塔循环浆池中利用氧化空气将亚硫酸钙氧化成硫酸钙。石膏排出泵将石膏浆液从吸收塔送至石膏脱水系统。

脱硫后的烟气夹带的液滴在吸收塔出口的除雾器中收集，使吸收塔出口净烟气的液滴含量不超过 $75mg/Nm^3$（干基）。吸收塔配置氧化风机，用于向吸收塔浆池提供足够的氧气/空气将亚硫酸钙就地氧化成石膏（即从亚硫酸钙进一步氧化成硫酸钙）。

氧化空气通过氧化空气分布管到吸收塔浆液池中。为了降低氧化空气的温度（离开风机的温度高达100℃），需将水喷入到氧化空气管中，使氧化空气降温，从而避免高温空气进入浆池内造成氧化空气管道结垢，吸收塔内浆液Cl离子浓度最大不能超过20g/L。SO_2 吸收系统工艺流程如图6-4所示。SO_2 吸收系统的主要设备包括：吸收塔本体、喷嘴、氧化风机、除雾器、循环浆泵、搅拌器以及石膏排出泵。

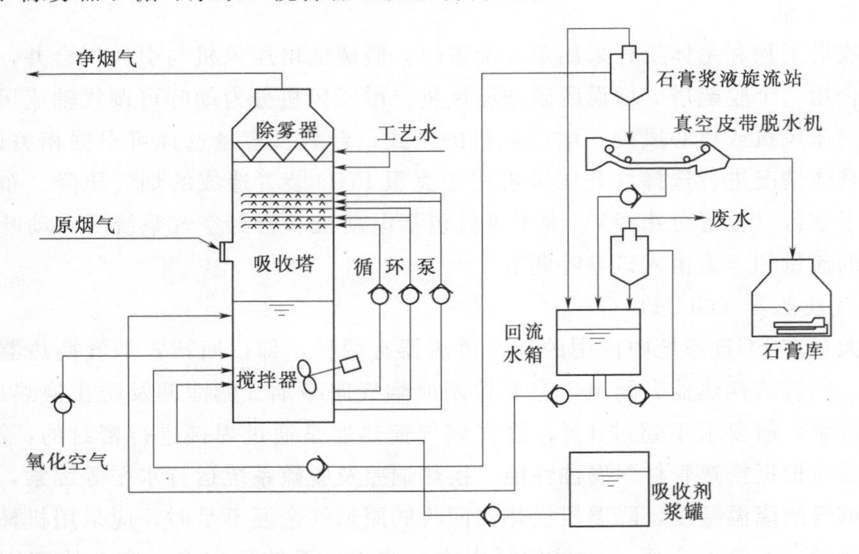

图6-4 SO_2 吸收系统工艺流程图

1. 吸收塔本体结构

吸收塔有多种形式：喷淋空塔、液柱塔、填料塔和喷射鼓泡塔。由于喷淋吸收空塔塔内件较少，结垢的概率较小，运行维修成本较低，因此喷淋吸收空塔已逐渐成为目前应用最广泛的塔型之一。图6-5为喷淋吸收空塔（以下简称吸收塔）的结构简图，吸收塔为圆柱形，由锅炉引风机来的烟气，从吸收塔中下部进入吸收塔，脱硫除雾后的净烟气从塔顶侧向离开吸收塔。塔的下部为浆液池，设4个侧进式搅拌器。氧化空气由4根矛式喷射管送至浆池的下部，每根矛状管的出口都非常靠近搅拌器。烟气进口上方的吸收塔中上部区域为喷淋区，喷淋区上方为除雾器，共二级。每个喷淋层、托盘及每级除雾器各设一个钢平台，钢平台附近及靠近地面处共设6个人孔门。

随着我国环保政策日益严格和发电企业环保意识的提高，常规喷淋塔难以在能耗和投资合理的前提下适应高脱硫率的技术要求，为了应对这种情况，进一步提升脱硫效率的其他吸收塔塔型得到采用，具有代表性的有单塔双循环、单塔双区、塔外浆液箱pH值分区等脱硫技术和旋汇耦合、托盘等复合塔等脱硫技术，以下针对这些新技术要求的脱硫塔结构形式分别进行介绍。

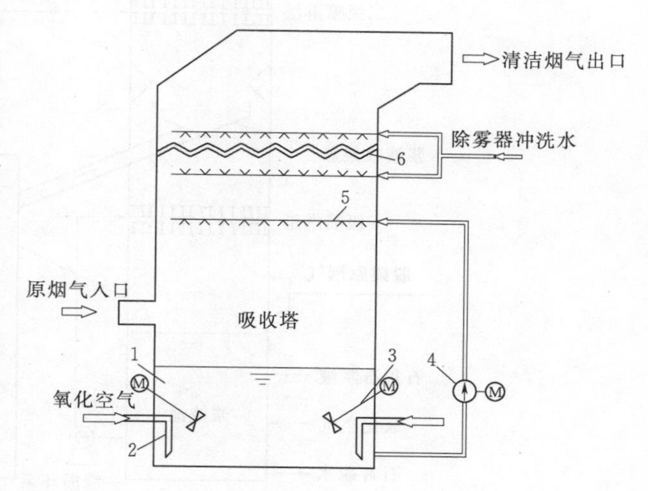

图6-5 喷淋吸收塔的结构简图

1—吸收塔浆液池；2—氧化空气喷枪；3—搅拌器；4—浆液循环泵；5—喷淋层；6—除雾器

(1) pH值物理强制分区双循环技术。pH值物理强制分区双循环脱硫工艺吸收塔系统由两级循环系统、除雾器等组成，一级循环系统包括一级浆液循环吸收系统和氧化系统等；二级循环系统包括二级浆液循环吸收系统（含塔内浆液收集盘、塔外浆液箱）、二级氧化系统和浆液旋流系统等。一级循环浆液pH值宜控制在4.5～5.3，浆液循环停留时间宜不低于4.5min；二级循环浆液pH值宜控制在5.8～6.2，浆液循环停留时间宜为3.5～4.5min。一级循环和二级循环分别设置一套氧化系统，氧化风机考虑1台备用，也可共用1套氧化系统，但氧化风机应不少于两台，其中1台备用，具体方案应根据工程情况经技术、经济比较后确定。二级循环的浆液旋流系统由浆液旋流给料泵和浆液旋流站组成，二级循环浆液含固量应不超过12%。塔外浆液箱下部应设置检修孔，检修孔尺寸应满足搅拌器叶轮或滤网最大尺寸的安装件或检修件进出要求，塔外浆液箱宜采用叶片搅拌方式，底层搅拌器应设置启动冲洗装置。

单塔双循环吸收塔为双循环工艺的主要设备，相对于传统空塔湿法脱硫工艺，增加了二级循环浆液收集盘、喷淋层等设备，吸收塔高度大幅增加，收集盘的支吊形式需满足工艺流程和防腐要求。典型石灰石/石膏法pH值物理强制分区双循环脱硫工艺流程如图6-6所示。

单塔双循环为了从吸收塔收集二级循环浆液到塔外二级循环浆液箱，同时使得主塔烟气顺利流入二级循环洗涤，需要设置二级循环浆液收集装置，图6-7为二级循环浆液收集装置示意图。装置包括设置于二级浆液喷淋层下方的二级循环浆液收集导流锥、二级循环浆液收集盘吊杆和二级循环浆液收集盘。沿塔壁环形布置的导流锥和中心放置的收集盘共同形成环形通道，使烟气自下而上由一级循环进入二级循环，环形通道面积大致为双循环吸收塔横截面积的1/2。当脱硫烟气经过二级循环浆液收集装置时，烟气能够均匀顺利

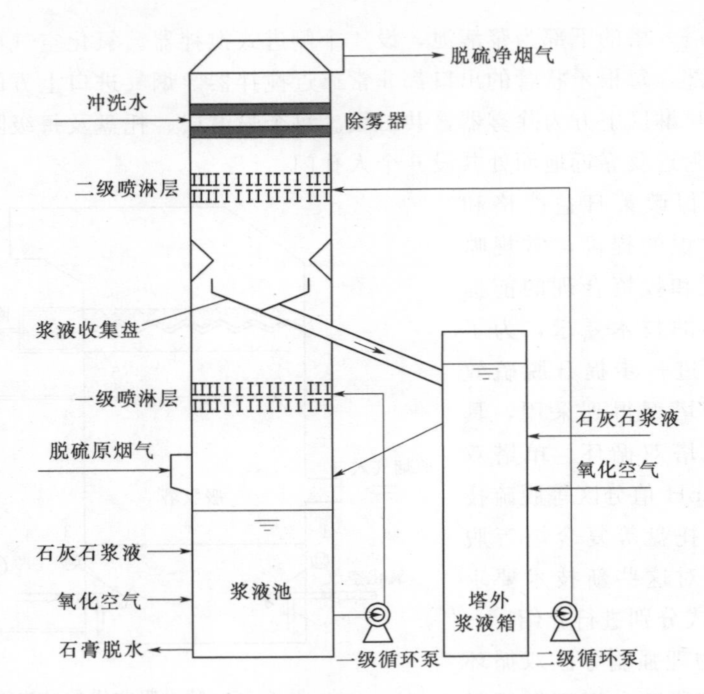

图 6-6　典型石灰石/石膏法 pH 值物理强制分区双循环脱硫工艺流程图

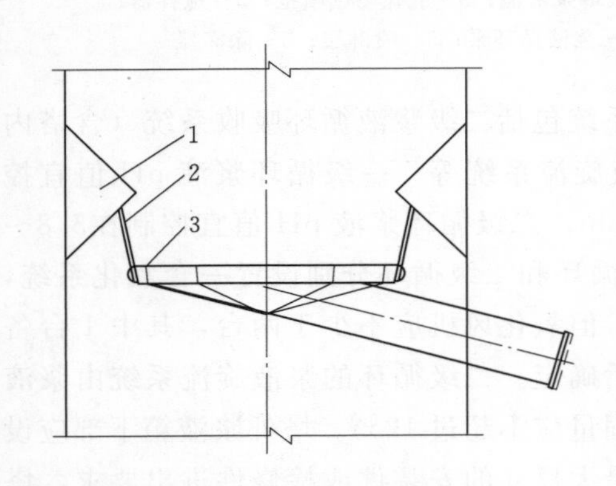

图 6-7　二级循环浆液收集装置示意图

1—二级循环浆液收集导流锥；2—二级循环浆液收集盘吊杆；3—二级循环浆液收集盘

地流出，起到均流器的作用，同时使得烟气阻力尽量小。导流锥的设置使塔内气体经收集盘整流后，气流分布均匀，气液接触良好，减少了单循环常遇到的死角，提高了塔内的空间利用率。

由于烟气在二级循环中水蒸发量基本为零，但是除雾器冲洗水会通过双循环吸收塔的收集盘流入二级浆液箱，降低二级浆液密度。为保证系统整体正常的浆液密度，需加装二级循环石膏浆液旋流装置（旋流泵和旋流站）。旋流器的溢流和底流分别进入一级、二级循环，从而调节吸收塔浆池和二级循环浆液箱中浆液的含固量，实现系统浆液密度的连锁控制。通过二级浆液旋流泵和二级浆液旋流站可控制二级浆液含固量在 10%～18%之间。

（2）pH 值自然分区脱硫技术。pH 值自然分区脱硫工艺吸收塔系统是由浆液循环吸收系统、氧化系统和除雾器等组成。其中，吸收塔上部喷淋区包括喷淋层及均流筛板，分为均流筛板持液区和喷淋吸收区，吸收塔底部浆液池分为上部氧化结晶区和下部供浆射流区，典型石灰石/石膏法 pH 值自然分区双循环脱硫工艺流程如图 6-8 所示。

（3）pH 值物理强制分区脱硫技术。pH 值物理强制分区脱硫工艺吸收塔系统由浆液循环吸收系统（含塔外浆液箱）、塔内和塔外的氧化系统、除雾器等组成。吸收塔上部喷淋区包括喷淋层及均流筛板，分为均流筛板持液区和喷淋吸收区，吸收塔底部浆液池与塔外浆液箱通过管道相连。典型石灰石/石膏法 pH 值物理强制分区脱硫工艺流程如图 6－9 所示。

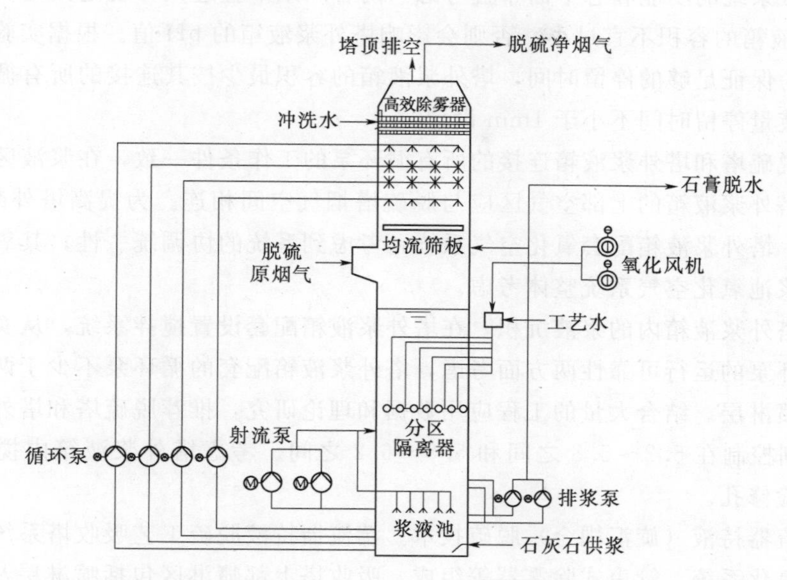

图 6－8　典型石灰石/石膏法 pH 值自然分区双循环脱硫工艺流程图

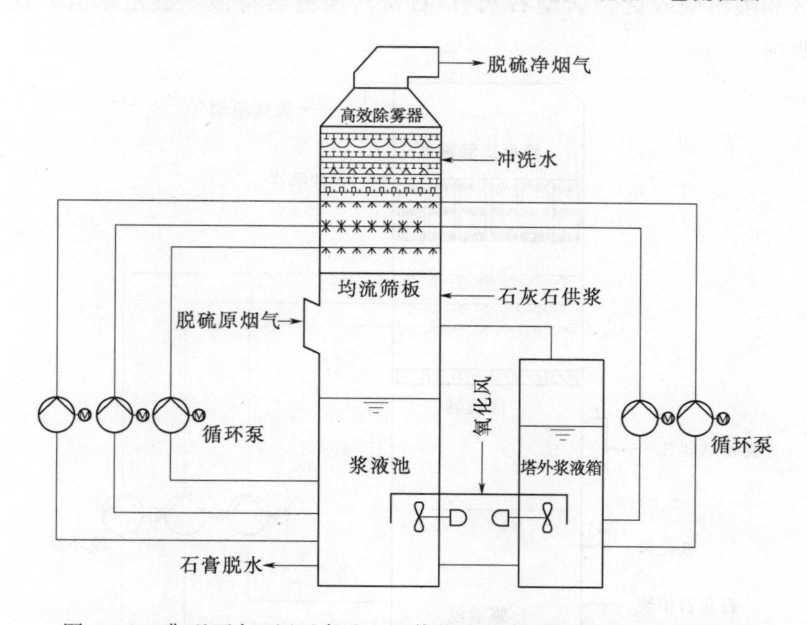

图 6－9　典型石灰石/石膏法 pH 值物理强制分区脱硫工艺流程图

pH 值物理强制分区（塔外浆液箱 pH 值分区）脱硫技术原理类似于单塔双区技术，即在脱硫塔附近设置了塔外浆液箱，增加总的浆液停留时间，实现了 pH 值的物理强制分区调控，有利于实现高效脱硫和提高石膏氧化结晶的效果。

该系统的主要特点是增加了塔外浆液箱系统并配套循环泵，基于塔外浆液箱内浆液 pH 值高于脱硫塔内浆液 pH 值的特点，配套的循环泵主要用于脱硫塔内上部喷淋层的喷淋。塔外浆液箱作为脱硫塔的辅助系统，与脱硫塔保持一定的距离可以适当增加浆液的停留时间，但从系统的功能和总平面布置考虑，两者间距不宜过大，规定其壁板距离宜小于5m，塔外浆液箱的容积不宜过小，否则会影响塔外浆液箱的pH值。根据实验研究和工程应用研究，为保证足够的停留时间，塔外浆液箱的容积最少按其连接的所有循环泵额定工况下输送浆液量停留时间不小于1min设计。

为保证脱硫塔和塔外浆液箱连接的所有循环泵的工作条件一致，在浆液区与浆池相连接的同时，塔外浆液箱的上部空气区应与脱硫塔烟气空间相连。为提高塔外浆液箱内pH值回升速率，塔外浆液箱配套氧化空气系统，考虑到系统的协调统一性，其氧化空气系统与脱硫塔内浆池氧化空气系统整体考虑。

为防止塔外浆液箱内的浆液沉积，在塔外浆液箱配套设置搅拌系统，从实现更高的脱硫效率和循环泵的运行可靠性两方面考虑，塔外浆液箱配套的循环泵不少于两台并对应脱硫塔内上部喷淋层。结合大量的工程应用数据和理论研究，推荐脱硫塔和塔外浆液箱的浆液pH值分别控制在5.2～5.8之间和5.6～6.2之间。考虑塔外浆液箱内搅拌器等的检修，设置有检修孔。

（4）湍流器持液（旋汇耦合）脱硫技术。湍流器持液脱硫工艺吸收塔系统由浆液循环吸收系统、氧化系统、管束式除雾器等组成。吸收塔上部喷淋区包括喷淋层及湍流器，分为湍流持液区和喷淋吸收区。典型石灰石/石膏法湍流器持液（旋汇耦合）脱硫工艺流程如图6-10所示。

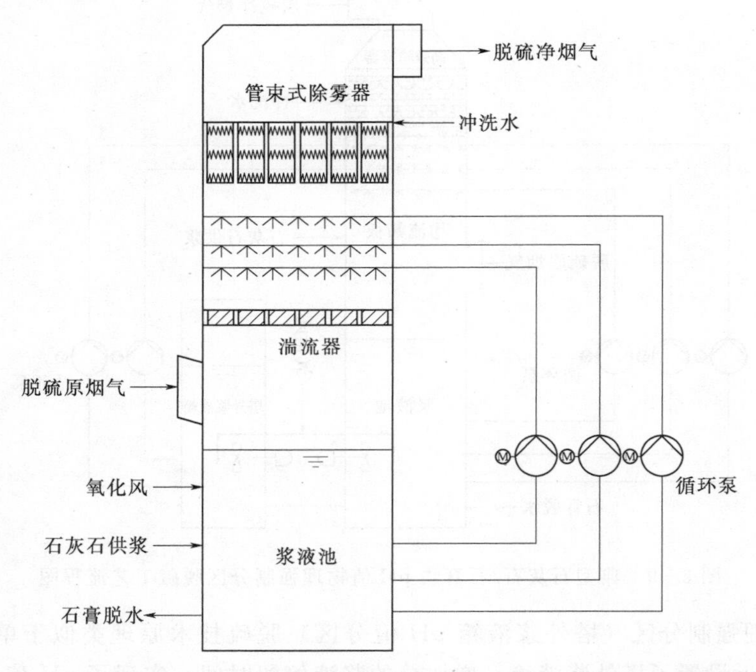

图6-10　典型石灰石/石膏法湍流器持液（旋汇耦合）脱硫工艺流程图

湍流器持液脱硫技术吸收塔系统相对传统的空塔结构部件有所增加，主要是在吸收塔内增加了加强气液传质以提高脱硫效率的湍流器（旋汇耦合装置）和实现高效除尘除雾功能的管束式除雾器。

旋汇耦合装置是旋汇耦合脱硫技术的核心部分，在喷淋层下方通过特制的旋汇耦合装置产生气液旋转翻腾的湍流空间，气液固三相充分接触，大大降低了气液膜传质的阻力，提高了传质速率，从而达到提高脱硫效率的目的。同时，相比传统的空塔喷淋可有效降低液气比，降低循环浆液喷淋量。为保证高效传质效果以及一定的液膜厚度，同时控制持液层厚度防止较高的阻力，旋汇耦合层的叶片角度、安装平整度、距离入口烟道、距离喷淋层的位置都是十分重要的因素。根据流态模拟数据以及上百台工程项目的验证，旋汇耦合装置底面距离吸收塔入口烟道与塔壁接口最高点应为1000mm以上，旋汇耦合装置顶部距离最下层喷淋层中心间距以2.5m为宜，不小于1.5m；湍流器表面应平整均匀，最高点与最低点的偏差不大于20mm；湍流器尺寸、叶片角度、排布方式应结合数值模拟进行优化设计，形成“旋流”与“汇流”耦合效应，强化气液传质，以满足系统的高效稳定运行。

管束式除尘除雾器是旋汇耦合技术中高效协同除尘的核心设备，该设备安装在吸收塔内原除雾器位置，管束式除雾器支承梁顶面与最上层喷淋层的间距应不小于1.5m。支承格栅宜采用合金材质全焊接制作，单块支承格栅长度不大于2m，跨距不大于2.5m。支承格栅排布后整体平整度应满足最大偏差不大于20mm，相邻格栅排布后整体平整度应满足最大偏差不大于5mm。管束式除雾器顶面、底面分别设置上下封闭板，实现过流烟气的隔离，保证过流烟气100%经除雾器内部通过。上封闭板顶部应预留的垂直空间高度应不小于1m，下封闭板下部应配置定期冲洗水喷嘴。管束式除雾器应配置冲洗装置与冲洗管道，每个除雾器单元应配置一个冲洗装置，多个冲洗装置通过冲洗支管相连组成一个冲洗区域，冲洗水泵扬程应满足冲洗装置出口压头不低于0.2MPa。

(5) 均流筛板持液脱硫技术。均流筛板持液脱硫工艺吸收塔系统由浆液循环吸收系统、氧化系统和除雾器等组成。吸收塔上部喷淋区主要包括喷淋层及均流筛板，分为均流筛板持液区和喷淋吸收区，典型石灰石/石膏法均流筛板持液脱硫工艺流程如图6-11所示。

根据传质强度需要确定均流筛板层数和开孔率，均流筛板层数不宜超过两层，开孔率宜为28%～40%。均流筛板厚度应为1.5～3mm，孔径应为25～35mm；均流筛板与吸收塔入口烟道接口最高点的间距不小于0.8m，均流筛板与最下层喷淋层的间距宜不小于1.8m；当采取两层均流筛板时，上下层均流筛板间距宜不小于1.5m。

均流筛板表面应平整均匀，设计荷载应不低于$2kN/m^2$，均流筛板宜采用模块化设计，每个模块的开孔排列方式应结合数值模拟进行优化，均流筛板模块间、模块与吸收塔壁间应密封完全，保证烟气全部通过均流筛板孔。吸收塔壁均流筛板处应设置检修孔，循环泵可按单元制设置，也可按交互式设置，两台循环泵对应一层喷淋层，循环泵和石膏排出泵的入口管道可不设置滤网。

2. 吸收系统其他设备

(1) 喷嘴。喷嘴将循环浆液分散成小液滴以增大气液接触面积，从而冲洗、冷却烟气。喷嘴的类型和材料随湿法脱硫工艺的不同和处理液体性质的变化而变化。一般情况下，喷嘴的类型由湿法脱硫系统的特殊要求等来确定。目前，在湿法脱硫系统中常用的喷嘴有切向喷嘴、轴向喷嘴和螺旋形喷嘴，如图6-12所示。切向喷嘴如图6-12(a)所示；

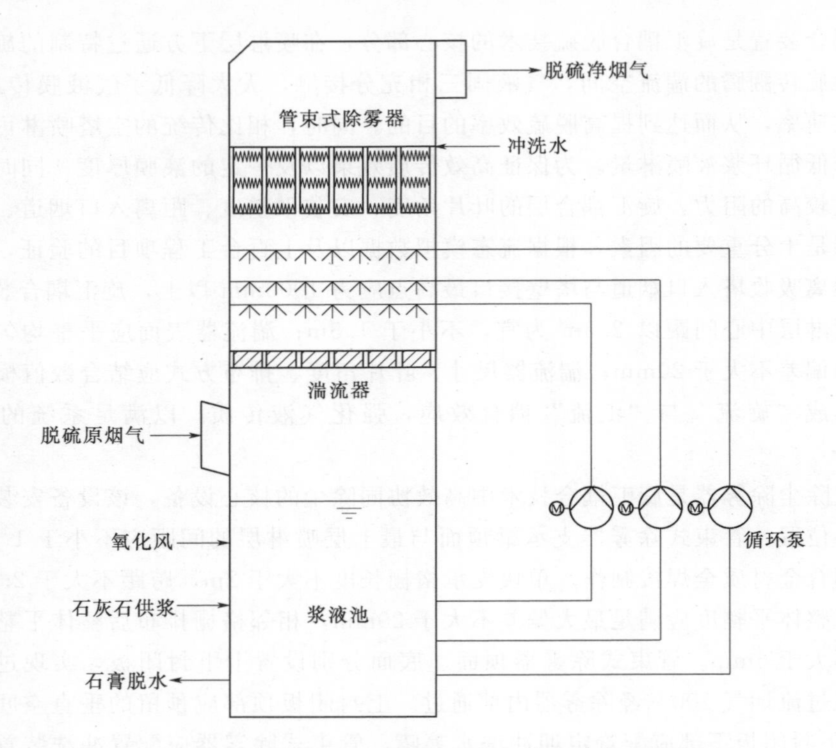

图 6-11　典型石灰石/石膏法均流筛板持液脱硫工艺流程图

通常形成中空圆锥喷流形式，这样大部分雾滴喷出时会形成一个环状，这种喷嘴是将浆液沿切线方向引入旋转室，并通过与入口成 90°的孔排出，在旋转室内没有任何部件。由于切向喷嘴价格只有螺旋喷嘴的 1/2，因此其性能价格比比螺旋喷嘴高。轴向喷嘴如图 6-12（b）所示，其产生的是实心圆锥喷流型式，与切向喷嘴相比，轴向喷嘴产生相同粒度的液滴时压降较小，即在压降相同时，其液滴的粒度会更小。螺旋喷嘴如图 6-12（c）所示，其产生的是一系列同心中空圆锥喷流型式，与轴向喷嘴一样，其入口和出口也在同一条中心轴上，但其内部没有微调叶片，而是将喷嘴本身设计成一个直径不断缩小的螺旋形状，从而将液流剪切成两个或更多的同心螺旋环。在喷嘴下面 1m 处的截面上的喷射模式是由一个或多个同心环构成。只有一个同心环的喷嘴是空心锥；有多个同心环的喷嘴是实心锥。螺旋喷嘴形成的液滴尺寸与中空圆锥喷流型的切向喷嘴差不多，但压降更小。当压力相同，液体流量更大时，螺旋喷嘴比轴向喷嘴更适合一些。但是螺旋喷嘴因结构较脆弱，在对吸收塔进行维护时易被损坏。

（2）喷淋层。吸收塔喷淋层的设计，应使喷淋层的布置达到所要求的喷淋浆液的覆盖率，使吸收浆液与烟气充分接触，以保证在适当的 L/G 条件下能可靠地实现所要求的脱硫效率，且在吸收塔的内表面不产生结垢。一个喷淋层由带连接支管的浆液母管和喷嘴组成。各层喷嘴在上下空间上应错开布置，应保证浆液重叠覆盖。

为保证选择的喷嘴在工作流量条件下能满足对烟气的喷淋效果，每一层喷淋层的所有喷嘴在设计布置时，应进行仔细计算，反复调整，以避免出现喷淋死角。另外，喷嘴的设计还应保证每个圆形螺旋形区域具有相同的喷雾密度。

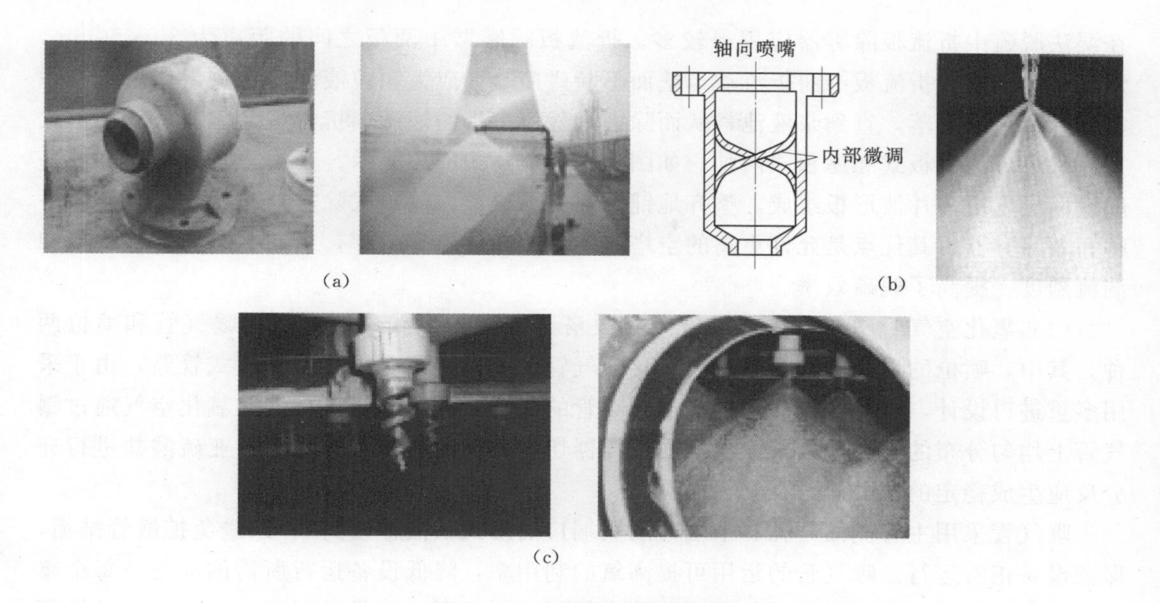

图 6-12　喷嘴结构及喷淋图

（a）切向喷嘴结构及喷淋图；（b）轴向喷嘴结构及喷淋图；（c）螺旋喷嘴结构及喷淋图

（3）除雾器。除雾器用来分离烟气所携带的液滴。在吸收塔内，由上下二级除雾器（水平式或菱形）及冲洗水系统（包括管道、阀门和喷嘴等）组成。经过净化处理后的烟气，在流经两级卧式除雾器后，其所携带的浆液微滴被除去。从烟气中分离出来的小液滴慢慢凝聚成较大的液滴，然后沿除雾器叶片往下滑落至浆液池。在一级除雾器的上、下部及二级除雾器的下部，各有一组带喷嘴的集箱。集箱内的除雾器清洗水经喷嘴依次冲洗除雾器中沉积的固体颗粒。经洗涤和净化后的烟气流出吸收塔，最终通过烟气换热器和净烟道排入烟囱。

在湿法脱硫系统中，对除雾器的一般要求为：在正常运行工况下除雾器出口烟气中的雾滴浓度应不大于 $75mg/m^3$；尽可能地将不大于 $15\mu m$ 的微滴除掉；系统的压力降要小；无堵塞；容易清洗。其中，无堵塞、高效率是选择除雾器的关键。

除雾器工作原理上可分为折流板和旋流板两种形式，折流板除雾器如图 6-13 所示。

图 6-13　折流板除雾器

（a）工作原理；（b）平板式除雾器；（c）屋顶式除雾器

在湿法脱硫中折流板除雾器应用得较多。折流板除雾器中两板之间的距离为30～50mm，烟气中的液滴在折流板中曲折流动与壁面不断碰撞凝聚成大颗粒液滴后在重力作用下沿除雾器叶片往下滑落，直到浆液池，从而除去烟气所携带的液滴。折流板除雾器从结构形式上，又可分为平板式和屋顶式两种，如图6-13（b）、（c）所示。其中，平板式除雾器一般设两层，由多片波形板组成，整齐地铺设在支承梁上。屋顶式除雾器是近年来兴起的一种高效除雾器，其优点是允许更高的空塔速度和较高的除雾效率，提高了塔内烟气扰度和湍流烈度，提高了脱硫效率。

（4）氧化空气管网。氧化空气进入吸收塔浆液池的形式一般有氧化曝气管和喷枪两种。其中，喷枪的形式较为简单。而氧化曝气管是一种带许多小孔的开放式管路，由于采用多重进口设计，可在操作过程中实现对喷管的冲洗，提高运行可靠性；氧化空气通过曝气管上均匀分布的气孔进入浆液池，在搅拌器切割、扰动下与浆液池中的亚硫酸盐进行充分反应生成稳定的硫酸盐。

曝气管采用主管侧面开孔、末端开放式端口的形式（液体密封），以避免扩散管结垢，保证设备正常运行。曝气管的运用可提高氧的利用率，降低设备运行所需的动力。每个曝气管在吸收塔外用一个截止阀与一个冲洗水管相连，以便在正常运行时，对每一组扩散管进行清洗。多个工程的运行显示，在正常工况下，一般不需对氧化曝气管进行清洗。

自清洗式氧化曝气管系统的主要特点为：氧化空气分布均匀，氧化性能高，保证石膏的生成效果和质量；系统整体结构简单、压降小，方便检修和清洗；在氧化空气用量较低的情况下，能保证氧化反应的彻底进行；氧化空气分布装置设计独特，具有自清洗功能，可有效防止分布管的堵塞。

氧化空气管网的设计要求为：管道强度以及挠度不超过1/400；氧化管网可采用FRP或PP管道；所有用于支撑氧化管连接配件的金属材料需防腐或采用耐磨合金。图6-14为自清洗式氧化曝气管结构简图。

（5）搅拌器及滤网。为避免吸收塔浆液池内的晶粒沉积，保证氧化空气与亚硫酸盐的充分接触与反应，在吸收塔浆液池内，通常设置侧进式搅拌器，如图6-15所示，侧进式搅拌器的要求如下。

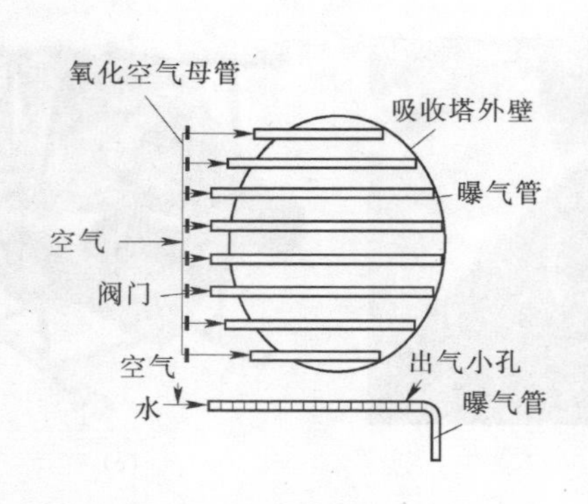

图6-14 自清洗式氧化曝气管结构简图

图6-15 侧进式搅拌器

1）塔内石膏浆液离底悬浮，氧化空气分布最优。

2）所有与介质接触的搅拌器材料能耐20000ppm浓度的氯离子，搅拌器叶片和轴材料为1.4529不锈钢。

3）轴、轴承能承受桨叶上的作用力，在扭矩和弯矩的作用下，能保持轴刚性。

4）搅拌器接口与吸收塔易于安装连接，并能确保在动载荷作用下，接口处浆液不会泄漏，可以长期安全可靠运行。

5）轴的机械密封能承受腐蚀和磨损，结构上保证在吸收塔正常工作时能进行维修、更换，而不需停车等。

另外，为防止吸收塔浆液池内大直径固体颗粒进入循环浆液泵或石膏排出泵，引起泵体的磨损及喷嘴和旋流子的堵塞，在这些泵的吸入口，常常设置过滤网，如图6-16所示。滤网及网孔的要求如下。

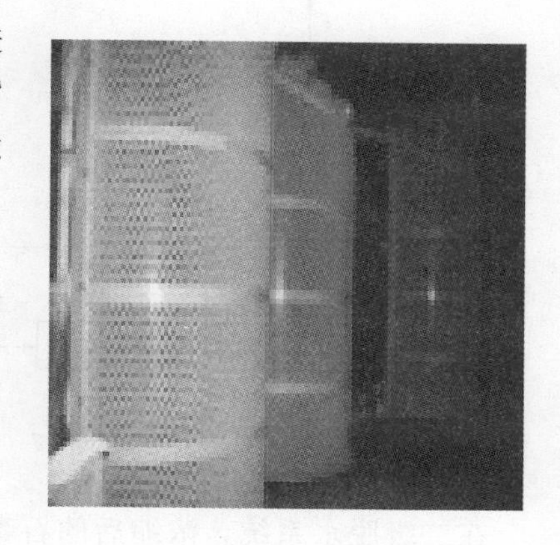

图6-16　过滤网

1）网孔面积应为泵吸入口面积的3倍以上。

2）网孔在筛网半圆柱体及顶部盖板上应按比例分布。

3）过滤网的材料一般采用PP、FRP或1.4529不锈钢。

4）PP、FRP板厚度按设计压力$6kg/cm^2$进行计算。

（6）浆液再循环泵。吸收塔再循环泵安装在吸收塔旁，用于吸收塔内石膏浆液的再循环。采用单流和单级卧式离心泵，包括泵壳、叶轮、轴、导轴承、出口弯头、底板、进口、密封盒、轴封、基础框架、地脚螺栓、机械密封和所有的管道、阀门及就地仪表和电机。工作原理是叶轮高速旋转时产生的离心力使流体获得能量，即流体通过叶轮后，压能和动能都能得到提高，从而能够被输送到高处或远处。同时，在泵的入口形成负压，使流体能够被不断吸入。由耐磨材料制造的浆液循环泵配有油位指示器、联轴器防护罩和泄漏液的收集设备等，配备单个机械密封，不用冲洗或密封水，密封元件有人工冲洗的连接管。轴承型式为防磨型。

浆液再循环系统采用单元制，每个喷淋层配一台浆液循环泵，每台吸收塔配3台浆液循环泵。运行的浆液循环泵数量根据锅炉负荷的变化和对吸收塔浆液流量的要求来确定，以达到要求的吸收效率。由于能根据锅炉负荷选择最经济的泵运行模式，该再循环系统在低锅炉负荷下能节省能耗。

（四）石膏脱水系统及设备

石膏脱水系统主要包括旋流系统及真空皮带脱水系统，石膏浆液通过吸收塔石膏浆液排出泵送至石膏一级脱水系统，经过石膏水力旋流器进行浓缩和石膏晶体分级。石膏脱水系统典型的工艺流程如图6-17所示。主要由石膏浆液集箱、石膏旋流器、石膏旋流站底流浆液箱、石膏旋流站溢流浆液箱、石膏浆液箱、石膏浆液泵、真空脱水皮带机、真空泵、汽水分离器、滤布冲洗水箱、滤布冲洗水泵、滤饼冲洗水箱及滤饼冲洗水泵等设备组成。

石膏水力旋流器的底流（主要为较粗晶粒）依重力流至石膏浆液分配箱，再流入真空皮带脱水机进行脱水，皮带上的石膏层厚度通过调节皮带速度来实现，以达到最佳的脱水效果。石膏水力旋流器的溢流收集于旋流器溢流箱，大部分通过旋流器溢流返回泵送回吸收塔，小部分通过废水旋流泵送到废水旋流器进行浓缩分离。

废水旋流器底流返回旋流器溢流箱，废水旋流器溢流液作为废水排放。通过控制废水的排放量达到控制排出细小的杂质颗粒从而保证石膏的品质，同时达到控制 FGD 系统中氯离子、氟离子的浓度，保证 FGD 系统安全、稳定运行的目的。

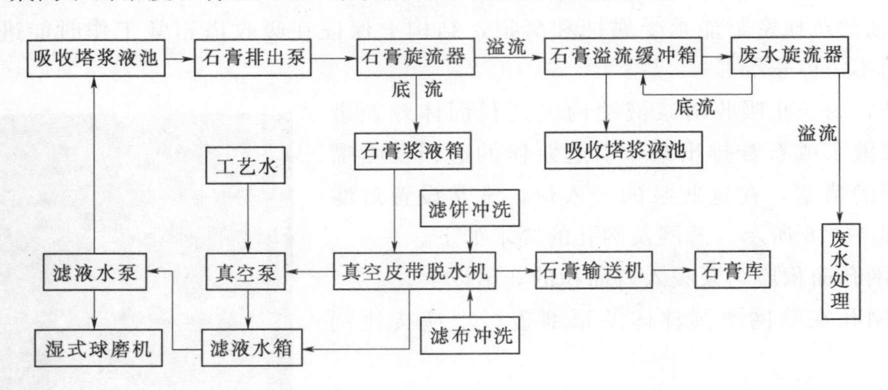

图 6－17　石膏脱水系统典型的工艺流程图

在二级脱水系统，浓缩后的石膏浆液经过真空皮带脱水机进行真空脱水。经过两级脱水浓缩的石膏产品是含水量小于 10％的优质脱硫石膏，通过石膏皮带输送机送至石膏储仓。石膏储仓底部设有汽车装运石膏的卸料装置。

石灰石湿法脱硫工艺中，从吸收塔排出的石膏浆经过旋流分离、洗涤和脱水后，得到10％左右游离子的石膏脱硫石膏和天然石膏一样，都是二水硫酸钙晶体（$CaSO_4 \cdot 2H_2O$）。其物理化学性质和天然石膏具有共同规律。脱硫石膏由于稳定性好，一般可作为制造墙板或水泥而出售，其综合利用前景十分看好，是一种高附加值产品。

（五）脱硫工艺水系统及设备

脱硫工艺水系统由工艺水箱、工艺水泵、除雾器冲洗水泵、阀门和工艺水管道等组成，工艺水供至 FGD 装置的工艺水罐。储存在工艺水罐的工艺水一路由工艺水泵打出作为吸收塔补水、真空泵密封水、石灰石浆液箱补水、泵的密封水、冷却水及冲洗水等；另一路由除雾器冲洗水泵打出，自动间歇地冲洗除雾器，脱硫工艺水系统的流程如图 6－18 所示。

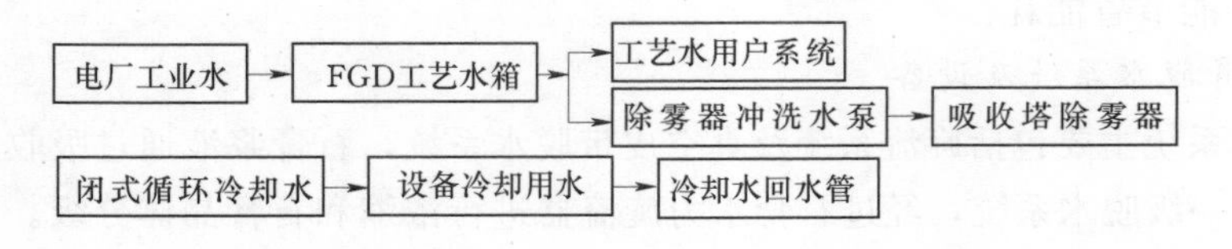

图 6－18　脱硫工艺水系统的流程图

工艺水箱水源从电厂就近的服务水管网引接，其主要用于吸收塔蒸发水、石灰石浆液制备用水、石膏结晶水、石膏表面水；烟气换热器的冲洗水；除雾器、真空皮带脱水机、循环浆液泵、浆液管道、喷嘴及其他所有浆液输送设备、输送管路、储存箱的冲洗水；所有仪表管、pH 值计、密度计等的冲洗水。

当工艺水氯离子含量超过标时，投入除盐水（用闭式循环冷却水）降低石膏冲洗水氯离子浓度，或全部使用除盐水作为石膏冲洗水，氯离子浓度信号由主体工程提供。工艺水箱的可用容积能满足机组 FGD 装置正常运行 2h 的最大工艺水耗量。工艺水泵的容量满足 FGD 装置设计煤种条件下 100%BMCR 工况的用水量，一运一备。除雾器冲洗水泵按 FGD 装置设计煤种条件下 100%BMCR 工况的用水量设计，每台机组配两台，一运一备。

设备冷却水由电厂闭式循环冷却水系统供给，回水返回电厂闭式循环冷却水回水管，FGD 回水处压力不小于 0.3MPa。增压风机及电机等设备的冷却水系统采用单元制，其进水管分别从相应机组的闭式冷却水系统接出，回水排至该机组的闭式冷却水系统回水管。球磨机等公用设备的冷却水系统采用切换母管制，能实现由每台机组的闭式冷却水系统供水，回水则排至相应机组的闭式冷却水系统回水管。

（六）脱硫废水处理系统及设备

石灰石/石膏法烟气湿法脱硫过程产生的废水来源于吸收塔排放水。为了维持脱硫装置浆液循环系统物质的平衡，防止烟气中可溶部分即氯浓度超过规定值和保证石膏质量，必须从系统中排放一定量的废水，废水主要来自石膏脱水和清洗系统。废水中含有的杂质主要包括悬浮物、过饱和的亚硫酸盐、硫酸盐以及重金属，其中很多是国家环保标准中要求严格控制的第一类污染物。

废水旋流站的溢流直接进入废水处理系统的中和、沉降、絮凝三联箱，然后进入澄清器和出水箱，其间的出水梯次布置，形成重力流。澄清器污泥含水量为 90%，污泥大部分排往板框压滤机，压滤机的底部排泥含水率不大于 75%，排泥经电动泥斗缓冲大部分装入运泥车，小部分回流污泥送回中和箱，设螺杆泵进行输送。回流污泥为三联箱的结晶反应提供晶种，回流量可人工调节。压滤机排出的滤液及清洗滤布的污水自流至滤液箱，通过泵将该水送至三联箱进行处理。

系统设置生石灰粉仓，生石灰粉通过计量装置进入石灰乳制备箱，再通过螺杆输送泵送入石灰乳计量箱。石灰乳、有机硫、混凝剂、助凝剂、盐酸等计量箱后分设计量泵，完成向三联箱及出水箱自动在线调节计量加药。计量泵为可调节机械隔膜泵，每组计量泵均为两台，一用一备。脱硫废水处理系统工艺流程如图 6-19 所示。脱硫废水处理系统配置有反应箱、中和箱、絮凝箱、澄清池、清水箱、废水提升泵、废水排放泵、排泥泵和全套化学加药系统。

（七）浆液排放和与回收系统

吸收塔设有一个集水坑（吸收塔区域集水坑），主要收集本吸收塔区域排水沟的浆液和石膏脱水区集水坑的浆液。通过该集水坑泵返送至吸收塔，或视情况送至事故浆液池。石膏脱水区集水坑主要收集来至石灰石浆液制备区集水坑的浆液和滤液水，再由集水坑泵送至吸收塔区域集水坑。以上集水坑都配有一台搅拌器和一台集水泵。在 FGD 岛内设置公用的事故浆液箱，事故浆液箱的容量能够满足单个吸收塔检修排空时和其他浆液排空的要求，并作为吸收塔重新启动时的石膏晶种。吸收塔浆液池检修需要排空时，吸收塔的石膏浆液可送至事故浆液箱，作为下次 FGD 启动时的浆液晶种。事故浆液箱设置一台浆液返回吸收塔的浆液泵。浆液排放和回收系统的流程如图 6-20 所示。

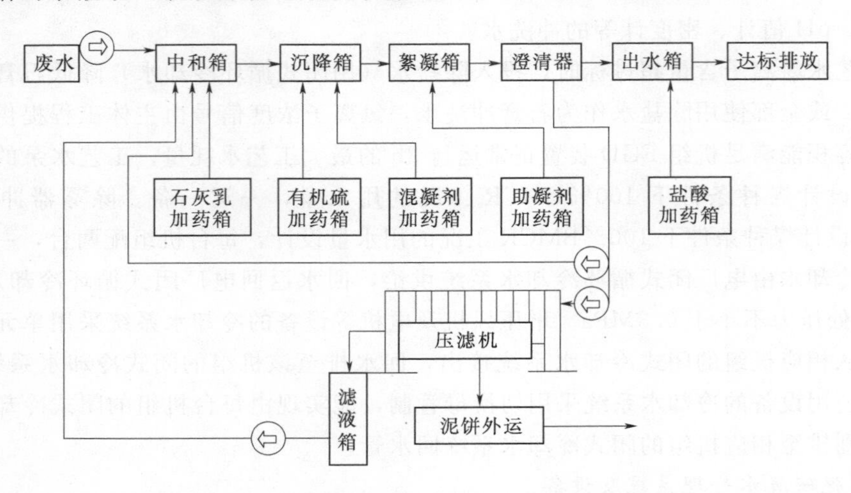

图 6-19 脱硫废水处理系统工艺流程图

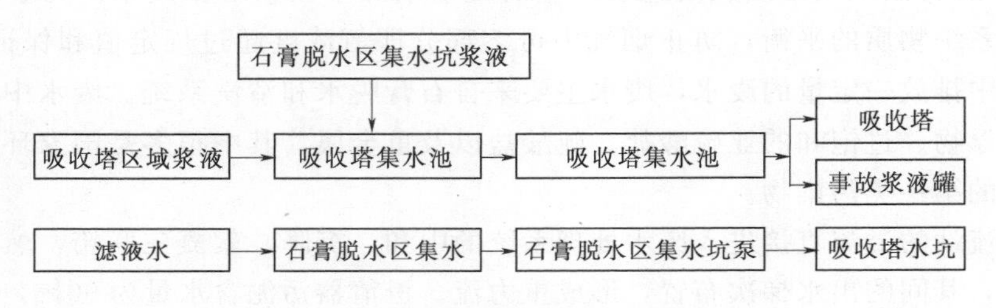

图 6-20 浆液排放和回收系统的流程图

(八) 压缩空气系统 (仪用空气和杂用空气)

FGD 设公用压缩空气系统，压缩空气用量按脱硫装置提供，仪用空气压力为 0.6～0.8MPa，杂用空气压力为 0.6～0.8MPa。该系统的流程为：电厂仪用空气→FGD 仪用空气储气罐→FGD 仪用空气各用户；电厂来杂用空气→杂用空气储气罐→FGD 各用气点。

脱硫岛内部不设置仪用和检修用空压机，所需的仪用压缩空气和检修用压缩空气均由电厂相应系统提供。挡板门及调节阀的执行机构均采用气动。系统在脱硫岛内设置仪用空气储气罐，其容量满足脱硫岛 15min 仪用空气用量及所有烟道挡板门一次动作所需的用气量。仪用和检修用压缩空气系统设置独立的储气罐。

第三节 燃煤电厂湿法脱硫系统的启停及运行调整

一、湿法脱硫系统的启动

(一) 湿法脱硫系统的启动状态

1. 冷态启动

冷态启动为 FGD 系统的初次启动或 FGD 系统检修后的重新启动。在冷态启动前，FGD系统内的全部机械设备处于停运状态，所有的箱罐坑等处于无液位状态（无水或无浆液）。

2. 短期启动

短期启动为FGD系统因故停运24h以上72h以内的重新启动。在短期启动前，有液位容器的搅拌器处于连续运行状态，其他机械设备处于停用状态。系统启动时需要进行部分系统的恢复工作。

3. 短时启动

短时启动为因故临时停运后的重新启动，停运时间在24h内，系统内所有设备处于热备用状态（各箱罐坑的液位保持正常，搅拌器处于运行状态）。FGD系统投运条件满足后可随时投入运行。

（二）湿法脱硫系统的正常启动

正常启动系指所有系统都已检查、备料的情况下（不同于首次启动或持续停机维修、修补或修理后的启动），各分系统、设备按照工艺特点顺序启动。脱硫系统启动前，各个分系统应试运转合格，所有热工设备必须调试完毕，所有设备应进行检查，确认设备处于良好的启动预备状态，配备合格的运行、维护人员。此外，还必须具备下列条件：①启动电源必须可靠；②石灰石应准备充分，粒度及品质应符合设计要求；③工艺水从脱硫岛外引入工艺水箱，应使用水质符合设计要求的水源。在正常运行之前，应保证所有设备状态良好，可随时投入使用。

1. 辅助系统

检查仪表气压力是否正常，保证在不出现低压报警时，仪表气总管压力大于最小值；检查工艺水是否即时可用，压力正常，工艺水可正常进入工艺水箱，进水阀处于自动方式，当水位较低时可自动开启；将吸收塔浆液池调为“自动”方式，在液位信号发出时随时可运行；吸收塔浆液池搅拌器调为“启动”方式，当浆池内液体升到要求的液位时可自动启动。

2. 吸收塔系统设备状态

将工艺水泵调到“手动”方式，启动泵之前，进口阀门应开启；启动石灰石系统，填满石灰石浆液箱，并启动一个石灰石浆液供给泵，保证石灰石浆液供给回路的控制阀可随时供给石灰石浆液；通过PLC将pH值控制器调至“自动”方式，保证系统可随时得到其他pH值控制要求的信号，包括系统进口/出口SO_2、烟气流量、石灰石浆液密度等；启动搅拌器，要求吸收塔液位在低-低以上，如果在搅拌器启动前将吸收塔注满石灰石浆液，搅拌器在任何泵启动之前应至少运行60min，搅拌器必须在浆液池中充满浆液的情况下运行。

当上述所有步骤完成，上述系统完全处于运行状态时，才能启动循环泵，泵只一次启动一下，当将泵选择“启动”时，泵进口阀门全开启，泵启动。以下条件未达到时，如吸收塔高于低液位、排放阀关闭、冲洗阀关闭、电机温度不高、电机传动箱未报警等条件中有一条未达到时，泵不能开启。

在泵的启动步骤中，所选择循环泵的进口阀门将开启，造成泵停止运行的任何条件同时也会使泵进口阀关闭。至少必须有一台循环泵运行，烟气挡板才能开启。增加启动的泵台数依据装置预期运行的负载而定。在运行中泵可随时启动和停止，但必须保证至少一台泵一直运行。检查密度传送器，传送信号应处于适当的运行范围。

3. 吸收塔在线状态

吸收塔区所有设备和辅助系统，除氧化风机外，都处于运行和准运行状态。且必须达到以下条件：①吸收塔液位在低-低；②吸收塔搅拌器运行，才能向主设备控制室下达指令开启吸收塔隔离阀，吸收塔可接收烟气，未达到以上任何一个条件会导致不被准许开启挡板。

4. 氧化风机

确定手动氧化空气吹风管隔离阀处于开启状态，氧化风机排放流量开关开启，氧化风机位于DCS运行状态。将风机设为“自动启动”方式，风机将自动执行开启步骤，当开启步骤完成后，风机启动。当吸收塔处于在线状态，水力旋流器运行时，如需要皮带过滤系统和石灰石浆液供给系统可设为运行。

二、湿法脱硫系统的停运

（一）湿法脱硫系统停运状态

1. 短时停机

短时停机为停运至启动时间在24h内的停机。烟气系统设备、吸收塔循环泵、氧化风机系统应停运；在切换到旁路运行后，增压风机将关闭。吸收塔循环泵停运和放出管件中流体后，氧化风机最后停止运行。FGD装置进出口挡板门关闭，FGD装置与烟气断开。工艺水仍送至石膏脱水和石灰浆制备和分配处，所有搅拌器仍在运行。

2. 短期停机

短期停机为停运至启动时间在1～7d内的停机。此状态下，除了短时停机中所述设备设施外，以下设备和设施也将停运。

（1）除雾器冲洗系统、石灰石制浆和分配系统、石膏脱水系统。

（2）搅拌器和工艺水供给系统、仪用空气系统仍保持运行。

3. 长期停机

长期停机为停运至启动时间在7d以上的停机。此状态下，除了短期停机中所述设备设施外，以下设备和设施也将停运。各浆罐要清空，搅拌器和工艺水供给系统、压缩空气系统停运。

（二）湿法脱硫系统正常停机

如果湿法脱硫系统长期停运，则先停运石灰石浆液制备系统，磨机再循环箱、石灰石浆液箱A和B排空，管道冲洗干净；脱硫废水处理完毕后，系统各箱、罐、设备、管道冲洗干净并排空；工业水、工艺水和压缩空气系统根据需要在FGD系统全部停运后停运。

1. 辅助系统的状态

如系统正常运行时停机，隔离挡板关闭，烟气流被截止时，辅助系统和设备的状态如下：工艺水供给吸收塔，氧化空气和清洗用。工艺水从FGD系统外供应，在FGD系统停运时不需停止工艺水系统，且当操作员人为将FGD系统停运时，工艺水将自动冲洗所有浆液管。滤液供给吸收塔，滤液来自脱水系统，并由滤液泵返回到吸收塔。

2. 吸收塔区域排水坑

按需要选择排水坑泵的排放目的地，通常排放的浆液返回到吸收塔，排水坑泵处于“自动”方式下，在高液位时可随时运行，排水坑搅拌器处于“启动”状态下。

3. 吸收塔区设备状态

当吸收塔液位低于氧化空气分布管时，停止氧化空气风机运行之后，立即关闭吸收塔隔离挡板；石灰石浆液在供给回路中不断循环，根据控制信号，将浆液供给吸收塔，新鲜的石灰石浆液可对控制信号反应而流入吸收塔。

4. 吸收塔停运

当空气控制阀关闭时，氧化空气喷水自动截止，排放阀关闭会自动开启急泄阀，此时氧化风机会停车；建议在“停机”步骤中最多操作一台循环泵以避免在排放和清洗过程中吸收塔区浆液池浆液过多，当一个泵排放和清洗步骤完成后，下一个泵才能停止。

用PLC选择“停止”命令来停止循环浆液泵，这样就自动启动了泵的隔离，排放和冲洗步骤如下：泵电机自动停止后隔离阀关闭前会有一段延时，以使循环管道中的液体排放到吸收塔，泵吸入隔离阀关闭，排放阀开启，设定一段延时后冲洗阀开启，在追加的一段设定时间内以上两个阀保持开启，以清洁和排放系统中剩余的浆液，然后排放阀关闭，而冲洗阀在预设的时间段内保持开启以使循环泵充满。最后冲洗阀关闭，如要求进一步的冲洗，操作员可手动通过PLC开启和关闭排放阀和冲洗阀。

当所有循环泵停止后，建议清洗除雾器，以清除除雾器上及内部喷淋管顶的残留浆液。吸收塔搅拌器不应停止，只有在吸收塔液位降到低-低位时，才能停止搅拌器。如以上设备因维护需要停运，一旦维护完成就应立即回到运行状态。一旦吸收塔隔离挡板关闭，输入到吸收塔以控制液位的工艺水便停止供应。

5. 吸收塔的排放

按照以下程序将吸收塔内浆液排入到事故浆池。

（1）将氧化风机、浆液循环泵、除雾器和吸收塔回流关闭，而石膏排放泵保持运行。

（2）开启手动阀，将吸收塔浆液分流到事故浆池，隔离水力旋流器的阀需关闭。

（3）启动石膏排放泵，降低吸收塔液位，直到低于氧化空气分布管报警时。关闭此泵，排放和冲洗步骤完成。

当吸收塔处于低-低液位时，吸收塔搅拌器跳闸，不应过早地停止搅拌器，以防止因固体沉积造成泵的潜在问题。吸收塔中剩余的浆液可排放到吸收塔排水坑并泵到事故浆池。当吸收塔排空后，连到循环泵的排放阀应关闭，以防止残留在塔内的烟气散发到排放管外去。如果想要冲洗吸收塔内部，当塔内的烟气被清除可安全进入后，再打开排放阀。

（三）湿法脱硫系统紧急停运

1. 紧急停运操作总则

FGD岛烟气的联锁保护命令能在各种导致紧急停运的情况下发挥作用，以保护机组的安全。当联锁保护工作时，或者运行人员根据自己的判断实施紧急停运时，重要的是紧密结合主机情况，准确掌握形势，判断事故原因和规模，快速采取对策。尤其对于浆液管道，如果由于FGD断电致使辅助设备长期关闭，浆液就会沉积并阻塞管路，从而导致二次事故。为了防止管路阻塞的二次事故，除吸收塔浆液循环管路外，其他高浓度浆液管线设计成自动排空方式。紧急停运后即使没有排空吸收塔浆液循环管路中的浆液，吸收塔循环泵也能重新启动。在紧急停运后重新启动FGD前，现场检查每一部件并确认正常，然后密切根据主机情况指导启动操作。当FGD紧急停运时，停运主机或调整主机负荷。因此，在 FGD 紧急停运和紧急停运后重新启动时，要密切联系主机并与主机相协调。

2. 紧急停运后的措施

如果 FGD 岛出现紧急停运，查清事故原因及其规模，根据情况操作 FGD 装置。如有必要，进行复位工作，并与 FGD 岛相连的有关部分保持紧密联系。如果复位需要很长时间，将 FGD 岛设为长期停运状态。如果泵和搅拌器由于失电停运，石膏浆液就会沉积在箱罐底部并阻塞管路。如果电力供应不能在 8h 内恢复，放空浆液管道和泵，并用水冲洗，以减少由于沉积造成的二次事故。

3. 紧急停运后的重新启动

在确认紧急停运的原因消除后，FGD 岛可重新启动并准备通烟。FGD 岛可按照正常启动操作重新启动。将 FGD 岛设置为中期停运状态，重新设置紧急停运状态，操作 FGD 岛通烟，并保持与主机的紧密联系。

三、脱硫系统运行参数的调整与控制

（一）脱硫系统运行参数调整的主要原则

（1）保证机组安全稳定运行。

（2）保证脱硫装置安全稳定经济运行。

（3）及时调整脱硫装置的运行参数，使设备在最佳工况下运行。

（4）保证脱硫效率达到环保要求。

（5）保证电厂 SO_2 排放满足环保要求。

（6）保证石膏品质满足设计要求。

（二）脱硫系统运行参数调整的主要内容

1. 烟气系统调整

根据机组负荷变化调整增压风机出力，控制 FGD 入口压力适宜。

2. SO_2 吸收系统调整

SO_2 吸收系统调整包括：通过除雾器冲洗或工艺水补水维持吸收塔的液位处于正常范围，或通过控制吸收塔石膏浆液排出量来实现吸收塔浆液密度调整。一般吸收塔浆液密度控制在 1080～1130kg/m^3 的范围；根据吸收塔入口烟气流量、SO_2 浓度及石灰石浆液品质和石灰石浆液密度变化，调整石灰石供浆流量以控制吸收塔浆液的 pH 值，一般 pH 值控制在 5.0～6.0 的范围，高 pH 值可提高脱硫效率，低 pH 值有利于氧化反应。

3. 制浆系统调整

制浆系统调整包括：控制石灰石给料稳定及其与水量的配比，调整石灰石浆液浓度；控制石灰石浆液循环箱液位，防止溢流；应定期分析石灰石浆液品质；对钢球磨损应定期补充合格的钢球。

4. 石膏脱水系统调整

石膏脱水系统调整包括：通过实验室石膏成分分析结果，调整石膏浆液浓度、吸收塔石膏浆液 pH 值、真空皮带脱水机转速、真空度、石膏滤饼厚度、氧化空气量等控制石膏品质达到设计要求；通过调整皮带脱水机转速，维持石膏滤饼厚度的稳定。

（三）脱硫系统运行参数的优化控制

脱硫系统运行参数优化控制的目的是在满足环保排放要求的前提下节能降耗。

1. 吸收系统运行优化

脱硫吸收系统运行优化的内容包括：浆液循环泵运行优化；pH值运行优化；氧化风量运行优化；吸收塔液位运行优化；石灰石粒径运行优化等。

即在不同负荷、不同入口SO_2浓度时，确定最佳的浆液循环泵组合方式、最佳pH设定值、氧化风机的投运台数、吸收塔液位和石灰石粒径等，建立吸收系统最佳运行卡片，指导运行人员合理操作，使得脱硫装置在满足环保排放要求的情况下，脱硫运行成本最小。

制定吸收系统最优运行卡片时应注意以下几点。

(1) 合理选择机组负荷和入口SO_2浓度范围。

(2) 合理选择试验工况，重点是浆液循环泵组合方式和pH值优化。

(3) 宜根据脱硫设备运行状态变化情况不断对运行卡片进行调整。

2. 烟气系统运行优化

(1) 控制烟气系统的阻力增加。控制烟气系统的阻力的关键是降低和缓解GGH、除雾器结垢和堵塞引起的阻力增加。运行中的优化包括GGH吹扫周期、高压冲洗水投入频率等。

除雾器堵塞结垢的主要原因是水平衡被破坏，除雾器得不到有效冲洗。维护水平衡正常的主要工作包括：控制各类泵的轴封水水量（对开式系统）；最大限度地利用石膏过滤水进行石灰石浆液制备；防止和减少系统外水如雨水、清洁用水的进入系统；加强脱硫装置的冲洗阀、补水阀等阀门状况监控，及时消除阀门关闭不严和内漏等缺陷；尽量不开旁路或少开旁路运行。

(2) 增压风机与引风机串联运行优化。增压风机与引风机串联运行的，两风机共同克服锅炉烟气系统与脱硫烟气系统的阻力。要避免出现一个风机在高效区运行，而另一个风机在低效区运行的情况。应通过试验，在机组和脱硫装置安全运行的前提下，找出不同负荷时两风机最节能的联合运行方式（增压风机和引风机能耗之和为最小值），最终归纳出最佳运行卡片，指导运行操作。

3. 公用系统（制浆、脱水等）运行优化

(1) 增加设备出力，减少公用系统的运行时间。在满足工艺要求的条件下应尽可能提高石灰石磨机、真空皮带脱水机等的出力。

为提高湿磨机的出力，可采取的措施包括：增加球磨机内钢球装载量；增加石灰石旋流器的压力；增加石灰石旋流子投入个数；增加石灰石旋流子底流沉沙嘴尺寸；增加石灰石浆液密度。

为提高真空皮带机的出力，可采取的措施有：增加脱水系统的供浆量；增加石膏旋流子投入个数；增加石膏旋流子底流沉沙嘴尺寸；增加石膏旋流器压力；拓宽真空脱水系统启停对应的石膏浆液密度，尽量减少启停次数。

(2) 根据上网电价时段调整运行时间。为了提高电厂的效益，应使公用系统尽量在谷、平段时运行。

四、脱硫系统故障处理

（一）重大的故障处理

1. 6kV电源中断的处理

(1) 现象：6kV母线电压消失，CRT报警；运行中的脱硫设备跳闸，对应母线所带的6kV电机停运；该段所带对应的380V母线将失电，对应的380V负荷失电跳闸。

（2）原因：6kV母线故障；机组发电机跳闸，备用电源未能投入；脱硫变故障备用电源未能投入。

（3）处理：立即确认脱硫联锁跳闸动作是否完成，若各烟道挡板动作不良应立即将自动切为手动操作；确认USP段，直流系统供电正常，工作电源开关和备用电源开关在断开位置，并断开各负荷开关；联系直接领导者及电气维修人员，查明故障原因恢复供电；若给料系统联锁未动作时，应手动停止给料；注意监视烟气系统内各温度的变化，必要时应手动开启除雾器冲洗水门；将氧化风机、增压风机调节挡板关至最小位置，做好重新启动脱硫装置的准备；若6kV电源短时间不能恢复，按停机相关规定，并尽快将管道和泵体内的浆液排出以免沉积；若造成380V电源中断，按相应规定处理。

2. 380V电源中断的处理

（1）现象：380V电压指示到零，低压电机跳闸；工作照明跳闸，事故照明未投入。

（2）原因：相应的6kV母线故障；脱硫低压跳闸；380V母线故障。

（3）处理：若属6kV电源故障引起，按短停机处理；若380V单段故障，应检查故障原因及设备动作情况，并断开该段电源开关及各负荷开关；当380V电源全部中断，且电源在8h内不能恢复，应利用备用设备将所有泵、管道的浆液排尽并及时冲洗；电气保护动作引起的电源严禁盲目强行送电。

3. 吸收塔浆液循环泵全停

（1）现象：循环泵指示灯红灯熄、绿灯亮，电机停止转动；联锁开启旁路挡板，停运增压风机，关闭脱硫装置进口烟气挡板。

（2）原因：6kV电源中断；吸收塔液面低于4.5m；吸收塔液位控制回路故障；泵电机轴承温度或泵电机线圈温度过高；入口阀显示未完全打开。

（3）处理：确认联锁动作是否正常，确认脱硫旁路挡板自动开启，增压风机跳闸，原烟气及净烟气烟气挡板自动关闭，若增压风机未跳闸、挡板动作不良，应手动处理；查明循环泵跳闸原因，并按相关规定处理；必要时通知相关检修人员处理；若短时间内不能恢复运行，按短时停的有关规定处理；视吸收塔内烟温情况，开启除雾器冲洗水，以防止吸收塔衬胶及除雾器损坏。

（二）脱硫系统常见故障原因分析及处理措施

1. 烟气系统故障及处理措施

（1）原烟道和BUF风机。常见故障表现：因系统联锁原因跳闸；因风机本体组成部件故障而保护跳闸［轴承温度高、润滑油压低、润滑油温高、振动故障、揣（喘）振、失速和冷却风机故障等］；风机本体轴承损坏、叶片变形和严重磨损、电机本体故障等；这里重点提一下原烟道和BUF风机叶片腐蚀，由于原烟道从入口挡板到BUF风机入口处，因烟气是高温烟气而无需进行防腐处理，但很多电厂未能关闭旁路挡板运行，在引风机出力小于BUF风机出力时，有一部分烟气从旁路烟道回流到原烟道，与原烟气混合而降低了烟温。这部分烟气对原烟道和风机叶片产生腐蚀；在机组低负荷运行时尤为严重。

（2）烟气换热器（RGGH）。主要故障表现为RGGH堵塞，分析原因包括以下几个方面：烟气中的粉尘含量严重超标后，会导致换热元件积灰堵塞、结垢，从而影响换热效果、影响BUF风机出力、影响系统安全运行；净烟气携带的浆液液滴沉淀在换热原件上造成原件损坏。解决故障的主要方式：通过压缩空气、蒸汽和高压冲洗水在线吹扫，停运后人工清理堵塞。

2. 吸收塔内部构件故障及处理措施

(1) 喷淋层、喷嘴。喷淋层、喷嘴常见故障现象包括：喷淋层喷嘴堵塞，喷淋层喷嘴脱落或损坏，喷淋层对支撑梁和塔壁冲刷。判断发生故障方法，通过观测循环泵出口压力及电流变化、脱硫装置出口 SO_2 浓度及脱硫效率、支撑梁与吸收塔外壳连接处有浆液外泄等判断异常。主要故障处理方法可通过对喷淋层喷嘴堵塞物进行清理或更换损坏或脱落喷淋层喷嘴完成。

(2) 除雾器。除雾器堵塞主要原因包括：除雾器冲洗时间间隔太长；除雾器冲洗水量不够；除雾器冲洗水压低，造成冲洗效果差；除雾器冲洗水（有杂物）不干净，堵塞冲洗水喷嘴除雾器堵塞处理措施：优化设计，采用4层冲洗；控制除雾器冲洗水压力符合要求；控制水质，保证冲洗水干净；严格控制吸收塔液位，保证吸收塔液位不超过高报警值。

(3) 氧化风机。氧化风机常见故障有：风机压头一般不超过100kPa，当吸收塔液位未能有效控制后，液位每升高500mm，风机压头将增加5kPa，压力增加的同时温度将上升，必须有效控制吸收塔液位，不能超过氧化风机运行的报警值，否则应降低液位运行；温度、轴承、润滑油、冷却水和电气故障；操作原因造成风机叶轮与风壳摩擦损坏。

(4) 搅拌器。最多的故障是叶片在设计制造过程中没有很好地消除应力、对叶片工作环境的低频处理；其次是搅拌器机械密封损坏更换。

(5) 循环泵。循环泵常见故障有：系统联锁原因故障，如吸收塔液位、滤网结垢堵塞后造成入口压力低等；本体故障原因造成汽蚀、轴承损坏、温度高、机械密封损坏、冷却水不正常、堵塞等；浆液中 SiO_2 含量超标，导致叶轮磨损严重，出口压力逐渐降低，脱硫效率逐渐降低；滤网堵塞：进口阻力增大，泵出力降低，做功少，喷淋效果降低，导致脱硫效率下降。

3. 吸收塔系统运行中的常见问题及解决办法

吸收塔系统在运行中会遇到一些常见的问题，了解这些问题的表现、产生的原因以及解决办法，对FGD系统的安全、稳定运行具有重要意义。

(1) 浆液沉积。FGD系统的主要运行介质为浆液，包括石灰石浆液和石膏浆液等，FGD浆液的特点是容易沉积，而且浆液的含固量越高，所含固体粒径越大，越容易沉积。因此，在运行中，应特别注意避免浆液沉积，及时对停运的浆液管道进行冲洗。FGD装置运行的经验表明，要特别注意防止石灰石供浆管路发生沉积。

各电厂在实际生产运行中所采用煤的成分并不一定与设计煤种一致，当其含硫量低于设计值时，FGD系统中原烟气的 SO_2 含量也低于设计值，这时供浆管路的流速随供浆量的减少而降低，流速过低时浆液将会有沉积的趋势，此时应注意观察供浆自动控制回路，如供浆流量与 SO_2 浓度的趋势不一致，则说明管道中的浆液已经开始沉积，此时除正常冲洗程序投运外，应及时手动进行管路的水冲洗，防止浆液沉积。浆液沉积严重时可能造成管路堵塞，甚至因供浆流量低或供浆停止而导致FGD停机。

(2) 氧化风量。当副产品石膏中 $CaSO_3$ 的含量增加时，运行经验表明，最可能的影响因素是氧化风量不足。只有提供足够的氧化风量才能使 $CaSO_3$ 充分氧化成 $CaSO_4$。对氧化空气供应系统的检查可以从氧化空气分布的均匀性、氧化风机的入口滤网压差、氧化风机的出力等方面来进行。

(3) 吸收塔中浆液起泡现象及处理。在 FGD 系统的运行中，个别装置的吸收塔会发生起泡现象，表现在吸收塔液位测量值显示正常，但吸收塔却已经发生溢流。起泡现象对设备材料没有有害作用，但却给运行带来很多弊端和麻烦。例如，吸收塔液位无法维持在设计水平，相应带来脱硫效率、石膏品质等方面的波动。因此，对于 FGD 装置的稳定运行十分不利。一旦发生起泡现象，可采用化学消泡剂来消除。消泡剂的投加量根据消泡剂的使用要求和实际运行情况来确定。投加位置可选择吸收塔地坑通过吸收塔地坑泵间接投加，也可以选择由吸收塔直接投加。

4. 石灰石磨制系统故障及处理措施

常见故障体现在：石灰石输送系统斗提容易拉长、断链；磨机入料口磨损和堵塞；磨机再循环泵磨损；磨机再循环箱堵塞；石灰石粉下料口堵塞石灰石浆液调节阀阀芯损坏。针对故障主要处理措施有：磨机入料口在设计时尽可能采取垂直方式布置，对已建成的管道采用耐磨材料，如 16Mn 钢材，或内衬陶瓷。应严格控制石灰石来料含泥、含砂，泥砂对泵、管道和箱罐在产生磨损的同时，也会堵塞系统；严禁磨制系统地坑浆液向吸收塔输送；当石灰石粉下料口堵塞，可增加杂用压缩空气管道吹扫，通过优化设计，取消石灰石浆液回流管道和调节阀设计，改为变频控制。

5. 脱水系统故障及处理措施

(1) 皮带机无法脱水。主要原因是 SO_3^{2-} 未能有效氧化成 SO_4^{2-}，故应检查氧化空气管道是否发生堵塞或氧化空气量不够。

(2) 皮带机滤布损坏。应及时检查并修补或更换，否则容易导致真空滤液分离器进浆而堵塞。

(3) 真空度不够。要全面检查滤布是否被石膏饼全面覆盖、真空泵出力是否正常、滤液水是否有水封盖真空管、甚至检查管道连接螺栓是否紧固等。

(4) 石膏下料口堵塞。一方面与石膏含水量有关系；另一方面该处与石膏输送皮带或刮板的接口设计有关系，应尽可能地保证下料空间足够大。

(5) 滤布滤饼冲洗水堵塞。滤布冲洗之后应有托盘，保证含固冲洗水顺利回流到收集坑。

6. 工艺水系统故障及处理

(1) 工艺水泵。由于电机故障，事故按钮动作，出现工艺水泵故障停运时，CRT 发出报警信号，出口压力为 0 时，应确认备用工艺水泵是否启动，如工艺水泵都发生故障停运，汇报值长，退出 FGD 运行。

(2) 工艺水压力下降的处理。由于运行工艺水泵故障，备用水泵联动不成功，或工艺水箱液位太低，工艺水管破裂等原因，会发出工艺水压力低报警信号，生产现场各处用水中断、相关浆液位下降及脱水机及真空泵跳闸等现象，及时确认脱水机及真空泵联动是否正常，停止吸收塔排出泵运行，同时将浆液旁路至吸收塔打循环；停止滤液水泵的运行；查明工艺水中断原因，及时恢复供水；根据情况停止滤布及滤饼冲洗水泵的运行。在处理中，同时密切监视吸收塔温度、液位及石灰石浆液位变化情况，必要时短时停机规定处理。

（三）其他因素对FGD的影响

1. 主机对FGD的影响

脱硫系统作为燃煤电厂重要的组成部分，无论在哪种情况下，脱硫装置的运行都不能对主机运行产生任何影响，烟道压力、挡板状态是主机和脱硫运行监控的重点，当主机与脱硫发生冲突后，脱硫装置服从主机需要。

2. 煤质变化对FGD的影响

煤质变化（热值、灰分和硫分）所引起SO_2和粉尘浓度对FGD运行有着重大影响。SO_2浓度超过设计极限值后，脱硫装置无法全烟气脱硫；一般通过SO_2设计排放总量反算需要脱出的烟气量来考核装置是否达到设计要求。粉尘超标后，加剧对系统的磨损；对吸收的化学反应造成影响，造成石膏品质下降。

（四）影响脱硫效率的主要因素及解决方法

脱硫主要发生在吸收塔内，表6-3列出了影响脱硫效率的主要因素及解决方法。

表6-3　　影响脱硫效率的主要因素及解决方法

影响因素	原　因	解决方法
SO_2测量	SO_2测量不准确	校正SO_2测量仪
pH值测量	pH值测量不准确	校正pH值测量仪
烟气	SO_2入口浓度增大	严密监视脱硫效率、真空皮带机真空度
吸收塔浆液的pH值	pH值过低	检查石灰石剂量；加快石灰石加料速度；检查石灰石反应性能
粉尘含量	大于200mg/Nm³，引起石灰石活性降低	检查除尘器除尘效果
液气比	循环浆液的流量减小	检查运行的循环泵数量和泵的出力
吸收塔浆液氯化物浓度	氯化物浓度过高	检查废水排放量是否太低

（五）影响脱水石膏质量的因素及解决方法

石膏脱水质量不佳只能在实验室里用化学分析检测到。

石膏质量受吸收塔密度（晶体大小）、石灰石浆液给料率（过量石灰石）以及真空皮带脱水机运行的影响，石灰石的质量也是很重要的。表6-4列出了石膏质量不佳可能的故障及解决方法。

表6-4　　石膏质量不佳可能的故障及解决方法

影响因素	原　因	解决方法
氯化物浓度太高	冲洗水氯化物浓度增加	加长冲洗时间
	冲洗时间减少	加长冲洗时间
$CaCO_3$浓度过高	石灰石太多（pH值过高）	减慢石灰石给料速度
晶体尺寸不够大	吸收塔内浆液氧化不充分，浆液浓度高	减少石灰石浆液给料，检查氧化风机运行情况
杂质含量过高	烟气中飞灰浓度增大	检查锅炉ESP的运行，加大废水排放
	石灰石质量减低	检查石灰石质量

第四节　燃煤电厂脱硝系统与设备

一、选择性催化还原（SCR）烟气脱硝系统

烟气脱硝技术有很多种，有选择性催化还原法（SCR）、非选择性催化还原法（NSCR）、选择性非催化还原法（SNCR）、臭氧氧化吸收法、活性炭联合脱硫脱硝法等。这些技术有各自的优缺点，在选择脱硝方法时应按具体情况而定。SCR法脱硝效率高，可达90%以上，运行可靠，无二次污染，是目前国内外应用最多且是最为成熟的烟气脱硝技术之一。

（一）SCR技术原理

SCR是将氨气作为脱硝剂喷入高温烟气脱硝装置中，在催化剂的作用下将烟气中的NO_x分解成为氮气和水，从而使烟气中NO_x含量降低。其化学反应方程式如下。

$$4NO+4NH_3+O_2=\!=\!=4N_2+6H_2O$$

$$2NO_2+4NH_3+O_2=\!=\!=3N_2+6H_2O$$

$$6NO_2+8NH_3=\!=\!=7N_2+12H_2O$$

$$6NO+4NH_3=\!=\!=5N_2+6H2O$$

通过使用适当的催化剂，上述反应可以在200～450℃的温度范围内有效进行。另外，由于烟气成分的复杂性和氧的存在，伴随着NH_3对NO_x还原的主反应还会发生一系列副反应并生成相应产物，其反应方程式如下。

$$4NH_3+3O_2=\!=\!=2N_2+6H_2O$$

$$5O_2+4NH_3=\!=\!=4NO+6H_2O$$

$$4NH_3+7O_2=\!=\!=4NO_2+6H_2O$$

$$8NO+2NH_3=\!=\!=5N_2O+3H_2O$$

$$2O_2+2NH_3=\!=\!=N_2O+3H_2O$$

$$4NO+4NH_3+3O_2=\!=\!=4N_2O+6H_2O$$

$$7O_2+12NO_2+16NH_3=\!=\!=14N_2O+2H_2O$$

$$2SO_2+O_2=\!=\!=2SO_3$$

$$NH_3+SO_3+H_2O=\!=\!=NH_4HSO_4$$

$$2NH_3+SO_3+H_2O=\!=\!=(NH_4)_2SO_4$$

$$2NH_4HSO_4=\!=\!=(NH_4)_2SO_4+H_2SO_4$$

$$2NH_4HSO_4+4NH_3=\!=\!=(NH_4)_2SO_4$$

$$HCl+2NH_3=\!=\!=NH_4Cl$$

由于脱硝过程中会有不希望发生的副反应，生成的NH_4HSO_4在230℃时，NH_4HSO_4会凝结为黏稠状物质并具有腐蚀性。采用典型的高尘布置时，烟气在空预器中的温度降低，NH_4HSO_4会吸附灰分并黏结在空预器管道上，缓慢增加系统压损，并逐渐堵塞空预器通道，使得系统无法正常运行。控制氨逃逸不大于3ppm，SO_2/SO_3转化率小于1%是为

防止反应生成 NH_4HSO_4 而采取的有效措施。SCR 脱硝技术主要工艺参数及使用效果见表 6－5。

表 6－5　　SCR 脱硝技术主要工艺参数及使用效果

项　目		单位	主要工艺参数及使用效果
入口烟气温度		℃	一般在 320～420 之间
入口 NO_x 浓度		mg/m³	根据实际烟气参数确定
氨氮摩尔比			由脱硝效率和氨逃逸浓度确定
反应器入口烟气参数的偏差数值			速度相对偏差不大于±10%；温度相对偏差不大于±10℃；氨氮摩尔比相对偏差不大于±3%；烟气入射角度不大于±10°
催化剂	种类		根据烟气中灰的特性进行确定
	层数（用量）	m³	根据反应器尺寸、脱硝效率、催化剂种类及性能进行确定
	空间速度	h^{-1}	2500～3000
	烟气速度	m/s	催化剂迎风面平均烟气流速在 4.5～5.5m/s 之间；催化剂通道内流速宜控制在 6～7m/s 之间
	催化剂节距		根据烟气中灰的特性进行确定
脱硝效率			50%以上，最高可达 90%以上
NO_x 排放浓度			根据催化剂用量变化以及流场控制，可以控制在 50mg/m³ 以下
氨逃逸浓度		mg/m³	≤2.28
SO_2/SO_3 转化率			燃煤硫分低于 2.5%，硫转化率宜低于 1.0%；燃煤硫分高于 2.5%，硫转化率宜低于 0.75%
阻力		Pa	<1000

（二）SCR 反应系统的布置方式

燃煤电厂中的 SCR 反应器一般有 3 种布置方式：位于锅炉后部（高尘布置）；位于电除尘器（ESP）后空气预热器（APH）之前（低尘布置）；位于烟气脱硫除尘器之后（尾部布置）。

1. 高温高尘布置

这种方式中 SCR 布置在省煤器的下游、空气预热器和除尘装置的上游，如图 6－21 所示。

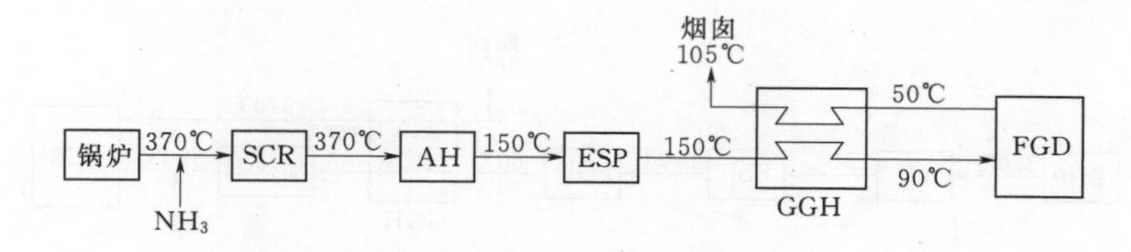

图 6－21　高温高尘 SCR 布置

在这一位置布置，采用金属氧化物催化剂，烟气温度通常处于 SCR 反应的最佳温度区间。当然，在烟气进入反应器的时候，携带有颗粒物。在燃煤锅炉中，通常采用竖直放置的 SCR 反应器，烟气自上而下通过催化剂床层。在反应器内通常布置多层催化剂，同时还要布置吹灰装置以移除催化剂表面上沉积的颗粒物。

对于燃煤锅炉而言，其蜂窝状催化剂的孔道间距为7～9mm，对燃气锅炉为3～4mm，减少孔道间距可以增加单位体积催化剂的表面积但是同时增加了孔道堵塞的可能性。因此，在设计中通常综合考虑以上两种因素进行。为保证稳定均匀的烟气流动并便于吹灰装置工作，在催化剂床层的上方，通常布有旋转风板和流动矫正栅格。在SCR反应器的底部装有集尘箱，收集从烟道中脱除下来的飞灰。在仓斗的出口同电厂的飞灰处理系统相连接，定期除灰。在烟道中剩余的飞灰直接随烟气进入空气预热器中。在有些设计中，不需要集尘箱，而是通过保持烟气足够的流速而避免飞灰的沉降。其优点是催化反应器处于300～400℃的温度范围内，有利于反应的进行，但是由于催化剂处于高尘烟气中，条件恶劣，磨刷严重，寿命将会受到影响。

2. 高温低尘布置

高温低尘布置方式是指SCR反应器布置在空气预热器和高温电除尘器之间，如图6-22所示为高温低尘SCR布置。

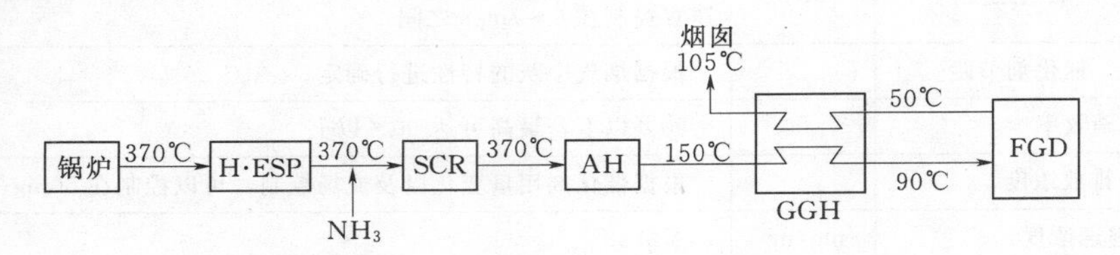

图6-22　高温低尘SCR布置

低尘SCR不需要集尘箱，在设计蜂窝状催化剂的时候，催化剂的孔间距可以大约缩小到4～7mm，这样所需要的催化剂体积相应的减小。低尘SCR系统较高尘SCR系统具有更低的成本。低尘SCR的缺点是当烟气通过ESP之后温度有所下降。但是烟气温度通常不会下降到需要重新进行加热的温度点。但是，在这种情况下，可能需要增加省煤器旁路的尺寸以保证温度维持在SCR系统所需要的可操作温度区间范围之内。该布置方式可防止烟气中飞灰对催化剂的污染和对反应器的磨损与堵塞，其缺点是在300～400℃的高温下电除尘器运行条件差。

3. 低温低尘布置

将SCR反应器布置在除尘器和烟气脱硫系统之后，图6-23为低温低尘SCR布置。

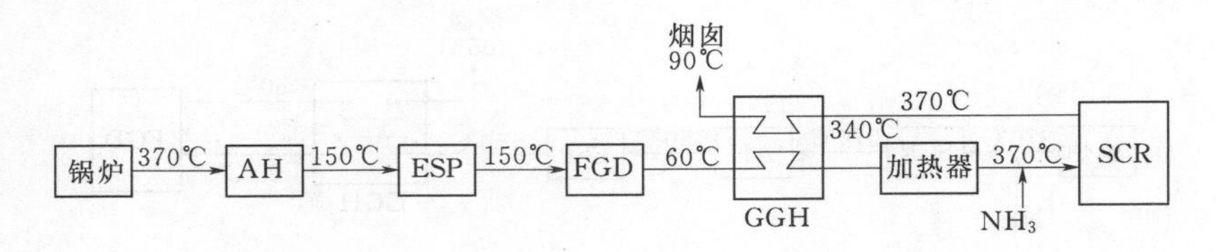

图6-23　低温低尘SCR布置

在欧洲和日本早期建造的燃煤锅炉电站系统中，通常采用的是尾部SCR布置。在这种布置方法中，通常在前面的气体控制设备中，已经移去了绝大多数对SCR催化剂有害的组分。但由于烟气温度较低，仅在50～60℃之间，一般需要气气换热器或采用燃烧器将烟气温度提高到催化剂的活性温度，从而会增加能源消耗和运行费用。

一般情况下，燃煤烟气脱硝首选高尘布置工艺。

（三）SCR 典型工艺流程

SCR 工艺一般由还原剂系统、催化反应及烟气系统、辅助及公用系统组成。从还原剂系统制备得到的氨气通过稀释风机至氨/空气混合器，与空气混合后的氨气再由混合喷射系统送至 SCR 反应器内与烟气中的氮氧化物在催化条件下反应，生成氮气和水，从而达到去除氮氧化物的目的，典型燃煤电厂烟气脱硝工艺流程如图 6-24 所示。

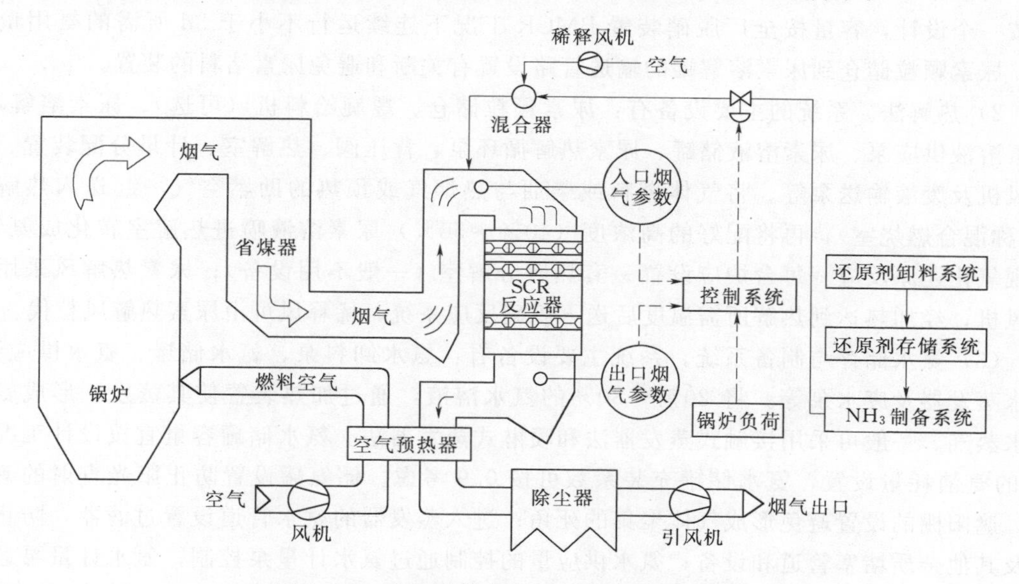

图 6-24　典型燃煤电厂烟气脱硝工艺流程图

（四）SCR 主要系统及设备

1. 还原剂系统

可供选择的还原剂有：液氨（NH_3），可以直接通过蒸发形成气态 NH_3；尿素 $CO(NH_2)_2$，通过热解或水解制备得到气态 NH_3；氨水（$NH_3 \cdot H_2O$ 或 $NH_4 \cdot OH$），通过蒸发后形成气态 NH_3和气态 H_2O。

(1) 液氨储存与制备系统。系统主要设备有：液氨卸料压缩机、液氨储罐、液氨供应泵（可选）、液氨蒸发器、氨气缓冲罐、氨/空气混合器、稀释罐、废水泵以及稀释风机等。通过液氨卸料压缩机将液氨由槽车送入储氨罐内，储氨罐内的液氨在压差和重力作用下被送至液氨蒸发器内蒸发为氨气，氨气送到氨气缓冲槽备用。缓冲槽的氨气经调压阀减压后，送入氨/空气混合器中与来自稀释风机的空气充分混合，通过喷氨混合系统将稀释好的氨气喷入 SCR 反应器入口烟道与烟气充分混合，再进入 SCR 反应器。氨气系统紧急排放的氨气则引入氨气稀释槽中，经水的吸收排入废水池，再由废水泵送至废水处理厂处理。

储氨罐一般是两个，储氨罐容积按照液氨密度 $0.578t/m^3$（温度 40℃时）、充装系数按 0.85～0.9 计算，储氨罐容量为设计工况下 5d 的氨消耗量设置，储氨罐放置于防止阳光直射的遮阳棚中，遮阳棚应避免形成气体聚集的死角。进入蒸发器的液氨管道上设置有过滤器，防止氨泥及其他杂质堵塞管道和设备，储氨罐上方设有水喷淋降温系统和水喷雾系统。液氨蒸发器为设计工况下氨气消耗量的110%，且不小于100%校核工况下的氨气消耗量。液氨卸料可通过卸氨压缩机进行。

(2) 尿素制氨系统。尿素作为还原剂可采用固态尿素和尿素溶液。尿素分解制氨，可采用水解和热解两种工艺。

1) 水解法。将储料仓中的干尿素（NH_2CONH_2）送入混合罐中，通过混合罐中搅拌器的搅拌，使尿素完全溶解后，用循环泵将尿素溶液抽出来，这个过程不断重复，以维持尿素溶液存储罐的液位。从储罐里出来的溶液在进入水解槽之前要先过滤。尿素颗粒储仓可按一个设计，容量按全厂脱硝装置BMCR工况下连续运行不小于3d所需的氨用量设置。尿素颗粒储仓到尿素溶解罐的输送管路设置有关断和避免尿素堵料的装置。

2) 热解法。系统的主要设备有：尿素颗粒储仓、螺旋给料机（可选）、尿素溶解罐、尿素溶液供应泵、尿素溶液储罐、尿素热解循环泵、背压阀、热解室、计量分配装置、稀释风机及废液输送泵等。将气体燃料或柴油与热烟气或预热的助燃空气一起送入热解室（又称混合燃烧室），再将配好的高浓度（40%～50%）尿素溶液喷进热解室转化成氨气，实现氧化还原反应。每台炉应设置一套热解分解室（一般不用设备）；尿素热解风采用独立风机，经加热达到热解所需温度后送入脱硝反应系统，稀释风可由尿素热解风替代。

(3) 氨水储存与制备系统。系统主要设备有：氨水卸料泵、氨水储罐、氨水供应泵、氨水蒸发器及废水泵等。将20%～30%的氨水溶液，通过加热装置使其蒸发，形成氨气和水蒸气。一般可采用接触式蒸发器法和喷淋式蒸发器法。氨水储罐容量宜按设计工况下5d的氨消耗量设置，氨水储罐充装系数可按0.9考虑。储氨罐设置防止阳光直射的遮阳棚，遮阳棚的设置避免形成气体聚集的死角；进入蒸发器的氨水管道设置过滤器，防止氨泥及其他杂质堵塞管道和设备；氨水供应量的控制通过氨水计量泵控制，氨水计量泵通常采用变频泵，每炉一用一备。

液氨属于危险品，需十分注意安全防护；氨水容易运输且较液氨安全，氨区更易整合在电厂总平面布置中，但是运输体积大；尿素是安全原料（肥料），湿或干的形态都容易运输，但是其制氨的系统复杂，设备占地面积大，储存量大时需考虑潮解问题。根据国外应用的情况和我国国情，可将无水液氨法作为主选方案；尿素运输便利、安全，但制氨、储存等问题较多，可以作为次选方案；氨水运输成本高且运输不安全，很少应用。

2. 催化反应及烟气系统

(1) SCR反应器。SCR反应器是安装催化剂的容器，采用整体支撑方式的全封闭钢结构设备，外形为矩形立方体，四壁为侧板，并形成壳体，SCR反应器可分为横流方式反应器和纵流方式反应器。SCR反应器的布置形式如图6-25所示。应根据不同煤种和整体布置选择SCR反应器的布置形式。粉尘含量高时，应选择气体纵流的反应器形式。且应选定不会发生粉尘堆积及磨损的适当的气体流速。为防止粉尘堆积，应根据需要选择吹灰器，并采取具有使灰尘均匀分布的装置如灰尘均分器。灰尘均分器设置在反应器入口处，用于优化灰尘分布，最小化催化剂的磨损和堵塞。

反应器的数量根据锅炉容量、锅炉炉型、布置空间、脱硝效率以及脱硝系统可靠性等因素确定。反应器与锅炉本体具有相同的封闭方式，其外壁保温，尽量减少烟气热量损失。露天布置时，保温层采取防雨设施。

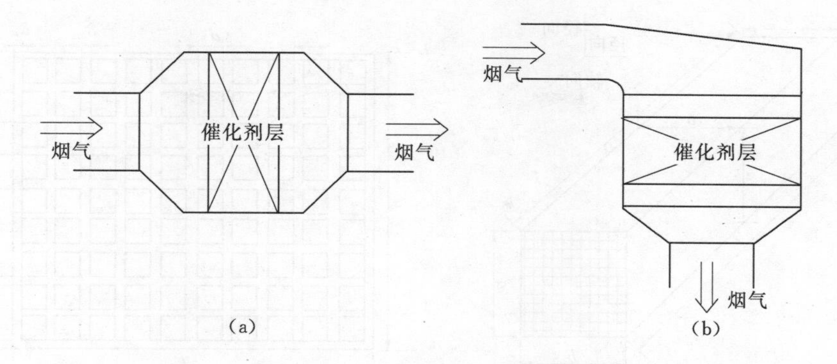

图 6-25　SCR 反应器的布置形式

(a) 气体横流方式反应器；(b) 气体纵流方式反应器

反应器入口段设烟气扩散段及导流板，安装在烟道变截面和转弯处，优化烟气流场分布，主要有弧形和圆形等，促使烟气的流场均匀分布。反应器出口设收缩段，其倾斜角度能避免该处积灰。在 SCR 反应器内顶层催化剂上游安装碎灰网，防止大颗粒的灰或结块的灰堵塞催化剂，碎灰网的网孔径不大于 25mm。催化剂上游的碎灰网下安装整流装置，主要进行烟气整流，保证烟气流场满足催化剂入口要求；反应器设置足够大小和数量的人孔门。SCR 反应器应能承受运行温度 430℃不少于 5h 而不产生任何损坏的考验。

(2) SCR 催化剂。催化剂一般由 TiO_2、V_2O_5、WO_3、MoO_3 等氧化物组成。催化剂材料从功能上划分，可分为活性成分、载体和辅助材料 3 个部分。所谓活性成分指能吸附氨气并促进氨气与氮氧化物反应的活性络合体的物质成分。其可以用金属、金属氧化物、活性炭等作为活性成分，载体是使活性成分得以分散的骨架物质。为了增加活性成分与烟气的接触机会，一般都用多孔质的物质作为载体，且与活性物质相协调，使活性物质均匀分散。作为载体使用的物质中，有各种多孔质的陶瓷类、矿物等，一般采用铝、钛、硅等的氧化物多孔质材料，辅助材料主要是指保证为催化剂的机械强度而使用的黏结剂或骨料。根据催化剂的不同形状，可分别采用高岭土、玻璃纤维、陶瓷、钢板及钢丝网等作为载体。

燃煤电厂锅炉 SCR 催化剂的主流结构形式有蜂窝式和平板式。蜂窝式催化剂是将氧化钛粉（TiO_2）与其他活性组分以及陶瓷原料以均相方式结合在整个催化剂结构中，按照一定配比混合、搓揉均匀后形成模压原料，采用模压工艺挤压成型为蜂窝状单元，最后组装成标准规格的催化剂模块，图 6-26 所示为蜂窝式催化剂单元体及截面示意图。蜂窝式催化剂结构完整性要求参照表 6-6。

表 6-6　蜂窝式催化剂结构完整性要求参照表

项目	质量指标
破损	催化剂单元单侧端面及每条催化剂单侧壁面：破损处的宽度应不超过一个开孔，长度应在 10～20mm 之间，破损数量不超过 2 处
裂纹	催化剂单元单侧端面的细小裂纹（除上述提到的破损之外），裂纹数量不超过 10 处 每条催化剂单侧壁面：细小裂纹的宽度不大于 0.4mm，长度不超过催化剂总长度的 1/2，裂缝数量不超过 5 处
裂缝	催化剂单元单侧端面：裂缝的贯穿程度不应超过开孔的 1/2，裂缝数量不超过 2 处

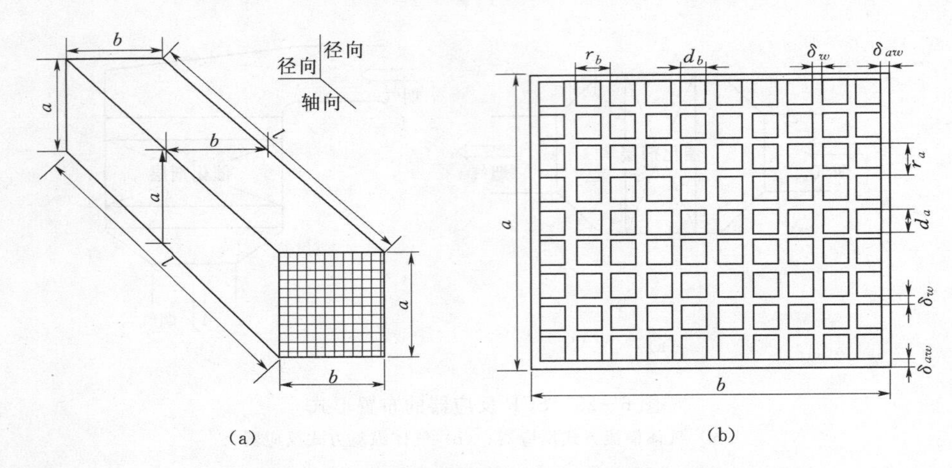

图 6-26　蜂窝式催化剂单元体及截面示意图

(a) 蜂窝式催化剂单元体示意图；(b) 蜂窝式催化剂单元体截面示意图

平板式催化剂通常采用金属网架或钢板作为基体支撑材料，制作成波纹板或平板结构，以氧化钛（TiO_2）为基体，加入氧化钒（V_2O_5）与氧化钨（WO_3）活性组分，均匀分布在整个催化剂表面，将几层波纹板或波纹板与平板相互交错布置在一起，图 6-27 所示为平板式催化剂单元体及截面示意图。板式催化剂不应有裂纹和裂缝。

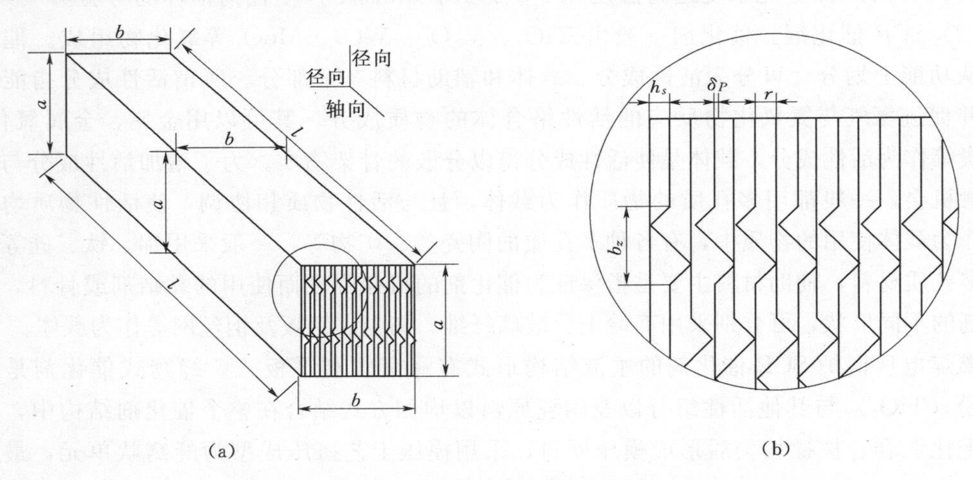

图 6-27　平板式催化剂单元体及截面示意图

(a) 平板式催化剂单元体示意图；(b) 平板式催化剂单元体截面示意图

催化剂的选择应根据烟气具体工况、飞灰特性、反应器形状、脱硝效率、NH_3逃逸率、SO_2转化率、系统压降、使用寿命以及业主要求等条件来考虑。当煤质含硫量高时，可选择 SO_2 转化率低的催化剂，防止对下游设备产生影响；当粉尘含量高时，可选择具有高耐磨损性的催化剂。含有 SO_2或者 SO_3的烟气中，应避免使用多孔质 AlO_3（矾土）作为催化剂载体，以避免与 SO_2和 SO_3作用形成硫酸盐。此时，催化剂载体可选用钛或硅的氧化物作为催化剂载体。

由于受到烟气中的气体条件、粉尘条件和温度条件等因素的影响，催化剂的活性一般都会随着时间的延长而降低，主要原因包括烟气中成分（碱金属、碱土金属、As、卤素等）使催化剂中毒，降低催化剂的活性；烟气中粉尘对催化剂的冲刷、沾污、堵塞，降低催化剂的活性；温度过高，引起催化剂烧结，使催化剂失活。不同的催化剂有不同的活性温度窗口。一般烟气温度范围控制在320～400℃，过高或过低的温度都会导致催化剂无法正常起到催化作用，致使脱硝效率降低。

为了使催化剂得到充分合理的利用，一般根据设计脱硝效率在SCR反应塔中布置2～4层催化剂。工程设计中通常在反应塔底部或顶部预留1～2层备用层空间，即2+1或3+1方案。采用SCR反应塔预留备用层方案可延长催化剂更换周期，一般节省高达25%的需要更换的催化剂体积用量，但缺点是烟道阻力损失有所增大。

SCR反应塔一般初次安装2～3层催化剂，当催化剂运行2～3年后，其反应活性将降低到新催化剂的80%左右，氨逃逸也相应增大，这时需要在备用层空间添加一层新的催化剂；在运行6～7年后开始更换初次安装的第1层；运行约10年后才开始更换初次安装的第2层催化剂。

在SCR脱硝过程中，由于烟气中存在灰分、其他的杂质和有毒的化学成分等因素，从而降低催化剂的活性。当催化剂的活性降低到一定的程度，不能满足脱硝性能要求时，就必须对催化剂进行更换。对于失活的催化剂，首先考虑的处理方式是催化剂的再生，如图6-28所示。催化剂的再生是把失活催化剂通过浸泡洗涤、添加活性组分以及烘干的程序使催化剂恢复大部分活性。

图6-28　催化剂再生

（3）稀释风系统。稀释风系统采用离心式风机。在锅炉BMCR工况下所需的氨稀释到5%（体积比）以下。稀释风机风量裕度不应低于10%，风压裕度不应低于20%，且稀释风机风压一般不宜低于3500Pa。风机宜按2台100%容量（一用一备）设置。

（4）氨/空气混合系统。根据GB 536的防爆规定，氨/空气混合器内氨与空气的混合比例要求氨气浓度（体积百分比）一般不大于5%。因此，要进行氨气稀释，一般可将电厂原有的鼓风机的出口空气分流到一个支管，用该支管的空气进行稀释，当电厂鼓风机没有风机余量能供给多余的空气时，则需另外设置一个氨气稀释风机。

（5）喷氨混合系统。喷氨混合系统有喷氨栅格与烟气混合器两种技术。

喷氨栅格的作用是将氨气/空气混合气体均匀喷入烟道中，以达到和烟气尽可能均匀混合。为尽可能使得烟道截面上各点浓度分布均匀，可根据烟气速度分布与NO_x的分布，采用覆盖整个烟道截面的网格型多组喷嘴设计，用多组阀门单独控制各喷嘴的喷氨量。为使氨与烟气在SCR反应器前有较长的混合区段以保证充分混合，应尽可能使氨在SCR反应器入口处喷入。

烟气混合器的作用是使烟气流经混合器时产生两个转向相反的湍流漩涡，通过氨喷嘴将氨喷射在两个湍流漩涡的中央位置，使烟气和氨气均匀混合进入SCR反应器。

采用液氨作为还原剂时，在喷入烟气管道前需采用热水或蒸汽对液氨进行蒸发。氨被蒸发为氨气后，通常从送风机出口抽取一小部分冷空气（约占锅炉燃烧总风量的0.5%～1.0%）作为稀释风，对其进行稀释混合，形成浓度均匀的氨与空气的混合物（通常将氨体积含量控制在5%以内），通过布置在烟道中喷嘴均匀喷入SCR反应塔前的烟气管道。

（6）吹灰系统。SCR反应器通常布置在省煤器和空预器之间，属于高灰布置方式。我国燃煤电厂排放的烟气中灰分含量普遍较高，使进入SCR脱硝系统的烟气含灰量高，容易形成积灰。SCR反应器内的温度一般为320～420℃，碱金属盐蒸气的凝结已经结束，不会形成坚实的沉积层，而是松散的积灰，积灰会在催化剂表面搭桥堵塞，导致催化剂的有效面积减少，灰分中的化学成分会吸附在催化剂活性位上，影响催化剂活性和化学寿命。因此，清除催化剂表面的积灰、保证催化剂的活性和使用寿命是SCR脱硝系统高效稳定运行的关键。为了预防和清除堆积在催化剂表面的积灰，解决由于粉尘颗粒物堵塞气流通道而造成的压力降增大问题，一般在SCR反应器承载的催化剂的上方安装有吹灰装置，使SCR反应器的压降保持在较低的水平。

燃煤机组的SCR脱硝在吹灰器的选择上，除了要考虑吹灰效果外，还要考虑对催化剂的磨损影响。目前SCR脱硝系统上普遍应用的催化剂吹灰装置有蒸汽吹灰器和声波吹灰器两种形式，其性能对比见表6-7。根据烟气成分、粉尘浓度、积灰部位、积灰程度、黏污特性以及吹灰器的性能特点、清灰效果等因素，选择清灰效率高、效果好的吹灰器，以获得最大的经济效益并使安全性达到最大化。

表6-7　蒸汽吹灰器和声波吹灰器的性能对比

项目	蒸汽吹灰器	声波吹灰器
适用条件	对结渣性较强、熔点低和较黏的积灰有明显的清除效果	对于灰干度高、松散结灰效果明显，对严重积灰以及坚硬的灰垢无法清除
结构特点	半伸缩式结构，活动部件多，故障率高，机械、电器维护和检修量大	结构紧凑、活动部件少、故障率极低、维护成本低
作用方式	依靠蒸汽的冲击实现清灰，夹杂着粉尘的高速蒸汽对催化剂表面磨损严重，会缩短催化剂的使用寿命，增大维护成本	对催化剂没有磨损，可延长催化剂使用寿命，降低SCR的维护成本
吹扫方式	待积灰达到一定厚度后，再进行清除	预防性的吹灰方式，阻止灰粉在催化剂表面堆积；能够保持催化剂的连续清洁
吹灰特点	在蒸汽流末端，蒸汽的冲击力衰减大、吹灰效果差、导致局部积灰严重，存在清灰死角	非接触式吹灰，积灰从催化剂表面脱落而被带走，吹灰无死角
吹灰副作用	增加了烟气湿度，存在使催化剂失效、腐蚀和堵塞的隐患；容易导致下游设备积灰加剧	无副作用，对催化剂损害小

3. 测量控制系统

SCR 系统测量控制部分主要包括以下几个方面。

(1) 反应温度控制。在一定温度范围内，随反应温度提高，NO_x 脱除率急剧增加，脱硝率达到最大值时，温度继续升高会使 NH_3 氧化而使脱硝率下降；反应温度过低，烟气脱硝反应不充分，易产生 NH_3 的逃逸。因此，要对 SCR 系统入口烟气温度进行监测。

(2) 氨量控制。在 NH_3/NO_x 摩尔比小于 1 时，随 NH_3/NO_x 摩尔比增加，脱硝效率提高明显；NH_3 投入量超过需要量，NH_3 会造成二次污染，一般控制 NH_3/NO_x 摩尔比在 1.0 左右。NH_3 的流量控制阀调节控制 NH_3 的流量，控制系统根据反应器入口 NO_x 的浓度、烟气流量、反应器出口所要求 NO_x 的排放浓度和氨的逃逸浓度计算出氨的供给流量。

二、选择性非催化还原 (SNCR) 烟气脱硝系统

(一) SNCR 烟气脱硝技术原理

SNCR/烟气脱硝技术是将 NH_3、尿素等还原剂喷入锅炉炉内与 NO_x 进行选择性反应，不用催化剂。因此，必须在高温区加入还原剂。还原剂喷入炉膛温度为 850～1100℃ 的区域，迅速热分解成 NH_3，与烟气中的 NO_x 反应生成 N_2 和水。NH_3 或尿素还原 NO_x 的主要反应为：

NH_3 为还原剂：$4NH_3+4NO+O_2 \longrightarrow 4N_2+6H_2O$

尿素为还原剂：$NO+CO(NH_2)_2+1/2O_2 \longrightarrow 2N_2+CO_2+H_2O$

从经济性及技术可操作性方面考虑，SNCR 脱硝工艺适用于循环流化床锅炉。影响 SNCR 脱硝效果的主要因素包括：温度范围，合适的温度范围内还原剂停留的时间，还原剂和烟气混合的均匀程度，未控制的 NO_x 浓度水平，喷入的反应剂与未控制的 NO_x 的摩尔比，气氛（氧量、一氧化碳浓度）的影响，还原剂类型和状态，添加剂的作用。影响 SNCR 脱硝效率的各关键参数见表 6-8。

表 6-8　　SNCR 脱硝技术主要工艺参数及使用效果

项　目	主要工艺参数	项　目	主要工艺参数
温度区间	采用尿素时温度区间：900～1150℃； 采用液氨和氨水时温度区间：850～1050℃	还原剂停留时间	宜大于 0.5s
还原剂类型	尿素、氨水和液氨	脱硝效率	循环流化床锅炉：60%～80%
氨氮摩尔比	循环流化床锅炉宜控制在 1.2～1.5	氨逃逸浓度	氨逃逸浓度应不大于 3.8mg/m³

(二) SNCR 系统工艺流程及设备

根据 SNCR 所采用还原剂的不同，脱硝系统有 3 种不同的类型：以尿素为还原剂的 SNCR 工艺、以氨水为还原剂的 SNCR 工艺及以液氨制备氨水为还原剂的 SNCR 工艺。按照其功能包含 4 种基本设备：存储设备、输送设备、喷射设备和吹扫设备。需要注意的是喷氨量要和 NO_x 浓度匹配，不可喷入过多的还原剂，否则会造成多余的氨逃逸，在尾部烟道和水结合成腐蚀性物质，造成空气预热器低温腐蚀，还会在烟囱内产生羽毛状的析出物。SNCR 系统运行控制的关键输入参数有两个，一个是烟囱内测点测量的 NO_x 排放数据，另一个是锅炉负荷数据。喷射的还原剂的量是烟气中 NO_x 浓度值和锅炉负荷的函数。

1. 以尿素为还原剂的 SNCR 系统

SNCR 系统主要设备都模块化进行设计，主要由尿素溶液储存与制备系统、尿素溶液

稀释模块、尿素溶液传输模块、尿素溶液计量模块以及尿素溶液喷射系统组成，喷射尿素的 SNCR 系统流程如图 6-29 所示。主要设备有：尿素溶解罐、尿素溶液循环泵、尿素溶液储罐、供料泵、稀释水泵、背压控制阀、计量分配装置、尿素溶液喷射器等。和氨喷射系统不同之处在于，喷射进入固体分离器的还原剂的介质形态是不同的。氨系统以气体或液体形式喷入，尿素以液体形式喷入。

作为还原剂的固体尿素，被溶解制备成质量浓度为 45%～55%的尿素溶液，尿素溶液经尿素输送泵输送至计量分配模块之前，与稀释水模块输送过来的水混合，被稀释为 8%～12%（质量分数）的尿素溶液，再经过计量分配装置的精确计量分配至每个喷枪，经喷枪喷入炉膛，进行脱氮反应。

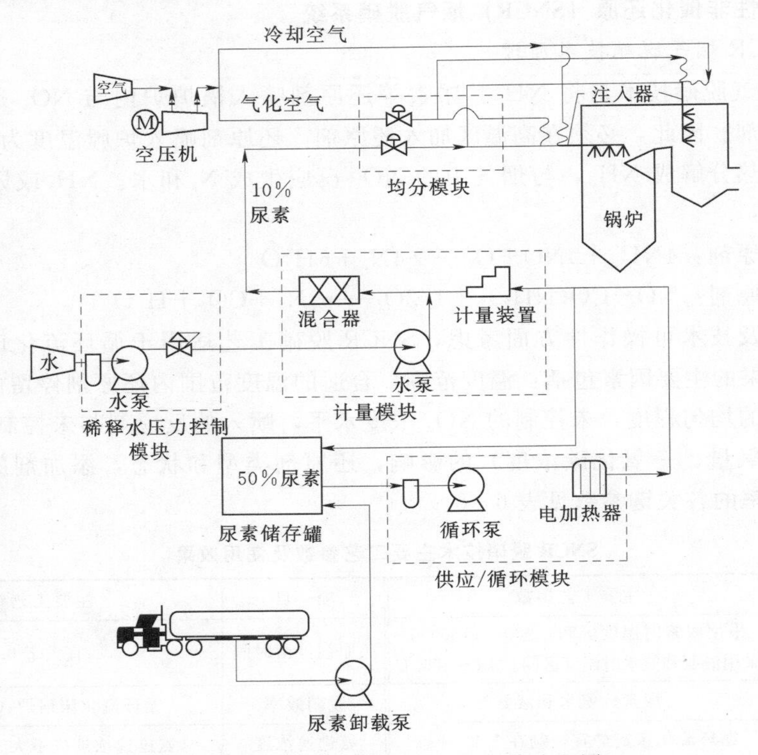

图 6-29　喷射尿素的 SNCR 系统流程图

尿素采用罐车运输，通过卸载站的卸载管线和罐车连接，可以远程控制尿素的卸载。尿素系统的储存罐总储存容量不小于所对应的脱硝系统在 BMCR 工况下 5d（每天按 24h 计）总消耗量，买来的尿素有两种不同的交货状态，一是固体，一是溶液。不同交货状态的尿素要采用不同型式的储存罐。

如果是尿素溶液，则存储罐需要电加热。50%浓度的尿素溶液存储温度需要保持在 16℃以上，否则会发生尿素固态结晶的析出。这种情况需要设计一个循环回路，即可以防止出现断流的情况，也保证储存罐内的尿素和水的良好混合状态。这个加热循环模块可以布置在锅炉房之外的某处有足够加热设备的地方。

尿素系统中溶液浓度要高于脱硝化学反应需要的浓度，所以通常在喷入固体分离器之前会掺水稀释溶液浓度。对于每个喷射点，每分钟需要的稀释水量大约在 1.5～2L 的范围内。稀释水经过提升泵升压，并设置流量控制阀来控制水的流量。

假如买来的是固体尿素，则还需要一个尿素溶液制备系统。固体尿素和除盐水在溶解罐内混合，制备尿素溶液。为了保证尿素溶液供应的连续性，通常配备两个溶解罐，尿素在第一个罐内溶解后，注入第二个罐内，第二个罐可以起到中间存储和缓冲的作用，通过水泵抽出后送往锅炉。除盐水的温度选在30～35℃之间，适合于尿素的溶解。因为尿素溶解不是很容易，通常期望得到的浓度是含水15%的情况，这需要将溶解罐布置在室内，以免出现结晶。

和氨系统一样，当系统停止喷射还原剂的时候，需要投入吹扫空气，以避免管线堵塞。是否采用尿素系统主要考虑两个方面：一方面是安全性考虑，因为尿素不存在爆炸危险，也是无毒无害的化学制剂，在安全性要求高的场合优先考虑采用尿素系统；另一方面是尿素系统初期投资成本以及全寿命期内的运行维护费用方面的因素，尿素系统需要加热系统和溶解系统，投资增加，应该综合考虑系统全寿命期内的总体费用。

2. 以氨水为还原剂的SNCR系统

以氨水为还原剂的SNCR脱硝系统主要由氨水储存、氨水溶液调节、氨水溶液输送、氨水溶液计量分配以及氨水溶液喷射等设备组成，其工艺流程如图6-30所示。氨水储存罐一般为2台，常压密封储存，可为卧式或立式，材质为不锈钢或碳钢内衬防腐层。氨水储存罐设人孔、进出料管、排污管、安全释放阀、真空破坏阀（入口侧配置阻火器），进液管从罐体上部进入，延伸至罐底200mm处。每台氨水储存罐设置防爆型液位计、压力表及就地温度计。采用氨水系统时，氨水还原剂使用质量浓度为20%左右浓度的氨水。以氨水作为还原剂的其他部分与以尿素作为还原剂的基本相同。

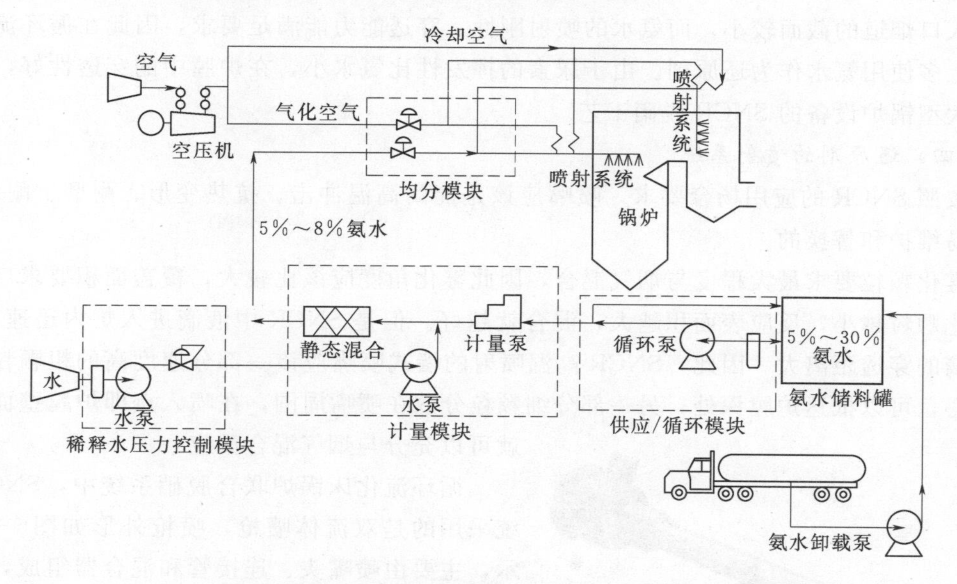

图6-30　以氨水为还原剂的SNCR工艺流程图

3. 液氨制备氨水为还原剂的SNCR系统

以液氨制备氨水为还原剂的SNCR脱硝系统主要设备有：氨蒸发及氨气缓冲、氨气吸收、氨水储存、氨水溶液调节、氨水溶液输送、氨水溶液计量分配以及氨水溶液喷射等，氨气吸收塔一般为填料吸收塔，塔体材质宜为不锈钢或碳钢内衬防腐层。氨罐和氨蒸发器构成一个循环回路，通过加热液氨使其蒸发后回到氨储罐，维持储罐上部氨蒸汽的量。氨蒸汽被从储罐顶部抽出，经过调压后送往锅炉脱硝。液氨储存与供应区域设置完善的消防系统、洗眼器及防毒面罩等。氨站还应设防雨、防晒及喷淋措施，喷淋设施要考虑工程所在地冬季气温等因素。

（三）还原剂的比较选择

SNCR 脱硝工艺中常使用的还原剂有尿素、液氨和氨水。

还原剂为液氨的优点是脱硝系统储罐容积可以较小，还原剂价格也最便宜；缺点是氨气有毒、可燃、可爆，储存的安全防护要求高，需要经相关消防安全部门审批才能大量储存、使用；另外，输送管道也需特别处理，需要配合能量很高的输送气才能取得一定的穿透效果，一般应用在尺寸较小的锅炉。

还原剂为氨水的缺点是氨水有恶臭，挥发性和腐蚀性强，有一定的操作安全要求，但储存、处理比液氨简单；由于含有大量的稀释水，储存、输送系统比氨系统要复杂；喷射刚性，穿透能力比氨气喷射好，但挥发性仍然比尿素溶液大，应用在墙式喷射器的时候仍然难以深入到大型炉膛的深部。因此，一般应用在中小型锅炉上。对于附近有稳定氨水供应源的循环流化床锅炉多使用氨水作为还原剂。

若还原剂使用尿素，尿素有不易燃烧和爆炸，无色无味，运输、储存、使用比较简单安全；挥发性比氨水小，在炉膛中的穿透性好的特点。因此，效果相对较好，脱硝效率高，适合于大型锅炉设备的 SNCR 脱硝工艺。

针对循环流化床锅炉，适合 SNCR 系统的温度窗口在旋风分离器入口烟道上。由于分离器入口烟道的截面较小，而氨水的喷射刚性、穿透能力能满足要求，因此在循环流化床锅炉上多使用氨水作为还原剂。由于尿素的挥发性比氨水小，在炉膛中的穿透性好，故适合于大型锅炉设备的 SNCR 脱硝工艺。

（四）还原剂的喷射系统

按照 SNCR 的应用场合要求，喷嘴应该是能耐高温冲击、抗热变形、耐磨、耐腐蚀、且容易维护和替换的。

雾化颗粒要求最大程度与烟气混合，因此雾化角度应该比较大，覆盖面积要求广。通常雾化颗粒越小，反应表面积越大，混合就越好。但是 SNCR 中液滴进入炉内迅速蒸发，大液滴的穿透距离大。因此，SNCR 高温喷射的墙式喷嘴应该一部分速度高的粗颗粒集中在中心，可以抵达炉膛深处；另一部分细颗粒分散在喷嘴周围，在喷入点即炉膛壁面附近就可以充分与烟气混合反应。

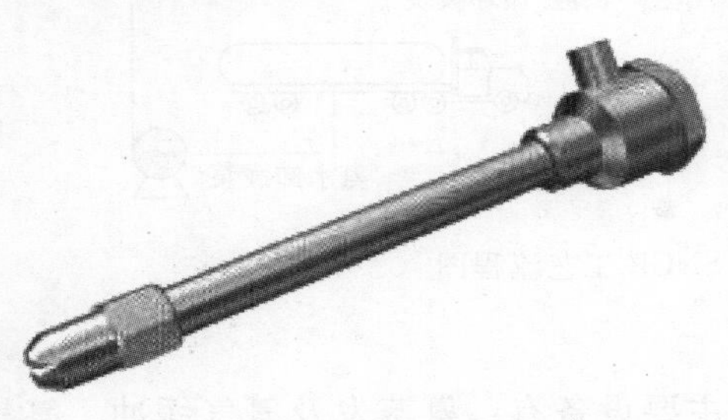

图 6-31　喷枪外形

循环流化床锅炉联合脱硝系统中，SNCR 系统采用的是双流体喷枪，喷枪外形如图 6-31 所示，主要由喷嘴头、连接管和混合器组成，喷枪有液体和压缩空气双通道，在压缩空气的作用下，液体被雾化为一定粒径的细小颗粒（80～200μm），大大提高了液体的表面积，加速其挥发和与烟气的混合。

三、SNCR/SCR联合脱硝系统

对于场地有限的循环流化床锅炉采用SNCR/SCR联合脱硝工艺，SNCR宜布置于炉膛最佳温度区间，SCR脱硝催化剂宜布置于上下省煤器之间。利用在前端SNCR阶段可以适当喷入过量的还原剂，随着烟气的流动，SNCR阶段未完全反应的还原剂在和烟气一起进入尾部烟道后，在后端SCR系统催化剂的作用下进一步将烟气中的NO_x还原，从而确保排放烟气中的NO_x浓度在保证值以下。

由于前端SNCR系统效率基本能保证NO_x浓度达到要求，后续SCR系统可以选用相对较少的催化剂以减小投资。SNCR系统的设备较少，SCR反应区设在锅炉原尾部烟道内，需改造锅炉尾部部分受热面，比常规的在尾部新建反应器、新立钢支柱整个系统投资大大降低。另外，由于系统设备较少，整个工程的施工周期也相对较短，停炉时间主要为加装SNCR喷嘴、锅炉省煤器及尾部烟道包墙管改造的时间。整个脱硝系统阻力主要为后端催化剂的阻力，由于锅炉省煤器本身规格决定了催化剂的层数不宜较多，一般为1～2层，因而规定SCR反应器及进出口烟道压力宜不大于600Pa。联合脱硝工艺仅在前端向系统中喷入氨水，后端只将省煤器位置移动，对锅炉热效率影响小。

1. 烟气反应系统

烟气系统设计时，对关键的设计参数，即：最佳反应温度区间、氨氮摩尔比、锅炉热效率和氨逃逸浓度等进行了规定，以保证联合脱硝发挥最佳脱硝效果，具体的参数选择可参考SCR和SNCR脱硝工艺设计中相关的参数设计说明。

联合脱硝技术性能影响的关键是SNCR和SCR相关参数的综合作用。SNCR和SCR系统主要工艺参数及使用效果见表6-9。

表6-9　　联合脱硝系统主要工艺参数及使用效果

项　目	单位	工艺参数及使用效果
温度区间	℃	SNCR：采用尿素时850～1150℃；采用液氨和氨水时850～1050℃；SCR：320～420℃
还原剂类型		尿素、氨水和液氨等
氨氮摩尔比		1.2～1.8
还原剂停留时间	s	SNCR区域停留时间宜大于0.5
催化剂		符合SCR技术催化剂参数
脱硝效率	%	55～85
阻力	Pa	≤600
氨逃逸浓度	mg/m³	≤2.5

2. 催化剂系统

催化剂系统是SCR工艺的核心部件，其性能的优劣将直接影响到脱硝效率和运行寿命。应合理选取催化剂参数，适应循环流化床锅炉烟气的特性。在保证脱硝效率的同时，维持足够的使用寿命。联合脱硝系统中催化剂布置在锅炉尾部烟道，颗粒沉积会导致阻力的增加。从长期来看也会损坏催化剂（脱硝效率下降、活性降低）。因而在选择催化剂时应选择耐磨蚀、抗堵塞的催化剂。催化剂的选取主要根据布置、入口烟气成分及其温度、烟气流速、NO_x 浓度、烟尘含量与粒度分布、脱硝效率、允许的氨逃逸率、SO_2/SO_3 转化率以及使用寿命等因素确定，具体催化剂的选取可参考 HJ 562、DL/T 1286、GB/T 31584 的规定。

3. 还原剂喷射系统

对于循环流床锅炉采用联合脱硝工艺，其还原剂喷射系统的设计可参考对应的 SNCR 脱硝系统的还原剂喷射系统进行设计；但对于脱硝效率要求较高的联合脱硝系统，也可以考虑在省煤器区增加还原剂喷射器，以保证较高的 NO_x 脱除效果。由于联合脱硝工艺中利用喷射器将还原剂直接喷入炉膛反应区，通过烟气的湍流和喷射器的特殊设计促使氨烟气的混合，可不设置氨烟气混合系统。可不设置喷氨格栅和烟气混合器，应根据催化剂对进口烟气流速偏差、烟气流向偏差及烟气温度偏差的要求设置导流装置。

4. 其他系统

吹灰系统、稀释水压力系统、还原剂计量系统和还原剂分配系统设计的相关规定见前面内容的分析。

第五节　燃煤电厂脱硝系统的启停及运行调整

一、SCR 脱硝系统的启动

系统检修结束后，必须经有关部门及专业技术人员全面检查、验收，合格后方可投入运行使用，启动前的准备及检验工作可按下列步骤进行。

（一）启动前的基本要求

脱硝系统安装、分系统调试验收合格；现场消防、交通道路畅通，照明充足；氨区应设置正式围栏，警告标志齐全；防雷、防静电接地经当地相关部门的测试合格，应有测试记录；消防系统应验收合格，投入正常；所有压力容器报当地劳动监督部门备案，并取得压力容器使用许可证；氨的储存与使用取得当地安全监察部门的危险化学品储存和使用证；脱硝系统内的所有安全阀均应校验合格；防护用品、急救药品应准备到位；通信设施齐全；上岗人员资质审查合格，证件齐全；操作票通过审批；应急预案通过审批，并经过演练。

（二）启动前的试验

动力电缆和仪用电缆的绝缘电阻试验；氨气、杂用气和仪用气的泄漏试验；转动设备开关电气试验；电（气）动阀门或挡板远方开、关，传动试验；各种联锁、保护、程控、报警值设置完成；仪器仪表校验应合格，投入正常，包括烟气分析仪（NO_x、O_2、NH_3 等）、流量、压力和温度变送器，控制系统的回路指令控制器、就地压力、温度和流量指示器。

（三）启动前的系统检查

启动前，应对各系统认真检查，保证各系统符合启动的相关要求。

1. 液氨系统

液氨系统检查主要包括对液氨储存与稀释排放系统、液氨蒸发系统、稀释风机系统、取样风机系统、吹灰器、SCR烟气等系统的检查。

2. 氨水系统

氨水系统检查主要包括对氨水储存与稀释排放系统检查、氨水蒸发系统检查、吹灰系统检查、反应器等系统的检查。

3. 尿素系统

尿素系统检查主要包括尿素溶解与氨制备、供应系统、吹灰系统检查、反应器等系统的检查。

（四）系统的整套启动

1. 氨气的制备启动

确定蒸发器/尿素热解室各阀门状态，开始对热媒加热，待系统稳定后投入自动；开启蒸发器/尿素热解室供应控制阀，并缓慢打开蒸发器/尿素热解室还原剂入口控制阀，使还原剂进入蒸发器/尿素热解室，待压力表读数稳定后逐步开足；待系统稳定后，检查确认氨气压力及温度满足设计要求，并确认系统投入自动。

2. 脱硝系统运行启动

(1) 吹灰器的启动。确认吹灰器启动条件满足，所有吹灰器处于热启动状态。根据吹灰要求，可手动启动或投入整套吹灰程序。

(2) 脱硝系统投入\退出试验。对每台反应器对应的氨气快速关断阀进行逻辑连锁保护试验，保证脱硝系统能够安全地投入\退出。

(3) 稀释风机的启动。稀释风机已调试完成，工作正常。采用喷氨格栅式的氨喷射系统，稀释风机应伴随引风机一起运行。

(4) SCR系统的投运。打开SCR系统注氨后速关阀，手动缓慢调节脱硝反应器的注氨流量控制阀，控制喷氨量，脱硝系统投运。

二、SCR脱硝系统的停运

1. 短期停止运行

关闭氨切断阀；关闭氨控制阀及上下游阀门；为保证喷嘴不堵塞，原则上不停稀释风机；关闭风机进出口阀门。

2. 长期停止运行或检修

关闭氨管道进SCR边界阀门。控制阀开度最大，待氨管无压力后，用吹扫氮气吹扫到烟道，吹扫一定时间后，松开氨管道边界进SCR边界阀门内侧法兰，加盲板。关闭氨切断阀，关闭吹扫氮气阀，保持氨管道压力在1～2atm。关闭氨控制阀及上、下游阀门；为保证喷嘴不堵塞，原则上不停稀释风机；现场压力表阀关闭；仪表停止投用；仪表阀、杂用阀、蒸汽边界总阀关闭。

3. SCR脱硝系统停止运行顺序

SCR脱硝系统正常停止及一般故障停运顺序为：正常运行状态→锅炉负荷下降→氨气切断阀“关闭”条件确认→氨气切断阀“关闭”确认→脱硝装置出口NO_x浓度确认→停机完成、再启动待机。

当发生紧急故障停运（如氨大量泄漏）时可直接按以下顺序操作：紧急情况出现→氨气切断阀“关闭”条件确认→氨气切断阀“关闭”确认→SCR出口NO_x浓度确认→故障停运完成。

三、SCR脱硝系统的运行调整

1. 液氨蒸发器温控参数优化

热工检查液氨蒸发器的热媒温度自动控制及氨气缓冲罐的压力变化，热源的供应要满足氨蒸发的需要，进行控制参数的调整，确保上述参数控制准确。

2. 运行烟气温度调节

当SCR入口烟气温度低于最低设计烟气温度时，如设计了省煤器烟气旁路，可通过调整省煤器烟气旁路与省煤器出口烟道挡板的开度，使SCR入口烟气温度高于最低连续喷氨温度，保障SCR系统的正常运行。

3. 氨喷射流量控制参数优化

注氨流量是通过锅炉负荷、燃料量、反应器入口NO_x浓度及设定的NO_x去除率的函数值作为前馈，并通过脱硝效率或反应器出口NO_x浓度作为反馈来修正。当氨逃逸浓度超过设定值，SCR出口NO_x浓度未达到设定要求时，应先减少氨气注入量，将氨逃逸浓度降低至允许的范围后，并查找氨逃逸高的原因。如果投入注氨流量的“自动”控制，通过增加或者减少反应器出口的NO_x浓度的控制目标，观察控制阀的自动控制是否正常，优化氨气流量控制阀的自动控制参数。

4. AIG喷氨平衡优化

当局部氨逃逸浓度过高时，应对喷氨格栅AIG的手动流量控制阀门进行调节。AIG喷氨平衡优化调整易采取顺序渐进的方式进行，即：首先将脱硝效率调整到设计值的60%左右，根据SCR出口截面的NO_x浓度分布调节AIG阀门；然后，在SCR出口NO_x浓度分布均匀性改善后，逐渐增加脱硝效率到设计值，并继续调节喷氨支管手动阀；最后，使SCR出口NO_x浓度及氨逃逸分布比较均匀，偏差率不超过整个截面平均值的10%。

5. 吹灰器吹灰频率优化

在SCR注氨投运后，要注意监视反应器进出口压损的变化。若反应器的压损增加较快，与注氨前比较，增加较多，此时要加强催化剂的吹灰。对于声波式吹灰器，通常每个吹灰器运行10s后，间隔30～60s后运行下一个吹灰器，所有的吹灰器采取不间断循环运行。

对于耙式蒸汽吹灰器，为大幅度改善SCR系统阻力，需要检查耙的前进位移是否能够到达指定位置，并适当增加吹灰频率。对于采用耙式蒸汽吹灰器的脱硝装置，应在检修期间注意检查催化剂表面的磨损状况并评估磨损起因，如果磨损是由于吹灰所造成的，应调整吹灰器减压阀后的吹灰压力或者加大吹灰器喷嘴与催化剂表面的距离。

四、SCR脱硝系统主要故障处理

1. 故障处理的一般原则

（1）故障发生时迅速按规程规定正确处理，应保证人身、设备安全，保证不影响机组安全运行。

（2）应正确判断和处理故障，防止故障扩大，限制故障范围或消除故障原因，恢复装置运行。在装置确已不具备运行条件或危害人身、设备安全时，应按临时停运处理。

(3) 在电源故障情况下，应确认挡板门和阀门的状态，查明原因及时恢复电源。若短时间内不能恢复供电，应按临时停运处理。

(4) 故障处理完毕后，运行人员应实事求是地把事故发生的时间、现象、所采取的措施等做好记录。并按照 DL 558 的规定组织有关人员对事故进行分析、讨论、总结经验，从中吸取教训。

(5) 当发生本标准没有列举的其他故障时，运行人员应根据自己的经验，采取对策，迅速处理。首先保证蒸发器停运，中断喷氨，具体操作内容及步骤应根据电厂系统的实际情况，在电厂的运行规程中规定。

2. 脱硝系统故障停运

(1) 紧急停运。当发生反应器烟气温度小于最低极限值或大于最高极限值；反应器入口挡板未开或出口挡板未开；氨稀释浓度超过设定值；锅炉 MFT；反应器出口氨含量危及人身、设备安全的因素等情况时，应立即中断喷氨，停运脱硝系统。

若脱硝装置设置有旁路，当出现反应器温度大于极限值；反应器入口挡板未开或出口挡板未开；反应器进出口差压大于极限值；锅炉 MFT 等情况时，可立即打开旁路挡板，停运脱硝系统。

当发生空预器跳闸时，应立即关闭反应器进出口挡板、旁路挡板，停运脱硝系统。

(2) 异常停运。当出现氨逃逸率超过设计值，经过调整无好转；氨供应系统出现外部泄漏时，必须中断处理；催化剂堵塞严重，经过正常吹灰后无法维持正常差压；仪用气源故障；电源故障中断等异常情况时，也应停运脱硫硝系统。

3. 液氨蒸发系统的故障处理

液氨蒸发系统出现故障，应首先确认喷氨系统联锁保护动作是否正常，排除其故障后，再停止液氨蒸发系统，隔离故障蒸发槽，切断液氨供应系统；查明故障原因，处理后恢复脱硝系统运行。若短时间内不能恢复运行，按短时停机的有关规定处理。

4. 稀释风系统故障及处理

稀释风机的基本作用是将制备的氨气稀释后喷入反应器（稀释后的氨气浓度远低于爆炸极限，保证安全运行），氨气与氮氧化物反应达到脱除氮氧化物的目的，因此稀释风机运行是喷氨的必备条件。稀释风机还有一个重要的作用是避免锅炉运行过程中，灰尘堵塞喷氨格栅，因此稀释风机应伴随引风机的运行而运行，严禁引风机启动后长时间未启动稀释风机，否则会导致喷氨格栅堵塞，喷氨后脱硝效率达不到要求，强行提高效率导致氨大量逃逸。引风机停运后方可停运稀释风机，注意当锅炉停运期间进行启动风机通风，也应启动稀释风机。

稀释风系统常见的问题是稀释风风量降低，导致该问题主要有如下几种情况。

(1) 稀释风机入口阀门关小。稀释风机入口阀的作用是调节稀释风机流量，当调试结束，该阀门一般不要调整。不宜根据负荷高低或入口氮氧化物浓度调整风量，该风量应一直保持最大运行风量。当发现稀释风机出口压力降低、风量减小，应检查入口阀门是否误操作。

(2) 稀释风机入口滤网堵塞。部分稀释风机入口滤网采用毡式滤网，极易堵塞，每周至少清理一次。很多电厂采用钢丝网式滤网，网孔较大，效果很好。滤网堵塞现象与入口阀门关小一致。

(3) 喷氨格栅堵塞。一般喷氨格栅堵塞都是由于未能及时启动稀释风机造成的，其现象是：压力提高、流量降低。一旦堵塞清理不易，如有停机机会应彻底清理检查；如不能停机可采用提高稀释风机压力进行疏通。如果比较严重可采用压缩空气逐一吹扫。

5. 吹灰系统故障与处理

声波吹灰器宜按组吹扫（同时启动一组同层吹灰器），吹灰器间声波叠加效果更好，个别电厂厂家强调逐一吹扫，主要考虑气源因素，以厂家和设计为准。当发现催化剂压差有增大趋势时，应加强吹扫。从实际经验看，增大吹扫频次不如延长吹扫时间的效果好。但时间不要延长太多，否则加快声波吹灰器膜片疲劳度，容易损坏。压缩空气压力是保证吹扫效果的基础，所说压力是指吹扫压力，未吹扫时压力没有任何参考价值。

由于声波吹灰器吹扫是一组组进行的，当某个声波吹灰器异常时不易发现，应定期（一般一周一次）进行逐个检查，及时发现“滥竽充数”者，并进行处理。机组停运进入反应器内检查催化剂层并清理声波吹灰器内喇叭口，应关闭压缩空气，以免吹灰器误动“震耳欲聋”，对检修人员造成伤害。

当采用声波吹灰器＋蒸汽吹灰器时，应以声波吹灰器为主，蒸汽吹灰器为辅。声波吹灰器一直投运（顺控），蒸汽吹灰器主要根据压差适时吹扫。在催化剂层压差正常情况下，蒸汽吹灰器建议每周至少吹扫一次，避免长期不运行而造成设备锈蚀、卡涩。

蒸汽吹灰器重点关注：蒸汽压力和温度，加强输水。由于绝大多数电厂就地无压力表，无法监视吹扫过程的吹枪压力，调试过程中可打开丝堵，安装临时压力表，确认吹扫压力，供运行参考。

蒸汽吹灰吹枪卡涩，应关断蒸汽阀，避免蒸汽不停吹扫一处催化剂，对催化剂造成损伤。

由于催化剂怕潮，故当机组刚启动且烟气温度未上来之前，不宜进行蒸汽吹扫。

6. 催化剂运行故障与处理

(1) 当催化剂压损过大，引起系统阻力增加。应启动吹灰器及时吹扫、疏通，降低压损。吹灰无效果，压损仍然超过设计值，应停运脱硝系统。

(2) 催化剂失活。加备用层、更换或催化剂再生。

(3) 催化剂效率降低、氨逃逸率高。减少喷氨，降低脱硝效率运行。

(4) 催化剂烧结。停运脱硝系统，更换催化剂。

(5) 催化剂中进入油雾或易燃物。油雾等可燃物可能会因为不完全燃烧或是锅炉故障而产生，主要发生在启动、主燃料跳闸、更换燃料、大的负荷变动、停机时产生。如果油雾、可燃物或烟灰落到催化剂上，进而黏附在催化剂上，则应进行下列操作。

1) 在启动时，使脱硝系统反应器冷却至50℃；检查反应器内部，尤其是脱硝系统催化剂。

2) 在常规运行下，保持脱硝系统的运行，采取正确措施防止油雾等可燃物的产生或进入反应器；如果所采取的措施没有效果，尽快停止锅炉运行。

3) 停机时，脱硝系统系统重新启动时，反应器进出口烟气温度应冷却到50℃，然后对烟气进行升温；烟气升温时，须对升温速度进行控制。

(6) 催化剂受潮。如果由于锅炉烟道故障导致雨水进入而使催化剂受到水及湿气的潮湿，在运行、安装和维护过程中，需要停止喷氨。在锅炉停止运行时，对锅炉烟道进行检查，排除烟道中的积水，以防浸湿脱硝系统的催化剂，应对锅炉进行自然通风冷却。充分冷却到50℃以下后，检查催化剂外观。如果在脱硝系统系统运行、维护和存储期间，有雨水从裂开的管子或打开的检查孔进入，应立即对催化剂进行干燥。

7. 发生火警时的处理

发现设备或其他物品着火时，应立即报警。火势过大时，应停运脱硝装置。

按照安全规程、消防规程的规定，根据火灾的地点及性质，正确使用灭火器材，应及时扑灭氨设备周围所有的明火和火花，必要时停止设备电源或母线的工作电源和控制电源；灭火结束后，应对设备进行检查，确认受损情况。

五、SNCR脱硝系统的启动及停运

1. 启动前的检查

检查系统溶液管道和蒸汽管道，无破损、无泄漏、管道保温良好；测量仪表正常无故障，阀门开关/调节灵活无故障，所有设备正常无故障；待投运喷枪前的尿素手动阀和压缩空气阀打开；泵类（尿素泵、工艺水泵等）设备状态全面良好；尿素溶液储存罐储存状态良好，内有符合设计要求的50%尿素溶液，液位不低于1000mm；控制柜供电正常，待运行设备及阀门供电正常；控制系统运行正常，能实现远程设备操作，所有数据显示正确；所有电机均已受电且试运转正常，相关系统防雷接地设施完好；管道系统中，确保法兰及连接处没有松动，阀门自由开/闭。

2. 启动前的准备

尿素溶液混合泵状态良好，尿素溶液出口对应锅炉的阀门全开，尿素溶液混合泵进口阀门打开，待泵缓慢开启后打开泵出口阀门，开启混合模块各管道系统电动调节阀；炉前喷射系统手动阀门全部打开（分配模块对应针形调节阀）；工艺水泵状态良好，系统工艺水总阀打开，待开启泵的进出口手动阀，泵入口压力为0.3～0.6MPa；喷枪软管完好无泄漏，管道调节阀调试正常，喷枪前分配模块手动阀正常调节，处于开启状态，喷枪内部流道无堵塞；确认有足够的袋装尿素，确认脱硝用水源和气源总门打开，有蒸汽和工艺水供给配料，溶解罐液位未达到高位上限值，溶解罐和储存罐的各阀门正常，管道密闭无外漏，保温良好，溶解罐搅拌电机有足够的润滑油，搅拌电机绝缘合格，供电正常，尿素溶液输送泵检查正常无故障，绝缘合格，操作模式为远程控制，上料机给电正常，明确需要制备的尿素溶液浓度为50%。

3. SNCR脱硝系统的启动

(1) 尿素溶液按标准配制。

(2) 储存系统的启动。检查储罐进液管阀门打开，出液管阀门关闭，出口阀门关闭，开启尿素溶液输送泵，开启尿素溶液输送泵进、出口阀门，向储存罐中输送液体，检测溶解罐及储存罐液位，当溶解罐液位低于下限值时，停止输送进行下一次溶解过程；当储存罐液位达到上限值时，结束本次输送过程。根据温度变送器的显示，当温度低于40℃时，开启蒸汽加热管道阀门。

(3) 尿素溶液稀释储存。检查稀释系统中对应锅炉所有管道手动阀门均打开，高位混合罐进液阀打开，开启尿素混合泵，开启对应锅炉的进口电动阀门，根据混合模块中各管路流量计显示数据，调整调节阀开度，保证混合后的尿素溶液浓度为10%，检测高位混合罐液位，当储罐液位达到上限值时自动关闭进液管阀门、关闭尿素混合泵。

(4) 喷射系统启动。检查分配模块中各枪的阀门均打开，开启压缩空气系统，用压缩空气对喷枪进行吹扫与冷却，时间不少于3min。开启对应锅炉喷淋泵，根据锅炉负荷调整尿素溶液管路和压缩空气管路压力，使得雾化效果达到最好。

4. SNCR脱硝系统的停运

(1) 长期停运。即锅炉停运，SNCR脱硝系统停运需停溶液、停止喷射、停止压缩空气、切断水源和气源，确认溶解罐进水阀和入口蒸汽阀关闭，确认储存罐进液阀和入口蒸汽阀门关闭，关闭控制系统，关闭设备电源，系统终止结束。

特别注意：在结束喷枪工作时一定要先停药再停压缩空气；系统停运后务必确定水源、气源切断。

(2) 短期停运。此情况是指锅炉正常运行，脱硝系统停止。当锅炉负荷低于30%BMCR或因为主气温不稳定等某种原因影响时，按照以下操作顺序停止SNCR系统：停溶液、停止喷射、紧急关闭系统。

只有在SNCR系统的连锁试验通过后，才能再启动系统运行。为了保证运行，运行期间应尽量减小关闭次数并增加监视频率。锅炉负荷变化或者NO_x波动较大时，应及时调整喷枪的喷射量，保证NO_x的出口浓度在合适的范围内，任何设备关闭后的第一次运行，必须做如下事项：确保所有的仪表、阀门等安装正确、仪表管线连接正确、安全装置设置完成、连锁电路回到最初状态、检查相关的部分，保证设备重启运行的安全。

六、SNCR脱硝系统运行过程中的调整

1. SNCR脱硝系统调整

(1) 流量调节。调整尿素喷射泵频率，控制喷射管路尿素溶液流量；调整各管路针形阀，控制各管路溶液流量。

(2) 浓度调节。调节进储存罐溶液主管调节阀，控制50%尿素溶液流量；调节进稀释模块工艺水主管调节阀，控制工艺水流量。

(3) 其他调节。调整压缩空气管路压力。

2. 系统运行维护

(1) 每天定期检查整个系统，特别是涉及尿素溶液的所有设备和管道，检查是否存在泄漏，若发现泄漏及时进行处理。

(2) 重点监视炉膛温度、尿素溶液储存罐的压力和温度等重点参数，若发现异常，及时分析原因以便及时排除隐患，将系统恢复至正常运行状态。

(3) 每天检查各类泵体的运行情况，包括其噪声、振动、润滑情况等；对出现异常的设备立即进行处理，保证系统安全运行。

(4) 每周定期检查尿素溶液输送泵入口过滤网的污染情况、连接部件的紧固情况。

(5) 每周定期检查SNCR喷枪烧灼、堵塞情况及固定卡套是否有损坏。

(6) 每周定期检查系统内阀门是否有裂纹、是否有泄漏痕迹、工作状态是否正常；每

月定期检查系统内阀门是否有腐蚀情况。

（7）每天定期检查管道是否存在振动过大的现象；每个月定期检查系统内管道是否出现连接不良而弯曲的现象，是否有堵塞，支架工作是否正常。

（8）对系统内的仪表定期检查，是否存在振动过大的现象，是否存在泄漏痕迹、反馈信号是否准确；连接部件是否松动，电缆是否正常、传感器是否正常工作。

（9）每月定期对系统内所有平台、护栏、梯子等通行设施进行检查，确保上述设施完好，可以正常使用。

思　考　题

1. 说明国内外脱硫技术、脱氮技术种类及其基本原理。脱硫脱氮技术及超低排放技术有哪些？

2. 当今主流脱硫技术是什么？结合实习电厂说明其工艺流程。

3. 当前具有代表性的高效湿法脱硫吸收塔的结构及工业特点分别是什么？

4. 结合实习电厂说明湿法脱硫工艺系统及设备组成。

5. 湿法脱硫系统的运行管理中脱硫系统的启动与停运状态如何定义？

6. 结合实习电厂说明湿法脱硫系统运行中主要记录参数有哪些？这些工艺参数的运行范围是多少？

7. 结合实习电厂说明石灰石供浆流量控制考虑的主要变量有哪些？

8. 结合实习电厂说明脱硫系统经常会出现哪些故障，分析出现故障的原因及如何处理？

9. SCR 反应系统的布置方式有哪几种？各有什么特点？

10. 结合实习电厂说明 SCR 主要系统及设备组成。

11. 分析说明影响 SCR 催化剂活性及使用寿命的主要因素。

12. 结合实习电厂说明 SCR 系统运行中主要记录的参数有哪些？这些工艺参数的运行范围是多少？

13. 分析说明 SCR 运行的常见故障及处理方式。

14. SNCR 脱硝系统还原剂如何比较与选择？

15. 影响 SNCR/SCR 联合脱硝技术性能的关键参数有哪些？

第七章 燃煤电厂水处理系统

第一节 概 述

一、水与热力发电

热力发电是利用热能转变为机械能进行发电的，现在我国用得比较普通的是利用各种燃料的化学能转变为热能发电，这种热力发电厂中，水进入锅炉后，吸收燃料（煤、油或天然气）燃烧放出的热能，转变成蒸汽，导入汽轮机；在汽轮机中，蒸汽的热能转变成机械能，发电机将机械能转变成电能，送至电网。蒸汽经汽轮机后进入凝汽器，被冷却成凝结水，又由凝结水泵送到低压加热器，加热后送入除氧器再由给水泵将已除氧的水经过高压加热器后进入锅炉。如图 7－1 所示为凝汽式发电水汽循环系统的主要流程。

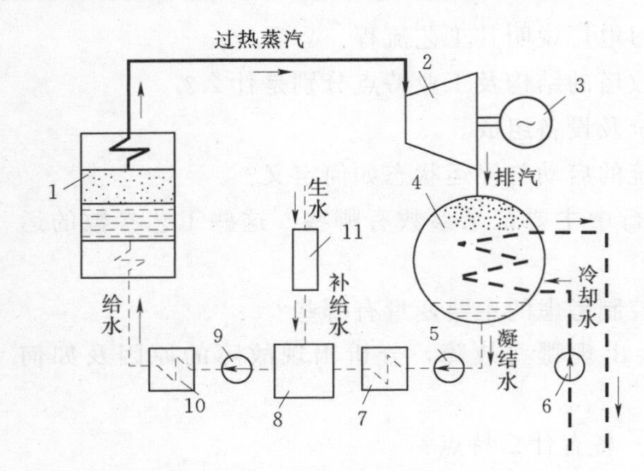

图 7－1 凝汽式发电水汽循环系统的主要流程图

1—锅炉；2—汽轮机；3—发电机；4—凝汽器；5—凝结水泵；6—冷却水源；7—低压加热器；8—除氧器；9—给水泵；10—高压加热器；11—水处理设备

（一）汽水损失

在上述系统中，汽水虽是循环运行的，但总不免有些损失，造成这些汽水损失的主要原因有以下几点。

（1）锅炉部分。锅炉的排污放水，锅炉安全门和过热器放汽门的向外排汽，用蒸汽推动附属机械（如汽动给水泵），蒸汽吹灰和燃烧液体燃料（加油等）时采用蒸汽雾化法等，都要造成汽水损失。

（2）汽轮机机组。汽轮机的轴封处要连续向外排汽，在抽气器和除氧器排气口处也会随空气排出一些蒸汽，造成损失。

（3）各种水箱。各种水箱（如疏水箱等）有溢流和热水的蒸发等损失。

（4）管道系统。各管道系统法兰盘连接不严密和阀门漏泄等原因，也会造成汽水损失。

为了维持发电厂热力系统的正常水汽循环运行，就要用水补充这些损失，这部分水称为补给水。凝汽式发电厂在正常运行情况下，补给水量不超过锅炉额定蒸发量的 2%～4%。例如额定蒸发量为 100t/h 蒸汽的锅炉，其补给水量每小时不超过 2～4t。

有些发电厂除发电外，还向附近的工厂和住宅区供生产用汽和取暖用热水，这种电厂称为热电厂。在热电厂中，由于用户用热方式不同和供热系统复杂等原因，往往使送出的蒸汽大部分不能收回，造成很大的汽水损失，所以在热电厂中补给水量经常比凝汽式电厂大得多。如图 7-2 所示为热电厂水汽循环系统的主要流程。

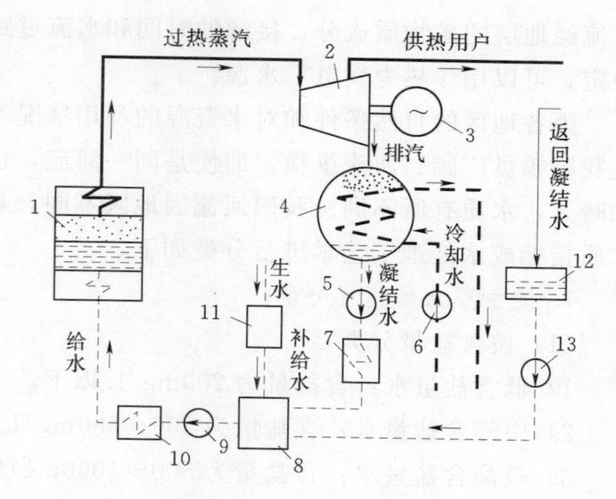

图 7-2　热电厂水汽循环系统的主要流程图

1—锅炉；2—汽轮机；3—发电机；4—凝汽器；5—凝结水泵；6—冷却水源；7—低压加热器；8—除氧器；9—给水泵；10—高压加热器；11—水处理设备；12—返回凝结水箱；13—返回水泵

（二）各种水的名称

由于水在热力发电厂水汽循环系统中所经历的过程不同，其水质常有较大的差别。因此，根据实际需要我们常给予这些水以不同的名称，现简述如下。

1. 原水

电厂选作水源未作任何处理的水，视不同地区而不同，一般为江水、湖水、水库水或城市自来水网的水。

2. 补给水

原水经过各种工艺处理后补充锅炉汽水损失的水。

3. 给水

进入锅炉的补给水又经过除氧及调节 pH 值等工艺处理后送进锅炉的水。

4. 炉水

给水进入锅炉后，在锅炉本体蒸发系统中通常采用各种磷酸盐处理工艺流动的水。

5. 凝结水

锅炉产生的蒸汽进入汽轮机，做完功后经冷凝下来的水称为冷凝水，它又进入热力系统作为锅炉给水的主要来源。

6. 疏水

在热力系统中，各种蒸汽管道和用汽设备中的蒸汽凝结水。

7. 冷却水

用作冷却介质的水称为冷却水。它主要是指通过凝汽器用以冷却汽轮机排汽的水。

8. 其他生产用水

这里包括煤场用水和各车间生产用水。

9. 生活用水

生活用水指非生产用水。

二、天然水质

天然的雨、雪本来是比较洁净的，但当它们在下降或流动过程中，接触了泥土、岩石、空气和树木等自然界的东西，加上有时侵入了废水废物这些人为的污染，水中就会溶有很多杂质。在接近广大居民的地区和工业中心地区的雨雪中，含有硫化氢、硫酸、煤烟和尘埃等杂质；或在接近海洋的地方的雨水中，则含有一些氯化钠等。地下水由于通过土壤层时经历了过滤的过程，所以没有悬浮物，经常是透明的。但由于它通过土壤和岩层时溶解了其中各种可溶性矿物质。故它的含盐量比地面水的大。地下水含盐量的多少决定于其流经地层的矿物质成分、接触的时间和水流过路程的长短等。地下水的水质一般终年很稳定，可以用作热力发电厂水源。

因各地区的自然条件和对水资源的利用情况不同，江河水的水质也有很大差别，特别是我国幅员广阔、河流纵横，即使是同一河流，也常常因上游和下游、夏季和冬季、雨天和晴天，水质有所不同。我国河流因地区不同，悬浮物含量相差很大。天然水按其主要的水质指标或水处理工艺学进行分类如下。

1. 按主要水质指标分类

(1) 按含盐量分类。

1) 低含盐量水：含盐量为200mg/L以下。

2) 中等含盐量水：含盐量为200～500mg/L。

3) 较高含盐量水：含盐量为500～1000mg/L。

4) 高含盐量水：含盐量在1000mg/L以上。

我国江河水属于低含盐量的约占1/2，其他都是中等含盐量，地下水大部分是中等含盐量水。

(2) 按硬度分类。

1) 极软水：硬度在1.0mEq/L以下。

2) 软水：硬度为1.0～3.0mEq/L。

3) 中等硬度水：硬度为3.0～6.0mEq/L。

4) 硬水：硬度为6.0～9.0mEq/L。

5) 极硬水：硬度在9.0mEq/L以上。

我国江河水的硬度情况是：在东南沿海一带最低，大都小于0.5mEq/L，为极软水区，越向西北硬度越大，最大可达3～6mEq/L；东北地区，硬度由北向南增大，松花江和东北沿海低达0.5～1.0mEq/L。

2. 天然水杂质

热力发电厂使用的水源，多为江河水和地下水。这些水中含有许多杂质，如悬浮的泥沙、藻类、盐类和气体等。这些杂质如果不从水中清除就用作电厂给水，会引起锅炉受热面结垢或蒸汽通流部分积盐，影响机组安全经济运行。为了保证热力系统中有良好的水质，必须对水进行化学处理。天然水一般分为大气降水、地表水和地下水三大类，由于在水文循环过程中，接触的介质不同，使天然水水质成分复杂。一般天然水杂质包括三大类。

(1) 悬浮物。这类杂质常呈较大颗粒（粒径在100nm以上）悬浮在水中。例如，泥土颗粒、水藻、腐败的动植物等。水中的这类悬浮物静置时能自行沉降。

(2) 胶体物质。这类杂质呈较小微粒（粒径在1～100nm之间）存在于水中。例如，细微的泥土、微生物和有机物等。由于这些胶体微粒（如黏土、蛋白质等）带有相同电荷，彼此互相排斥，所以水中这类胶体颗粒静置时，不能自然沉降出来。

(3) 溶解物质。这类杂质是以分子或离子状态（粒径小于1nm）均匀分散于水中（溶解在水中）。例如，水中含有的 O_2、CO_2 和各种盐类等杂质。溶解于水中的这类杂质，只要水不蒸发，温度不变，它们就不会从水中析出。

一般来说，江河水中含有悬浮物和胶体较多，而地下水则含有可溶性盐类较多。

三、水质指标和杂质的危害

1. 硬度

水硬度就是指水中含有钙、镁离子的总量，以每升水中含有这两种离子的微克当量数来表示。根据钙、镁离子所结合阴离子的不同，硬度分为暂硬和永硬。钙、镁的碳酸盐称为暂硬（或称碳酸盐硬度），其他钙、镁盐称为永硬（或称非碳酸盐硬度）。给水中含有的钙、镁盐在锅炉运行条件下会在锅炉受热面上形成水垢。

2. 含钠量

水中的含钠量是用 1L 水中含钠的微克数来表示的。直流炉给水中的钠盐，在锅炉运行时绝大部分被蒸汽带走，并在汽机通流部分沉积成盐垢。

3. 含硅量

含硅量是指硅化物在给水中的含量，以每升水中所含硅化物换算为 SiO_2 的微克数来表示的。硅化物能溶解在高压蒸汽中，如果高压或超高压锅炉的给水中含有硅化物，在锅炉运行时硅化物就会被蒸汽溶解携带到汽轮机内，在汽机喷嘴或叶片上以 SiO_2 形态沉积下来。

4. 铁、铜含量

给水中铁、铜含量是以每 1L 水中含有铁和铜的微克数来表示的。铁、铜的氧化物在超临界压力锅炉的蒸汽中溶解度较大。溶解在蒸汽中的铁、铜氯化物被蒸汽带到汽轮机内，在高压缸的各级叶片上沉积下来。若炉水中铁、铜含量越过标准，也能在炉管中形成铁垢和铜垢。

5. 溶解氧

溶解氧是指给水中溶解的氧气。它以每 1L 水中含有氧气的微克数来表示的。当给水中的溶解氧超出标准时，不仅使给水系统和省煤器等发生腐蚀，而且腐蚀产物被给水带入锅内，导致受热面管壁结垢并形成垢下腐蚀。

6. 总 CO_2

给水中总 CO_2 含量是以每 1L 水中含有总 CO_2 的毫克数来表示的。碳酸及其盐类随给水进入锅内，并受热分解放出 CO_2，这些 CO_2 被蒸汽带入热力系统，使某些金属设备发生腐蚀。

7. 含油量

给水中含油量是以每 1L 水中含有油的毫克数来表示的。油被给水带进锅炉后，它就会附着在管壁上，管壁上附着的油受热分解，又变成一种导热性很小的附着物，使炉管过热损坏。油又能使炉水生成漂浮的水渣和促使泡沫的形成，引起蒸汽品质恶化。

8. 电导率（又称导电度）

水的电导率是反映水中含盐量大小的一项指标。对同一种水，电导率越大，含盐量越多。

9. 联氨量

给水中的联氨量是以每升水中含联氨（N_2H_2）的微克数来表示的。联氨是一种化学药品，它能与氧气反应生成氨气和水。向给水中加入联氨，就是为了消除给水中残留的氧气。但是联氨的加入量必须适当，如果联氨加入量不足，则氧气不能完全消除，仍然能引起残留氧气对金属的腐蚀；如果加入量过大，又会引起铜部件的腐蚀。

10. pH值

给水应该保持一定的pH值（一般为8.5～9.2）。给水pH值低（＜7）时，水呈酸性，它能腐蚀给水系统。由于NH_3溶于水呈碱性，所以在电厂水处理工作中常向给水中加NH_3，来调节给水的pH值。所加NH_3的量要适当，不能太多，当pH值在9.2以上时，虽然对防止钢材腐蚀有利，但过多的NH_3会引起铜部件腐蚀。

四、化学水处理系统

燃煤电厂的化学水处理系统主要包括水的预处理系统、水的预脱盐系统、锅炉补给水系统、汽轮机组凝结水精处理系统、冷却水处理系统、废水污水处理等主要系统，还有化学加药、净化站、汽水取样、制氢站和升压泵房等辅助公共控制子系统。

第二节　水的预处理系统及设备

发电厂原水水源可选择地表水、地下水、再生水、海水和矿井排水，预处理系统应根据原水水质、下一级处理工艺对水质的要求和处理水量，结合当地条件，通过技术经济比较确定。

一、预处理系统选择原则

预处理系统是指离子交换系统或预脱盐系统的前处理部分。它是根据原水水质和后续系统（离子交换或预脱盐系统）对水质的要求来决定的。

1. 离子交换系统及预脱盐系统对进水水质的要求

离子交换系统及预脱盐系统对进水水质的要求见表7-1。

表7-1　离子交换系统及预脱盐系统对进水水质的要求

<table>
<tr><th colspan="2" rowspan="2">项　目</th><th colspan="3">离子交换除盐</th><th colspan="3">反　渗　透</th><th colspan="2">电渗析</th></tr>
<tr><th>顺流式</th><th>逆流式</th><th>浮动床</th><th>中空纤维式</th><th>醋酸纤维式</th><th>复合膜</th><th>频繁倒极</th><th>普通</th></tr>
<tr><td colspan="2">水温/℃</td><td colspan="3"><35～45①</td><td>5～35</td><td>5～40</td><td>5～45</td><td colspan="2">5～40</td></tr>
<tr><td colspan="2">pH值</td><td colspan="3">—</td><td></td><td>4～6</td><td>4～11</td><td colspan="2"><8</td></tr>
<tr><td rowspan="2">浊度</td><td>mg/L</td><td><5</td><td><2</td><td><2</td><td>—</td><td>—</td><td>—</td><td colspan="2"><1</td></tr>
<tr><td>FTU</td><td colspan="3">—</td><td>—</td><td><1</td><td><1</td><td colspan="2">—</td></tr>
<tr><td colspan="2">污染指数（FI）
或淤积密度指数</td><td colspan="3">—</td><td><3</td><td><5</td><td><4</td><td><5</td><td>3～5</td></tr>
<tr><td colspan="2">余氯/(mg/L)</td><td colspan="3"><0.1</td><td><0.1
（控制为0）</td><td>0.2～1.0
（控制为0.3）</td><td><0.1
（控制为0）</td><td colspan="2"><0.3（短期清洗
可小于200）</td></tr>
<tr><td colspan="2">铁/(mg/L)</td><td colspan="3"><0.3</td><td colspan="3"><0.05</td><td colspan="2"><0.3</td></tr>
<tr><td colspan="2">锰/(mg/L)</td><td colspan="3">—</td><td colspan="3">—</td><td colspan="2"><0.1</td></tr>
<tr><td colspan="2">COD_{Mn}/(mg/L)</td><td colspan="3"><2（凝胶型树脂）</td><td colspan="3"><1.5～3②</td><td colspan="2"><3</td></tr>
</table>

注　反渗透装置都带有自己的前处理系统，以保证进水达到标准，其进水指标控制更多以SDI来衡量。反渗透前处理系统进水为普通预处理系统出水。

①　要根据树脂具体要求确定，如强碱型树脂使用温度一般小于35℃，丙烯酸强碱阴树脂使用温度一般小于38℃等。

②　具体采用的数值要根据反渗透膜制造厂要求确定。

2. 常见的预处理系统及其出水水质

常见的预处理系统及其出水水质见表7-2。

表7-2 常见的预处理系统及其出水水质

<table>
<tr><th colspan="2" rowspan="2">系统</th><th colspan="5">出水水质</th></tr>
<tr><th>浊度/(mg/L)</th><th>COD_{Mn}/(mg/L)</th><th>氯/(mg/L)</th><th>铁/(mg/L)</th><th>胶体硅</th></tr>
<tr><td rowspan="2">以自来水作水源</td><td>直供</td><td><5</td><td>—</td><td>>0.05</td><td><0.3</td><td rowspan="2">与自来水处理工艺相关</td></tr>
<tr><td>过滤-除氧</td><td><5</td><td>—</td><td>0</td><td><0.3</td></tr>
<tr><td rowspan="5">以地下水作水源</td><td>直供</td><td><2①</td><td>与原水相同</td><td>0</td><td>—</td><td rowspan="4">与原水相同</td></tr>
<tr><td>过滤</td><td><2</td><td>与原水相同</td><td>0</td><td>—</td></tr>
<tr><td>曝气-天然锰砂过滤</td><td><2</td><td>—</td><td>0</td><td><0.3</td></tr>
<tr><td>曝气-石英砂过滤</td><td><2</td><td>—</td><td>0</td><td><0.3</td></tr>
<tr><td>混凝过滤</td><td><5</td><td>去除约40%</td><td>0</td><td rowspan="2">—</td><td>去除约60%</td></tr>
<tr><td rowspan="5">以河水等地表水作水源</td><td>混凝-沉淀软化（加酸）-过滤</td><td><5</td><td>去除约40%～60%</td><td rowspan="5">与加氯装置投运情况有关，投运时一般为0.1～0.3</td><td>去除约90%</td></tr>
<tr><td>混凝过滤</td><td><5</td><td>去除约40%</td><td>—</td><td>去除约60%</td></tr>
<tr><td>混凝-澄清-过滤</td><td><5（或<2）</td><td>去除约40%
个别达60%</td><td>—</td><td>去除约90%</td></tr>
<tr><td>预沉淀-混凝-澄清-过滤</td><td><5（或<2）</td><td>去除约40%
个别达60%</td><td>—</td><td>去除约90%</td></tr>
<tr><td>混凝-澄清（沉淀软化加酸）-过滤</td><td><5（或<2）</td><td>去除约40%～60%</td><td>—</td><td>去除约90%</td></tr>
</table>

① 正常时可小于2mg/L，但不稳定，有增大的可能性。

3. 预处理系统的选择

对于表7-2中各系统的选用，一般有如下要求。

（1）在用自来水作水源时，由于自来水消毒要求其管网末端余氯大于0.05mg/L，所以有时会超过后续系统要求的标准（小于0.1mg/L），必要时可考虑除氯措施（投加亚硫酸钠或增加活性炭吸附）。如果自来水中胶体硅含量较高，经核算锅炉蒸汽质量不符合要求时（多发生在用地下水作自来水水源而又未经混凝处理时），还应进行混凝处理。

（2）以井水、泉水等地下水作水源时，水中有时含砂较多，特别是深井井管损坏时，会使水中夹带大量黄砂，这时应有相应的预处理措施（过滤）。当地下水中含碳酸盐型铁较多时，要进行曝气除铁；当重碳酸盐铁小于20mg/L、pH<5.5时，可用曝气-天然锰砂过滤除铁；当重碳酸盐型铁小于4mg/L，可用曝气-石英砂过滤除铁，并使曝气后pH>7，若达不到7，就可改用天然锰砂除铁或将水碱化至pH>7。地下水中胶体硅含量较高时，如大于0.5～0.6mg/L，可增加混凝过滤措施。

(3) 以地表水作水源时，水中悬浮物小于50mg/L可用混凝—过滤，大于50mg/L则要用混凝—澄清（沉淀）—过滤。如果水在某些时候含砂量或悬浮物含量较高，影响混凝澄清处理时，则要设置预沉淀设施（如沉砂池、调蓄水池等）。

(4) 混凝—澄清（沉淀）—过滤系统，如原水中重碳酸盐硬度较大，可考虑进行沉淀软化（如石灰处理），也可加入镁剂，去除部分硅酸化合物。天然水中胶体硅的去除，当水中胶体硅含量较多（如0.5～0.6mg/L以上），经技术校核不符合要求时，则要考虑去除措施，一般的混凝过滤可去除60%，混凝澄清过滤可去除90%，采用镁剂除硅，出水中可溶性SiO_2可降至1mg/L。

(5) 表7-2中各系统，特别是地表水系统，根据需要可设置连续性、间断性或季节性加氯装置。投氯时控制出水余氯含量小于0.1mg/L。若余氯超过标准，则可再增加去除余氯的措施（加亚硫酸钠或设置活性炭床）。

(6) 混凝—澄清—过滤系统对水中有机物的去除情况与原水中有机物组成关系很大。以COD_{Mn}表示的去除率，一般为40%左右，个别的可高达60%，但也有的仅20%左右。进行非常规石灰处理对去除水中有机物有利。若预处理系统按上述比例计算出的出水中COD_{Mn}含量不符合后续系统要求，则要考虑相应的措施，如增设活性炭床、吸附树脂床，选用抗有机物污染的大孔型树脂和弱碱型树脂等。活性炭床除能去除部分有机物外，还可去除水中游离氯。用作去除有机物的活性炭床，宜放在阳床之后（位置在除CO_2器与阴床之间），可以延长其使用寿命；用作去除游离氯的活性炭床，则仍放在阳床之前。

(7) 混凝—澄清—过滤系统出水浊度与运行控制水平关系很大，出水浊度一般可小于5mg/L，但控制很好时也可小于2mg/L。顺流式固定床可以满足需要。对逆流式固定床，目前也有很多设备使用这种预处理系统，但往往因为出水浊度波动，带来运行中一些问题。对浮动床，这种系统问题较大，没有采用进一步的去除浊度措施，阳床浮动不易运行。可供考虑的进一步去除浊度的办法有增加管式精密过滤器、活性炭床等。

(8) 有澄清池的预处理系统，还可以在其前面设置加热器（附空气分离装置），自动控制水温变化不超过±1℃，升温速度不超过2℃/h。

(9) 预处理系统中常用的澄清设备有机械搅拌加速澄清池、水力加速澄清池和作为沉淀设备的平流式沉淀池。过滤设备中常用的设备有无阀滤池、虹吸滤池、重力式空气擦洗滤池和普通快滤池等，压力式机械过滤器和管式精密过滤器也有使用，继而又出现高效纤维过滤器和变孔隙过滤器。

二、水预处理系统工艺流程及设备

一般水预处理系统用于去除水中的悬浮物、胶体等，为后续的脱盐处理提供条件，其处理工艺流程：原水→澄清池→过滤池→清水池，现将各种设备及水处理方法分述如下。

（一）混凝澄清处理

1. 混凝处理工艺原理

混凝处理就是在水中投加适当的化学药剂，使水中微小的悬浮物以及胶体结合成大的絮凝体，并在重力作用下沉淀分离出来。投加的化学药剂称为混凝剂，常用的混凝剂有铝盐和铁盐两类，主要为硫酸铝、聚合铝、硫酸亚铁、聚合硫酸铁；有时为了提高混凝效果，在加混凝剂的同时，还加少量的助凝剂。

2. 澄清器（池）

利用混凝沉淀方法除掉水中悬浮物的沉淀设备叫做澄清池。目前常见的澄清池有水力循环澄清池、机械搅拌澄清池、脉冲澄清池和泥渣悬浮澄清池等。各种澄清池尽管在结构上有差异，但它们的工作原理则是相似的。国内大型燃煤电厂澄清处理设备多为机械加速搅拌澄清池，其优点是：反应速度快、操作控制方便、出力大。机械加速澄清池如图 7－3 所示，基本构成主要是由第一反应室、第二反应室及分离室组成。此外，还有进出水系统、加药系统、排泥系统以及机械搅拌提升系统，刮泥装置等，其工作原理为悬浮状态的活性泥渣层与加药的原水在机械搅拌作用下，增加颗粒碰撞机会，提高了混凝效果。经过分离的清水向上升，经集水槽流出，沉下的泥渣部分再回流与加药原水机械混合反应，部分则经浓缩后定期排放。澄清器（池）的出力应经必要的核算。

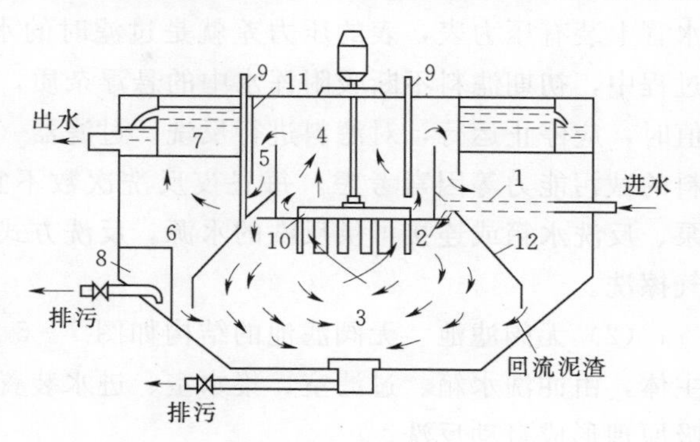

图 7－3　机械加速澄清池

1—进水管；2—进水槽；3—一反应室；4—二反应室；5—导流室；6—分离式；7—集水槽；8—泥渣浓缩室；9—加药室；10—机械搅拌器；11—导流板；12—伞形板

（二）过滤

1. 过滤工艺原理

生水经过混凝、沉淀处理后，虽然水中大部分悬浮物等杂质被除掉，但是水中仍残留细小悬浮颗粒，需要进一步处理。除去残留的悬浮杂质，常用的方法是过滤。水通过滤料层除去其中悬浮杂质的工艺称为过滤，水通过滤层的滤料时，有两个作用：一个作用是滤料颗粒表面与悬浮物之间的吸力，使悬浮物被吸附；另一个作用是滤层对悬浮颗粒的机械筛除作用，而主要是吸附作用，包括颗状滤料过滤、膜状滤料过滤、线状滤料过滤。

2. 滤料及滤层

用于过滤的多孔材料称为过滤介质或滤料，过滤设备中堆积的滤料层称为滤层。滤料和滤层厚度对过滤起重要作用。用作滤料的物质，应具备以下条件：化学性能稳定、截污容量大、机械强度好、粒度适当等。水处理中常用的粒状滤料有石英砂、无烟煤粒、活性炭、大理石料、磁铁矿和瓷砂等。

滤层厚度是指滤料在过滤设备中的堆积高度，一般滤层分为单层、双层及三层布置。滤层中滤料的排布方式与过滤效果又有直接联系，根据滤层中滤料的排布方式分为单向流过滤和双向流过滤。

3. 过滤器（池）及运行

过滤器（池）的类型应根据进水水质、处理水量、处理系统和水质要求等，结合当地条件确定。过滤器（池）不应少于两台（格）。当有一台（格）检修时，其余过滤器

（池）应保证正常供水。电厂水处理中常见的有机械过滤器、无阀滤池和活性炭过滤器等。

（1）机械过滤器。机械过滤器的结构如图7-4所示。它的本体是一个圆柱形容器，内部装有进水装置、滤层和排水装置。外部设有必要的管道、阀门等。在进、出口的两根水管上装有压力表，表的压力差就是过滤时的水头损失（运行时的阻力）。过滤器在运行过程中，初期滤料不断吸附浑水中的悬浮杂质，使运行阻力逐渐增大。当阻力增大到一定值时，应停止运行，对滤料进行反洗。过滤器（池）的反洗次数，可根据进出口水质、滤料的截污能力等因素考虑。每昼夜反洗次数不宜超过2次。过滤器（池）应设置反洗水泵、反洗水箱或连接可供反洗的水源。反洗方式应根据滤池型式决定，并根据需要选用空气擦洗。

（2）无阀滤池。无阀滤池的结构如图7-5所示。这种过滤设备是用钢筋水泥筑成的主体，由冲洗水箱、过滤室、集水室、进水装置以及冲洗用的虹吸装置等组成，可应用虹吸原理形成自动反洗。

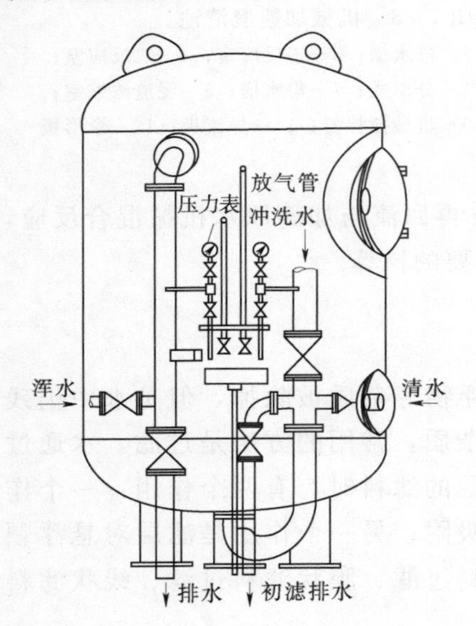

图7-4　机械过滤器的结构

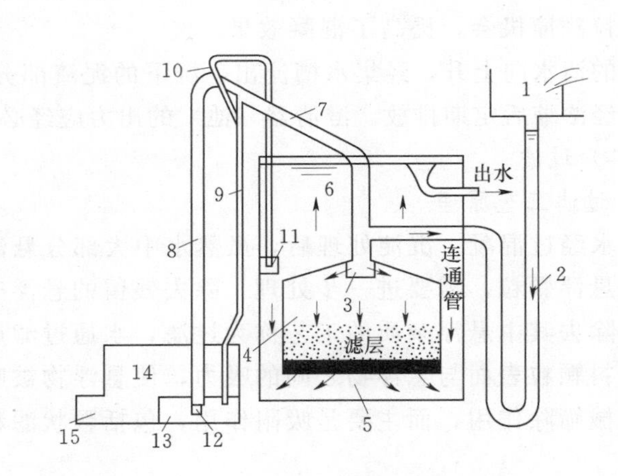

图7-5　无阀滤池的结构

1—进水槽；2—进水管；3—挡板；4—过滤室；5—集水室；6—冲洗水箱；7—虹吸上升管；8—虹吸下降管；9—虹吸辅助管；10—抽气管；11—虹吸破坏管；12—冲洗强度调节器；13—水封槽；14—排水井；15—排水管

无阀滤池运行时，浑水由进水槽1进入，经过进水管2流入过滤室4，然后通过滤层除掉浑水中悬浮的杂质，成为清水汇集到下部集水室5，此清水再由连通管进入上部冲洗水箱6，当水箱充满水后，澄清的水便经出水漏斗送出。随着运行时间的增长，滤层的阻力逐渐增大。虹吸上升管7中的水面也随之升高，当水面上升到虹吸辅助管9的管口时，水立即从此管中急剧下降。这时主虹吸管（包括虹吸上升管7和虹吸下降管8）中的空气，便通过抽气管10抽走，管中产生负压，使虹吸上升管和下降管中的水面同时上升，当两管水面上升达到汇合时，便形成了虹吸作用。这时，冲洗水箱的水，便沿着与过滤时相反的方向从下而上的经过滤层，形成自动反洗。这样，冲洗水箱的水位便下降，当水位降到虹吸破坏管11管口以下时，空气进入虹吸管内，虹吸作用遭到破坏，虹吸上升管的水位下降，反洗过程自动停止，过滤又重新开始。

经过机械过滤器或无阀滤池处理后的水，可以使出水中的总浮物含量达5mg/L以下。

(3) 活性炭过滤器。预处理后水中游离余氯含量超过后处理系统进水标准时，宜采用活性炭吸附或加亚硫酸钠等处理方法除氯。活性炭过滤器的设计参数应根据进水水质、处理要求和活性炭的种类来确定。活性炭过滤器是一种内装填粗石英砂垫层及优质活性炭的压力容器。在水质预处理系统中，活性炭过滤器能够吸附前级过滤中无法去除的余氯以防止后级反渗透膜受其氧化降解，同时还吸附从前级泄漏过来的小分子有机物等污染性物质。

(三) 微滤

1. 微滤技术概述

微滤（MicroFiltration，MF）技术是利用微滤膜为过滤介质，以压力差为驱动力，达到浓缩和分离目的的一种精密过滤技术。微滤膜的孔径为0.1～10.0μm，在0.1～0.3MPa压力的推动下，截留溶液中的砂砾、淤泥、黏土等颗粒和贾第虫、隐孢子虫、藻类及一些细菌等，而大量溶剂、小分子及少量大分子溶质都能透过膜的分离过程。微滤主要用于分离液体中尺寸超过0.1μm的物质，具有高效、方便和经济的优点，广泛应用于各种工业给水的预处理、饮用水的处理以及城市污水和各种工业废水的处理与回用等。

微滤技术的研究开始于19世纪初期，它是膜分离技术中最早产业化的一种，19世纪中叶出现了以天然或人工合成的聚合物制成的微孔过滤膜。第二次世界大战后，美国和英国也对微孔滤膜的制造技术和应用进行了广泛的研究，这些研究对微滤技术的迅速发展起到了推动作用。目前全世界微孔滤膜的销售量，在所有合成膜中居第一位。

微滤技术在我国的研究开发则较晚，20世纪80年代初期才起步，但其发展速度非常快。目前，我国微滤技术已形成7000万元的年产值，占我国膜工业年产值的1/5，经济、社会效益也非常显著。我国相继开发了醋酸纤维素（CA）、聚苯乙烯（PS）、聚偏氟乙烯（PVDF）、尼龙等膜片和筒式滤芯，聚丙烯（PP）、聚乙烯（PE）、聚四氟乙烯（PTFE）等控制拉伸致孔的微孔膜和聚酯、聚碳酸酯等的微孔膜。近十几年来，我国在微滤膜、组件及相应的配套设备方面有了较大的进步，虽然在品种的系列化和质量上与国外的先进技术还存在一定的差距，但国内产品已经具备了替代进口同类产品的水平。

2. 微滤原理

根据微粒在膜中截留位置，可分为表面截留和内部截留两种，如图7-6所示，其截留机理主要有以下3种。

(1) 筛分作用机理。微滤膜拦截比其孔径大或与其孔径相当的微粒，也称机械截留作用。

(2) 吸附作用机理。微粒通过物理化学吸附而被微滤膜截获。这一机理解释了虽然有些微粒尺寸小于微滤膜孔径，但也能被微滤膜截留的原因。

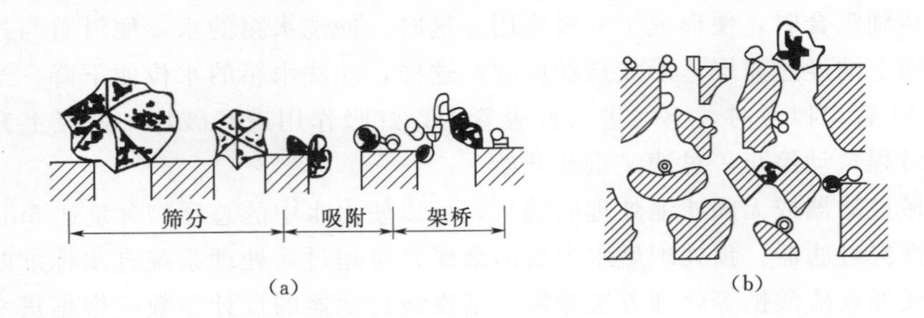

图 7-6　微滤截留位置

(a) 膜表面截留；(b) 膜内部截留

(3) 架桥作用机理。微粒相互推挤，导致微粒不能进入微滤膜孔或卡在孔中不能动弹。筛分、吸附和架桥既可以发生在膜表面，也可以发生在膜内部。

3. 微滤操作模式

(1) 死端过滤。料液流动方向与微滤膜表面垂直的过滤方式称为死端过滤。在这种过滤方式下，滤饼层随着过滤时间的增加迅速增厚，溶液透过量也迅速下降，但死端过滤的能耗低，因而回收率较高。随着周期性气水反冲技术的成熟以及自动化程度的提高，死端过滤也成为许多大型水处理系统的选择。

(2) 错流过滤。料液流动方向与微滤膜表面平行的过滤方式称为错流过滤。料液沿膜面流动时，对膜表面截留物产生剪切力，使其部分返回主体流中，从而减轻了膜的污染，膜透过速度能在相对长的一段时间内保持在较高的水平。

在错流过滤中，随着过滤的不断进行，主体溶液中的粒子不断在膜表面堆积，形成浓差极化层。在过滤过程中，一方面颗粒随透过液被带到膜表面使浓差极化加剧；另一方面粒子之间相互碰撞导致的颗粒分散、水力剪切作用导致的分散，以及流道中速度梯度导致的径向迁移，使部分粒子又能离开膜表面。当粒子向膜表面传递的速率与膜表面极化层中粒子向主体溶液中运动的速率相等时，过滤过程达到稳态。

4. 微滤膜及组件

(1) 微滤膜。微滤膜的孔径一般为 0.1～10.0μm，且孔径的分布范围窄，孔隙率可高达 80%，厚度在 150μm 左右。微滤膜的这些特征决定了微滤过程具有较高的分离精度和较大的通量。微滤膜按形态结构可大致分为两种：一种是筛网膜，如核孔膜，其孔呈毛细管状，不均匀地分布并垂直于膜表面；另一种是曲孔膜，也叫深层膜，这种膜的微观结构与开孔型的泡沫海绵相似。

(2) 微滤膜材料。可用作微滤膜的材料有很多，常用的是聚丙烯（PP）、聚四氟乙烯（PTFE）和聚偏氟乙烯（PVDF）等。纤维素酯、聚酰胺、聚砜、聚碳酸酯等有机聚合物和某些无机材料也是制备微滤膜的材料。

1) 聚烯烃。用来制备微滤膜的烯烃主要为聚丙烯（PP）和聚氯乙烯（PVC）。PP 具有良好的化学稳定性，可耐酸、碱和各种有机溶剂，但孔径分布较宽，不适合用于精确过滤，PVC 膜强度和韧性好，适用于中等强度的酸和碱溶液，但不耐热，不便于消毒。

2) 含氟材料。常见的含氟材料是聚四氟乙烯（PTFE）和聚偏氟乙烯（PVDF）。PT-

FE俗称“塑料王”，具有很好的化学稳定性、热稳定性和耐有机溶剂性，可在－40～260℃、强酸、强碱和各种有机溶剂中使用，也能用于过滤蒸汽。PVDF也具有很好的耐热、耐腐蚀和耐溶剂性，已成功地用于膜蒸馏、气体净化、有机溶剂精制等工业领域。

3）纤维素酯。其中最常见的是由醋酸纤维素和硝酸纤维素混合制备的混合纤维素（CA－CN），它是一种标准的常用微滤膜，孔径为0.05～8.00μm，有多种规格。该材料成孔性能好、生产成本低、亲水性好、使用温度范围广（最高使用温度为75℃），可耐稀酸和稀碱，但不适用于酮类、酯类、强酸和强碱等溶液。

4）聚碳酸酯。该类膜材料主要用于制备核孔膜，即用核径迹法制造膜孔，核孔聚碳酸酯膜孔径分布均匀、过滤精确，但孔隙率较低，制膜工艺复杂，价格高，因而限制了其应用。

5）聚酰胺。该类膜材料耐碱但不耐酸，在酮、酚、醚及高分子量的醇类中不易被侵蚀，用于制备微滤膜的有脂肪族聚酰胺和聚砜酰胺。超细尼龙纤维的织布平均孔径可小于1μm，直接用于微滤。聚酰胺则是颇具我国特色的超滤和微滤膜材料。

6）聚砜。聚砜原料价廉易得，制膜简单，机械强度高，抗压密性好，化学性能稳定，无毒，能抗微生物降解，也是常见的微滤膜材料之一。

7）无机材料。用氧化铝或氧化锆陶瓷、玻璃、金属氧化物等制得的无机微滤膜，具有机械强度好、耐高温、耐有机溶剂和耐生物降解等优点，除用于高温气体分离、膜催化反应外，也适用于饮用水处理和成分复杂的工业废水处理。

（3）微滤膜组件。从膜形状上来看，有板框式、管式、卷式、褶皱筒式和中空纤维式等。在水处理中，中空纤维式和管式使用较广泛，板框式和褶皱筒式也有应用。下面以褶皱筒式微滤组件为例，简单介绍微滤膜组件的组成。

褶皱筒式滤芯的结构如图7－7所示。垫圈和O形环起密封的作用；微滤膜则由内、外层材料来支撑，并被固定在轴芯周围；外部护罩和网起保护和分布水流的作用。原水由外部进入，杂质颗粒被微滤膜截留，透过的水通过轴芯内部管中流出。褶皱筒式过滤器通常由多个滤芯组成，具有过滤面积大、操作方便的优点，滤芯堵塞后即可抛弃更换。

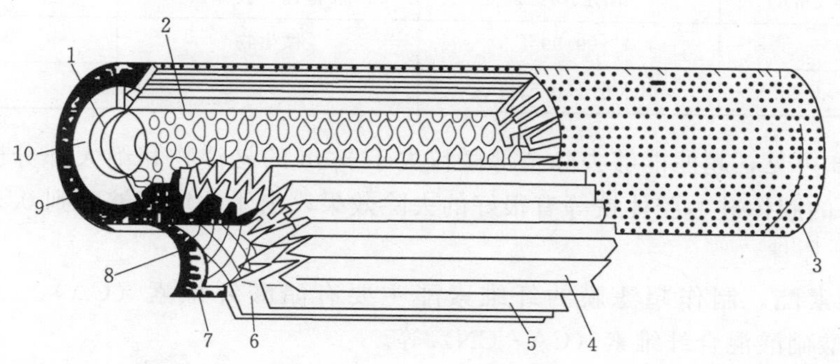

图7－7　褶皱筒式滤芯的结构示意图

1—O形环；2—轴心；3—固定材料；4—内层材料；5—滤膜；6—外层材料；7—护罩；8—网；9—固定材料；10—垫圈

（四）超滤

1. 超滤技术原理

超滤（Ultra Filtration，UF）是以孔径为 0.002～0.100μm 的不对称多孔性半透膜——超滤膜作为过滤介质，在 0.1～1.0MPa 的静压力的推动下，溶液中的溶剂、溶解盐类和小分子溶质透过膜，而各种悬浮颗粒、胶体、蛋白质、微生物和大分子物质等被截留，以达到分离纯化目的的一种膜分离技术，其原理如图 7-8 所示。

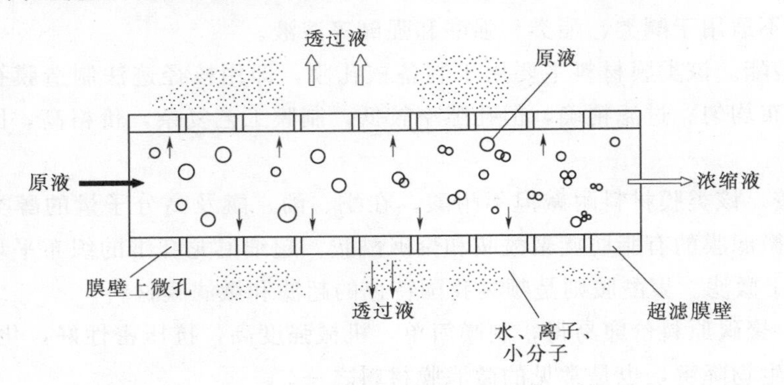

图 7-8　超滤原理示意图

表 7-3 是某超滤膜的过滤效果。超滤现象的发现源于 1861 年 A. Schmidt 用天然的动物器官——牛心胞薄膜，在一定压力下截留了胶体的实验，过滤精度远远超过滤纸。20 世纪 60 年代，随着 Loeb Sourirajan 制成第一张非对称醋酸纤维素膜，超滤技术开始进入快速发展和应用阶段，特别是聚砜材料用于超滤膜的制备，促使了超滤在工业上的大规模应用。目前，超滤已经在饮用水制备、高纯水生产、海水淡化、城市污水处理和工业废水处理等领域取得了广泛的应用。

表 7-3　某超滤膜的过滤效果

水中杂质	滤除效果	水中杂质	滤除效果
悬浮物，微粒大于 2μm	100%	溶解性总固体	>30%
污染密度指数（SDI）	出水小于 1	胶体硅、胶体铁	>99.0%
病原体	>99.99%	微生物	>99.99%
浊度	出水小于 0.5NTU	—	—

由表 7-3 可见，超滤能够去除全部微粒大于 2μm 的悬浮物和绝大部分微生物、病原体，并对水中的胶体硅、胶体铁等有很好的去除效果，出水浊度能够降到 0.5NTU 以下。

2. 超滤膜材料

（1）纤维素酯。制作超滤膜的纤维素酯主要有醋酸纤维素（CA）、三醋酸纤维素（CTA）和醋酸硝酸混合纤维素（CA-CN）等。

纤维素原材料来源广、价格便宜，是目前广泛应用的膜材料。它具有选择性高、透水量大、耐氯性好和制膜工艺简单等优点。由于纤维素分子中的羟基被乙酸基所取代，削弱了氢键的作用力，使分子间距离增大，可以制得具有泡沫结构的中空纤维膜。作为超滤膜，CTA 分子结构类似于 CA，但在乙酸化程度以及分子链排列的规整性方面有一定的差异。CTA 的机械强度和耐酸性能比 CA 要好，所以将其与 CA 共混有可能改善它的性能。纤维素膜的缺点是热稳定性差、易压密、易降解，适应的 pH 值范围窄。

（2）聚砜。聚砜是继纤维素之后主要发展的膜材料，也是目前产量最大的膜材料。它可用作超滤膜和微滤膜，也可以作为复合膜的支撑层。聚砜（PSF）的化学结构如下：

$$\left[-O-C_6H_4-C(CH_3)_2-C_6H_4-O-C_6H_4-SO_2-C_6H_4- \right]_n$$

PSF 是一种非结晶性聚合物（玻璃化温度 $T_g=195℃$），因具有高度的化学、热及抗氧化稳定性，优异的强度和柔韧性及高温下的低蠕变性，故成为一种较为理想的膜材料。聚砜类膜疏水性或亲油性强，故水通量低，抗污染能力差。因此，对聚砜类膜材料的改性工作多集中在提高其亲水性上。通过“合金化”，即将聚合物共混，利用不同聚合物间性质的互补性与协同效应来改善膜材料的性质，在 PSF 中引入亲水性物质，是改善聚砜类膜材料亲水性的有效方法。

（3）聚烯烃。聚丙烯腈（PAN）的化学结构如下：

$$\left[-O-C_6H_4-SO_2-C_6H_4-O-C_6H_4-SO_2-C_6H_4- \right]_n$$

PAN 材料来源广泛，价格便宜，由于分子中基团的强极性，内聚能大，故具有较好的热稳定性，同时具有耐有机溶剂（如丙酮、乙醇等）的化学稳定性。此外，它的耐光性、耐气候性和耐霉菌性较强，拓宽了它的应用领域，可以用于食品、医药、发酵工业、油水分离和乳液浓缩等方面，是国际上主要商业化的中空纤维超滤膜的制造材料之一。

除上述用于超滤膜制备的材料外，还有含氟聚合物、聚砜酰胺及无机类等。

3. 超滤组件

（1）中空纤维膜组件。中空纤维实际上是很细的管状膜，一般外径为 0.5～2.0mm，内径为 0.3～1.4mm。中空纤维膜组件是用几千甚至上万根中空纤维膜捆扎而成的。它有内压式和外压式两种：内压式的进水在纤维管内流动，从管外壁收集透过水；外压式组件则相反，进水在管外壁流动，透过水从管内收集。中空纤维膜组件的优点是填装密度高，单位膜面积价格低；缺点是容易堵塞，抗污染能力差。

相对于反渗透中空纤维膜，超滤中空纤维膜要粗得多，故有人称超滤中空纤维组件为毛细管件。

超滤一般按错流过滤方式运行，常采用外压式结构，如图 7-9 所示。原水进入组件外壳后，在中空纤维的外部流动，水透过管壁进入到中空纤维内部成为产水，杂质则被截留在膜丝的外部。反冲洗时则正好相反，反冲洗水从膜丝内部流向外部，使附着在膜丝外表面的杂质松动。

（2）平板式膜组件。如图 7-10 所示，膜堆由多个平板膜单元叠加而成，膜与膜之间用隔网支撑，以形成水流通道。将膜堆装入耐压容器中，就构成了平板式膜组件。这种组件结构简单，安装、拆卸和更换方便，但膜的填装密度小、产水量低。

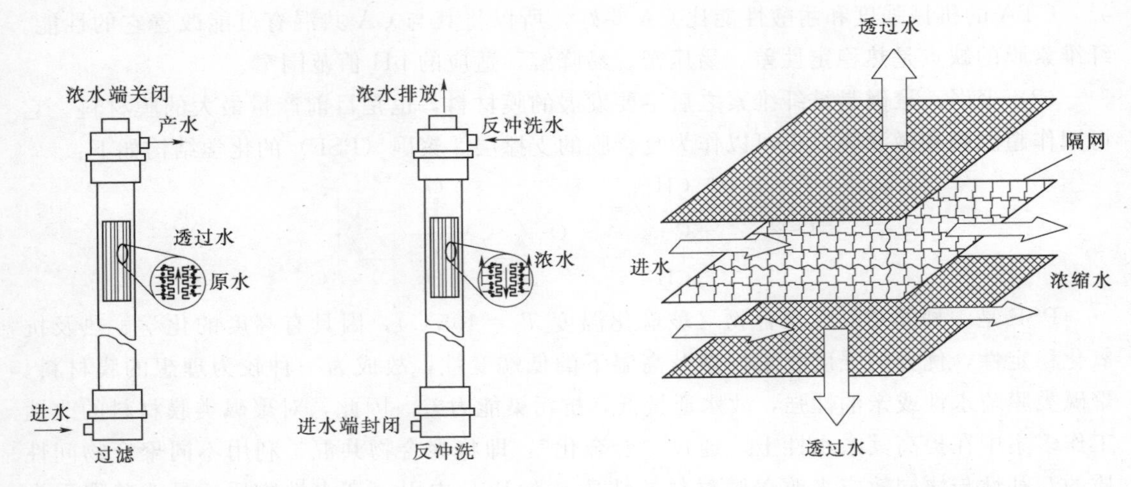

图 7-9 外压试结构示意图 图 7-10 平板式膜组件

(3) 螺旋卷式膜组件。螺旋卷式膜组件如图 7-11 所示，它是用平板膜卷制而成的。先将两张超滤膜透过面相向地叠在一起，中间插入一层多孔收水网，将三边密封，形成内装收水网的信封式膜袋。用壁面有许多小孔，两端具有连接件的管子作为中心管。将从“信封”中伸出的收水隔网先绕中心管一圈，然后将“信封”口黏合，在上面置一层给水隔网，一起绕在中心管上，就构成了螺旋卷式组件，如图 7-11 (a) 所示。进水沿着给水隔网的缝隙沿中心管轴向流动，透过膜的水由多孔收水网收集，呈螺旋状流向中心管，最后从中心管一端或两端流出，通常几个卷式组件的中心管对接成串，然后封装在一个耐压容器内，如图 7-11 (b) 所示。

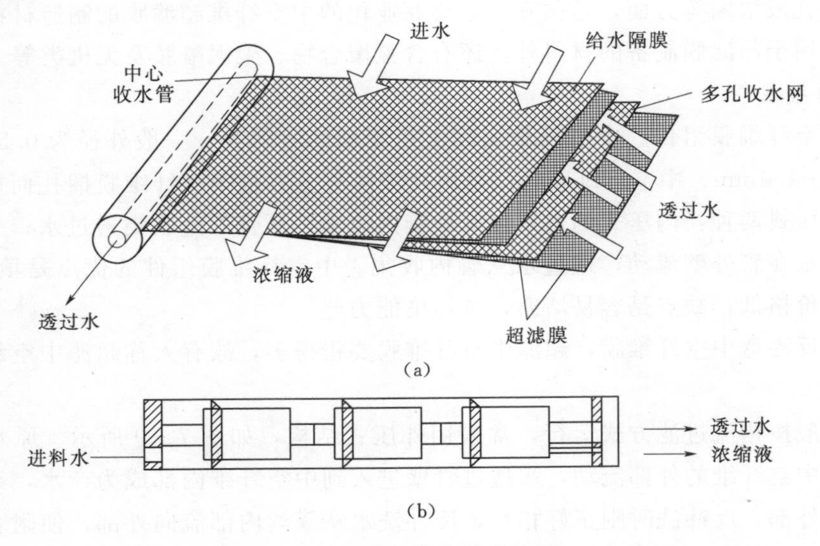

图 7-11 螺旋卷式膜组件

(a) 单元结构图；(b) 组件的装配图

(4) 浸没式膜组件。浸没式膜组件是一种没有外壳的外压式中空纤维组件，纤维两端安装集水管，组件直接放入被处理的水中，既可以用抽吸透过水的方式实现真空过滤，也可增加进水压头实现重力过滤。多个组件连接在一起组成一体，安装在一个框架中，再放进处理池，膜组件底部通常装有曝气装置，利用气泡上升过程中产生的紊流对纤维进行擦洗。另外，采用了间歇抽吸或用透过水频繁反冲洗的脉冲运行方式，避免了污物过多堆积，防止污物在膜面形成稳固层，加拿大 Zenon 公司的 ZeeWeed 浸没式组件就是浸没式组件的典型代表。

ZeeWeed 组件由 8 个单元（模块）组成，每个单元尺寸为 200cm×200cm，膜面积为 $46m^2$，膜标称孔径为 0.04μm，每个单元含纤维数目 4500 根，其长度略长于底端和顶端之间的距离，以利于在空气清洗时纤维之间能够相互摩擦，提高清洗效果。ZeeWeed500 组件可以直接用于饮用水和各种工业用水的制备，也可以与混凝联用除去水中有机物，与化学氧化法联用去除铁和锰，与粉末活性炭联用去除色度，或作为反渗透的预处理等。

（5）其他超滤膜组件。除了上述几种超滤膜组件外，还有管式组件、垫式组件和可逆螺旋式组件。

4. 运行与维护

（1）运行条件。

1）流速。流速指的是料液相对于膜表面的线速度。膜组件形式不同，流速不同，如中空纤维组件一般小于 1m/s，管式组件则可达 3～4m/s。提高流速，一方面，可以减小膜表面浓度边界层的厚度并增强湍动程度，有利于缓解浓差极化，增加透过通量；另一方面，水流阻力变大，水泵耗电量增加。因此，应根据具体条件选择合适的运行流速。

2）操作压力与压力降。操作压力一般是指料液在组件进口处的压力，通常为 0.1～1.0MPa。所处理的料液不同、超滤膜的切割分子量不同，操作压力也不同。选择操作压力时，除以膜及外壳耐压强度为依据外，还必须考虑膜的压密性和耐污染能力。随着压力的升高，透水通量上升，相应地被膜截留的物质越来越多，水力阻力增大，反而引起透水速率的衰减。此外，微粒也易于进入膜孔道。因此应尽量在低的压力下运行膜组件，以利于长期通量的保持，但这往往需要增大系统的膜面积，相应增加投资。

压力降是指原水进口压力与浓水出口压力的差值。压力降与进水量和浓水排放量有密切关系。特别对于内压型中空纤维或毛细管型超滤膜，沿着料液流动方向膜表面的流速及压力是逐渐变小的。进水量和浓水排放量越大，则压力下降越快，这可能导致下游膜表面的压力低于所需工作压力，膜组件的总产水量会受到一定影响。随着运行时间的延长，压力降增大，当压力降高于预设值时，应对组件进行清洗。

操作压力和压力降与进水温度有关，当温度较高，应该降低操作压力和控制较低的膜压差，当压差达到定值时需要进行清洗。

3）温度。进水温度对透过通量有较显著的影响，一般水温每升高1℃，透水速率约增加 2%。商品超滤组件标称的纯水透过通量是在 25℃条件下测试的，当水温随季节变化幅度较大时，应采取调温措施，或选择富余量较大的超滤系统，以便冬季也能正常过滤，工作温度还受所用膜材质的限制，如聚丙烯腈膜不应高于 40℃，否则，可能会导致膜性能的劣化和膜寿命的缩短。

4）回收率与浓水排放量。回收率是透过水量与进水量的比值。当进水量一定时，降低浓水排放量，回收率上升；反之，回收率下降。回收率过高，亦即浓水排放太少，则膜面浓缩液流速太慢，容易导致膜污染。允许的回收率与膜组件形式和所处理的料液有关，中空纤维式组件与其他结构组件相比，可以获得较高的回收率（60%～90%）。

（2）清洗条件。清洗效果的好坏直接关系超滤系统的稳定运行。影响清洗效果的主要因素有运行周期、清洗压力、清洗时间、清洗液浓度和清洗液温度等。

1）运行周期。超滤在两次清洗之间的使用时间称为运行周期。运行周期主要取决于进水水质。当进水中悬浮颗粒、有机物和微生物含量较高时，应缩短运行周期，提高清洗频率。膜压差和透水通量的变化是膜污染的客观反映，所以可以根据膜压差升高或透水通量下降的程度决定是否需要清洗。中空纤维超滤膜的物理清洗周期一般为10～60min。

2）压力控制。反冲洗时，必须将压力控制在一定值以下，以防膜受损。如海德能的HYDRAcap中空纤维组件反冲洗压力则不应超过0.24MPa。

3）清洗流量。提高流量可以加大清洗水在膜表面的流速，提高除污效果。反冲洗时，反冲洗流量通常是正常运行时透过通量的2～4倍，如HYDRAcap中空纤维组件运行时透过通量为59～145L/(m^2·h)，反冲洗时流量为298～340L/(m^2·h)。

4）清洗时间。每次清洗时间的长短应从清洗效果和经济性两方面来考虑，清洗时间长可以提高清洗效果，但耗水量增加；一些附着力强的污染物，也不会因为清洗时间的延长而改善清洗效果。所以，实际操作时可根据反冲洗排出水的污浊程度，决定清洗是否需要延续。通常，中空纤维膜制造商建议的反冲洗时间为30～60s。

第三节　水的预脱盐系统及设备

预脱盐方法主要有电渗析和反渗透。其装置在水处理系统中处于预处理装置和离子交换装置之间，对水进行部分除盐，这样可减轻离子交换装置的负担。预脱盐设备常用于原水含盐量较高的场合，如苦咸水、海水等，或某些酸碱供应不足、废水排放困难等需环境保护的特殊场合。它可以大大减少酸碱用量和酸碱性废水的排放量。

一、电渗析

用特制的半透膜（semi-permeable membrane）将浓度不同的溶液隔开，溶质即从浓度高的一侧透过膜而扩散到浓度低的一侧，这种现象称为渗析作用。自然渗析的推动力是半透膜两侧溶质的浓度差。电渗析（electro dialysis，ED）是膜分离技术的一种，是利用离子交换膜对阴、阳离子的选择透过性能，在外加直流电场力的作用下，使阴、阳离子定向迁移透过选择性离子交换膜，实现电介质离子自溶液中分离出来的过程。

1. 电渗析技术的发展

电渗析的研究始于20世纪初，在最初的一段时间内，仅是采用膀胱膜、人造纤维或羊皮纸等进行实验室研究，没有工业应用价值。随着合成树脂的发展，从对生物膜的研究转向人工合成高分子膜，开始向工程开发迈进。1950年，美国人朱达（W. Juda）试制出具有高选择性的阴、阳离子交换膜，奠定了电渗析技术的使用基础。世界上第一台电渗析装置于1952年由美国Ionics公司制成，用于苦咸水淡化，接着投入商品化生产。1972年美国Ionics公司推出了频繁倒极电渗析装置，每10～15min电极极性调换一次，提高了装置的运行稳定性。1987年，美国Ionpure Technology公司生产出连续去离子电渗析装置，即在电渗析隔室中填充离子交换树脂或离子交换纤维，直接连续地制取高纯水，而不用再生，开创了电渗析技术应用的新领域。

我国电渗析技术的研究始于1958年。20世纪60年代初，国产聚乙烯醇异相膜装备的小型电渗析装置投入海上试验。1965年，在成昆铁路上安装了第一台苦咸水淡化装置。1967年聚苯乙烯异相离子交换膜投入生产，为电渗析技术的推广应用创造了条件。20世纪70年代以来，电渗析技术发展较快，随着理论研究的深入，应用范围逐渐扩大；80年代是电渗析技术应用的黄金时期，日产数千吨的苦咸水淡化装置与200t的海水淡化装置投入运转。同时，电渗析技术在废水处理、食品工业与化工产品的精制中得到较为广泛的应用，而且在我国的一些电厂作为离子交换除盐系统的预脱盐技术得到一定应用。近年来，随着反渗透（RO）技术的发展和成熟，在某些应用领域，特别是在除盐领域，电渗析逐渐被反渗透所取代。

2. 电渗析除盐的工作原理

电渗析除盐原理如图7-12所示，在正负两电极之间交替地平行放置阳离子交换膜和阴离子交换膜，依次构成浓水室和淡水室，当两膜所形成的隔室中流入含离子的水溶液（如NaCl溶液）并接上直流电源后，溶液中带正电荷的阳离子在电场力的作用下向阴极方向迁移，穿过带负电荷的阳离子交换膜，而被带正电荷的阴离子交换膜所挡住；同理，溶液中带负电荷的阴离子在电场作用下向阳极迁移，透过带正电荷的阴离子交换膜，而被阻于阳离子交换膜。这种与膜所带电荷相反的离子透过膜的现象称为反离子迁移，其结果是使浓水室水中的离子浓度增加，而与其相间的淡水室的浓度下降。

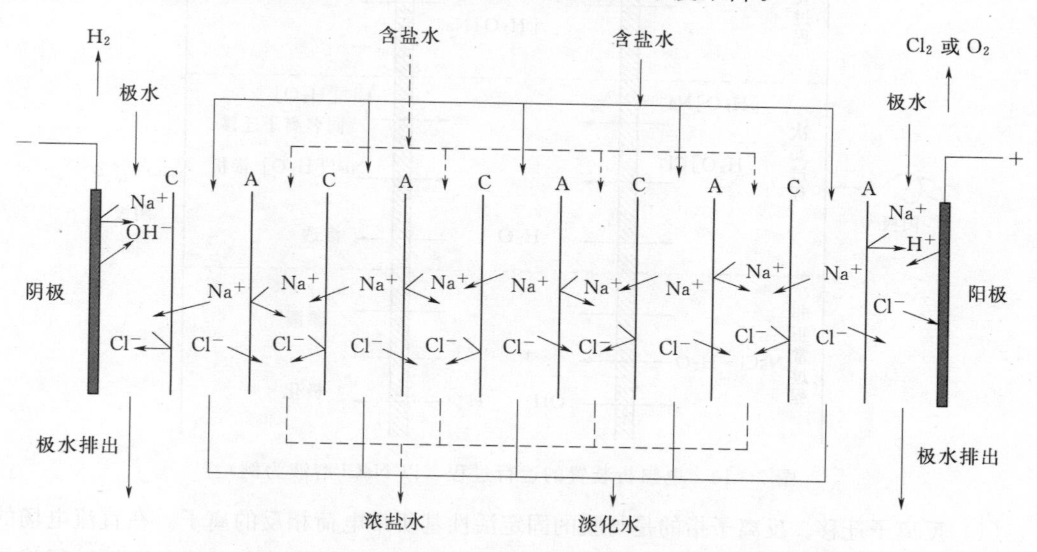

图7-12　电渗析除盐原理图
C—阳膜；A—阴膜

电渗析过程中，在两个电极上会发生电化学反应，以NaCl溶液为例，其反应如下。

在阳极上：

$$2Cl^- - 2e^- = Cl_2 \uparrow$$

$$H_2O = H^+ + OH^-$$

$$4OH^- - 4e^- = O_2\uparrow + 2H_2O$$

在阴极上：
$$H_2O = H^+ + OH^-$$
$$2H^+ + 2e^- = H_2\uparrow$$
$$Na^+ + OH^- = NaOH$$

由此可见，阳极反应有氧气和氯气产生，极水呈酸性；阴极反应有氢气产生，极水呈碱性，在极室中应及时排除电极反应产物，以保证电渗析过程的正常运行。

在实际的电渗析系统中，电渗析器通常由几百对阴、阳离子交换膜与特制的隔板组装而成，具有相应数量的浓水室和淡水室。含盐溶液从淡水室进入，在直流电场的作用下，溶液中荷电离子分别定向迁移并透过相应离子交换膜，使淡水室溶液除盐淡化并引出，而透过离子在浓水室中增浓排出。因此，采用电渗析过程脱除溶液中的离子基于两个基本条件：一个条件是直流电场的作用，使溶液中正、负离子分别向阴极和阳极做定向迁移；另一个条件是离子交换膜的选择透过性，使溶液中的荷电离子在膜上实现反离子迁移。

3. 电渗析的运行过程

电渗析装置在运行过程中的传递现象是非常复杂的。在基本过程发生时，将有许多其他过程伴随发生。这是由于电解质溶液的性质、膜的性能与运转条件所引起的。以 NaCl 溶液为例，电渗析装置的运行过程分为主要过程、次要过程及非正常过程，如图 7－13 所示。

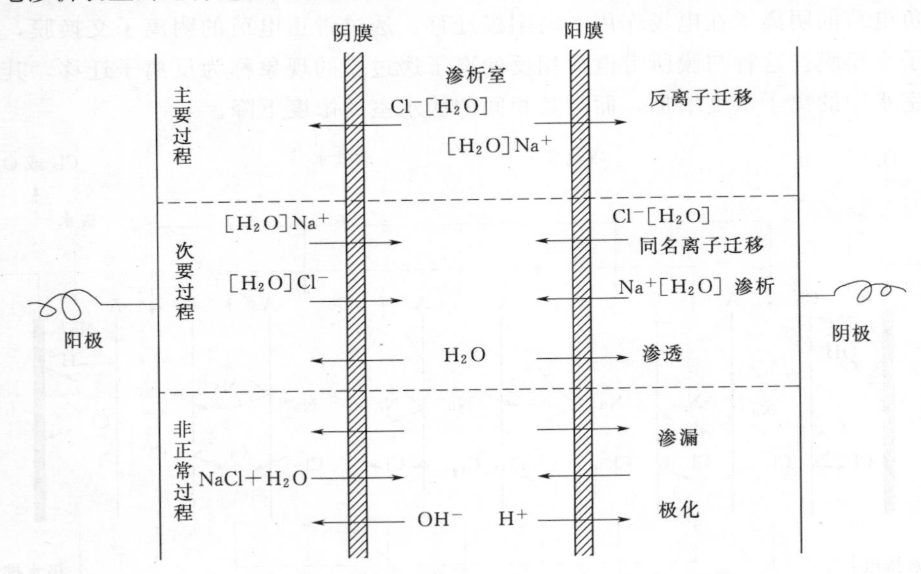

图 7－13　电渗析装置的运行过程（以 NaCl 溶液为例）

（1）反离子迁移。反离子指的是与膜的固定活性基所带电荷相反的离子。在直流电场的作用下，反离子透过膜的迁移是电渗析唯一需要的基本过程。一般简单定义的电渗析过程就是指反离子迁移过程。反离子迁移的方向与浓度梯度的方向相反，由于离子交换膜具有选择透过性，因此反离子迁移是电渗析运行时发生的主要过程，所以才能产生除盐或浓缩效果。

（2）同名离子迁移。同名离子指的是与膜的固定活性基所带电荷相同的离子，在直流电场的作用下，同名离子透过膜的迁移为同名离子迁移。这是由于离子交换膜的选择透过性不可能达到 100%，同名离子迁移的方向与浓度梯度的方向相同，当膜的选择性固定后，随着浓水室盐溶液的增加，同名离子迁移加大，因此降低了电渗析过程的效率。

(3) 电解。电解质溶液在电场的作用下，其阴离子向阳极方向迁移，在阳极-溶液界面上发生氧化反应；阳离子向阴极方向迁移，在阴极溶液界面上发生还原反应，这种使原来的电解质分解为其他物质的过程称为电解过程。电渗析电极反应过程就是电解过程，这是电渗析工作传递电流必不可少的条件，以此引起离子透过膜迁移。

(4) 电渗失水。在上述反离子与同名离子的迁移过程中，离子的迁移实际上是水合离子的迁移。也就是说，在离子透过膜迁移时，必然同时引起水的流失。这部分失水，就是电渗失水。对于高浓度咸水，特别在海水淡化中，这一过程是不可忽视的。

(5) 电解质浓差扩散。又称渗析，指电解质离子在膜两侧的浓度差的推动下透过膜的现象。渗析方向与浓度梯度一致，因此也是降低电渗析过程的效率。

(6) 水的压渗。压渗（也叫渗透）是指在渗透压的作用下水透过膜的现象。渗透力试图减小膜两侧的浓度差，因此渗透会引起水的流失。如果同时发生渗析，则渗析会减弱渗透过程。

(7) 水的渗漏。渗漏是溶液透过膜的现象。它是一个物理过程，是由膜两侧溶液中的压力差造成的。一般来说是可以避免的。但实际上，由于电渗析装置水流分布的不均匀与流程的增长，渗漏过程总是发生。渗漏的方向与压力梯度一致。

(8) 极化。在电渗析过程中极化现象是一个非常重要的问题。极化是指在一定电压下由于电流密度和液体流速不匹配，电解质离子未能及时补充到膜的表面而使膜-液界面上的水解离为 H^+ 与 OH^- 的现象。将中性水解离为 H^+ 与 OH^- 以后，会透过膜迁移，引起浓、淡水液流的中性紊乱，带来结垢或腐蚀等难以处理的问题。因此，电渗析装置不宜在极化状态下运行。

4. 离子交换膜

(1) 种类。

1) 按其活性基团分为：阳离子选择透过性膜（阳膜），阴离子选择透过性膜（阴膜），特别离子选择透过性膜（特种膜），如复合膜（双极膜）、两性膜和表面涂层膜（夹心膜）。阴膜和阳膜又可按其活性基团能力的大小分为强酸性、弱酸性、强碱性和弱碱性膜。这与水处理用离子交换树脂类似。

2) 按其制造工艺和膜体结构可分为：异相膜、均相膜和半均相膜。异相膜（非均相膜）是国内目前生产和采用较多的一种，是用离子交换树脂与黏合剂混合，经加工制成的薄膜，有时为了增强机械强度，还覆盖有尼龙网布。均相膜是直接把离子交换树脂做成薄膜。半均相膜是离子交换树脂和黏合剂混合得很均匀但未形成化学结合的一种薄膜。均相膜有膜电阻小和透水性小的优点，异相膜刚好相反，而半均相膜在外观、结构和性能方面都介于异相膜和均相膜之间。

3) 按其材料性质可分为有机离子交换膜和无机离子交换膜。目前，使用较多的磺酸型阳离子交换膜和季胺型阴离子交换膜都属于有机离子交换膜。由无机材料制成的无机离子交换膜具有热稳定性好、抗氧化、耐辐射及成本低等特点。它们一般用于较为特殊的场合。

(2) 离子交换膜的主要性能。

1) 交换性能。交换性能是表征离子交换膜质量的基本指标，具体可由交换容量

(mmol/g) 和含水率 (%) 表示。它是一项反映膜内活性交换基团浓度大小，以及与反离子交换能力高低的化学性能指标。均相膜的交换容量要低于异相膜。含水量高低则反映了膜结构疏松与紧密的程度，膜中水分含量高，交换容量和电导性能高，但选择透过性较低，而且膜易胀，故离子交换膜的含水率一般控制在25%～50%。

2) 选择透过性。即反离子的迁移数，电渗析的离子交换膜一般迁移数在0.9以上，即膜对反离子的选择透过率大于90%。

3) 机械性能。它包括膜的厚度 (干、湿)、线性溶胀率、爆破强度、拉伸强度、耐折强度以及平整度等。

4) 传质性能。它是控制电渗析过程的除盐效果、电耗、最大浓缩度、产水水质等指标的性能因素。用离子迁移数、水的浓差渗透参数、水的电渗析系数、盐的扩散系数和液体的压渗系数表示。

5) 电学性能。它是确定电渗析过程能耗的性能指标，用膜面电阻 ($\Omega \cdot cm^2$) 表示。一般膜面电阻在$15\Omega \cdot cm^2$以下。

6) 化学稳定性。化学稳定性是指耐碱性、耐酸性、耐氧化性和耐温性。它涉及膜对应用介质、温度、化学清洗剂及存放条件的适应性能。

7) 特种性能。特种性能包括同电荷离子的选择透过比和耐高温、耐氧化、耐污染性等多种性能。

5. 电渗析装置

(1) 电渗析器的构造。电渗析器由膜堆、极区和压紧装置三大部分构成，其展开示意如图7-14所示。

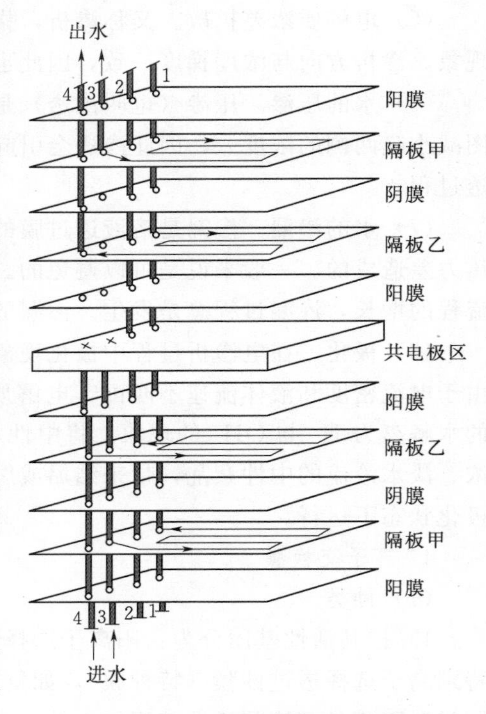

图7-14　电渗析器的展开示意图

1) 膜堆。其结构单元包括阳膜、隔板、阴膜，一个结构单元也叫一个膜对。一台电渗析器由许多膜对组成，这些膜对总称为膜堆，隔板常用0.5～1.5mm的硬聚氯乙烯板制成，板上开有配水孔、布水槽、流水道、集水槽和集水孔，其作用是使两层膜间形成水室，构成流水通道，同时有配水和集水的作用。

2) 极区。极区的主要作用是给电渗析器供给直流电，将原水导入膜堆的配水孔，将淡水和浓水排出电渗析器，并通入和排出极水。极区由托板、电极、极框和弹性垫板组成。电极托板的作用是加固极板和安装进出水接管，常用厚的硬聚氯乙烯板制成。电极的作用是接通内外电路，在电渗析器内造成均匀的直流电场。电极常用石墨、铅、不锈钢、钛涂钌等材料，极框用来在极板和膜堆之间保持一定的距离，构成极室也是极水的通道。极框常用厚5～7mm的粗网多水道式塑料板制成，垫板起防止漏水和调整厚度不均的作用，常用橡胶或软聚氯乙烯板制成。

3) 压紧装置。其作用是把极区和膜堆组成不漏水的电渗析器整体。可采用压板和螺栓拉紧，也可采用液压压紧。

(2) 电渗析器的组装。电渗析器的基本组装形式如图 7－15 所示。在实践中通常用“级”“段”和“系列”等术语来区别各种组装形式。电渗析器内电极对的数目称为“级”，凡是设置一对电极的叫做一级，两对电极的叫二级，以此类推。分级的目的是降低整流器的输出电压或增强直流电场，分级的方法是在膜堆之间（两端电极之间）增设“共电极”。电渗析器内，进水和出水方向一致的膜堆部分称为“一段”，凡是水流方向每改变一次，就增加一段。分段的目的是增加除盐的流程长度，以提高除盐效率，分段的方法是将原水串联通过几组并联膜堆。为了提高出水水质可将膜对串联呈多段，为了增大出水量可将膜对并联，用加紧装置将各部件组成一个电渗析器，称为一台。将多台电渗析器串联起来称为一次除盐整体，称其为系列。

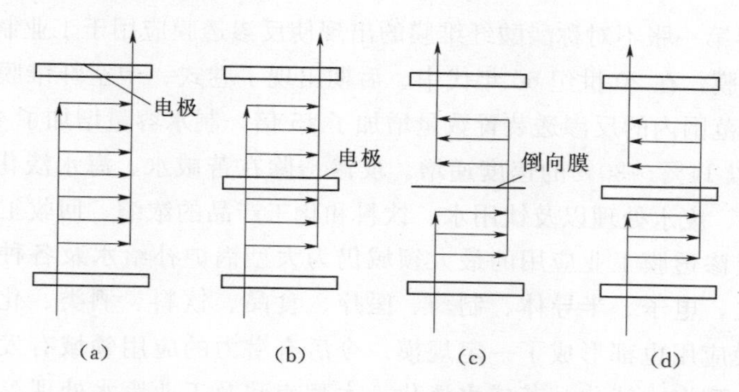

图 7－15　电渗析器中不同流向的组装方式

(a) 一级一段；(b) 两级一段；(c) 一级两段；(d) 两级两段

6. 预处理对电渗析法的影响

进水中有害成分对电渗析的危害主要表现在以下几个方面。

(1) 当水流通过电渗析隔板时，水中悬浮物和有机物黏附在膜面上，成为离子迁移的一层障碍，使膜电阻增加和水质恶化。另外，电渗析膜是细菌的有机养料，水中细菌在膜面上繁殖，也会产生上述后果。

(2) 悬浮物和有机物会在设备的水流通道和空隙中产生堵塞现象，造成水流阻力不均匀，使浓水室和淡水室中的水压不平衡，严重时会使膜面破裂。另外，水中夹带的砂粒会使膜产生机械性破坏。

(3) 高价金属离子（如铁、锰）会使阳离子交换膜的离子选择透过性严重受损而中毒。游离氯会使膜产生氧化。进水硬度高时会导致电渗析器的极化（在通电过程中，靠近膜的溶液离子浓度会与整体溶液浓度发生较大差异的现象）和沉淀结垢，从而减少渗透面积，增加水流阻力和电阻，使电耗增加。

(4) 水中带极性有机物被膜吸附后，会改变膜的极性，使膜的选择透过性降低，膜电阻增加。

可见，水中的很多杂质都会影响到设备的经济安全运行，所以要严格控制进入电渗析器原水的水质。

二、反渗透

反渗透是以压力为推动力，利用反渗透膜只能透过水而不能透过溶质的选择透过性，从某一含有各种无机物、有机物和微生物的水体中，提取纯水的物质分离过程。

1. 反渗透法技术的发展

反渗透是20世纪后期迅速发展起来的膜法水处理方式，它是苦咸水处理、海水淡化、除盐水、纯水、高纯水等制备的最有效的方法之一。

早在1748年，法国人Abble Nellet就发现了渗透现象。1950年，美国人Hassler提出了利用与渗透相反的过程进行海水淡化的设想。但是，在1960年，Loeb Sourirajan用醋酸纤维素作材料研制成第一张高分离效率和高透水量的反渗透膜以后，反渗透技术才从可能变为现实。

1960年，世界第一张不对称醋酸纤维膜的出现使反渗透膜应用于工业制水成为可能。初期是板式膜、管式膜，在20世纪60年代中、后期出现了卷式、中空纤维膜。在1972—1977年的5年间，世界范围内的反渗透装置数量增加了15倍，制水容量增加了41倍，直至20世纪80年代以后仍以14%～30%的速度递增。反渗透除在苦咸水、海水淡化中使用外，还广泛应用于纯水制备、废水处理以及饮用水、饮料和化工产品的浓缩、回收工艺等多种领域。

目前，国内反渗透膜工业应用的最大领域仍为大型锅炉补给水及各种工业纯水，饮用水的市场规模次之，电子、半导体、制药、医疗、食品、饮料、酒类、化工、环保、冶金和纺织等行业的膜应用也都形成了一定规模。今后有潜力的应用领域有发电厂冷却循环水的排污水处理、大型海水淡化、苦咸水淡化、大型市政及工业废水处理等。

2. 反渗透原理

用一张对溶剂具有选择性透过功能的膜把两种溶液分开，由于膜两侧溶液的浓度及压力不同，将发生如图7-16所示的渗透或反渗透现象。

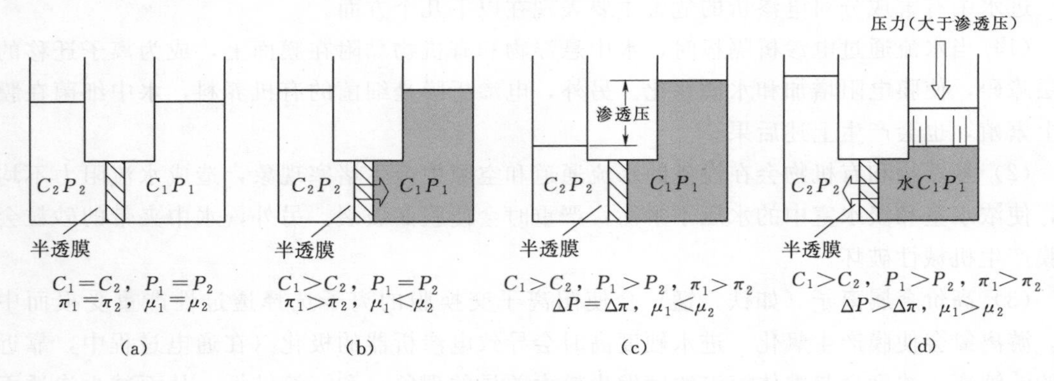

图7-16 反渗透原理

(a) 平衡；(b) 渗透；(c) 渗透平衡；(d) 反渗透

C—溶液的浓度；π—溶液的渗透压；μ—溶剂的化学位；P—静压力

(1) 平衡。当膜两侧溶液的浓度和静压力相等时，即：$C_1=C_2$、$P_1=P_2$，系统处于平衡状态。

(2) 渗透。假定膜两侧静压力相等，即$P_1=P_2$，但$C_1>C_2$时，渗透压$\pi_1>\pi_2$，则溶剂将从稀溶液侧透过膜到浓溶液侧，这就是以浓度差为推动力的渗透现象。

（3）渗透平衡。如果两侧溶液的静压差等于两种溶液间的渗透压，即 $\Delta P=\Delta\pi$ 时，则系统处于动态平衡。

（4）反渗透。当膜两侧的静压差大于浓液的渗透压，即 $\Delta P>\Delta\pi$ 时，溶剂将从浓溶液侧透过膜流向浓度低的一侧，这就是反渗透现象。由此可见，实现反渗透必须满足两个条件：一个条件是有一种高选择性和高透过率的选择性透过膜；另一个条件是操作压力必须高于溶液的渗透压。

3. 反渗透技术除盐的特点

（1）反渗透水处理工艺基本属于物理方法，在诸多方面具有传统的水处理方法所没有的优点。

1）反渗透是在室温条件下，采用无相变的物理方法使水淡化、纯化。

2）依靠水的压力作为动力，其能耗在众多处理方法中最低。

3）化学药剂量少，无需酸、碱再生处理。

4）无化学废液及废酸、碱排放，无酸碱中和处理过程，无环境污染。

5）系统简单、操作方便，产水水质稳定，两级反渗透可取得高质量的纯水。

6）适应于较大范围的原水水质，即适用于苦咸水、海水以至污水的处理，也适用于低含盐量的淡水处理。

7）设备占地面积少，需要的空间也小。

8）运行维护和设备维修工作量少。

（2）对锅炉补给水处理，反渗透法也具有常规的离子交换处理方式难以比拟的优点。

1）产水中的 SiO_2 少，去除率可达 99.5%，有效地避免了发电机组随压力升高对 SiO_2 的选择性携带所引起的硅垢，以及天然水中硅对离子交换树脂的污染造成的再生困难、运行周期短从而影响除硅效果等问题。

2）产水中有机物、胶体等物质，去除率可达到 95%，避免了由于有机物分解所形成的有机酸对汽轮机尾部的酸性腐蚀的问题。

3）反渗透水处理系统可连续产水，无运行中停止再生等操作，没有产水水质忽高忽低的波动，对发电机组的稳定运行、保证电厂的安全经济有着不可估量的作用。因而，反渗透在发电厂的锅炉补给水处理中的应用受到广泛的关注。

（3）作为除盐主要手段的反渗透，也存在一些不足。

1）由于反渗透分离基本以物理筛分为基础，因此难免有极少盐分透过，无法确保高纯度水的制备。

2）由于反渗透装置要在高压下运转，因此必须配置相应的高压泵和高压管路。

3）由于回收率的限制，原水只有 75%左右被利用。而对于超纯水制备来说，进入反渗透器以前，原水已经过相应的预处理，水质比较好，如果对浓缩水不能进行有效地利用，将会造成浪费。

4）为了延长反渗透膜的寿命，在反渗透之前要加强预处理（包括浊度、pH 值、杀菌等）措施，还要对膜进行定期的清洗等。

4. 反渗透膜

（1）反渗透膜的性能要求。为适应水处理应用的需求，反渗透膜必须具有在应用上的可靠性和形成工业规模的经济性，其一般要求如下。

1）对水的渗透性要大，除盐率要高。

2）具有一定的强度，不至于因水的压力和拉力影响而变形、破裂。膜的被压实性尽可能最小，水通量衰减小，保证稳定的产水量。

3）结构要均匀，能制成所需要的结构。

4）能适应较大的压力、温度和水质变化。

5）具有好的耐高温、耐酸碱、耐氧化、耐水解和耐微生物侵蚀性能。

6）使用寿命要长，成本要低。

（2）反渗透膜的特性。

1）膜的方向性。只有反渗透膜的致密层与给水接触，才能达到除盐效果，如果多孔层与给水接触，则除盐率将明显下降，甚至不能除盐，而透水量则大大提高，这就是膜的方向性。因此，若膜的致密层受损，则膜除盐率将明显下降，透水量则明显提高，由此说明保护膜表面（致密层）的重要性。

2）各离子透过膜的规律。一般来说，一价离子透过率大于二价离子；二价离子透过率大于三价离子；同价离子的水合半径越小，透过率越大，即 $K^+ > Na^+ > Ca^{2+} > Mg^{2+} > Fe^{3+} > Al^{3+}$（透过率越来越小）。溶解气体如 CO_2 和 H_2S 透过率几乎为 100%，HCO_3^- 和 F^- 透过率随 pH 值升高而降低。

3）其他如膜的水解作用、抗氧化剂侵蚀作用、压密效应、温度、使用 pH 值等都会影响膜的除盐率和透水率。

（3）反渗透膜的分类。反渗透膜的分类方法有很多，按材质可分为醋酸纤维素及其衍生物膜、芳香聚酰胺膜、聚酰亚胺膜、磺化聚砜膜、磺化聚醚砜膜和磺化聚苯醚膜等；按制膜工艺可分为溶液相转化膜、熔融热相变膜、复合膜和动力形成膜等；按结构可分为均相膜、非对称膜和复合膜；按膜的使用和用途可分为低压膜、超低压膜、苦咸水淡化用膜和海水淡化用膜等；按膜出厂时的检测压力可分为超低压膜、低压膜和中压膜；按外形可分为膜片、管状膜和中空纤维状膜，用膜片可制备板式和卷式反渗透器，用管状膜制备管式反渗透器，用中空纤维膜制备中空纤维反渗透器。目前应用最广的是卷式反渗透膜元件，最主要的两种膜材料是醋酸纤维素膜和芳香聚酰胺膜。

目前，非对称醋酸纤维素膜适用最为广泛，其制备容易、原材料丰富、价格低廉、耐氯、膜表面光洁、不易发生结构和污染；但是适用的 pH 值范围小、易水解、易生物降解、膜性能衰减较快，操作压力较高。

芳香聚酰胺膜以芳香聚酰胺复合膜为主，其化学稳定性较好、机械强度高、适用的 pH 值范围大、耐高温、耐生物降解、操作压力低、高除盐率、高通量；但是材料有毒性、制备复杂、价格昂贵、不耐氯及其他氧化剂、抗结垢和污染能力差。

（4）影响反渗透膜运行的主要因素。

1）进水压力。进水压力是反渗透除盐的推动力。研究表明，随着进水压力升高，膜的水通量和脱盐率都会增大，进水压力增大，膜的水通量以线性增大。而脱盐率的增大不是线性的，在低压段增长很快，但压力达到一定值后，脱盐率的变化趋于平缓。当进水压力超过一定限度时会造成膜的老化，膜的变形加剧，透水能力下降。

2）进水温度。在其他运行参数不变时，温度增加，产水通量和盐透过量均增加。水通量的增加与水的黏度系数的降低成比例关系，一般温度每增加1℃，产水量增加1.5%～3.0%。反渗透膜的进水温度底限为5～8℃，此时的渗滤速率很慢。当温度从11℃升至25℃时，产水量提高50%。但当温度高于30℃时，大多数膜变得不稳定，加速水解的速度。一般醋酸纤维膜运行与保管的最高温度为35℃，宜控制在25～35℃。

3）回收率。其高低与进水水质有关。回收率过高在浓水侧容易产生浓差极化和结垢倾向，在运行中应予以注意。

4）进水含盐量。对同一系统来讲，给水含盐量不同，其运行压力和产品水电导率也有差别，给水含盐量每增加100ppm，进水压力需增加约0.007MPa，同时由于浓度的增加，产水电导率也相应地增加。

5）pH值。碳酸盐垢及膜水解均与pH值有关。一般芳香聚酰胺膜要求pH值在2～11之间，运行时pH值的控制，应以不生成$CaCO_3$垢和膜水解稳定性好为依据。对于醋酸纤维膜运行时，水以偏酸性为宜，pH值一般控制为4～7，在此范围外会加速膜的水解与老化，目前认为pH值在5～6之间最佳。膜的水解不仅会引起产水量的减少，而且会造成膜对盐去除能力的持续性降低，直至膜损坏为止。

5. 反渗透膜元件

（1）反渗透膜元件的类型。

1）板框式反渗透膜组件。板框式反渗透膜组件如图7-17所示，这块平板称为多孔板，常见的有不锈钢多孔板和聚氯乙烯多孔板，产水通过多孔板汇集起来。这种装置存在以下缺点：安装和维护费用高、进料分布不均匀、流槽窄、多级膜装卸复杂、单位体积中膜的比表面积低、产水量少。但由于这种装置比较牢固，运行可靠，单位体积中膜的表面积比管式的大，但比中空纤维式的小，产水量小，所以适合于小规模生产工厂，主要应用于食品和环保方面。

2）管式反渗透膜组件。管式反渗透膜组件如图7-18所示。将半透膜铺设在微孔管

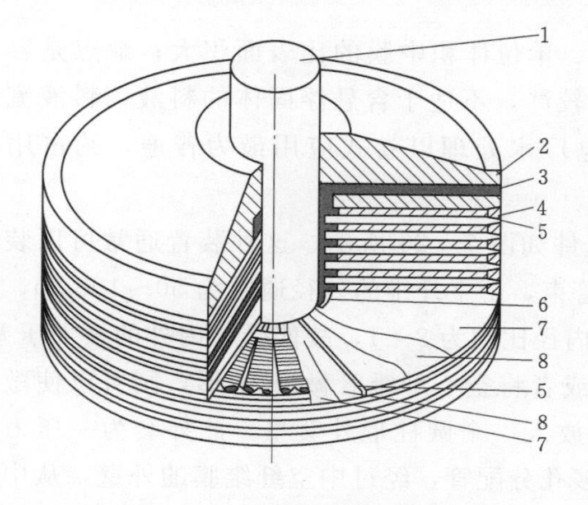

图7-17　板框式反渗透膜组件

1—中心管；2—端板；3—料液；4—隔板；5—膜支撑板；6—控制圈；7—膜；8—滤纸

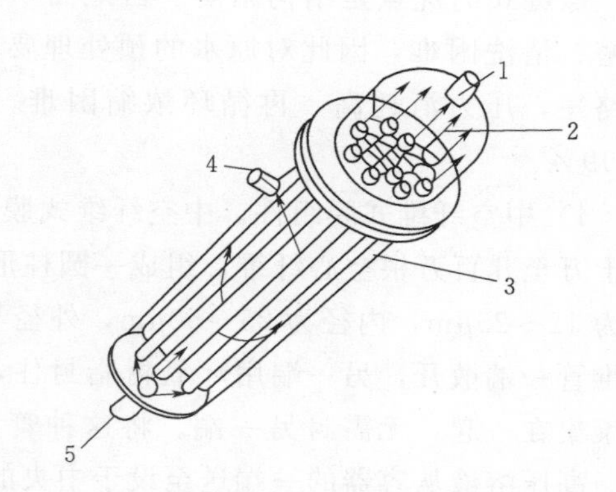

图7-18　管式反渗透膜组件

1—透过液；2—透过液汇集；3—外套管；4—浓缩液；5—料液

的内壁或外壁进行反渗透，在压力的推动下，料液通过具有内壁的管子，穿过半透膜的产水从支撑管的小孔流出来，管内浓缩的盐水从另一端流出来，它能够处理含悬浮固体的溶液；选用合适的流动状态就可以防止浓差极化和膜污染等，但设备端部用膜较多，装置制造和安装费用较昂贵，单位体积中膜的比表面积小，主要应用于食品和环保行业。

3）螺旋式（卷式）反渗透膜组件。螺旋式反渗透膜组件如图 7-19 所示，这种螺旋式结构的中间为多孔支撑材料，两边是膜的“双层结构”，双层膜的边缘与多孔支撑材料密封形成一个膜袋（收集产水），在膜袋之间再铺一层隔网，然后沿中心管卷绕这种多层材料（膜/多孔支撑材料/膜/料液隔网），就形成了一个螺旋式反渗透组件，将卷好的螺旋式组件，放入压力容器中，就成为完整的螺旋式反渗透装置。

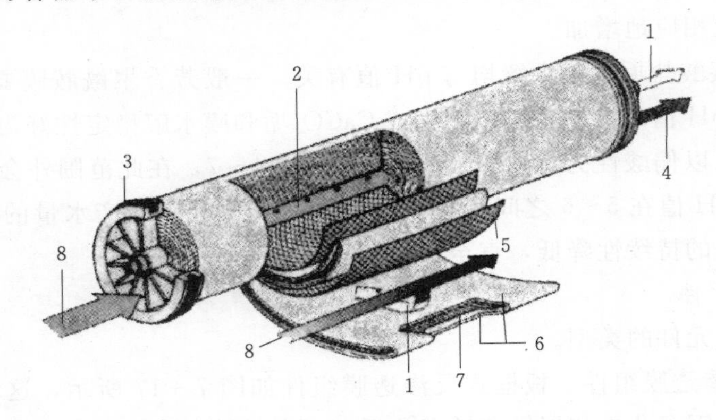

图 7-19　螺旋式反渗透膜组件

1—产品水；2—中心管；3—盐水密封；4—浓水；
5—进水隔网；6—反渗透膜；7—透过层；8—进水

使用这种螺旋式反渗透装置运行时，盐水在压力的推动下送入此容器后，通过盐水格网的通道至反渗透膜，经反渗透的水进入袋状膜的内部，通过袋内的多孔支撑网，流向袋口，随后由中心管汇集并送出。

螺旋式的优点是结构紧凑、占地面积小、单位体积中膜的比表面积大；缺点是容易堵塞、清洗困难，因此对原水的预处理要求较严，不适于含悬浮固体的料液，料液流动线路短，压力消耗高，再循环浓缩困难。电厂水处理以卷式应用最为普遍，约占用户的 99%。

4）中空纤维式膜组件。中空纤维式膜组件如图 7-20 所示。这种装置通常可以装填几十万至几百万根空心纤维，组成一圆柱形管束，中空纤维的外径通常为 50～100μm，壁厚为 12～25μm，内径为 25～50μm，外径与内径比约为 2：1，故能受管内外的极大压差。纤维管一端散开，另一端用环氧树脂封住，或者将空心纤维管做成 U 形，则可以使敞口端聚集在一起，无需封另一端。将这种管束放入一个圆柱形外套里，此外套为一压力容器。高压溶液从容器的一端送至设于中央的多孔分配管，经过中空纤维膜的外壁，从中空纤维管束敞口的一端把渗透液收集起来，浓缩水从另一端连续排掉。

中空纤维的出现是反渗透技术的一项突破，其主要优点为单位体积中膜的表面积大，因而单位体积的出力也大，因此组件可以小型化。膜不需支撑材料，中空纤维本身可以受

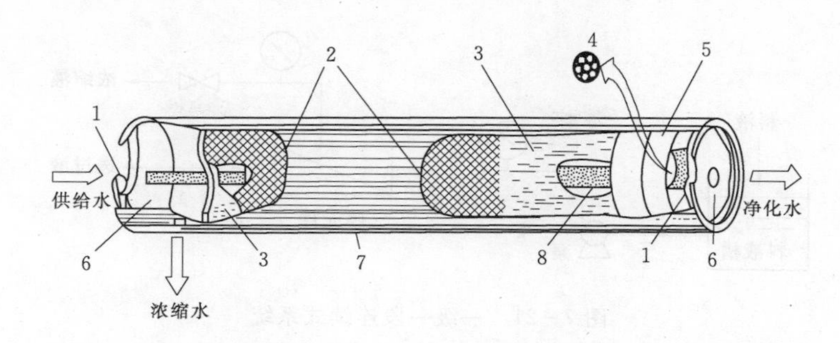

图 7-20　中空式纤维膜组件

1—O形密封环；2—网格；3—中空纤维膜；4—中空纤维膜放大断面图；
5—环氧树脂管板支撑管；6—端板；7—外壳；8—原料分水管

压而不破裂。其缺点为膜表面去污困难，不能处理含悬浮物的料液，进水需经严格预处理，主要应用于海水淡化领域。

4种反渗透装置的性能比较见表7-4。

表7-4　　4种反渗透装置的性能比较

种　类	膜装填密度 /(m^2/m^3)	操作压力 /MPa	透水量 /[$m^3/(m^2\cdot d)$]	单位体积产水量 /[$m^3/(m^3\cdot d)$]
板框式	493	5.6	1.02	500
管式	330	5.6	1.02	336
卷式	660	5.6	1.02	673
中空纤维式	9200	2.8	0.073	673

注　原料液为500mg/L NaCl，除盐率为92%～96%。

(2) 反渗透膜元件的排列。卷式膜组件是指组件由一个或多个卷式膜元件串联起来，放置在压力容器组件内组成。膜组件的排列组合合理与否，对膜元件的使用寿命有至关重要的影响。为了使反渗透装置达到给定的回收率，同时保持给水在装置内的每个组件中处于大致相同的流动状态，必须将装置内的组件分为多段锥形排列，段内并联，段外串联。在反渗透系统中浓水流经一次膜组件就称为一段，流经n组膜组件，即称为n段，增加段数可以提高系统的回收率。反渗透淡水（产品水）流经一次膜组件称为一级，产品水流经n次膜组件处理，称为n级，增加级数可以提高系统除盐率。

根据水质和用户的要求，反渗透可采用一级一段、一级多段、多级多段的配置方式组成水处理系统。一级一段连续式系统如图7-21所示，这种配置方式水的回收率不高，因而一般不采用这种方式。为了提高水的回收率，采用一级一段循环式系统。如图7-22所示将部分浓缩液返回液槽，再次通过膜组件进行分离，这样会使透过的水质有所下降。

一级多段式配置适合大处理量的场合，这种方式最大的优点是水回收率高，浓缩液的量减少。一级多段连续式系统如图7-23所示，这种配置方式在各段的组件膜表面上，水的流速不同，流速随着段数的增加而下降，容易使浓差极化加大，为此可将多个组件配置成段而且随着段数的增加使组件的个数减少，如采用一级多段连续式锥形排列，并加用高

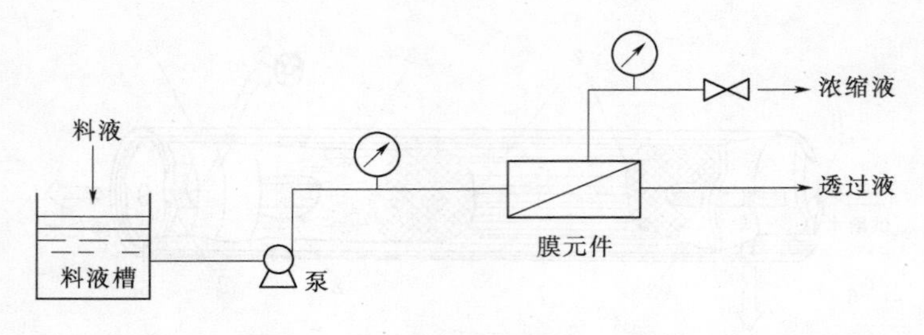

图 7-21　一级一段连续式系统

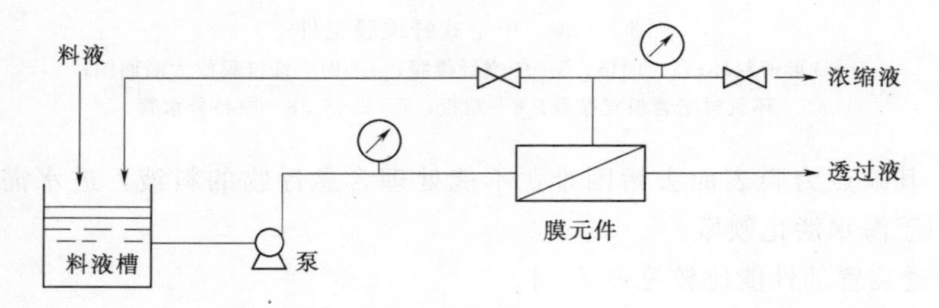

图 7-22　一级一段循环式系统

压泵，以克服多段流动压力的损失。若采用一级多段循环式排列，则能获得高浓度的浓缩液。它是将第二段的透过水重新返回第一段作进料液，再进行了分离，这是因为第二段的进料液浓度较第一段的高，因而第二段的透过水质较第一段差。另外，浓缩液经多段分离后，浓度得到很大的提高，因此适用于以浓缩为主要目的的分离。一级二段循环式系统如图 7-24 所示。实际除盐生产过程中，应用一级多段，特别是一级两段的工艺较多。

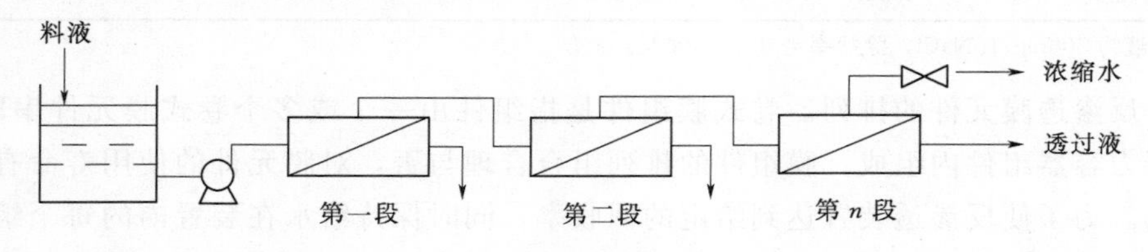

图 7-23　一级多段连续式系统

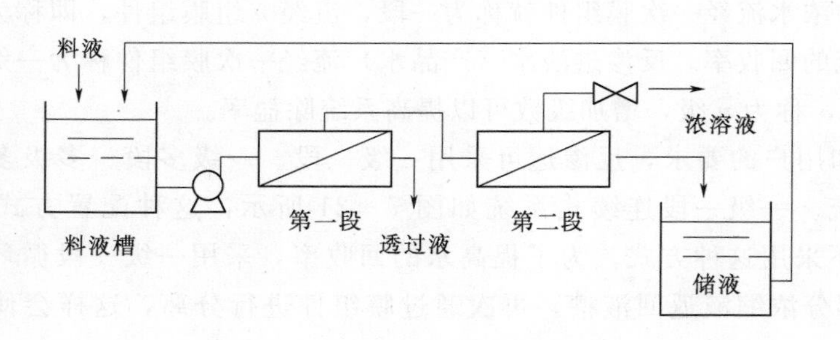

图 7-24　一级二段循环式系统

组件的多级多段式配置是将第一级的透过水作为下一级的进料液再次进行反渗透分离，如此延续，将最后一级的透过水引出系统，而浓缩液从后级向前一级返回与前一级的进料液混合后，再进行分离，这种方式既提高了水的回收率又提高了透过水的水质，因而有较高的实用价值，实际工程中应用最多。多级多段式配置也有连续式和循环式之分，多级多段循环式系统如图7-25所示。

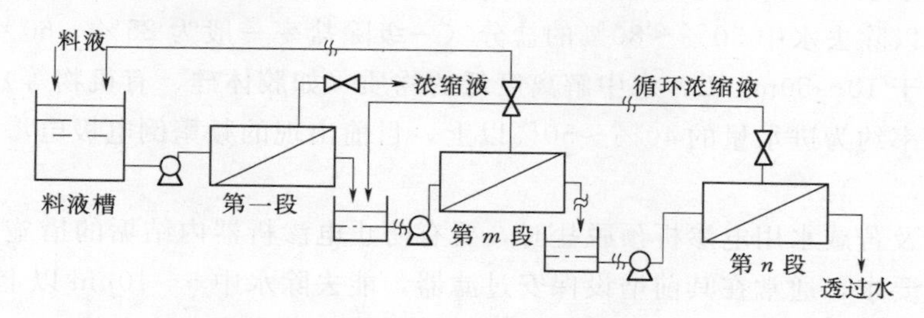

图7-25　多级多段循环式系统

6. 预处理对反渗透系统的影响

反渗透膜是反渗透技术的核心。水中有害成分的危害主要表现在对膜的作用上。膜受损后必将影响到反渗透装置的稳定高效运行。

(1) 悬浮物和胶体物质很容易使反渗透膜孔堵塞，减小膜的有效工作面积，导致产水量降低。

(2) 有机物对反渗透膜的影响各不相同。单宁酸等有机物会污染膜体恶化水质；腐殖酸等有机物会被膜截留但不污染膜；乙酸或丙酸等有机物能通过膜，使产品水质受到污染。

(3) 细菌和微生物对反渗透膜的污染因膜种类不同而各异。醋酸纤维素膜易受细菌的侵蚀而降解，导致除盐率的下降；微生物污染会形成致密的凝胶层，降低流动混合效果，同时酶的作用会促使膜体降解和水解，引起水通量和除盐率的下降，压降增加，复合膜和聚酰胺膜虽不易受微生物侵蚀降解，但微生物的聚集繁殖也会导致产水率和除盐率的降低，并使膜的使用寿命缩短。

(4) 游离氯（次氯酸 HClO 和次氯酸根 ClO^-）几乎可使所有反渗透膜（新聚砜膜除外）受到程度不同的破坏。其中复合膜和芳香聚酰胺膜对之更为敏感，0.1mg/L 的浓度就能使膜的性能恶化。而醋酸纤维素膜对之的耐受力较强，游离氯的浓度可达 0.5～1.0mg/L。

(5) 铁、锰、铝等金属氧化物含量高时，会在膜面上形成氢氧化物胶体沉淀，使膜孔堵塞，损害反渗透膜的工作性能。

(6) 水中高含量的 SO_4^{2-} 和 SiO_2 均可在膜面上析出沉淀形成结垢，使膜受到污染，水通量下降，压降上升，工作效率受损。

据初步统计，我国反渗透系统运行故障中85%以上是预处理方面引起的，所以为了使膜组件性能良好和运行安全稳定，必须根据水源的水质条件、膜组件的具体特征和对给水质量的要求，对原水采取合适的预处理方式。

三、预脱盐系统的选用

目前预脱盐设备的选用，主要是从经济方面考虑的。

1. 电渗析的选用

在进水含盐量为 500～4000mg/L，采用电渗析在经济上是合理的。当进水含盐量大于

4000mg/L 时，电渗析仍是一种可以采用的除盐方式，但应结合具体的情况进行经济比较。当进水含盐量小于 500mg/L 时，是否采用电渗析，也可通过技术经济比较确定。

电渗析可以除去水中 50%～80%的盐分（一级除盐率一般为 25%～60%），但出水含盐量一般还高于 10～50mg/L，水中解离度低的物质（如胶体硅、有机物等）也难以去除。电渗析的产水率约为进水量的 40%～50%以上，目前出现的频繁倒电极电渗析器产水率有所提高。

高硬度水及苦咸水用电渗析预脱盐时，要有防止电渗析器内结垢的措施。电渗析器进水对浊度也有要求，通常在其前增设保安过滤器，能去除水中 5～10μm 以上颗粒。

2. 反渗透的选用

反渗透装置目前常用的有两种，一种是醋酸纤维膜和复合膜的螺旋式反渗透装置，另一种是芳香聚酰胺膜的中空纤维式反渗透装置。通常认为醋酸纤维膜适用于进水含盐量为 300～10000mg/L 的场合，芳香聚酰膜进水含盐量还可以更高一些。

由于反渗透技术日趋成熟，反渗透装置的采用，目前主要决定于反渗透装置本身的出力适应性及投资的经济性。在原水含盐量较高的场合，如苦咸水等高含盐量水，采用离子交换装置难以运行，则反渗透装置就成了最佳选择；而在原水含盐量较低时，还要考虑投资及运行经济性（指化学药品费用和电费的比价），所以应通过技术经济比较确定。国外最近有人认为在进水含盐量大于 75mg/L 使用反渗透是经济的，而按国内情况则比该值要高得多，具体要通过经济比较确定。

反渗透装置除盐率可达 90%～99%以上，但在锅炉补给水处理系统中反渗透装置仍需和离子交换配合使用，其系统是反渗透＋一级复床除盐或反渗透＋混床（要有满足启动时或事故状态下供水量增加的措施）。

反渗透装置对进水水质要求较严，在原有的预处理系统后面，还必须设置专门的前处理系统，前处理系统包括：去除浊度（精密过滤及保安过滤），调节 pH 值，调节水温，添加防垢剂，投氯和除氯等。

3. 其他预脱盐技术

除了电渗析和反渗透技术，常用的预脱盐技术还包括多级闪蒸和多效蒸馏等。在海水淡化技术中，多效蒸馏出现最早。早在 20 世纪 30 年代，沙特阿拉伯首先采用多效蒸馏技术淡化海水，由于多效蒸馏存在结垢等缺点，50 年代又开发了多级闪蒸海水淡化技术，由于其在降低能耗及防垢问题方面有独到的优越性，20 世纪 60 年代中期至 80 年代初，多级闪蒸海水淡化技术的年市场占有率均高于 40%，在所有淡化技术中位居首位。80 年代后期，随着反渗透技术的不断完善和发展，其优点逐渐显现，开始主导海水淡化市场。

多效蒸馏又叫多效蒸发，是一个典型的化工单元操作，其淡化原理是将加热后的原料水在多个串联的蒸馏器中蒸馏，前一个蒸馏器中蒸馏出来的蒸汽作为下一个蒸馏器的热源，并冷凝成为淡水，该级（效）的操作温度和压力均比前一效稍低，以便利用上一效的蒸汽作为热源，并满足该效蒸馏所需的温差作为推动力。按多效蒸馏的最高沸腾温度不同，多效蒸馏又可以分为高温多效蒸馏和低温多效蒸馏，高温多效蒸馏的最高蒸馏温度高于 90℃，其优势在于传热效率高，但其表面容易结垢，腐蚀速度快。针对高温多效蒸馏的缺点，20 世纪 60 年代末发展了低温多效蒸馏海水淡化技术，其特点是盐水的最高沸腾温度不超过70℃，从而减缓了腐蚀和结垢问题。

闪蒸过程是进料海水的减压气化过程。将原料海水加热到一定的温度后，引入一个蒸发室，室内的压力被控制低于热海水温度对应的饱和蒸汽压。热海水进入后即成为过热水，一部分淡水吸收其多余的这份热量作为气化潜热而迅速蒸发，从而使热海水自身的温度降低。而蒸汽冷凝后即为所需的淡水。多级闪蒸就是以此原理为基础，使海水依次流经若干个压力逐渐降低的闪蒸室，逐级蒸发，逐级降温，直到末级的最低盐水温度。闪蒸室的个数称为级数，最常见的装置有20～30级。

第四节 锅炉补给水处理系统及设备

一、锅炉补给水处理系统设计要求

锅炉补给水处理系统，应根据进水水质、给水及锅炉水的质量标准、补给水率、设备和药品的供应条件及环境保护等因素，经技术经济比较确定。可选用离子交换法、预脱盐加离子交换法或预脱盐加电除盐法等除盐系统。锅炉补给水处理系统的出力，应满足发电厂全部正常水汽损失，同时要考虑在一定时间之内机组启动或事故一次性非正常需水量。发电厂各项正常水汽损失可按表7-5计算。

表7-5 发电厂各项正常水汽损失

序号	损失类别		正常损失
1	厂内水汽循环损失	900MW及以上机组	锅炉最大连续蒸发量的1.0%
		300～600MW机组	锅炉最大连续蒸发量的1.5%
		125～200MW机组	锅炉最大连续蒸发量的2.0%
2	对外供汽损失		根据资料
3	发电厂其他用水、用汽损失		根据资料
4	汽包锅炉排污损失		根据计算或锅炉厂资料，但不少于0.3%
5	闭式辅机冷却水系统		冷却水量的0.3%～0.5%
6	闭式热水网损失		热水网水量的0.5%～1.0%或根据资料
7	厂外其他用水量		根据资料

注 1. 发电厂其他用汽、用水及闭式热水网补充水，应经技术经济比较，确定合适的供汽方式和补充水处理方式。
2. 采用除盐水作空冷机组的循环冷却水时，应考虑由于系统泄漏所需的补水量。

二、锅炉给水质量标准

由于给水中的各种杂质对热力系统有各种不同的危害，因此必须严格控制锅炉给水质量标准。根据《火力发电机组及蒸汽动力设备水汽质量标准》（GB/T 12145—2016），锅炉给水水质应符合表7-6规定。

三、锅炉补给水处理系统工艺流程

锅炉补给水处理系统工艺流程按照功能一般分为3个部分：预处理部分、一级除盐部分和精除盐部分。处理工艺上从传统的离子交换、混凝、澄清过滤向膜分离技术发展。锅炉补给水处理系统工艺的选择，是指对于特定的水源，在最低的造价下，选择可满足所需水质的处理工艺。

表 7-6　　锅炉给水水质

控制项目	标准值和期望值	过热蒸汽压力/MPa					
		汽包炉				直流炉	
		3.8～5.8	5.9～12.6	12.7～15.6	>15.6	5.9～18.3	>18.3
氢电导率（25℃）/(μS/cm)	标准值	—	≤0.30	≤0.30	≤0.15①	≤0.15	≤0.10
	期望值	—	—	—	≤0.10	≤0.10	≤0.08
硬度/(μmol/L)	标准值	≤0.20	—	—	—	—	—
溶解氧② /(μg/L) AVT (R)	标准值	≤15	≤7	≤7	≤7	≤7	≤7
溶解氧② /(μg/L) AVT (O)	标准值	≤15	≤10	≤10	≤10	≤10	≤10
铁/(μg/L)	标准值	≤50	≤30	≤20	≤15	≤10	≤5
	期望值	—	—	—	≤10	≤5	≤3
铜/(μg/L)	标准值	≤10	≤5	≤5	≤3	≤3	≤2
	期望值	—	—	—	≤2	≤2	≤1
钠/(μg/L)	标准值	—	—	—	—	≤3	≤2
	期望值	—	—	—	—	≤2	≤1
二氧化硅/(μg/L)	标准值	应保证蒸汽二氧化硅符合蒸汽质量标准中的规定③			≤20	≤15	≤10
	期望值				≤10	≤10	≤5
氯离子/(μg/L)	标准值				≤2	≤1	≤1
TOCi/(μg/L)	标准值		≤500	≤500	≤200	≤200	≤200

① 没有凝结水精处理除盐装置的水冷机组，给水氢电导率应不大于 0.30μS/cm。

② 加氧处理溶解氧指标为 10～150μg/L。

③ 详见《火力发电机组及蒸汽动力设备水汽质量标准》(GB/T 12145—2016)。

其流程的选择应考虑下列因素：水源的特点、产品水的要求、工艺设备的可靠性、运行要求和人员素质要求，适应水质改变和设备故障的能力、处理设备的备用情况、环保要求、一次性投资、运行费用和是否具有可靠的监测手段等。表 7-7 列出了不同条件下锅炉补给水除盐系统工艺流程选择参考。

一般燃煤电厂锅炉补给水处理系统实际上应用较多的工艺大致可分为以下 4 种。

1. 采用离子交换工艺

其工艺流程：原水→原水箱→原水加压泵→多介质过滤器→活性炭过滤器→软化器→5μm 精密过滤器→阳离子交换床→阴离子交换床→阴阳离子混床→微孔过滤器→用水点。

2. 采用双级反渗透工艺

其工艺流程：原水→原水箱→原水加压泵→多介质过滤器→活性炭过滤器→软水器→5μm 精密过滤器→一级反渗透→pH 值调节→中间水箱→二级反渗透→除盐水箱→除盐水泵→微孔过滤器→用水点。

3. 采用一级反渗透+EDI 工艺

其工艺流程：原水→原水箱→原水加压泵→多介质过滤器→活性炭过滤器→软水器→5μm 精密过滤器→一级反渗透→中间水箱→中间水泵→EDI 装置→微孔过滤器→用水点。

表 7－7　　　　　　　　　　锅炉补给水除盐系统

序号	系统名称	出水质量		适用情况	备注
		25℃电导率/(μS/cm)	SiO_2/(mg/L)		
1	一级除盐加混床 H—DC—OH—H/OH	<0.2	<0.02	高压及以上汽包锅炉和直流炉	
2	弱酸一级除盐加混床 H_w—H—DC—OH—H/OH	<0.2	<0.02	高压及以上汽包锅炉和直流炉；碱度大于4mmol/L，过剩碱度较低	当采用阳双室（双层）床，进口水硬度与碱度的比值等于1～1.5为宜，阳离子交换器串联再生
3	弱碱一级除盐加混床 H—DC—OH_w—OH—H/OH 或 H—OH_w—DC—OH—H/OH	<0.2	<0.02	高压及以上汽包锅炉和直流炉；进水中有机物含量高，强酸阴离子含量为大于2mmol/L	阴离子交换串联再生或采用双室（双层）床
4	强酸弱碱加混床 H—OH_w—DC—H/OH 或 H—D—OH_w—H/OH	<0.5	<0.1	进水中强酸阴离子含量高且 SiO_2 含量低	
5	弱酸弱碱一级除盐加混床 H_w—H—OH_w—DC—OH—H/OH 或 H_w—H—DC—OH_w—OH—H/OH	<0.2	<0.02	1. 进水碱度高，强酸阴离子含量高 2. 高压及以上汽包炉和直流炉	可采用阳、阴双室（双层）床或串联再生
6	两级反渗透加电除盐 RO—RO—EDI	<0.1	<0.02		
7	反渗透加一级除盐加混床 RO—H—(DC)—OH—H/OH	<0.1	<0.02	适用于进水含盐量较低时	反渗透后可根据进水水质情况设置除碳器 DC
8	反渗透加混床 RO—(DC)—H/OH	<0.1	<0.02		反渗透后可根据进水水质情况设置除碳器 DC
9	两级反渗透加一级除盐加混床 RO—RO—H—(DC)—OH—H/OH	<0.1	<0.02	适用于海水	反渗透后可根据进水水质情况设置除碳器 DC
10	蒸馏加一级除盐加混床 DS—H—OH—H/OH	<0.1	<0.02		
11	蒸馏加混床 DS—H/OH	<0.1	<0.02		

注　表中符号 DC 表示除碳器，DS 表示蒸馏装置。

4. 采用一级反渗透＋离子交换除盐工艺

其工艺流程：原水→原水箱→原水加压泵→多介质过滤器→活性炭过滤器→软水器→5μm 精密过滤器→一级反渗透→中间水箱→中间水泵→阳离子交换床→阴离子交换床→阴阳离子混床→微孔过滤器→用水点。

四、锅炉补给水处理系统工艺原理与设备

（一）离子交换除盐

近年来锅炉向高温高压化迅速发展，因此对于锅炉补给水的水质要求也越来越高，要求将水中盐类几乎除尽，因而阴、阳离子交换技术得到迅速发展。

水的离子交换除盐：先用 H 型阳离子交换剂与水中的各种阳离子（如 Ca^{2+}、Mg^{2+}、

Na^{+}）进行交换而放出 H^{+}，H^{+} 和水中的阴离子（如 HCO_3^{-}、SO_4^{2-}、Cl^{-}）等组成相应的酸；当含有无机酸 H^{+} 的交换水，通过 OH 型强碱阴离子交换树脂层时，水中的阴离子被树脂吸着，树脂中的 OH^{-} 被置换到水中，并与水中的 H^{+} 结合成水。这样，当水经过这些阴、阳离子交换剂的交换处理后，水中的各种盐类基本被除尽。这种方法，也称为水的化学除盐处理。水处理使用的离子交换器有多种形式，其运行方式也各不相同，常见的有复床除盐和混床除盐。

（二）复床离子交换器

1. 设备结构

复床就是把 RH 树脂和 ROH 树脂分别装在两个交换器内组成的除盐系统。装有 RH 树脂的叫做阳离子交换器；装有 ROH 树脂的叫做阴离子交换器。离子交换器的外形是一个密闭的圆柱形壳体，离子交换设备结构如图 7－26 所示，体内设置进水、排水和再生装置，进水装置多采用喇叭口形，水沿喇叭口周围淋下，以便使水分布均匀。排水装置近年来多采用弯形多孔板加石英砂垫层的方式，也有用排水帽的。进再生液装置有辐射形、圆环形和支管形，如图 7－27 所示。

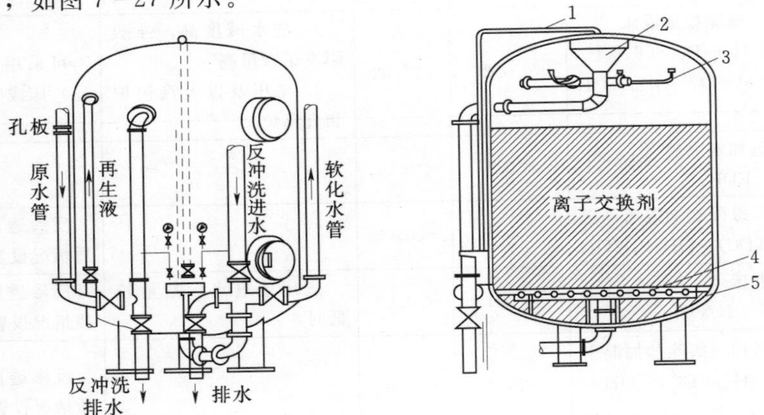

图 7－26　离子交换设备结构

1—放空气管；2—进水漏斗；3—再生装置；4—缝式滤头；5—混凝土

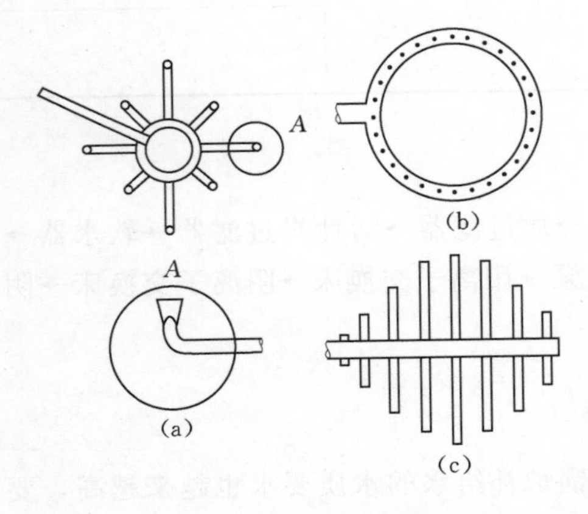

图 7－27　进再生液装置

(a) 辐射形；(b) 圆环形；(c) 支管形

2. 运行步骤

交换器的运行分为 4 个阶段，交换器从除盐→反洗→再生→正洗的全过程叫做一个运行周期。

(1) 交换除盐。在除盐运行阶段，被处理的水先经过阳离子交换器，再进入阴离子交换器，除盐后的水送入除盐水箱。阳离子交换器内装入一定量的 RH 树脂，在阳离子交换器内，水中的金属离子与 RH 树脂中的 H^{+} 交换，金属被交换在树脂上；阴离子交换器内装入一定量的 ROH 树脂，在阴离子交换器内，水中的酸根离子与 ROH 树脂中的 OH^{-} 交换，酸根离子被交换在树脂上。经过两种交换处理后的水，送入除盐水箱。交换器运行若干小时后，出水含盐量增加，水的导电度增大。当运行到出水导电度明显增大并达到一定值时，说明交换剂已经失效，不能生产出合格的水。在生产中，为了便于用导电度表监视树脂是否已经失效，一般是让阳树脂先失效。树脂失效后，停止运行进行再生。

（2）反洗。树脂再生前需要反洗。这是因为交换是在较大压力下进行的，树脂颗粒间压得很紧，这样在树脂层内会产生一些破碎的树脂；此外，在阳离子交换树脂层表面几厘米的厚度内还会积累一些水中悬浮物，这些破碎的树脂和悬浮物都不利于交换剂的再生。所以，反洗的目的就是用清水松动交换剂层，消除树脂层内的悬浮物、破碎树脂和气泡等。反洗水经底部反洗进水门进入交换器内，自下而上的流过树脂层，再进入上部漏斗内排水门排入地沟。反洗时，要求树脂层膨胀30%～40%，使树脂得到充分清洗。反洗一直进行到出水澄清为止。为了防止树脂被冲走，应先慢慢开大反洗进水门，然后慢慢开大排水阀门。使用的反洗水不应污染树脂。

（3）再生。再生是一项重要的操作过程。再生开始前，打开空气门和排水门，放掉交换器内一部分水，使水位降到树脂层上10～20cm处，关闭排水门。然后将一定浓度的再生液送进交换器内，由再生装置将再生液均匀分布在整个树脂层上，并将交换器内的空气经空气管排空。当交换器内的空气排完，再生液充满筒体后，关闭空气门，打开排水门，此时再生液流过树脂层，并与失效的阳离子（或阴离子）树脂发生离子交换反应，使失效树脂得到再生。再生过程中的废液从排水门排走。

（4）正洗。待树脂中再生后的废液基本排完，树脂中仍有残留的再生剂和再生产物，必须把它们洗掉，交换器方能重新投入运行。正洗时，清水沿运行路线进入交换器，由排水门排入地沟。正洗开始时，排出的废液中仍有再生剂和再生产物，随着正洗的进行，出水中的再生剂和再生产物逐渐减少，同时除盐的交换反应也开始发生，当排出的水基本符合水质标准时，即可关闭排水门，结束正洗，投入运行或备用。

（三）混合离子交换器

混合离子交换器是成熟的精除盐技术，出水水质比较高，可以达到出水中SiO_2小于20μg/L，出水电导率小于0.2μS/cm。现在是大多数电厂在反渗透之后的精除盐装置。

1. 工艺原理

混床除盐：在同一个交换器中，将阴、阳离子交换树脂按照一定的体积比例进行填装，在均匀混合状态下，H型阳离子交换剂与水中的各种阳离子进行交换而放出H^+，OH型阴离子交换剂与水中的各种阴离子交换而放出OH^-、H^+和OH^-又结合生成水(H_2O)，从而除去水中的盐分，称为混床除盐。混床中阴阳树脂的体积比为2∶1。

2. 设备结构

混合离子交换器一般采用的混床有固定式体内再生混床和固定式体外再生混床。这里介绍体内再生混床，设备结构如图7-28所示。这种离子交换器是一个圆柱形密闭容器，交换器上部设有进水装置，下部有配水装置，中间装有阳、阴树脂再生用的排液装置，中间排液装置的上方设有进碱装置。

3. 再生

混床是把阳、阴树脂混合装在同一个变换器内运行的，所以运行操作与一般固定床不同，特别是混床的再生操作差别很大。当混床树脂失效再生时，首先应把混合的阳、阴树

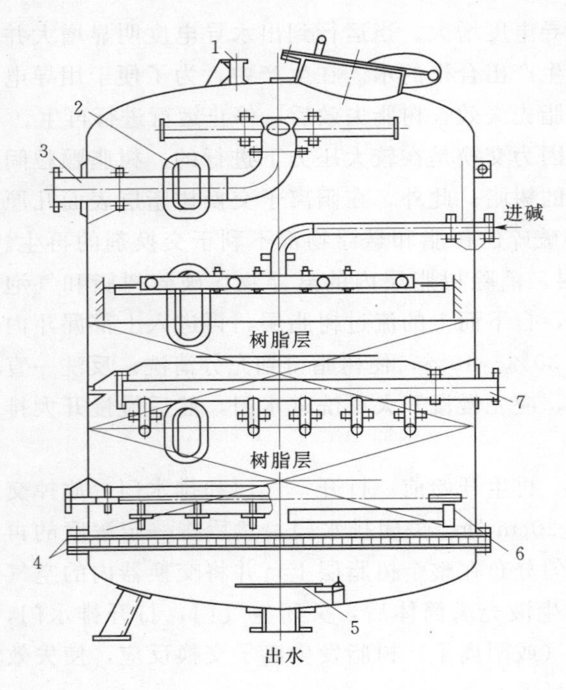

图7-28　混合离子交换器结构
1—放空空气管；2—观察孔；3—进水装置；4—多孔板；5—挡水板；6—滤布层；7—中间排水装置

脂分层，然后才能分别通过酸、碱再生液进行再生，这是混床操作的特点。

再生方法分为体内再生法和体外再生法。下面主要介绍体内再生法，其步骤为：反洗分层、再生和正洗。

(1) 反洗分层。混床内阳、阴树脂间的比重差是混床树脂分层的重要条件。阳树脂的湿真比重为1.23～1.27，而阴树脂的湿真比重为1.06～1.11。由于阳、阴树脂比重的不同，当混床树脂反洗时，在水流作用下树脂会自动分层，上层是比重较小的阴树脂，下层是比重较大的阳树脂。阳、阴树脂的比重差越大，分层越迅速、彻底；比重差小，分层比较困难。此外，反洗流速也影响分层效果。一般反洗流速应控制在使整个树脂层的膨胀率在50%以上。

(2) 再生。混床中阳、阴树脂分层后，就可以分别进行再生，亦可同时进行再生，以分别再生为例，说明再生操作。

再生阴树脂时，碱液从上部的进碱管进入，通过失效的阴树脂层，使失效树脂再生，其废液从混床中部排液装置排出。此时，应特别注意防止碱液浸润阳树脂层。为此，在再生树脂的同时，将清水按酸再生液的途径，从底部不断送入。当阴树脂再生完毕后，继续向阴树脂层进清水，清洗阴树脂层中的再生废液，至排水的氢氧碱度为0.5mEq/L时为止。

再生阳树脂时，酸液从底部配水装置进入失效树脂层，使失效的阳树脂再生，其废液从混床中部的排液装置排出。此时应注意防止酸液浸润阴树脂层。为此，在再生树脂的同时，将清水按酸再生液的途径，从顶部不断送入。当阳树脂再生完毕后，继续向阳树脂层进清水，清洗阳树脂层中的再生废液，至排水的酸度为0.5mEq/L时为止。

(3) 正洗。正洗就是用清洗水从上部进入，通过再生后的树脂层由底部排出。首先进行混合前正洗，当正洗至排水的导电度在1.5$\mu\Omega$/cm以下时，停止混合前正洗，然后从混床交换器底部进入压缩空气，把两种树脂混合均匀，进行混合后的大流量正洗至出水合格，投入运行或备用。

4. 混床典型故障原因及处理

(1) 混床失效过快。

1) 现象：混床失效过快导致混床再生用的酸碱水电消耗量上升，严重时可能会影响到系统产水能力，影响到水处理装置的安全供水。表现为周期制水量减少，低于正常制水量。

2）事故原因：混床进水水质恶化，如反渗透产水脱盐率下降、水质变差；混床再生过程中有关参数控制不当，如再生使用的酸、碱量不足，再生自用水量不足或过大等；混床运行流速过快，运行水的温度偏低，离子交换树脂老化、中毒或被污染。

3）处理方法：及时查找原因并处理，解决混床进水水质恶化的问题；合理调整再生过程中的各项参数，确保再生质量对失效的混床及时进行再生；合理控制运行流速，在不大于额定流速的工况下运行，调整加热器运行，防止水温过低，离子交换树脂出现问题时应对树脂进行清洗、复苏或更换。

（2）混床跑树脂事故。

1）现象：从混床视镜处可以观察到混床内树脂层高度降低；底部跑树脂时混床的进口、出口压力表指示的压力值都比正常值有所升高；底部跑树脂量较大时可以从混床产水取样口放出树脂，从树脂捕捉器排污口可以放出树脂；中排跑树脂时可从中排排水中发现树脂。

2）事故后果：将会降低混床的总交换容量，降低混床产水能力，如果泄漏的树脂进入除盐水箱，随后进入热力系统，会导致锅炉水的 pH 值迅速降低，处理不及时会造成锅炉酸性腐蚀甚至水冷壁爆管。

3）事故原因：混床下部水帽存在破裂或水帽丝扣存在松动的情况；离子交换树脂大量破碎；中排装置损坏。

4）处理方法：将混床内树脂倒出后更换损坏的水帽或将松动的水帽紧固，如果因为树脂破碎造成跑树脂，应当对树脂进行彻底的大反洗，以清除破碎的树脂。

5）防范措施：使用质量可靠的水帽，水帽安装时应当确保每一个水帽紧固适当，发现损毁，立即更换损坏的水帽或将松动的水帽紧固；为防止树脂破碎，混床运行流速不可过高，再生到空气混脂步骤时，混合时间不得任意延长，备用树脂在储存时应当保持不失去水分，使用质量可靠的树脂。

（四）除 CO_2 器

河水和井水一般均含有重碳酸盐，这种水经过 RH 树脂层时，水中重碳酸盐转变为碳酸。除 CO_2 器主要用于除去水中的这部分碳酸。

1. 除 CO_2 的原理

含有重碳酸盐的水经过 RH 树脂处理后，它的 pH 值一般在 4.3 以下。在这种情况下水中碳酸与水和二氧化碳达到溶解平衡，当水面上的 CO_2 压力降低或向水中鼓风时，溶于水的 CO_2 就会从水中逸出。根据它的这个性质，可以采用真空法或鼓风法来除去水中的 CO_2。

2. 鼓风除 CO_2 器

鼓风除 CO_2 器是一个圆柱形设备，如图 7-29 所示，除 CO_2 器的圆柱体可用金属、塑料或木料制成。如果用金属制造，圆柱体的内表面应采取适当防腐措施。柱体内一般装有瓷环，瓷环的作用是使水与空气能充分接触。除 CO_2 器运行时，水从圆柱体上部进入，经配水管和瓷环填料后，从下部流入储水箱。空气则由鼓风机从柱体底部送入，经瓷环并与水充分接触，然后由上部排出，由于空气中 CO_2 含量很少，它的压力只占大气压力的 0.03%左右，所以当空气鼓进柱体并与水接触时，水里的 CO_2 就会扩散到空气中去，当水

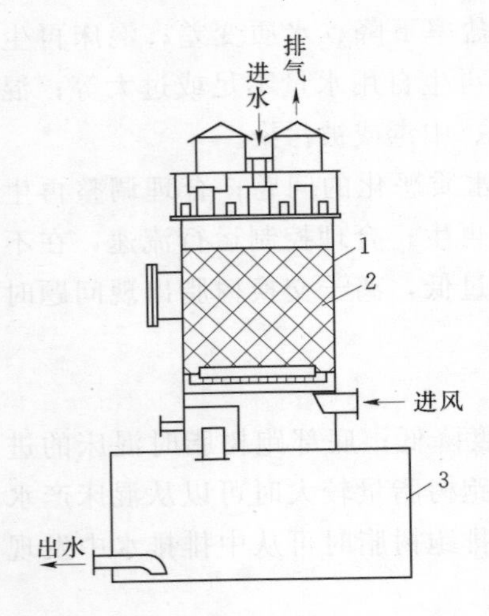

图 7-29 鼓风除 CO_2 器
1—脱气塔；2—填充物；3—中间水箱

从上往下流动遇到从下向上流动的空气时，水中绝大部分 CO_2 即随空气带走。水越往下流其中 CO_2 越少，当水流到柱体底部时，残余的 CO_2 一般只有 5～10mg/L。

（五）电渗析技术

电渗析（ED）是一项新型膜法水处理技术，它处理含盐量 500～30000mg/L 的水时，比蒸馏和离子交换法经济。电渗析（ED）就是在电场力的驱动下，离子迁移通过离子透过膜和水分离，一个电渗析单元由平行的几百个隔室构成，多层构成一列，其中 1/2 隔室的水用来脱盐，而在其相邻隔室中水的含盐量增加。ED 技术一般应用于部分除去 TDS 的场合。

（六）连续电再生除盐（EDI）技术

EDI 装置又称连续电除盐装置，在某些水处理工艺中，已开始代替传统的阴阳离子交换床进行深度除盐，是一种把电渗析和离子交换的特点巧妙结合起来的工艺，该工艺集中了离子交换和电渗析的优点，又克服了电渗析过程中的极化现象和离子交换需要化学再生的弊端。电渗析技术是利用多组交替排列的阴、阳离子交换膜，此膜具有很高的离子选择透过性，阳膜排斥水中阴离子而吸附阳离子，阴膜排斥水中的阳离子而吸附阴离子。在外直流电场的作用下，淡水室中的离子作定向迁移，阳离子穿过阳膜向负极方向运行，并被阴膜阻拦于浓水室中。阴离子穿过阴膜向正极方向运动，并被阳膜阻拦于浓水室中，达到脱盐的目的。EDI 的核心就是在电渗析的淡水室填装了阴、阳离子交换树脂。

EDI 对离子的脱除顺序与离子交换树脂对离子的吸附顺序相同。在 EDI 组件中的离子交换树脂，沿淡水流向可以人为的按其工作状态分为 3 层：第一层是饱和树脂层，第二层是混合树脂层，第三层是保护树脂层。其中饱和树脂层是主要的吸附和迁移大部分电解质的工作层，混合树脂层承担着去除弱电解质等较难清除的离子的任务，保护树脂层树脂则处于较高的活化状态，起着最终的纯化水的作用。

第五节　汽轮机组凝结水精处理系统

凝结水中杂质的来源，主要是由于汽轮机组运行中凝汽器不严、热力系统的金属腐蚀以及热网泄漏等原因，使凝结水中含有各种盐类、悬浮物和胶状的金属腐蚀产物。对于采用高参数锅炉直流炉的热力发电厂，锅炉对给水水质的纯度要求较高。因此，除对补给水要进行处理外，还要对凝结水进行处理。汽轮机组凝结水精处理系统的目的：连续除去热力系统内腐蚀产物；除去凝结水中溶解及胶体的 SiO_2，防止汽轮机通流部分积盐；除去溶解于凝结水中的 CO_2；除去因补给水装置运行不正常时，带入的悬浮物和溶解盐类。

一、汽轮机组凝结水精处理系统选择原则

凝结水是否需要处理以及处理量多少，均与锅炉的型式（汽包炉、直流炉）、参数、有无分离装置、凝汽器的结构特点（冷却方式、冷却水含盐量等）以及机组运行特点（带

基本负荷、尖峰负荷、启停次数等）有关。根据锅炉和汽轮机组类型及其参数、冷却水水质不同选择要求如下。

1. 直流锅炉供汽的汽轮机组

全部凝结水应进行精处理，同时应设置除铁设施。除铁设施可不设备用，但不应少于2台，精处理除盐装置应设置备用设备。

2. 亚临界及以上参数的汽包锅炉汽轮机组

全部凝结水宜进行精处理，对于机组容量为300MW级、冷却水水质较好且按给水采用还原性全挥发处理工况设计的汽轮机组的凝结水精处理装置可不设备用设备，但精处理设备不应少于2台；对于冷却水水质为海水、苦咸水、再生水或机组容量为600MW级及以上或按给水采用加氧处理工况设计的汽轮机组的凝结水精处理装置应设有备用设备。

3. 超高压汽包锅炉供汽的汽轮机组

通常不设凝结水精处理系统。当冷却水为海水或苦咸水，且凝汽器采用铜管时，宜设凝结水精处理装置。

4. 承担调峰负荷的超高压汽包锅炉供汽的汽轮机组

若无精处理装置，可设置供机组启动用的除铁装置。

5. 不同形式的空冷机组

精处理系统可选择粉末树脂过滤器、前置过滤器（或粉末过滤器）加混床、阳阴分床（阳、阴床或阳、阴、阳床）等处理系统。

对于亚临界汽包锅炉直接空冷的汽轮机组应设置以除铁为主，同时也具有一定的除盐能力的精处理系统，600MW级及以上机组的处理装置宜设置备用设备。

对于混合式凝汽器的间接空冷汽轮机组宜采用除铁加混合离子交换器系统，处理装置宜设置备用设备。

对于表面式凝汽器的间接空冷汽轮机组的凝结水可仅设除铁设备，亚临界及以上参数机组的凝结水处理设施宜选择具有一定除盐能力的系统，且设有备用设备。

亚临界及以上参数的汽轮机组的凝结水精处理宜采用中压系统，精处理装置的树脂应采用体外再生方式进行再生。

二、汽轮机组凝结水精处理系统工艺流程

综合目前国内外资料，大体有以下6种凝结水精处理工艺系统。

（1）凝结水→粉末树脂覆盖过滤器→树脂捕捉器。该工艺系统中的粉末树脂覆盖过滤器，起到过滤和除盐的作用。其优点为：①减少了系统的压降；②简化了工艺系统，并认为当凝汽器泄漏率很低时是比较经济的，但除盐不彻底。当泄漏率较高时，由于粉末树脂更换过于频繁，而导致运行费用过高，而且难免会有粉状树脂进入热力系统。

（2）凝结水→粉末树脂覆盖过滤器→高速混床→树脂捕捉器。该工艺系统在粉末树脂覆盖过滤器之后又加了一个高速混床，虽然增加了动力消耗，但保证了出水的质量。

上述两个工艺系统常在凝结水温度较高的情况下使用，如空冷机组的凝结水处理。

（3）凝结水→高速混床→树脂捕捉器。该工艺系统中的高速混床也是起过滤和除盐两种作用，过滤时截留在树脂层中的金属腐蚀产物必须借助空气擦洗才能除去，所以这种混床也称空气擦洗高速混床。混床中的树脂可以反复使用，但增加了阴阳树脂的分离、混合和再生操作。

（4）凝结水→微孔滤元过滤器（或电磁过滤器）→高速混床→树脂捕捉器。该工艺系统是在混床前面单独设置了一个过滤设备，使过滤和除盐分开，也称前置过滤器。早期曾用过以纸粉为滤料的覆盖过滤器，后来也用过电磁过滤器。目前一般用微孔滤元过滤器，这种设有前置过滤器的凝结水精处理系统，虽然系统复杂些，但延长了混床的运行周期，保证了出水质量。

（5）凝结水→氢型阳床→高速混床→树脂捕捉器。该工艺系统在高速混床之前设置了一个氢型阳床，起前置过滤的作用；同时可以交换水中的氨，降低混床进水的pH值，从而减小混床出水的Cl^-含量。

（6）凝结水→（过滤器）→阳床→阴床→阳床→树脂捕捉器。该工艺系统彻底解决了阴阳树脂分离、混合带来的问题，是空冷机组凝结水精处理可选系统之一，但运行时系统压力损失过大，设备台数多，投资大。

在上述几种工艺系统中，最后都设置了一个树脂捕捉器，它安装在高速混床的出水管上，用于截留、捕捉混床出水中可能带有的破碎树脂。

三、汽轮机组凝结水精处理系统及常用设备

（一）前置过滤器

1. 电磁过滤器

电磁过滤器是利用电磁作用，除去水中含铁物质和某些非铁磁性杂质的一种水处理设备。

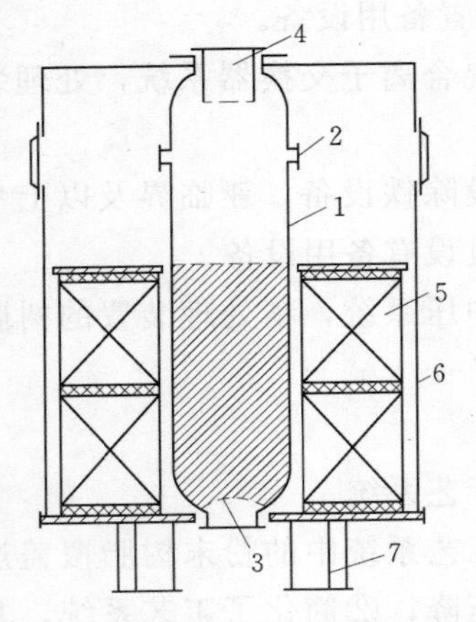

图7-30　电磁过滤器结构示意图
1—通水筒体；2—窥视孔；3—进水装置；4—出水装置；5—电磁线圈；6—屏蔽罩；7—底座

（1）设备结构。电磁过滤器是由通水筒体、电磁线圈和屏蔽罩等组成，图7-30为电磁过滤器的结构示意图。通水筒体1是内奥氏体钢制成的，筒壁上部有对开的两个窥视孔2，筒体内的下部是过滤层，过滤层是由软磁性材料制成的铁球组成，滤层高度为1000mm。通水筒体内的进水装置3为支撑软球填料的缝隙式布水装置。它的出水装置4为直筒插入式结构。直筒段有条形缝隙槽，直筒的下端圆板上开有许多直径为5mm的小孔，防止冲洗时，铁球被冲出。过滤器通水筒体插在电磁线圈5中间；线圈外，套有屏蔽罩6，它起着减少设备外部漏磁和帮助线圈抽风散热的作用。

（2）运行操作。当电磁线圈通以直流电时，则产生电磁场。电磁场使过滤器筒体内的铁球磁化，并使铁球产生很强的磁感应强度。当被处理的水自下而上的通过铁球层时，水中含铁物质即被磁化的铁球所吸着，达到净化的目的。当电磁过滤器运行一定时间后，铁球继续吸着含铁物质的能力降低，出口水中含铁量逐渐增加。当出口水中的含铁量超过一定值时，应停止运行，洗去铁球表面吸着的含铁物质。

清洗时，先关闭出水门，再断开直流电源并进行去磁，使铁球和吸着的含铁物质的剩

磁减到最小。然后，以较大流量的水自下而上冲洗球层，使小球浮动起来，将已失去磁性的含铁物质从球的表面脱离开来，随冲洗水一起排出过滤器。冲洗时间约为20～60s。冲洗结束后，电磁过滤器又可以再次投入运行。

操作时应特别注意，电磁过滤器停止运行时，先关闭出水门，后切断线圈电源；启动时，先接通线圈的直流电源，再开出水门。电磁过滤器的除铁效果与机组运行工况、启动前机组停用保护状况等因素有关。机组在正常远行条件下，出口含铁量为10ppb以下，除铁效率在90%以上。

2. 管式过滤器

管式过滤器目前国内使用较多，它是借助多孔滤元截留悬浮杂质，当阻力增大到一定值，用水和（或）空气进行反冲洗。管式滤元直径一般为30～80mm，长度为800～3000mm，型式为缠绕式或滤网式，以开孔或槽的不锈钢为骨架外包100～150目不锈钢丝网或外绕不锈钢丝，直径为0.3～0.5mm，丝间距为0.076～0.2mm。管式过滤器精度可根据需要进行选择，启动期间可选用10～20μm，正常运行期间可选用5μm的过滤精度，不锈钢材质耐温300℃，聚酰胺纤维丝可耐100℃，国外聚丙烯纤维丝可达130℃。前置过滤器的作用是除掉凝结水中的铁、铜氧化物等悬浮杂质，延长深层混床的运行周期和保护树脂不被污染。凝结水含铁量在2000～3000μg/L时，仅投入前置管式过滤器，过滤器在进出口压差超过规定值或运行时间达到设定值时，判为失效，用反洗水泵和压缩空气进行反洗，彻底清洗滤元，恢复其过滤能力。

3. 阳离子交换器

凝结水处理中的阳离子交换器主要是用于除铁，效率约为50%。树脂应选耐高温、抗污染又易洗脱的大孔树脂。通常阳离子交换器放在混床的前面。在碱性水工况时，它还起到吸收氨以延长混床周期的作用。因需消耗酸并有再生废酸液排出，所以应进行中和处理。通常前置氢阳床树脂层高650～1000mm，氢层混床中的阳树脂层高为300～500mm。

单纯除铁过滤装置可应用于汽包炉的凝结水处理和疏水处理中，如果只选择单纯除铁过滤器，对凝结水中的少量盐类处理会受到限制，作为凝结水精处理的前置处理是比较合适的，适于空冷机组的除铁过滤器有管式过滤器和进口耐高温电磁过滤器。

4. 粉末树脂过滤器

（1）粉末树脂过滤技术工艺原理。粉末树脂过滤技术就是将粉末树脂作为覆盖介质预涂在精密过滤器滤芯上，用来置换溶解性的离子态物质、除去悬浮固体颗粒、有机物、胶体硅及其他胶体物质。粉末树脂的最大弱点就是全交换容量低，抗凝汽器的泄漏能力差，因此采用该技术有一定的区域局限性，对于循环水中含盐量较高的地区，还是选择深层混床为宜。在凝结水精处理中选择粉末树脂过滤器应确保以下条件的满足：确保补给水质量；尽量避免凝汽器的泄漏，凝汽器管材宜选用钛管或不锈钢管；机组循环水水质较好、含盐量低；机组系统真空严密性较好。粉末树脂过滤器系统设备包括过滤器、制浆及铺膜系统、废水储存池、反洗水泵、铺膜泵、螺杆注射泵、保持泵、废水提升泵等及相关辅助设备。

（2）粉末树脂过滤器系统设备。

1）顶管板系统。它是用一层厚不锈钢和可拆的管板夹在工作槽两半之间做成的压力管体。管板钻有洞孔用来固定滤元。

2）底管板系统。其结构是底部管板为固定式，滤元接头突出进至出水压力通风系统。滤元连接在刻有螺纹或导杆的接头上，并通过顶部格栅网安装到位。

3）粉末树脂过滤器的滤元。常见的滤元根据材料和结构又分为聚丙烯不锈钢滤元和聚丙烯熔喷滤元及折叠式聚丙烯滤元。

4）凝结水精处理用粉末树脂。用于凝结水精处理粉末过滤器系统的树脂粉是在树脂粉制造厂用高纯度、高剂量的再生剂进行完全转型的。其特点是：低杂质、粒度均匀、高再生度、与均粒树脂相比表面活性高。

(3）粉末树脂过滤器的运行控制。正常运行时，粉末树脂被铺涂在过滤器内滤元外表面，形成一层树脂滤层。过滤凝结水时，水中悬浮颗粒被拦截，溶解性离子被树脂滤层交换除去，使出水达到设计要求。随着过滤和离子交换的进行，树脂层失去离子交换能力，滤层被逐渐堵塞，当出水电导率、SiO_2 值或过滤器进出口压差等达到设定值时，过滤器失效退出运行，进行爆膜清洗，清洗废水排至废水处理系统处理。

1）过滤过程。运行前滤元表面先铺上滤料，运行时过滤器进水从过滤器的底部总管进入，通过拱形布水板及上端挡板和布水管均匀地通过过滤器滤元。出水通过滤元由外而内将过滤后的水收集在滤元的内部，然后由滤元的底端排入过滤器的底部集水室，最后由底部排水管排出。过滤通量的设计关系到滤元数量、过滤器规格和运行压差等问题。设计通量小，滤元数量就多，过滤器直径增大；设计通量大，滤元数量少，运行压差高，不利于滤元的使用寿命。纤维缠绕式滤元水通量设计参数为 $8\sim10m^3/(m^2\cdot h)$，运行压差为 0.1～0.2MPa。

2）铺膜过程。铺膜是将带有滤料的水通过滤元，使滤料在滤元外侧形成均匀滤膜。一般先在树脂混合箱中充入一定量的水，缓慢加入滤料，启动搅拌器，将箱中的水和滤料搅拌成均匀的悬浊液。铺膜树脂粉耗量为 $0.4\sim1.4kg/m^2$，铺膜泵流量为 $130\sim150m^3/(m^2\cdot h)$。

3）爆膜过程。过滤器开始运行时进出水压差很小，当增加压差达到一定值时，就需要对过滤器进行爆膜。先用压缩空气爆膜，控制进气压力为 0.4～0.6MPa，将废树脂粉从滤元上爆炸式地吹洗下来。气反洗完成后进行水反洗，利用排水将废树脂粉带出过滤器。一般整个过程需要重复多次才可以将滤元表面洗净。由于滤元比较高，爆膜时的水位控制就显得尤为重要。为了达到较好的爆膜效果，一般采用 3 段式爆膜，即将水位分别放至滤元顶部、距顶部 1/3 处和距顶部 2/3 处等 3 个部位进行爆膜，一般各爆膜 3 次，必要时可增加爆膜次数来改善效果。

（二）高速混床除盐设备

1. 高速混床的型式

高速混床的运行流速高，最大流速为 120m/h；采用体外再生，简化了混床内部结构；处理水量大，能有效除去水中的离子及悬浮物等杂质，但对树脂的性能要求很高。高速混床中的阴、阳离子交换树脂常用氢型混床（H—OH 型）和氨型混床（NH_4—OH 型）两种。

采用氢型（H—OH 型）混床时的交换反应有水生成，进行得很完全。但是水中的 NH_4^+

也被 RH 树脂交换，RH 树脂很快饱和，消耗了树脂的交换容量，再生周期缩短，酸碱耗量大，同时也除去了为防止热力设备腐蚀而加入的 NH_4^+，随后在给水系统中又需补充氨，很不经济。

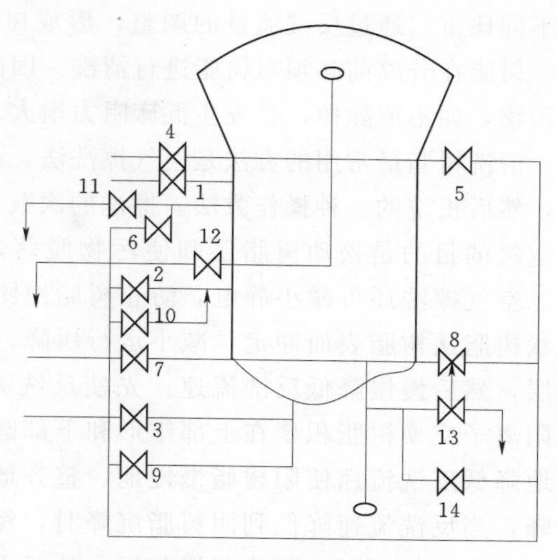

图 7-31　高速混床的结构

1—失效树脂进脂阀；2—阴脂出脂阀；3—阳脂出脂阀；4—压缩空气进气阀；5—顶部进水阀；6—反洗进水上部辅助阀；7—底部进气阀；8—底部主进水阀；9—反洗进水下部辅助阀；10—反洗进水中部辅助进水阀；11—上部水位调整阀；12—顶部排水阀；13—底部排放阀；14—底部辅助进水阀

采用氨型混床（NH_4—OH）时的交换反应的逆向程度比前述反应要大得多。因此，易漏钠和氯。要求树脂再生要彻底，再生度要达到阳 99.5%、阴 95%以上，否则不能采用。

高速混床系统设备包括过滤器，分离塔，阳树脂再生罐，阴树脂再生罐，酸、碱储存槽，再生及中和用酸、碱系统，废水中和池，自用水泵，热水罐，自循环泵，废水提升泵，罗茨风机等及相关辅助设备，其结构如图 7-31 所示。

2. 高速混床树脂的再生设备

高速混床失效后应再生，一般采用体外再生。即把失效的树脂转移到专用的再生器中进行再生，其再生过程与体内再生相同，高速混床系统再生设备包括：分离塔，阳树脂再生罐，阴树脂再生罐，酸、碱储存槽，再生及中和用酸、碱系统，废水中和池等辅助设备。凝结水精处理再生工艺的阳、阴树脂彻底分离是核心技术，再生过程减少阳、阴树脂交叉污染是彻底再生的重要保证。

(1) 阴、阳树脂分离。影响树脂再生度高低的一个极为重要的因素是混床失效树脂再生前能否彻底分离。当分离不完全时，混在阳树脂中的阴树脂被再生成 Cl 型，混在阴树脂中的阳树再生成 Na 型，这样在运行中势必影响出水水质。分离塔的结构如图 7-32所示。底部主进水阀、辅助进水阀设置有多个不同流量，提供不同的反洗强度的水流，有利于树脂的分离。塔上设有多个窥视孔，便于观察树脂的分离情况。顶部进水装置采用支母管式，底部出水装置采用不锈钢双速水嘴。分离塔的上部是一个锥形筒体，上大下小，下部是一个较长且直的筒体。反洗时水能均匀地形成柱状流动，不使内部形成大的扰动。在反洗、沉降、输送树脂时，内部扰动可达最小程度。

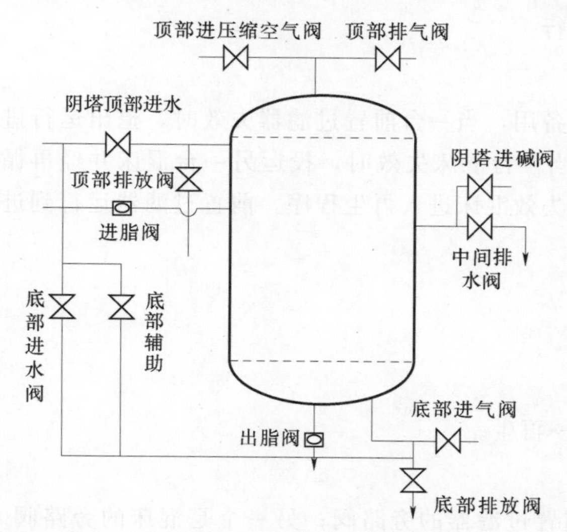

图 7-32　分离塔的结构

利用阴、阳树脂不同颗粒度、均匀度

和不同比重，通过反洗流量的调整；形成树脂的不同沉降速度，从而达到树脂分离的目的。树脂在分离前必须对树脂进行清洗。因高速混床具有过滤功能，树脂层中截留了大量的污物，如不清除掉，会发生混床阻力增大、树脂破碎及阴、阳树脂再生前分离困难等问题。清洗树脂最常用的方法是空气擦洗法，在装有失效树脂的分离塔中多次反复地通入空气，然后正洗的一种操作方法。擦洗的次数视树脂污染程度而定，至出水清洁时为止。通入空气的目的是松动树脂层和使污物脱落，正洗是使脱落下来的污物随水流自底部排出。空气擦洗还可减小静电，防止树脂抱团，减小反洗时间和反洗流量，同时还可将粉末状树脂从树脂表面冲走，减小运行压降。反洗分层时，先用较高的反洗流速来反洗树脂层，然后慢慢降低反洗流速。先使反洗流速降低到阳离子树脂沉降时，经一定时间，使阳离子交换树脂积聚在上部锥形和下部圆柱的分界面以下，形成阳树脂层，然后再慢慢地降低反洗流速使阳树脂慢慢地、整齐地沉降下来。阳树脂沉降的同时阴树脂也开始沉降，当反洗流速降低到阴树脂沉降时，经一定时间便得阴树脂积聚在上部锥形和下部圆柱的分界面以下，形成阴树脂层，然后再慢慢降低反洗流速一直到零。通过水力分层达到阴阳树脂彻底分离的目的（交叉污染均低于0.1%）。

(2) 阴树脂再生。树脂在分离塔中分离后，上部的阴树脂输送到阴再生塔进行擦洗再生。再生塔的进口装置采用支母管式结构，底部进水、出水；出树脂装置采用的是双速水嘴的结构。阳再生塔兼树脂储存塔的结构与阴再生塔类似，它的作用是将输送来的阳树脂进行擦洗再生。

(3) 酸、碱系统设备。其包括高位酸碱槽、酸碱计量箱、酸碱喷射器、酸雾吸收器以及系统内所有的管道、管件、阀门、管道支吊架及必需的附件（还包括设备本体的照明装置等），还包括测量仪表及其取样导管和仪表阀门等安装附件。

(4) 罗茨风机单元。其包括风机、消音器、风机入口过滤器及管道、管件、阀门、管道支架等。

(5) 冲洗水泵单元。其包括冲洗水泵及管道、管件、阀门、管道支架等。

四、汽轮机组凝结水精处理系统设备运行

（一）前置过滤器及混床系统

正常运行时，两台前置过滤器运行，无备用，当一台前置过滤器失效时，退出运行进入反洗程序；3台混床两台运行一台备用，当一台混床失效时，投运另一台混床并经再循环泵循环正洗至混床出水合格后投入运行。失效混床进入再生程序。前置过滤器运行到进出口压差达0.04MPa时，进入反洗程序。

1. 前置过滤器运行步骤

备用→升压→正洗→运行→失效→反洗。

2. 混床运行步骤

备用→升压→循环正洗→运行→失效→再生。

（二）凝结水精处理旁路阀的运行方式

凝结水精处理有两个旁路阀：一个是前置过滤器的旁路阀；另一个是混床的旁路阀。两个旁路阀开度均有3档，即0—50%—100%。正常运行时，两个旁路阀均关闭。

1. 前置过滤器旁路

机组启动初期，凝结水中含有大量的杂质、油类等物质，如含有这些物质的凝结水进入管式前置过滤器，将会给前置过滤器内的滤元造成不可恢复的破坏，使得滤元再也无法清洗干净，从而失去其原有的作用，故此时的凝结水经前置过滤器100%旁路，并排放，待凝结水进水总悬浮物在25μg/L以下时再投运前置过滤器。

凝结水进口母管水温超过50℃时，旁路阀自动100%打开，并关闭每个前置过滤器进出水门，凝结水100%通过旁路系统，保护前置过滤器和滤元不受损坏。

当前置过滤器系统旁路压差大于0.1MPa时，旁路阀打开，使100%凝结水通过旁路系统；前置过滤器进出口压差大于0.04MPa时，旁路阀打开，使50%凝结水通过旁路系统；另外，50%凝结水流量通过没有失效的前置过滤器，失效前置过滤器进行反洗操作。

2. 混床旁路

凝结水进水母管水温超过50℃或混床系统进、出口压差大于0.35MPa时，旁路阀自动100%打开，并关闭每个混床的进出水门，凝结水100%通过旁路系统，保护树脂和混床不受损坏。

在机组初投时，凝结水含铁量较高，当含铁量超过1000μg/L时，混床旁路阀开启，凝结水量100%通过旁路排放。待人工检查凝结水符合进水水质要求，凝结水方可进入精处理混床系统，待有两台混床处于正常投运状态时，才可完全关闭旁路阀。

当一台混床运行直到出水：Na^+＞2μg/L、SiO_2＞10μg/L、阳离子电导率（25℃）＞0.15μS/cm或制水流量累积达额定值，这些条件任意一个达到时，仪表盘上出现报警。先自动投运另外一台备用混床，再退出此混床。

（三）再生系统

失效树脂从混床底部经树脂管道送入分离塔，在分离塔中进行擦洗（除去树脂表面吸附的杂质）、反洗分层后，处于上层的阴树脂送到阴塔进行擦洗、进碱再生，位于下层的阳树脂送到阳塔进行擦洗、进酸再生，然后阴塔阴树脂送到阳塔与阳树脂进行混合，混合树脂冲洗合格后转入备用。体外再生大体步序：混床失效树脂送至分离塔→阳塔备用树脂送至混床→分离塔树脂擦洗、分离并送出→阴树脂再生→阳树脂再生→阴树脂送至阳塔→阴阳树脂混合漂洗备用。

第六节　冷却水处理系统

一、循环冷却水系统及主要设备

燃煤电厂冷却水系统分类：直流式、封闭循环式和敞开循环式。

（1）直流式冷却水系统是指冷却水只经过设备一次，用过后直接排放，由于汽轮机冷却水的用量很大，占燃煤发电厂用水量的90%以上，一般不用此方法。绝大多数电厂都采用循环冷却式，所以冷却水又叫循环水。

（2）封闭式循环冷却水系统是指冷却水在一个完全密闭的系统中不断地循环运行。在此系统中，冷却水在凝汽器中获得的热量通过一个表面式冷却器散发至大气中（称“干式冷却"或"空气冷却"），随后又重复使用。这种冷却系统的特点：冷却水不与空气接触，不受阳光照射，进行密闭循环，基本上不需补充水，此系统中，常采用加有缓蚀剂的除盐水作为冷却介质。

（3）敞开式循环冷却水系统是指在敞开式循环冷却水系统中，循环冷却水在凝汽器中获得的热量，直接在冷却塔或其他设备散发至大气中，失去热后再回至热交换器，重复其传递热量的过程。在水源水量比较紧张和天然水污染日趋严重的今日，此种系统应用最广。本节着重介绍敞开循环冷却水系统。

1. 循环冷却水系统的工艺流程

（1）基本工艺流程。用水泵（循环水泵）从循环水池（冷水塔下部）中将水抽出，送入汽轮机凝汽器以冷凝做功后的蒸汽，使循环水的温度升高到40℃左右，此高温水接着回到冷却水塔中部，分成若干支流，变成小水柱流下，经淋水盘溅成细小水滴成雨状流入下部水池中。在此淋洒过程中与冷却塔下部进入的冷空气形成对流，从而将水冷却。此低温水再送入凝汽器冷凝做功后的蒸汽，如此循环使用下去。循环冷却水系统示意图如图7-33所示。

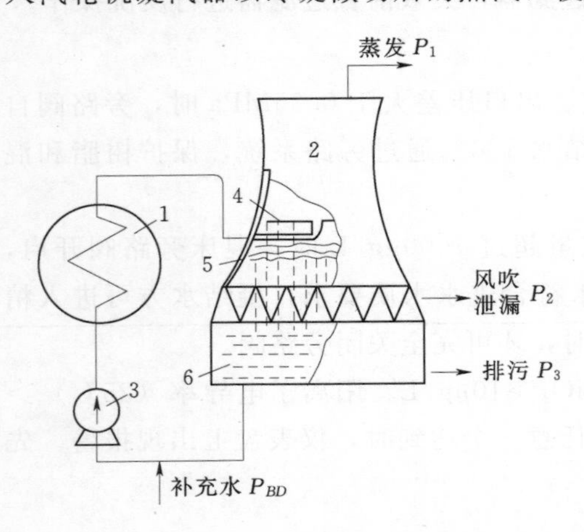

图7-33 循环冷却水系统示意图
1—凝汽器；2—冷水塔；3—循环泵；4—淋水盘；5—瓦隔板；6—循环水

循环冷却水在循环过程中是有损失的，有3个原因：第一，当高温循环水进入冷却塔后要有一部分水蒸发成水蒸气而跑掉，即蒸发损失；第二，风吹、飞溅和泄漏也要损失一部分水，即泄漏损失；第三，为了保持循环水的水质，不使其含盐量上升，必须进行排污，排去一部分含盐浓度大的水，即排污损失。循环冷却水系统应根据全厂水量、水质平衡确定排污量及浓缩倍率。浓缩倍率设计值一般宜为3～5倍。

（2）包含循环水排污水回用工艺流程。此工艺的基本特点是将部分循环水排污水用于电厂的脱硫使用；部分排污水经过滤器→弱酸树脂软化处理或石灰软化处理，然后回用到冷却塔中；软化后的水可以部分用于超滤→RO→除盐系统，然后用于锅炉的补充水系统，工艺流程简图如图7-34所示。此工艺的最大特点是利用循环水排污水，减少污水排放，节约新鲜补充水。

（3）背压—空冷循环冷却水基本工艺流程。部分抽气机组，将蒸汽抽出供工业热源使用，完全抽气时没有凝汽器，只有辅机和工业设备需要循环水进行冷却，一般选择玻璃钢冷却塔，基本工艺流程简图如图7-35所示。此系统特点：当蒸汽不能回收时，除盐系统设计处理量很大。空冷机组汽疏水在空冷塔中冷却。

2. 循环冷却水处理系统主要设备

（1）凝汽器。在燃煤电厂循环冷却水系统中，其换热设备为凝汽器。凝汽器是用水冷却汽轮机排汽的设备，燃煤电厂使用的主要是管式表面式凝汽器，凝汽器由壳体、管板、管子等组成，冷却水在管内流动，蒸汽在管外被凝结成水。凝汽器的壳体和管扳一般为碳

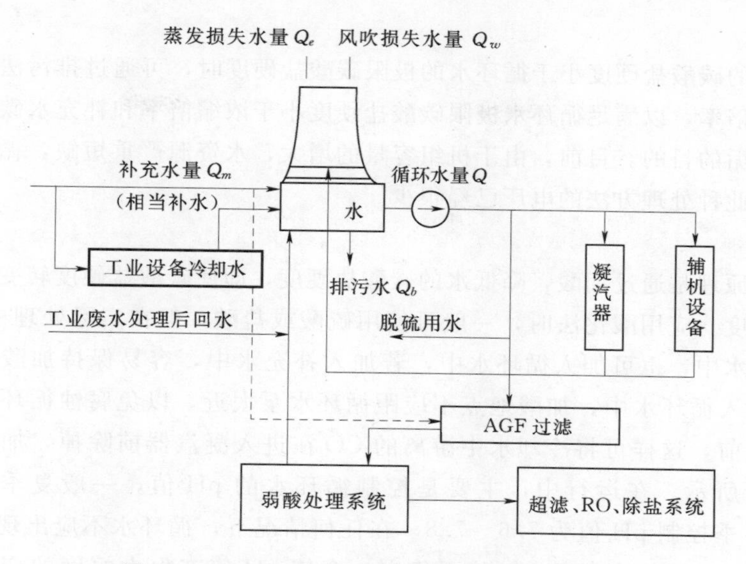

图 7-34　包含循环水排污水回用工艺流程简图

钢。管子为黄铜，铜管与管板的连接为胀接。

（2）冷却设备。冷却设备有喷淋冷却水池、机械通风冷却塔、自然通风冷却塔3种。第一种多用于小容量的燃煤发电机组，第二种多在占地面积小的燃煤电厂中使用。目前应用最多的是自然通风冷却塔。自然通风冷却塔一般为双曲线型。它由通风筒、配水系统、填料、捕水器和集水池组成。自然通风冷却塔是依靠塔内外的空气温度差所形成的压差来抽风的。因此，通风筒的外形和高度对气流的影响很大，风筒高度可达100m以上，直径可达60～80m。热的循环水送至冷却塔腰部，通过配水系统将水均匀地分布在塔的横截面上，然后进入填料层，以增加水与空气的接触面积和延长接触时间，从而增加水与空气的热交换。以往的填料多为水泥网格板，目前多为PVC制造的点波、斜波等膜式填料。被冷却的水，收集在冷却水池中，经沟道，重新引至循环水泵吸水井。

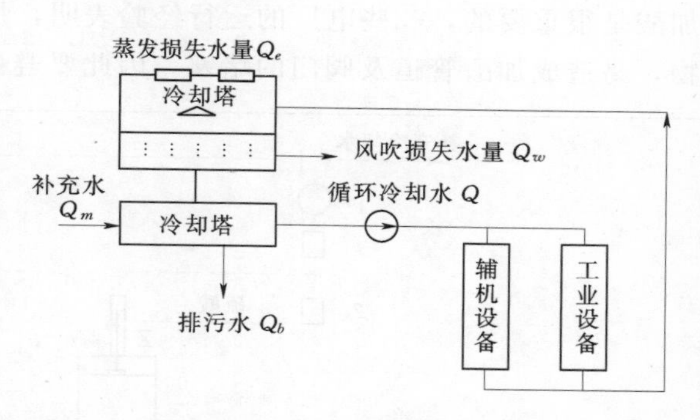

图 7-35　背压—空冷循环冷却水基本工艺流程简图

二、循环冷却水处理方法

热力发电厂中使用的冷却水，如果处理不好，会使凝汽器铜管结垢和产生有机附着物，影响汽轮机的出力。水质不好还会引起铜管腐蚀，甚至穿孔泄漏，使凝结水品质劣化，直接影响锅炉的安全运行，因此必须对循环冷却水及补充水进行处理，使其具备一定的品质。针对循环水来水水质处理方法如下。

（一）循环冷却水防垢处理

循环冷却水防垢处理方法，按处理场合，可分为以下几类。

1. 排污法

当补充水的碳酸盐硬度小于循环水的极限碳酸盐硬度时，可通过排污法来控制循环冷却系统的浓缩倍率，以满足循环水极限碳酸盐硬度小于浓缩倍率和补充水碳酸盐硬度的乘积，以达到防垢的目的。目前，由于机组容量的增大，水资源严重短缺，循环水防垢技术的发展，采用此种处理方法的电厂已经很少。

2. 酸化法

酸化法的原理是通过加酸，降低水的碳酸盐硬度，即使碳酸盐硬度转变为溶解度较大的非碳酸盐硬度。应用酸化法时，一般可使用硫酸或盐酸，但在实际处理中多使用硫酸。酸可加入补充水中，也可加人循环水中，若加入补充水中，容易保持加酸均匀，避免加酸过量；如加入循环水中，加酸地点不应距循环水泵太近，以免腐蚀循环水泵。加酸点一般在冷水塔前，这样可将冷却水中游离的CO在进入凝汽器前除掉，加酸处理工艺流程如图7-36所示。在运行中，主要是控制循环水的pH值，一般夏季控制pH值为7.2～7.4，冬季控制pH值为7.6～7.8。在任何情况下，循环水不应出现酚酞碱度，也不应使循环水的pH值小于7。加酸不稳定，会使pH值产生大幅度的变化，所以均匀加酸是很重要的，一些电厂的运行经验表明，加酸不稳定，要是工业硫酸中有很多沉淀物，易造成加酸管道及阀门的堵塞，因此要避免加酸量忽高忽低，采取防堵措施等。

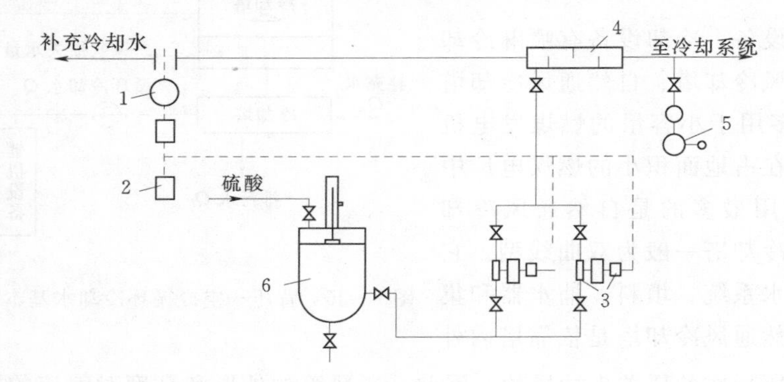

图7-36　加酸处理工艺流程

1—流量计；2—开关；3—加酸泵；4—混合式；5—pH值计；6—酸箱

3. 炉烟处理法

炉烟处理法主要分为利用炉烟中的CO_2或SO_2两大类。我国燃煤电厂从20世纪50年代开始应用炉烟处理法。此后，由于炉烟处理技术不断改进，采用炉烟处理循环水的电厂也在不断增加。在当时药剂缺乏的历史条件下，炉烟处理对防止凝汽器结垢起了一定的作用，但随着运行时间的增加炉烟处理存在的问题不断暴露，我国已无燃煤电厂再利用炉烟处理循环水了。

4. 稳定处理

为了防止凝汽器结垢，我国燃煤电厂开式循环冷却系统广泛使用水质稳定剂进行水处理，电厂常用的药剂类别有无机聚合磷酸盐、有机磷酸盐、聚氨酸类聚合物等。过去多采用添加单一药剂，现在则多采用复合配方。对于全有机配方其复配原则如下：

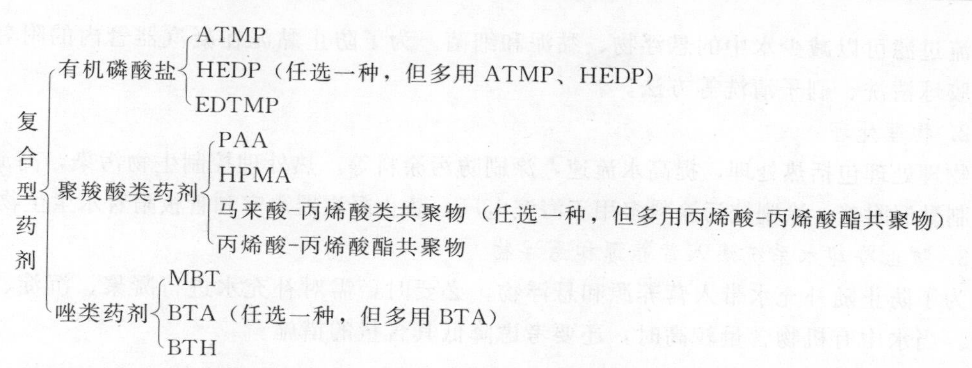

在复合配方中，除了阻垢、缓蚀的主成分，还有一些辅助成分。为了防止药剂对黄铜的侵蚀，在燃煤电厂应用的配方中，均加入BTA，添加量一般为1%，但也有高达3%的。有时，还需加入专用铜缓蚀剂。1992年国家颁布的排放标准要求$P<0.5$mg/L，此时复合配方中只能选用无磷或低磷药剂，如磺酸盐、PBTCA等。

5. 石灰处理法

石灰处理法常用在循环冷却水系统补给水处理中，石灰处理法适用于碳酸盐硬度较高的原水，该方法可除去水中的碳酸氢钙$Ca(HCO_3)_2$、碳酸氢镁$Mg(HCO_3)_2$和游离CO_2。其澄清池过滤系统为：生水泵→澄清池→过滤器→过滤箱→中继泵→冷水塔。

电子皮带秤是石灰加药的计量装置，皮带运转速度由直流调速电机控制，调节给料速度与给水流量的比例。为了使石灰处理水更为稳定，在补入循环冷却系统时，一般要进行辅助处理，以往多辅加硫酸，目前则添加稳定剂，补充水中稳定剂的含量一般保持在2mg/L，循外水的pH值为8.7±0.15。

6. 弱酸树脂离子交换或钠离子交换法

在缺水地区要求冷却水系统采用较高的浓缩倍率，以节约补充水量，此时可选用弱酸树脂离子交换或钠离子交换法处理补充水，弱酸树脂再生剂应根据药品供应情况、耗量等因素确定选用硫酸或盐酸。离子交换器运行参数可参照锅炉离子交换除盐系统设计。

7. 旁流处理

旁流处理就是抽取部分循环水，按要求进行处理后，再反送回系统的处理方法。一般在以下几种情况需要旁流处理。

（1）循环冷却水水质恶化，不能达到冷却水水质标准。

（2）使用二级处理后的废水，作为循环冷却水系统的补充水时。

（3）为了提高冷却系统的浓缩倍率，循环水中某一项或几项指标超标时。

目前，旁流处理工艺包括过滤法、膜分离法、化学沉淀软化法、离子交换法等各种水处理方法。

（二）冷却水的杀菌及其他生物处理

微生物通常可由两个途径进入冷却系统：一个途径是补给水带入，另一个途径是冷却用空气带入。微生物的种类很多，在冷却水系统中引起问题的微生物主要有3类：藻类、细菌和真菌。控制微生物的方法包括如下几种。

1. 机械处理

设置多种过滤设施，如拦污栅、活动滤网等，防止污染物进入系统；设置旁流处理，如旁流过滤可以减少水中的悬浮物、黏泥和细菌。为了防止黏泥在凝汽器管内的附着，可采用胶球清洗、刷子清洗等方法。

2. 物理处理

物理处理包括热处理，提高水流速，涂刷防污涂料等。热处理控制生物污染，高流速可以限制黏泥附着，涂刷抗污涂料多用于海滨电厂，防止凝汽器水室和管板附着水生生物。

3. 防止冷却水系统渗入营养源和悬浮物

为了防止随补充水带入营养源和悬浮物，必要时，需对补充水进行凝聚、沉淀、过滤处理。当水中有机物含量较高时，还要考虑降低其含量的措施。

4. 药剂处理

常用的氧化性杀菌剂有氯、臭氧和二氧化氯。根据机组容量、冷却方式及水质条件等因素，选择杀菌剂，杀菌剂药品应与阻垢剂、缓蚀剂不相互干扰。投加方式可采用间断加药法，对菌藻污染严重的水源，宜进行连续加药处理。加药点位置为循环水泵吸水井或循环水泵房取水口。次氯酸钠药品可采用外购药品方式，或采用电解食盐、电解海水方法获得。对于季节性加药时间较短的电厂，且循环水量较小时，可采用临时加药方式，不设加药设备。

三、循环冷却水系统日常运行监测、控制指标

1. 一般指标控制及监测频率

根据各电厂实际的具体情况制定，一般循环冷却水日常运行监测、控制指标见表7－8。

表7－8　循环冷却水日常运行监测、控制指标

指标名称	指标内容
加入药剂商品浓度/(mg/L)	依据具体药剂性能及实际具体运行控制方案执行
总磷含量（以 PO_4^{3-} 计）/(mg/L)	依据药剂中总磷、具体加药量、实际运行控制浓缩倍率确定
Ca^{2+}/(mg/L)	—
M碱度/(mmol/L)	自然运行时一般不做要求，但加酸时循环水中不宜小于6.0
pH值	自然运行时一般不做要求，但加酸时循环水中不宜低于8.6
浊度/(mg/L)	＜20
Cl^-/(mg/L)	
浓缩倍率 N	根据补充水水质、药剂性能指标等确定运行控制范围，一般应大于2
电导率/(μS/cm)	
异氧菌/(个/mL)	$<5\times10^5$
Ca^{2+}稳定度	0.9～1.0

上述指标均要求每日监测一次。在相应的浓缩倍率控制范围内循环水中应有适宜的药剂浓度，控制好循环冷却水的浓缩倍率，控制好循环水中的药剂浓度，对循环水系统管理是非常重要的。只有保证循环水系统在规定要求的浓缩倍率下运行，并保证循环水中具有稳定适宜的药剂浓度，才能确保循环水有良好的应用处理效果。

循环水水质控制应按《工业循环冷却水处理设计规范》（GB 50050—2017）标准的规定及《发电厂化学设计规范》（DL 5068—2014）标准的规定，敞开式循环冷却系统水质的

控制标准要求执行。

2. 循环水中微生物控制指标及监测频率

循环水中微生物控制指标及监测频率见表7-9。

表7-9 循环水中微生物控制指标及监测频率

监测项目	控制指标	监测频率
异氧菌	<5×10^5个/mL（平皿计数法）	1次/月
真菌	<10个/mL	1次/月
硫酸盐还原菌	<50个/mL	1次/月
铁细菌	<100个/mL	1次/月

当循环水中微生物超过上述指标时，特别是异氧菌超过上述指标时，必须进行杀菌处理。

四、电厂循环水异常情况的处理方法

电厂循环水在实际运行过程中会遇到许多异常情况，如发生下述问题参照如下方法进行处理。

1. 循环水流速对凝汽器铜管腐蚀的影响

近年，许多新建的电厂为了节约厂用电量，以及节约用水，一般在两个双曲线自然通风冷却塔循环水池之间设联络门，循环水泵出口设联络母管，使两个机组的循环水泵可根据机组运行的实际需要确定运行台数。夏季和春秋为两机组三泵运行，冬季一般采取单机组一泵运行。不同的季节，应根据循环水运行的实际情况，增加铜管内循环水的流速，并增加胶球清洗的次数，同时做好微生物杀菌的控制，方能够有效控制微生物腐蚀。

建议：在循环水流速较低时，可以采取定期提高循环水流速的方法来减少循环水中悬浮物在铜管内的沉积，应每半月或20d采取一次增加循环水泵，提高铜管内循环水流速，有条件时最好在增加流速的同时进行胶球清洗，但是一定要注意胶球投放的数量不应过少，从而达到有效清洁铜管的目的。当循环水中铜离子含量较高时或已经存在轻微腐蚀的铜管，可以在提高流速胶球清洗之后，采取适当加入铜缓蚀剂的方法保护铜管。

2. 循环水系统漏油异常情况处理

循环水系统有时会因为冷油器故障或检修而发生部分油进入循环水系统中，如果发现冷却塔水池表面有油污，并且油污量较大时，应采取清洗处理。

油污对循环水系统的影响，主要是油污容易在金属表面上吸附或黏附，一旦油污吸附在金属表面上从而容易吸附循环水中的悬浮物，容易导致污垢黏泥沉积，同时也容易形成微生物/细菌繁殖，产生污垢下或微生物腐蚀。油污膜严重影响换热效果，并且油污还为微生物繁殖提供营养源。

油污处理：一般应用专业的清洗药剂，应根据漏入的油源品种，选择适当的清洗药剂。当没有适宜的清洗药剂时，也可以采取如下方法处理：

向循环水中加入TX-10（辛基酚聚氧乙烯醚-10或壬基酚聚氧乙烯醚-10）或OP-10（十二烷基酚聚氧乙烯醚）15～25mg/L，然后再加入OP-4（烷基酚聚氧乙烯醚）8～12mg/L（用热水溶解后加入），有条件时可以再加入JFC渗透剂（脂肪醇环氧乙烷缩合物）5～8mg/L。一般可以得到较好的处理效果。

3. 胶球清洗的重要性

鉴于目前循环水系统的补充水水质以及循环水控制的实际情况，胶球系统的正常运行对凝汽器铜管腐蚀控制具有十分重要的作用。胶球的正常运行可以保证铜管表面清洁，可以使缓蚀剂在清洁铜管表面上形成良好的保护膜；同时可以减少污垢缝隙内 Cl^- 的迁移，减少微生物的繁殖，特别是硫酸盐还原菌的繁殖，进而减少铜管的腐蚀，特别是点蚀或微生物腐蚀形态。

五、循环冷却水系统运行与维护

1. 凝汽器铜管的清洗

（1）物理清洗。物理清洗是指通过物理的或机械的方法对冷却水系统或其设备进行清洗的一类清洗方法。常用的物理清洗方法有：捅刷、吹气、冲洗、反冲洗、胶球清洗、刮管器清洗、高压水射流清洗等。

1）捅刷。捅刷是指通过压缩空气或人工把冲杆、橡胶塞、尼龙刷等捅刷工具通入换热器管子内，以除去管内的沉积物或堵塞物。这种方法比较费工，常常作为其他清洗方法的预备工序，先除去一些大的沉积物或其他方法不易除去的沉积物和堵塞物。

2）吹气。吹气是把空气吹入换热器中，以破坏水的正常流动方式，促使换热器管壁上的沉积物松动或开裂。吹气清洗一般不影响冷却水系统的正常运行。

3）胶球清洗。胶球清洗是用比换热器管子内径稍大一些的海绵橡胶球（简称胶球），借助水流的压力进入换热管内，利用胶球的挤擦作用将附在管壁上的沉积物除去的一种清洗方法。

燃煤发电厂循环冷却水系统中的凝汽器，在生产运行过程中都要进行胶球清洗操作，所使用的胶球要用循环水浸泡 24h 以上，球在充分吸水后的密度应和所要清洗系统的循环水的密度相同，球的直径比凝汽器管内径大 1mm 左右。

凝汽器胶球连续清洗系统如图 7-37 所示，包括循环泵、装球室、分配器、胶球捕集器和回收器。

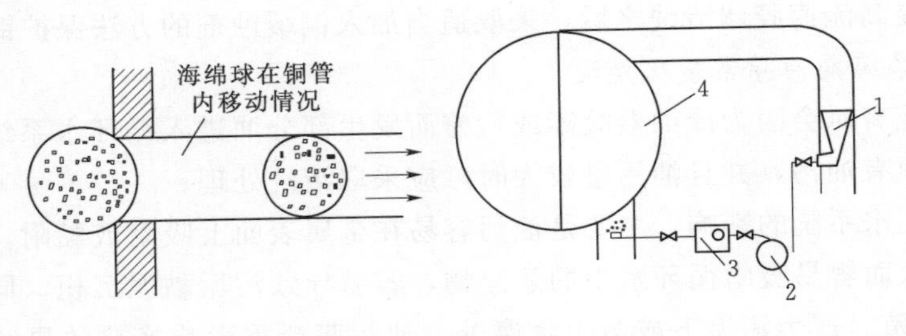

图 7-37 凝汽器胶球连续清洗系统

1—回收器；2—循环泵；3—加球室；4—凝汽器

胶球清洗的频率和用球量在不同的国家以及不同的电厂都不完全相同。使用中应根据凝汽器管内附着沉积物的种类以及沉积速度，通过试验定出合适的清洗频率和投球量。一般每台凝汽器所需胶球量为凝汽器管总数的 5%～10%。一次清洗每根管子平均通过 3～5 个球。每次投球清洗间隔时间应视具体情况通过试验而定，有的每星期一次，有的每天一次。

4）高压水射流清洗。高压水射流清洗技术是20世纪70年代迅速发展起来的一项新技术，就是以水为介质，通过高压水发生装置形成高压，再经过特制的喷嘴喷射出能量集中、速度很高的水射流，来完成对物体表面的去污除垢。

在电厂凝汽器管内壁有结垢，特别是软垢存在时，采用高压水射流清洗可达到较明显的清洗效果。高压水射流清洗技术有不污染环境、可局部清洗、成本低、操作简便等特点，但清洗效果还不能完全达到化学清洗的质量要求。

（2）化学清洗。化学清洗是通过化学药剂作用使被清洗设备中的沉积物溶解、疏松、脱落或剥离的一类清洗的方法。化学清洗常常与物理清洗互相配合或交替使用。随着清洗技术的发展，出现了许多化学清洗的方法，即使用不同的清洗剂和缓蚀剂，去清洗不同金属材质的换热器中不同的沉积物。现介绍冷却水系统酸洗中几种主要的酸清洗方法。

1）盐酸清洗。盐酸是一种强酸。酸洗时盐酸与水垢或金属的腐蚀产物生成金属氯化物。除了硅酸盐水垢外，盐酸对于各种水垢均有较高的溶解速度和溶解能力。盐酸酸洗的操作简便安全，清洗后设备的表面状态良好，清洗的成本较低。因此，在各种酸洗药剂中，盐酸仍居首位，由于氯离子对不锈钢材质容易引起点蚀和晶间腐蚀，甚至应力腐蚀破裂，所以不能用盐酸去清洗不锈钢设备。

盐酸酸洗液的浓度应根据被清洗设备中垢层厚度而定。一般在清洗电厂凝汽器时，多采用3％～5％的盐酸即可。为了防止或减轻盐酸酸洗时金属设备的腐蚀和氢脆，必须向盐酸溶液中加入一定量的高效的盐酸缓蚀剂，可供使用的缓蚀剂已有很多品种，如各种吡啶衍生物、硫脲及其衍生物、咪唑啉及其衍生物、有机胺类及胺-醛缩合物。在实际的酸洗操作时，可购买专门适用于各种金属的盐酸缓蚀剂商品。缓蚀剂在酸洗液中加入量一般为0.3％～0.5％。

2）硝酸清洗。浓硝酸是一种氧化性酸，化学清洗使用的则是稀硝酸。硝酸清洗主要用于清洗碳钢、不锈钢、铜、碳钢-不锈钢的组合件、焊接件设备。对某些特殊金属换热器如钛材料的凝汽器，在征得设备生产厂商的同意后，也可用硝酸进行垢及附着物的清洗。稀硝酸清洗液可用来除去腐蚀产物和碳酸盐水垢，对氧化铁也有较好的溶解能力。在加有某些缓蚀剂的稀硝酸中，碳钢、不锈钢、铜的腐蚀速度极低。

硝酸清洗具有水垢反应快、生成的硝酸盐在水中的溶解度大、操作简单、水垢清除完全等优点。垢层中难溶于硝酸的硫酸盐垢，如$CaSO_4$、$MgSO_4$和硅酸盐垢，随着大量的碳酸盐垢被溶解，变成了松散的残渣而自动脱落后被冲刷掉。硝酸清洗常温下无气味，施工方便，适用于盐酸不能应用的场合。

为了防止金属的腐蚀，在硝酸清洗时，在清洗液中要加入Lan-5或Lan-826等缓蚀剂，以保护被清洗的金属设备。Lan-5缓蚀剂是硝酸清洗剂中的优良缓蚀剂。

3）氨基磺酸清洗。氨基磺酸是固体清洗剂之一，在工业发达的国家中，它的应用已十分普遍。氨基磺酸主要用于较为贵重设备的化学清洗，如大型锅炉化学清洗不能采用盐酸，硝酸虽然也可以作清洗剂，但不易操作，而采用氨基磺酸是比较安全的。氨基磺酸具有低毒、无味、不挥发、污染性小以及对金属的腐蚀性小、不产生氢脆等许多优点。此外，氨基磺酸的储存、运输与使用都十分安全、方便，所以它越来越受到专业清洗人员的重视。

氨基磺酸是一种无机固体酸，化学式为NH_2SO_3H，分子量为97.09，斜方晶系片状结晶。氨基磺酸易溶于水，它对金属的腐蚀性很低，加水加热溶解后，易水解为酸式硫酸铵。氨基磺酸可与金属的氧化物、碳酸盐等反应，生成溶解度很大的氨基磺酸铁、氨基磺酸钙和氨基碳酸镁等化合物，故可用于清洗设备中的水垢和钢铁表面的铁锈。它对碳酸盐、硫酸盐、磷酸盐、氢氧化物等的溶解能力强，清洗效果好但它不能清除溶解硅酸盐垢。

与硫酸、盐酸溶液相比，氨基磺酸溶液对金属的腐蚀性要小得多。氨基磺酸适用于碳钢、高合金钢、不锈钢，黄铜、紫铜、铝等材料制成的设备的清洗。清洗液浓度一般可采用3%～5%，清洗液中加入金属缓蚀剂0.25%，也可同时加入少量的表面活性剂0.10%，温度控制在50℃左右。在清洗过程中，若氨基酸清洗液的pH值上升到3.5，说明清洗液中的氨基磺酸耗尽，不能去垢了，此时应补加药液。

氨基磺酸的缺点是价格偏高，清除铁锈的能力要差一些。为了提高清洗剂对铁锈的清洗效果，人们常采用氨基磺酸和柠檬酸的复合清洗剂。

2. 冷却水系统的腐蚀及控制

(1) 凝汽器铜管水侧的腐蚀形态。

1) 均匀腐蚀。均匀腐蚀又称全面腐蚀。其一般特点是腐蚀过程在金属的全部暴露表面上均匀地进行，在腐蚀过程中，金属逐渐变薄，最后被破坏。

对碳钢而言，均匀腐蚀主要发生在低pH值的酸性溶液中。例如，冷却水系统中的碳钢换热器用盐酸、硝酸或硫酸等无机酸进行化学清洗时，如果没有在这些酸中添加适当的缓蚀剂，则碳钢将发生明显的均匀腐蚀，又如，在加酸调节pH值的冷却水系统中，如果加酸过多，冷却水的pH值降低到很低时，碳钢的设备也将发生明显的均匀腐蚀。

铜及铜合金在水中的耐蚀性与其表面保护膜的完整性密切相关。铜及其合金在含盐量不高的冷却水中，其表面因腐蚀而形成具有双层结构的保护膜，即铜合金的自然氧化膜，由Cu_2O和Cu_2O-CuO两层组成，其中内层原生膜是铜合金直接被水氧化而成。

溶解氧是铜发生腐蚀的主要阴极去极化剂，随着溶解氧的浓度升高，铜的腐蚀速度开始急剧增大，当溶解氧继续增大时，铜的腐蚀速度反而下降，但无氧下的铜腐蚀速度最小。

铜的腐蚀速度与pH值有关，当pH值低于7时，随pH值降低，铜的腐蚀急剧上升；当pH值大于10时，铜的腐蚀随pH值升高而增大。铜耐腐蚀的最佳pH值范围为8.5～9.5。

2) 局部腐蚀。

a. 选择性腐蚀。选择性腐蚀又称选择性浸出，即指合金中的某一金属元素从固体金属中有选择地溶解除去并造成的腐蚀。冷却水系统中最常见的选择性腐蚀是电厂凝汽器中黄铜管的脱锌。

普通黄铜含锌约30%，铜约70%，黄铜脱锌现象很容易发现，因为此时黄铜从原来的黄色变为红色或铜的颜色。黄铜脱锌一般有两类：一类是均匀型或层状脱锌，另一类是局部型或塞状脱锌，均匀型脱锌似乎多发生于高锌黄铜，而且总是发生在酸性介质中；局部型脱锌似乎多发生于低锌黄铜和中性、碱性或微酸性介质中。对于冷却水，一般是在海水中容易产生均匀型脱锌，在淡水中容易产生局部型脱锌。

栓状脱锌与点蚀相似。栓状脱锌时，铜管内表面上有白色或浅蓝色凸起腐蚀产物，产物下是紫铜色。当铜表面有水垢时，凸起的腐蚀产物和水垢夹杂在一起，不易被发现，但当铜管表面清洗干净后，就会发现铜管表面有一些直径为1～2mm左右的紫铜点，有时有更大的紫铜斑块，这些紫铜栓塞有时会脱落，在铜管表面上形成小孔，造成泄漏。

促进黄铜脱锌的因素有：①在流速较低的水中易脱锌；②温度较高时易脱锌。当温度超过70℃时，砷抑制脱锌能力下降；③在金属表面有沉积物或渗透性附着物时，也易发生脱锌；④在含盐量较高的酸、碱性溶液中易脱锌；⑤合金中的杂质会促进脱锌。黄铜中的锰（Mn）会加速脱锌，有时镁（Mg）会使砷的抑制脱锌作用失效。

防止黄铜脱锌的主要措施有：①在黄铜合金中，添加微量砷、铝和锑等抑制剂，能有效地抑制黄铜脱锌，其中最有效的是砷。一般在黄铜中加0.02%～0.03%的砷，就可抑制脱锌腐蚀；②做好黄铜管投运前及投运时的维护工作，促使黄铜管表面形成良好的保护膜；③管内流速不应低于1m/s，保持铜管内表面清洁。

b. 坑点腐蚀。在铜管内表面出现一些点状或坑状的蚀坑。点蚀的直径一般为0.1～1.0mm，坑蚀直径一般为2～4mm。

在坑点内常充填有蓝色、白色或红色的粉状腐蚀产物，并在坑点上形成一凸起物。但有时坑点内并无充填物，坑点腐蚀大多能迅速穿透管壁，造成铜管泄漏。点蚀是由于铜管表面的保护膜局部遭到破坏所致，造成这种局部破坏的原因是多方面的，如管内附着有多孔的沉积物，铜管内表面有碳膜，水中氯化物增多及含有某些杂质，如H_2S等，均会引起铜管的点蚀。

氯离子是引起铜管发生点蚀的主要因素之一，因为它会破坏氧化铜保护膜的形成，其腐蚀产物氯化亚铜的水解产物又未被迅速去除，所以都会发生点蚀。在蚀点内部，铜、氯化亚铜和氧化亚铜同时存在，溶液的pH值为2.5～4.0，这样基底金属处于酸性条件下所产生的自催化作用，使金属逐渐被蚀透。

防止铜管点蚀的措施有：①在铜管制造过程中，采用有效的脱脂工艺，除去铜管表面的油脂，防止油脂在铜管退火时碳化形成碳膜。碳膜为阴极，运行中局部碳膜会脱落，裸露的金属表面成为阳极而腐蚀。铜管退火应采用在惰性气体中的光亮退火工艺；②做好黄铜管投运前及投运时的维护工作，促使黄铜管表面形成良好的保护膜；③做好冷却水的防垢防微生物处理，防止垢和黏泥在管壁上附着。通常，铜锌合金比铜镍合金更耐生物腐蚀；④铜管中水流速不应低于1m/s，采用胶球定期清洗，防止悬浮物沉积于管壁；⑤做好凝汽器停用时的保养工作。

c. 冲击腐蚀。冲击腐蚀的特征是在铜管内表面有连成片的高低不平的凹坑，凹坑呈马蹄形，一般无明显腐蚀产物，表面一般呈金黄色。将铜管纵向剖开，用低倍放大镜观察断面，就会发现凹坑具有与水流方向相对的方向性。

冲击腐蚀一般发生在凝汽器铜管入口端100～150mm的位置，由于该处冷却水呈湍流状态。当水流速过高，或水中悬浮物含量较高（特别是含砂量较高）及水中带有气泡时，都会破坏铜管表面的保护膜。当铜管表面保护膜被破坏时，破坏处为阳极，未破坏处为阴极，形成了腐蚀电池，从而引起铜管的损坏。

铝黄铜管易发生冲击腐蚀，当循环水含砂量较高时，入口端冲击腐蚀减薄速度可达0.1～0.2mm/a。

为了防止铜管的冲击腐蚀，可采用如下措施：①选用能形成高强度保护膜、耐冲击腐蚀的管材，如钛管、不锈钢管、铜镍合金管；②限制冷却水流速不超过2m/s，对铝黄铜管，悬浮物含量最好不超20mg/L；③在铜管入口端部安装尼龙套管，在入口端易发生冲击腐蚀的100～150mm以内的涡流区用尼龙套管遮住；④在铜管入口端涂防腐涂料，通常在对凝汽器管板用防腐涂料防腐的同时，对铜管的入口端一起刷涂；⑤改善水室结构，使水流不在管端形成急剧变化的湍流；⑥防止异物进入铜管，在铜管中的异物会造成局部流速过大，产生涡流等现象而破坏保护膜。

d. 晶间腐蚀。对铜管横断面进行金相检查时，可发现铜合金的晶界变粗。晶间腐蚀一般均伴随着有点蚀发生，而且在点蚀坑周围，晶间腐蚀较为突出，晶间腐蚀严重的铜管，机械强度明显降低，有时一折就断裂。

造成晶间腐蚀的因素是当HSN70－1A管和HIA177－2A管中所含的砷（As）或磷（P）超过了规定，就会由于砷或磷过饱和而使晶界受到选择性腐蚀。如果铜管中的杂质含量过高或合金配比不当，则会在晶界处形成第二相，使晶界成为阳极，从而造成晶间腐蚀。

防止铜管晶间腐蚀的措施：主要应保证铜合金的成分合理，杂质含量符合标准，加工符合要求，运行中防止沉积物聚积。

e. 缝隙腐蚀与垢下腐蚀。浸泡在腐蚀性介质中的金属表面，当其处在缝隙或其他的隐蔽区域时，常会发生强烈的局部腐蚀。这种腐蚀常和孔穴、垫片底面、搭接缝、表面沉积物、金属的腐蚀产物以及螺帽、铆钉下缝隙内积存的少量静止溶液有关。因此，这种腐蚀形态称为缝隙腐蚀，有时也称作垢下腐蚀、沉积物下腐蚀等。

产生缝隙腐蚀或垢下腐蚀的沉积物有：冷却水中的泥砂、尘埃、腐蚀产物、水垢、微生物黏泥和其他固体。沉积物的作用是屏蔽，在其下面形成缝隙，为液体不流动创造条件。一条缝隙要成为腐蚀的部位，必须宽到液体能流入，但又必须窄到能使进入缝隙的液体保持在静滞状态，故缝隙腐蚀通常发生在缝隙宽度为0.1～0.2mm的窄缝处。

循环冷却水系统中凝汽器金属传热表面上沉积物下金属的腐蚀可以看作缝隙腐蚀，即垢下腐蚀的一个实例，凡是耐蚀性依靠氧化膜或钝化膜的金属或合金，如B30白铜、不锈钢等，特别容易发生这类腐蚀。

3）腐蚀破裂。

a. 应力腐蚀破裂。铜管应力腐蚀破裂的特征是在铜管上产生纵向或横向裂纹，甚至裂开或断裂，裂纹的特征是沿晶裂开为主。

应力腐蚀破裂是敏感性材质在腐蚀性环境中受拉应力作用的结果。铜管的凝结水侧和冷却水侧都可能发生应力腐蚀破裂。产生这类腐蚀必须同时具备3个因素，即敏感性材质、腐蚀性环境和拉应力。拉应力可以在制造过程中产生，如铜管在冷加工时留下的残余应力；也可以在运输、安装过程中产生，如铜管磕、碰产生内应力；在安装时，拉及扭也会引起外加应力。另外，拉应力也可以在运行过程中产生，如当管子支撑板之间的间距过大时，由于自重及冷却水重量而使铜管下垂，气流冲击使铜管发生振动，冷却水温与排汽温度相差很大等都会产生应力。

引起黄铜开裂的主要杂质是氨、胺类及硫化物。在有溶解氧存在时，氨常引起黄铜的应力腐蚀破裂。

应力腐蚀破裂的发展可以分为3个阶段：①裂纹的形成。腐蚀对裂纹的最初形成起着主要的作用，常常可以发现，应力腐蚀的裂纹是从蚀孔底部开始的；②裂纹的扩展。在裂纹的前沿存在着高应力，而拉应力的作用对于撕裂保护膜十分重要，裂纹端部保护膜受到破坏而不能修复，使裂纹得以继续扩展；③断裂。裂纹扩展时，金属受力的截面积减小，单位截面上承受的拉应力增大，燃煤电厂表面式凝汽器的空气抽出区内，常有局部高浓度的氨和漏入的空气，刚好造成发生应力腐蚀破裂的环境。

海军黄铜是常用管材中对应力腐蚀破裂最为敏感的材料，其次是铝黄铜管。铜镍合金一般不易发生应力腐蚀破裂。不锈钢管在较高温度的开式循环冷却系统中，对应力腐蚀破裂也是敏感的。钛管不会发生应力腐蚀破裂。

要防止黄铜的应力腐蚀破裂，最好使黄铜管的残余应力值小于49kPa，若等于或超过196kPa，则为不合格，在有氨的条件下容易产生应力腐蚀破裂。在黄铜管搬运及安装时，应轻拿轻放，以防弯曲或扭曲，产生外加应力。在胀管时，应分区域胀接，以免由于部分管子胀接时伸长，而造成其他管子受力。在空抽区采用镍铜管也能减轻应力腐蚀破裂的发生。

b. 腐蚀疲劳。腐蚀疲劳主要是由于凝汽器管振动，铜管受交变应力作用而产生的腐蚀。铜管的振动引起铜管表面保护膜的局部损坏，在腐蚀介质的作用下，使铜管产生点蚀，甚至穿孔、断裂。此时，铜管产生横向裂纹，裂纹以穿晶为主。在铜管表面有时会出现一些针孔状的孔洞，孔洞周围无腐蚀产物。有时在铜管外侧还能发现铜管互相摩擦而减薄的迹象。

防止铜管腐蚀疲劳的主要措施：合理设计凝汽器隔板间距。根据理论计算，对于直径25mm×1mm的铜管，隔板间距不应超过1.29m。如迎汽侧的管子产生振动，则可在管束上采用插竹片或塑料夹等减振方法。

(2) 对凝汽器铜管的管理和维护。

1) 基建阶段。

a. 搬运。①当长途搬运凝汽器管时，应装箱（不得有明显变形），禁止用麻绳捆扎；②用汽车运输时，车身不能短于铜管，装卸时应使用起吊装置，起吊时每3m应有一个抓点；③短距离搬运时，不允许只在加力于铜管一点的情况下搬运、人工转移，每隔3m应有一个人，以免弯曲变形；④搬运铜管时，应轻拿轻放，不许摔、打、碰、撞。

b. 存放。①凝汽器管应有牌号和规格的标记，管材入库时，应按牌号分类存放，牌号不明者，应对管样化验，弄清牌号，严防掺杂混用；②凝汽器管应分类存放在固定支架上或专用包装箱内，并应保证凝汽器管平直；③储存管材时地点应干燥，相对湿度一般不高于50%，室内应有良好的通风，铜管的储放时间不宜过长，并应定期检查外观情况，避免出现锈斑；④必要时，应存放在棚子中，此棚子应防雨良好，不能有积水。在支架上的管材另外用防水帆布盖住，但苫布与管料间应支起，保证通风良好，不使局部湿度与温度过高。在此条件下存放，应尽量缩短存放时间。

c. 管材的验收。使用部门在验收管材时，对一些必要的复核项目应进行抽查检验，以免留下后患。必要时，用户可以抽检以下项目：①黄铜管和白铜管的供货状态多为软（M）或半硬（Y2），在内应力合格的前提下，以使用半硬状态管材为宜；②管材尺寸及允许偏差应符合我国冶金制定的有关标准；③管材内外表面应光滑、清洁、不应有裂纹、环状痕迹、针孔、起皮、气泡、粗拉道、斑点和凹坑等宏观缺陷，管材端部应切平整、无毛刺。管材内表面检查，对每批管材可任选5根，各取150mm的管段，沿纵向切成两半，测量壁厚并做内表面检查，如有问题，还应扩大检查，除进行肉眼观察外，还应按规定对至少5%的管子进行涡流探伤，发现有不合格者应扩大检查范围，再有不合格的管子应进行全面涡流探伤；④扩口试验及压扁试验，壁厚小于2.5mm的管材进行扩口和压扁试验，压扁试验压至内壁距等于管壁厚度为止，扩口试验用的顶心锥度为60°，扩口率为20%，试验结果不应产生裂纹；⑤检查管材的强度及韧性是否符合要求；⑥管材的内应力状态，铜管的内应力检查一般是由氨熏法进行。

d. 安装。①穿管前按0.2%的抽管检查铜管内应力，内应力不合格的铜管应在350℃退火2～4h，以消除应力；②将管板孔和凝汽器管端打磨干净，洗去油污和氧化物，用气焊的火焰对管端进行退火，穿管时防止凝汽器管受到牵拉和弯曲等附加应力，避免被穿孔或隔板划伤；③应使用胀管器进行胀管试验，铜管试胀合格后，方可正式胀管，不能过胀、欠胀，胀后铜管减薄为4%～6%，胀管深度一般应为管板厚度的75%～90%；④安装铜管时，不得使用临时人员或搞突击性穿管；⑤安装结束后，凝汽器中所有杂物应清除干净，由汽侧灌水检查严密性，重胀有渗漏的管子，确认无问题后，进行汽侧清理和冲洗，如果不立即启动，应放空存水，并进行适当的保养；⑥检查进入凝汽器的化学除盐水管和疏水管的安装位置，不应使水直接冲击凝汽器管，同时检查这些部位的挡板安装是否牢固。

2）运行阶段。

a. 启动阶段。①机组投产前应彻底清扫冷却水系统，确保冷却水沟道、管道及水塔内无异物，拦污栅完整，旋转滤网能有效地工作，以避免凝汽器管污堵；②凝汽器通冷却水前应上水找漏，通常在凝汽器汽侧灌除盐水至喉部（凝汽器顶排管上1m），观察管板是否有渗漏，如果用加有荧光剂的水做严密性试验，试验后必须将水排尽，并用除盐水冲洗，以保证给水纯度；③为了使铜管表面形成良好的自然氧化膜，投运初期应使用清洁水作为冷却水，并力争使冷却设备至少连续运行了两个月，冷却水的腐蚀性越强，连续运行对保护膜的形成越重要，但上述要求一般难以保证，所以凝汽器管应有成膜措施；④凝汽器启动时，所有相关装置，如防垢处理装置、加氯装置、加硫酸亚铁装置、胶球清洗装置等，均应能投入运行；⑤选择冷却水处理方案时，应考虑药剂对管材的影响，注意处理后冷却水含盐量和pH值的变化，当冷却水pH值在6以下或10以上时，铜合金表面难以形成保护膜或不能保持住保护膜；⑥投运前，虽已对冷却水系统和供水系统进行了清洗，但还不能完全排除异物进入凝汽器的可能性，所以投运初期，只要有机会就要对管子进行检查，除去堵塞物，这种检查要反复进行，直至确保管子无堵塞可能性为止。

b. 正常运行阶段。①维护好保护膜，使冷却水的pH值保持在一定范围（如7～9），尽量降低水中悬浮物和含砂量。采用成膜处理，应按要求进行运行中补膜；②杀菌灭藻，当水中微生物和有机物较高时，通常采用加氯处理，加氯还可防止管材和硫化氢起作用；③搞好防垢处理监控，保证铜管内无水垢沉积；④应采用胶球连续擦洗或反冲等方法，以保持铜管表面清洁；⑤水流速，运行中水流速必须控制在管材允许的水速范围内。

c. 停用阶段。停用时，滞留在铜管里的水会由于缺氧而使有机体产生氨和硫化物，以致损坏保护膜还有可能因氧的浓差而产生腐蚀。①停运3d以内，应放掉冷却水，打开人孔门自然通风干燥；②停运3d以上，无论如何都要排空、冲洗、干燥和保持敞开。

(3) 防止凝汽器铜管腐蚀的措施。

1) 添加铜缓蚀剂。

a. 巯基苯并噻唑，简称为MBT。巯基上的氢原子能在水溶液中游离出H^+，它的负离子能与铜离子结合生成十分稳定的络合物。巯基苯并噻唑的铜盐在水中几乎不溶解，在使用的pH值变化范围内，也很稳定。MBT和金属铜表面上的活性铜离子产生螯合物也可能与金属表面的氧化亚铜再发生化学吸附作用，在金属表面形成一层保护膜。这层保护膜十分致密和牢固，虽然厚度仅为几十埃，但对铜或合金基体具有良好的缓蚀效果。MBT的缓蚀作用与浓度有关。缓蚀作用在1～2mg/L有一个突跃，一般在2mg/L时，缓蚀率已很高。但是在$pH<7$的循环冷却水中，MBT的浓度至少为2mg/L才能使铜或铜合金得到保护。

b. 苯并三氮唑。苯并三氮唑是一种有效的铜和铜合金的缓蚀剂，一般认为它对铜的缓蚀作用，是由于它的负离子和亚铜离子形成了一种不溶性的稳定的络合物，这种络合物吸附在金属表面上，形成了一层稳定的和惰性的保护膜，这层保护膜很薄，其厚度虽仅为5nm，但在各种介质中仍然很稳定，从而使金属得到了保护。

2) 阴极保护。

a. 外加电流保护。阴极保护是借助于直流电流从被保护的金属周围的电解质中流入该金属，使金属的电位负移到指定的保护电位范围内，从而使该金属免遭腐蚀的一种保护方法。由于在通电过程中，被保护的金属成为阴极而得到保护，因此称为阴极保护，这种方法通常要求冷却水的电导率要高，否则保护范围小，保护效率低，因此多用于海水或苦咸水系统。

b. 牺牲阳极保护。牺牲阳极保护的原理是利用异金属接触产生电偶腐蚀，使被保护的金属的电位负移（阴极）得到保护，而保护的金属电位正移（阳极）而腐蚀。这种牺牲一种金属而保护另一种金属的方法叫牺牲阳极保护。与外加电流法相同，冷却水的电导率越高，保护范围大，保护效率也越高。

通常用锌合金作为牺牲阳极。在设计牺牲阳极保护时，应根据冷却水的含盐量、保护范围和阳极的寿命等因素综合考虑，避免阳极腐蚀过快，不能坚持一个检修周期（至少1年），也应避免阳极腐蚀过慢，起不到保护效果。

3) 硫酸亚铁造膜。硫酸亚铁是发电厂铜管凝汽器的冷却水系统中广泛采用的一种缓蚀剂。加有硫酸亚铁的冷却水通过凝汽器铜管时，使铜管内壁生成一层含有铁化合物的保护膜，从而防止冷却水对铜管的侵蚀。人们把它称为硫酸亚铁镀膜。硫酸亚铁成膜为棕色或黑色。大多数情况下，硫酸亚铁镀膜处理对防止凝汽器管的冲刷腐蚀、脱锌腐蚀和应力腐蚀均有明显的效果。在发电厂，凝汽器铜管的硫酸亚铁镀膜与胶球清洗相结合进行，镀膜均匀、致密，缓蚀效果好。

硫酸亚铁镀膜处理可分为一次成膜和运行中成膜两种方式。

a. 一次成膜处理。凝汽器新铜管投入运行前，先通冷却水，流速为1～2m/s，然后投胶球进行清洗，使铜管表面清洁，再加入硫酸亚铁，使冷却水中Fe^{2+}浓度维持在2～3mg/L，连续处理96～150h。处理过程中，每隔6～8h进行一次胶球清洗，每次30min，成膜过程中要间断排污和补加新鲜的硫酸亚铁药品，并用工业水调整保持水的pH值在6.5左右。

b. 运行中硫酸亚铁处理。凝汽器正常运行后，每天或每两天往冷却水中加一次硫酸亚铁，每次30～60min，硫酸亚铁加入量为1～2mg/L（按Fe^{2+}浓度计）。

4）提高冷却水的pH值。循环冷却水系统中控制腐蚀的第二种方法是提高冷却水的pH值或采用碱性冷却水处理。对碳钢来讲，随着水的pH值提高，水中氢离子浓度降低，金属腐蚀过程中氢离子去极化的阴极反应受到抑制，碳钢表面生成氧化性保护膜的倾向增大，故冷却水对碳钢的腐蚀性随pH值增加而降低。一般情况下，pH值升高到8.0～9.5时，碳钢腐蚀速率将降至接近0.125mm/a。

碱性冷却水处理是指将循环冷却水的运行pH值控制在大于7.0的冷却水处理。这种处理实际上包括了两大类：

a. 不加酸调节pH值的碱性冷却水处理。在循环冷却水运行过程中，人们不再向冷却水中加酸以调节pH值，而是让冷却水在冷却塔内曝气达到其自然平衡pH值，采用这种处理方式，冷却水的pH值大致为8.0～9.5。

b. 加酸调节pH值的碱性冷却水处理，这是指在循环冷却水运行过程中，向冷却水中加入酸（浓硫酸）以控制其pH值，使之保持在7.0～8.0之间的处理。由于pH值仍偏于碱性，故也归入碱性冷却水处理。

循环冷却水采用碱性处理可以使大多数金属腐蚀速率降低至最低点。为提高防腐效果，可以再少量加入适当的缓蚀剂即可；而阻垢可以由水质阻垢剂来达其目的，也可以只加入复合阻垢缓蚀剂达到防腐、防垢的要求。

5）选用耐蚀材料换热器。长期以来，经常使用一些耐蚀金属材料制成换热设备去控制冷却水系统中金属的腐蚀。对此类控制腐蚀方法的合理认识应是按照循环冷却水水质条件，选用合理的或适用的金属材料换热器，以便更好地控制金属在循环水中的腐蚀或将金属腐蚀速率降到更低，从而保证金属材料换热器乃至整个循环冷却水系统的安全稳定运行。

在燃煤发电厂循环冷却水处理过程中，要对循环水补充水水质进行全面分析，并按照系统设计，确定循环水处理工艺及水质概况，从而选定合适的凝汽器管材。凝汽器管材的合理选择，是今后做好凝汽器运行中防腐工作的首要任务，因为循环水中引起凝汽器管金属腐蚀的最主要的因素是含盐量和氯离子浓度。

6）用防腐涂料涂覆。在控制循环冷却水系统金属腐蚀的方法中，有时还采用一些性能优良的涂料去保护碳钢换热器管束、管板和水室等与冷却水接触的部位，以抑制冷却水引起的腐蚀。

在燃煤电厂循环冷却水系统中，在凝汽器运行使用过程中，有时循环水水中泥砂含量较高，或由于冷却水由凝汽器水室进入铜管入口时引起湍流等原因，可能会造成在铜管入口处内侧几厘米范围内发生不同程度的冲刷腐蚀。为此，可进行在铜管入口处10cm范围，采用环氧聚硫橡胶或其他防腐涂料进行涂覆，可以很有效地防止铜管的管口冲蚀。防腐涂料施工质量要合格并且不能过厚，以避免影响凝汽器清洗胶球通过管内。

对电厂凝汽器碳钢管板和水室碳钢材料的保护，也多在凝汽器安装后、投入运行前，用适宜的防腐涂料进行涂覆，可以有效地防止接触冷却水的碳钢部件的腐蚀。

第七节 电厂废水处理及回用系统

一、燃煤电厂废水排放

1. 燃煤电厂废水分类

燃煤电厂的主要排放废水包括灰场排水、工业废水和生活污水三大类。其中工业废水又分为经常性废水和非经常性废水。经常性废水是指一天中连续或间断性排放的废水，而非经常性废水是指定期检修或不定期发生的废水。表7-10为燃煤电厂废水种类。

表7-10 燃煤电厂废水种类

种类	废水名称	污染因子
经常性废水	生活、工业水预处理装置排水	SS
	锅炉补给水处理再生废水	pH值、SS、TDS
	凝结水精处理再生废水	pH值、SS、TDS、Fe、Cu等
	锅炉排污水	pH值、PO_4^{3-}
	取样装置排水	pH值、含盐量不定
	实验室排水	pH值与所用试剂有关
	主厂房地面及设备冲洗水	SS
	输煤系统冲洗煤场排水	SS
	烟气脱硫系统废液	pH值、SS、重金属、F^-
非经常性废水	锅炉化学清洗废水	pH值、油、COD、SS、重金属、F^-
	锅炉火侧清洗废水	pH值、SS
	空气预热器冲洗废水	pH值、COD、SS、Fe^{3+}
	除尘器冲洗水	pH值、COD、SS
	油区含油污水	SS、油、酚
	蓄电池冲洗废水	pH值
	停炉保护废水	NH_3、N_2H_4

2. 废水量和水质

燃煤电厂的工业废水水量和水质取决于机组容量、锅炉型式、化学水处理方式、锅炉酸洗方式、地区特点以及运行管理水平。表7-11列出了某2×660MW机组的废水排水量和水质，以供参考。

表 7-11 某 2×660MW 机组的废水排水量及水质

项目	废水名称	排水量	排水水质			备注
			pH 值	SS/(mg/L)	Fe^{3+}/(mg/L)	
经常性废水	锅炉补给水处理系统再生排水	450m³/d	2～12	200～500		每天
经常性废水	凝结水精处理装置再生排水	200～250m³/次	2～12	1～10	5～100	2～6d/次
经常性废水	循环水软化处理再生排水	100m³/h	<6	200～500		每天
非经常性废水	空气预热器清洗废水	6000m³/次	2～6	3000	500～5000	1～2 次/年
非经常性废水	除尘器冲洗水	100m³/次	3～5	3000	500～3000	4 次/年
非经常性废水	锅炉水侧化学清洗废水	6000m³/次	2～12	100～2000	50～6000	1 次/(4～6 年)
非经常性废水	锅炉火侧清洗废水	2000m³/次	2～6	3000	500～5000	1 次/年
含油污水	变压器坑隔油池排水	20m³/h	6～9	50	变压器油 500mg/L	不经常
含油污水	油库区隔油池排水	20m³/h	6～9	50	轻油 500mg/L	不经常
含油污水	主厂房地面冲洗水	45m³/d	6～9	150	油<10mg/L	可能有时会较大

二、燃煤电厂废水的处理与回用

目前，我国燃煤电厂大多具备工业废水、含油污水、生活污水处理等废水处理设施，并加大了对废水治理的力度，工业废水达标率大于 90%；灰水闭路循环电厂数量呈上升趋势，灰水回收率在 29%左右；浓浆除灰渣系统在增加，灰渣分除工艺在增加，灰场排水回收量也在增加。

燃煤电厂废水处理系统一般分为两大类：一类是电厂全部废水按其所含污染物的性质分类集中处理，然后排入水体或回用；另一类是废水分散处理后排入下水道或灰场（经灰场排放）。下面分别介绍燃煤电厂各类废水的处理方法以及目前燃煤电厂工业废水集中处理系统。

（一）灰场排水的处理

灰水是燃煤电厂的主要污染源之一，约占电厂总废水量的 50%～60%。根据我国的有关规定，冲灰废水首先应该考虑回收复用，经过经济技术评价适宜排放的才准排放。但不管是回收复用还是排放，都需要首先进行处理，以满足复用或排放要求。

冲灰废水处理的主要任务是降低悬浮物、调整 pH 值和去除砷、氟等有害物质。

1. 悬浮物超标的治理

冲灰水中的悬浮物主要是灰粒和微珠（包括漂珠和沉珠），去除灰粒和沉珠可通过沉淀的方法，去除漂珠可通过捕集或拦截的方法。

为使冲灰水中的灰粒充分沉淀，灰场（池）必须有足够大的容积，以保证灰水有足够的停留时间；为加速颗粒的沉降，还可以投加混凝剂。此外，为了提高沉降效率，还可以加装挡板，减少入口流速；用出水槽代替出水管以减小出水流速；在出口处安装下水堰、拦污栅等，防止灰粒流出。陕西某电厂在灰场竖井的周围堆放砾石，水经砾石过滤后从竖井流入再排出的措施，灰场排水悬浮物在 10mg/L 以下。

冲灰水中的漂珠密度小，漂浮在水面，一般采用捕集或拦截的方法去除。我国有的电厂采用虹吸竖井排灰场的水，也达到了拦截漂珠的目的。漂珠是一种具有多功能的原材料（如保温材料），在厂内或灰场收集漂珠，作为商品出售，既减少了外排灰水悬浮物的含量，又产生了经济效益，一举两得。

冲灰水经设计合理的灰场沉降后，澄清水即可返回电厂循环使用（为防止结垢，回水系统宜添加阻垢剂），也可以在确认达标的情况下直接排入天然水体。

2. pH 值超标的治理

灰渣中碱性氧化物含量高的电厂，灰水中所含游离氧化钙量也高。对于闭路循环系统，灰水的 pH 值和钙硬度在输灰管道内逐渐上升，导致管路结垢。如果不进行处理，将会影响电厂的正常运行。对于排入天然水体的灰水，pH 值必须满足国家相关的排放标准。

虽然大面积的灰场有利于灰水通过曝气降低 pH 值，但仅靠曝气往往还不够，电厂常用的解决灰水 pH 值超标的措施有炉烟（或纯 CO_2）处理、加酸处理、直流冷却排水稀释中和处理、灰场植物根茎的调质处理等。

（1）炉烟处理。利用炉烟中的碳氧化物（CO、CO_2）和硫氧化物（SO_2）降低灰水的碱度。该方法适用于游离氧化钙含量较低的灰水。

按炉烟的吸收方式不同，可以分为灰沟（池）布气法、吸收塔法以及纯 CO_2 法。

1）灰沟（池）布气法。灰沟布气法炉烟处理灰水工艺流程如图 7－38 所示，在灰沟（池）的底部安装布气装置（如穿孔管），用风机将除尘后的炉烟鼓入布气装置，在灰池内，炉烟中的 CO_2、SO_2 被灰水溶解吸收，这不仅降低了灰水的 pH 值，也减缓了灰管的结垢速度。鼓入的烟气量与粉煤灰的化学组成、灰水比、冲灰原水的水质有关，烟气与灰水的体积比一般控制在 3∶1～5∶1。经炉烟处理后，灰水在处理池出口的 pH 值可降低至 6.6 左右。在输灰管道中经过一段距离后，灰中游离的氧化钙进一步释放溶解，pH 值又会缓慢上升。该方法适用于灰水中游离氧化钙含量较低的水力输灰系统。

2）吸收塔法。吸收塔法炉烟处理灰水工艺流程如图 7－39 所示，它是利用冲灰水在吸收塔内吸收炉烟中的 CO_2、SO_2 变成酸性水，然后在调节中和池内与灰水混合，降低了 pH 值的灰水经灰浆泵送到灰场。

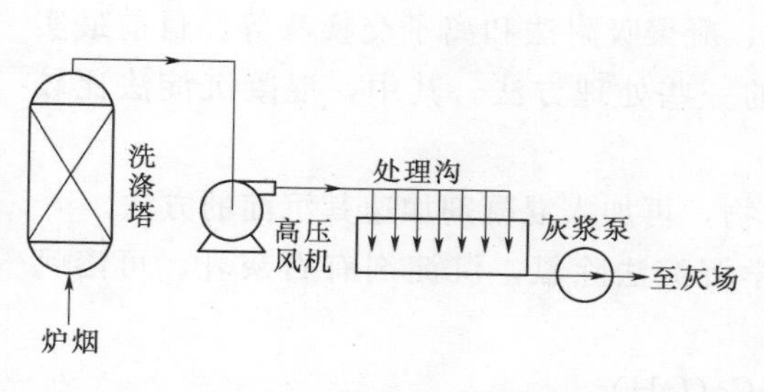

图 7－38　灰沟布气法炉烟处理灰水工艺流程图

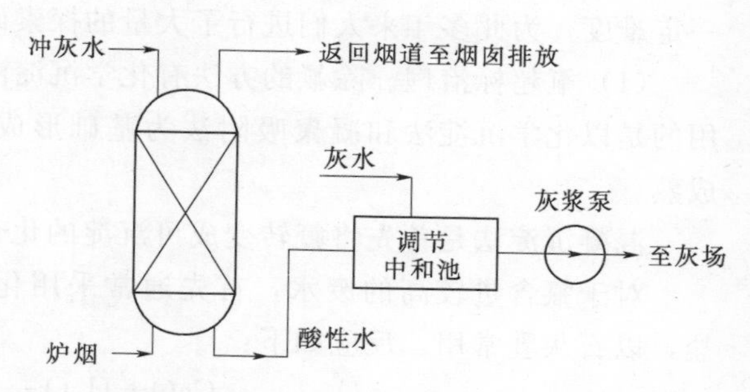

图 7－39　吸收塔法炉烟处理灰水工艺流程图

这种工艺的核心装置是吸收塔。炉烟从吸收塔下部引入，冲灰原水自塔顶喷淋而下，吸收烟气中的 SO_2，获得 pH 值较低的酸性水再去冲灰，达到中和灰水的碱度、降低灰水 pH 值和防治结垢的目的。采用这种方法的前提是炉烟中 SO_2 浓度较高，一般应大于 $4000mg/m^3$（标准状况下）。

3) 纯CO_2法。纯CO_2法就是使用商品CO_2（即纯净CO_2）中和处理灰水，在美国、日本使用得比较多。如美国 Lahadie 电厂（2000MW），用泵将灰池的出水输送到密苏里河，CO_2在泵入口处加入，与灰水混合，再流经长度 0.8km 的出水管，灰管出水 pH 值合格。

(2) 加酸处理。这是一种处理工艺简单的方法。一般可采用工业盐酸、硫酸或邻近工厂的废酸，加酸量以控制灰水 pH 值在 8.5 左右为宜。如在灰场排水口加酸，需中和灰水中全部OH^-碱度和$1/2CO_3^{2-}$碱度；如在灰浆泵入口处加酸，除中和上述碱度外，还需中和灰中的部分游离 CaO。实践证明，加酸点设在灰场排水口较好，不仅用酸量少，而且便于控制。在灰浆泵入口加酸，不仅加酸量大，还有可能造成灰浆泵腐蚀。另外，灰场排水口的 pH 值较难控制，因为游离 CaO 在输灰沿程不断溶解。

加酸处理灰水的缺点是除需要消耗大量的盐酸或硫酸外，还将增加灰水中SO_4^{2-}或Cl^-的浓度，增加水体的含盐量，从另一方面对水体造成不利影响。

(3) 直流冷却排水稀释中和处理。燃煤电厂直流冷却水大都取自天然水体，作为冷却介质通过凝汽器后又排入原水体，前后水质基本无变化。天然水含有各种碳酸化合物，控制着水的 pH 值（一般在 6.5～8.5 之间），并对酸碱有缓冲作用。当直流冷却排水量为冲灰水的 50～100 倍（灰水比以 1∶20～1∶10 计），就有足够的水量中和灰水的碱度，降低灰水的 pH 值。

该方法具有较好的经济性，但对个别灰水重金属、砷等超标的电厂，不宜采用此技术，建议采用灰水闭路循环处理。

(4) 灰场植物根茎的调质处理。灰场上种植植被不仅可以防止灰场扬尘，而且可以对灰水进行调质。

3. 其他有害物质的治理

煤是一种构成复杂的矿物质，当其燃烧时，煤中的一些有害物质——氟、砷以及某些重金属元素，就会以不同的形式释放出来，并有相当一部分进入灰水。

燃煤电厂含氟、含砷废水具有水量大，氟、砷浓度低等特点。这些使得灰水除氟具有一定难度，为此多年来人们进行了大量的探索研究工作。

(1) 氟超标治理。除氟的方法有化学沉淀法、凝聚吸附法和离子交换法等。目前最实用的是以化学沉淀法和凝聚吸附法为基础形成的一些处理方法。其中，混凝沉淀法比较成熟。

混凝沉淀法是首先将氟转变成可沉淀的化合物，再加入混凝剂加速其沉淀的方法。

对于氟含量较高的废水，首先通常采用化学沉淀法除氟，沉淀剂有石灰乳、可溶钙盐，以石灰乳常用。反应如下：

$$CaO + H_2O \longrightarrow Ca(OH)_2$$

$$Ca(OH)_2 \longrightarrow Ca^{2+} + 2OH^-$$

$$Ca^{2+} + 2F^- \longrightarrow CaF_2 \downarrow$$

采用石灰沉淀法处理含氟废水，从理论上分析，在 pH＝11 时，氟的最高溶解度是 7.8mg/L，满足工业废水排放标准（$[F^-] < 10mg/L$）的要求。但实际上，水中残余F^-的浓度往往达到 20～30mg/L，这可能是由于在 CaO 颗粒表面上很快生成的CaF_2使 CaO

的利用率降低，而且刚生成的CaF_2为胶体状沉淀，很难靠自身沉降达到分离的目的。因此，可对经石灰乳或可溶性钙盐沉淀处理后的澄清水进一步进行混凝处理，将水中的F^-浓度降至10mg/L以下。

常用的混凝剂有硫酸铝、聚合铝、硫酸亚铁等。经研究表明，在灰水F^-浓度为10～30mg/L时，硫酸铝投量为200～400mg/L，最佳pH值范围为6.5～7.5，除氟容量为30～50mg/g。

研究还表明，采用弱酸阳树脂降低灰水含氟量，虽然可以使之降至排放标准以下，但由于设备投资和运行费用都较高，在经济和运行管理上都无法接受。

(2) 砷超标的治理。灰水除砷的方法有铁共沉淀法、硫化物沉淀法、石灰法等。

铁共沉淀法是将铁盐加入废水中，形成氢氧化铁$Fe(OH)_3$，$Fe(OH)_3$是一种胶体，在沉淀过程中能吸附砷共沉。这种利用胶体吸附特性除去溶液中其他杂质的过程称为共沉淀法净化。铁共沉淀法中需要通过调节酸度和添加混凝剂促进沉淀，然后将沉淀分离出来使出水澄清。这种方法的效率与微量元素的浓度、铁的剂量、废水的pH值、流量和成分等因素有关，特别对pH值较为敏感，该方法不仅可以有效地去除灰水中的砷，对清除灰水中的亚硒酸盐也有较好的效果。

石灰法一般用于处理含砷量较高的酸性废水，对含砷量低的灰水不太适宜。

4. 灰水闭路循环处理

灰水闭路循环（或称灰水再循环）是将灰水经灰场或浓缩沉淀池澄清后，再返回冲灰系统重复利用的一种冲灰水系统。灰水闭路循环不但是一种节水的运行方式，而且可以同时控制多种污染物。

首先，灰水闭路循环经沉淀可去除大部分灰粒，澄清后的水可以循环使用，完全没有外排灰水。其次，在水力冲灰闭路循环系统中，由于灰渣中氧化钙的不断溶出，灰水中存在一定浓度的钙离子，这些钙离子可与灰水中的氟和砷反应，生成CaF_2、$Ca_3(AsO_4)_2$、$Ca_3(AsO_3)_2$或$Ca_3(AsO_2)_2$等溶解度很小的物质，从灰水中沉淀分离出来。最后，经过一段时间的运行，不断补充进来的钙离子与氟和砷的反应达到平衡状态，使其浓度不再上升。如系统中平衡浓度过高，可从中抽出一部分灰水专门进行除氟、除砷处理后，再返回系统或排走。

需要指出的是，闭路循环系统中的灰水具有明显的生成$CaCO_3$垢的倾向。应根据粉煤灰中游离钙的含量、冲灰水的水质以及除尘、除灰工艺等因素，采取相应的防垢措施。在灰水系统中添加阻垢剂是比较常用的方法。

如图7-40所示为某电厂灰水闭路循环系统，它采用了灰浆浓缩、高浓度输灰的工艺。这种工艺的最大优点是节水，送往灰场的水量很小，靠灰场自然蒸发平衡，不会产生溢流水。同时，水循环管道比由灰场返回距离短得多，有利于解决结垢的问题。目前我国大多数燃煤电厂使用厂内闭路循环冲灰系统。

（二）化学除盐系统酸碱废水处理

化学除盐系统的酸碱废水具有较强的腐蚀性，并含有悬浮物和有机、无机等杂质，一般不与其他类别的废水混合处理。处理该类废水的目的是要求处理后的pH值在6～9之间，并使杂质的含量减少，满足排放标准。

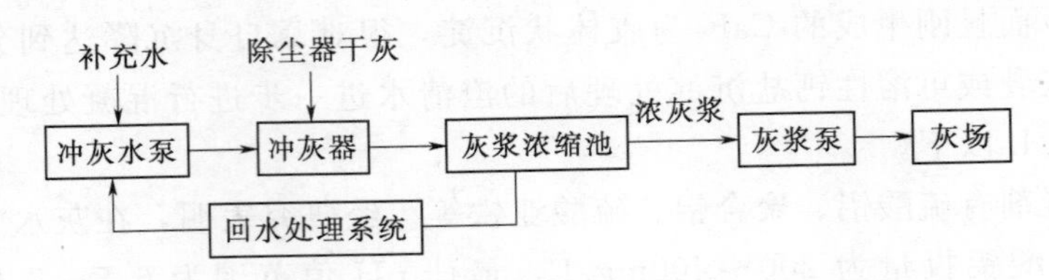

图 7-40 某电厂灰水闭路循环系统

处理酸碱废水的主要方法是中和法。对于排放量极少的酸碱废水，也可以采用稀释法。另外，还可以采用弱酸树脂处理工艺，但这种方法投资大，应用得很少。

1. 中和法

将酸碱废水直接排入中和池，用压缩空气或排水泵循环搅拌，并补充酸或碱，将 pH 值调整到 6～9 范围内排放。

中和系统由中和池、搅拌装置、排水泵、加酸加碱装置、pH 值计等组成。中和池也称作 pH 值调整池，大都是水泥构筑物，内衬防腐层，容积大于 1～2 次再生废液总量。搅拌装置位于池内，一般为叶轮、多孔管。排水泵主要作用是排放中和后合格的废水，兼作循环搅拌。加碱加酸装置的作用是向中和池补加酸或碱，以弥补酸碱废水相互中和不足的酸、碱量。

一般酸性废水的总酸量大于碱性废水的总碱量，混合后 pH 值偏低，可用以下两种方法解决此问题：①向中和池投加碱性药剂（如 NaOH 或 CaO）；②将中和后的弱酸性废水排入冲灰系统。

2. 稀释法

将再生废水排至蓄水池，利用回收水或污水将再生废水稀释至排放浓度。这种方法仅用于小容量酸碱废水。

3. 弱酸树脂处理

这种处理方式是将酸性废水和碱性废水交替通过弱酸离子交换树脂，当废酸液通过弱酸树脂时，它就转为 H 型，除去废液中的酸；当废碱液通过时，弱酸树脂将 H^+ 放出，中和废液中的碱性物质，树脂本身转变为盐型。通过反复交替处理，不需要还原再生。反应方程如下：

酸性废水通过树脂层：

$$H^+ + RCOOM \longrightarrow RCOOH + M^+$$

碱性废水通过树脂层：

$$MOH + RCOOH \longrightarrow RCOOM + H_2O$$

其中 M^+ 代表碱性废水中的阳离子。

弱酸阳树脂处理废水具有占地面积小、处理后水质好等优点，但因投资大，故很少采用。

（三）锅炉化学清洗和停炉保护废液的处理

锅炉启动前的化学清洗和定期清洗，以及停炉保护的排放废液属于不定期排放。特点是废液量大、有害物质浓度高、排放时间短，因此一般需设置专门的储存池，针对不同的清洗废液，采用不同的处理方法。储存时酸洗废液与钝化废液有时需分开存放，尤其是亚硝酸钠，遇酸能转变成不稳定的亚硝酸，分解产生氮氧化物，污染大气。

锅炉化学清洗废液的处理有下面几种方法。

1. 焚烧法

焚烧法又称炉内焚烧法，可用于处理有机酸清洗废液。处理原理是：在炉内高温条件下，废水中的有机物分解为 H_2O 和 CO_2。重金属离子变成金属氧化物，约 90%沉积在灰渣中，约 10%随烟气进入大气，一般能符合排放标准。但对一些卤素化合物、硫化物、氮化物，有时会产生有害物质，需加以控制。

焚烧设备比较简单，投资和运行费用也不高，是一种安全、简单、经济的处理锅炉清洗废液的流程，国外应用较为广泛。

2. 化学氧化法

(1) 盐酸清洗废液的处理。盐酸清洗废液中 COD 的主要成分是铜离子掩蔽剂［硫脲 $(NH_2)_2CS$ 等］和抑制剂（主要成分：有机胺 $R-NH_2$ 等）。以硫脲中的 S^{2-} 为例，氧化反应如下：

$$2S^{2-}+2H_2O_2+2NaOH \longrightarrow Na_2S_2O_3+3H_2O$$

$$Na_2S_2O_3+2H_2O_2+2NaOH \longrightarrow 2Na_2SO_4+5H_2O$$

最终产物为硫酸钠。

盐酸清洗废液氧化处理系统如图 7-41 所示。处理步骤如下。

1) 向废水中添加 NaOH 或 $Ca(OH)_2$，调节 pH 值至 10～12。

2) 向 1 号池添加凝聚剂，并加入空气进行搅拌，使 Fe^{2+} 氧化成 Fe^{3+}，形成 $Fe(OH)_3$ 沉淀后随淤泥排出。

3) 将 1 号池的清液抽至 2 号池中，再向 2 号池中添加 COD 去除剂（A）（主要成分：H_2O_2 或 NaOCl 等），可将废液中的 COD 由 40000mg/L 降低到 100mg/L。

4) 经 COD 去除剂（A）处理后的废水，再添加 COD 去除剂（B）［主要成分为过硫铵 $(NH_4)_2S_2O_3$ 等］，经 2h 搅拌处理后降到 10mg/L。

5) 添加 HCl，调整 pH 值至合格排放。

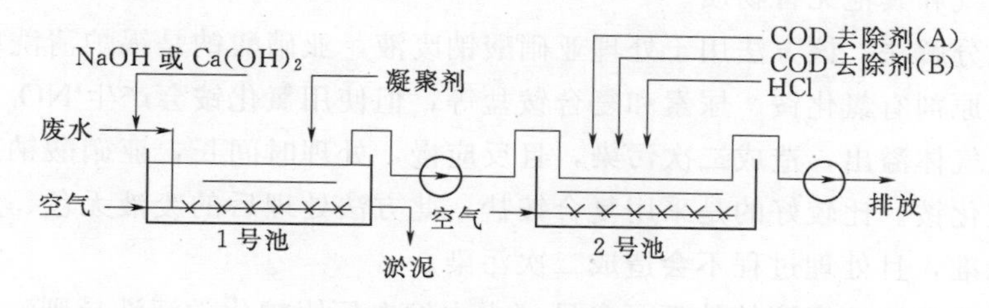

图 7-41　盐酸清洗废液氧化处理系统

(2) 有机酸清洗废液的处理。清洗锅炉时使用的有机酸大多为多羟基羧酸，其羟基的螯合作用对废液处理中的凝聚、沉淀、脱色过程有不良影响。有机酸清洗废液处理系统如图 7-42 所示。

其处理步骤如下。

1) 将废液储存在 1 号池中，加入 COD 去除剂（A），并注意控制药品的添加速度、

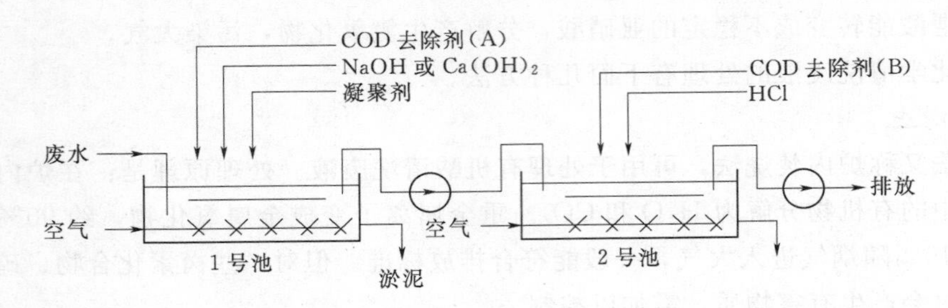

图 7-42　有机酸清洗废液处理系统

温度和 pH 值。

2）添加 NaOH 或 $Ca(OH)_2$，调整 pH 值至 10～12。

3）添加凝聚剂，反应沉淀后，1 号池上部清液的 COD 由 60000mg/L 降低到 300mg/L。

4）将 1 号池上部清液打至 2 号池中，再添加 COD 去除剂（B），排出液的 COD 在 100mg/L 以下。

5）加 HCl，调整 pH 值达标后排放。

3. 吸附法

清洗废液中的 COD 可用活性炭或煤灰吸附除去。用活性炭吸附成本高，且对高浓度废液的处理效果较差，故一般作为其他方法的补充处理。煤灰对铁、铜、锌的盐类、氟化物、联氨、有机酸、铵盐以及亚硝酸盐等有很高的吸附能力，因此可以将酸洗废水送入除灰系统和灰场进行处理。

4. 分解法

（1）次氯酸钠（钙）分解法。这种方法用于处理联氨废液。联氨是锅炉清洗中使用的添加剂和钝化剂。用次氯酸钠（钙）氧化联氨，分解产生氮气和水。处理后联氨的残留量约为 1mg/L，生成的氯化铵盐类是有毒物质。

（2）高温分解法。这也是处理联氨废液的一种方法。加热联氨废液至 204～426℃，使联氨分解成氮气和其他无害物质。

（3）还原分解法。该方法用于处理亚硝酸钠废液，亚硝酸钠是锅炉清洗中使用的钝化剂。使用的还原剂有氯化铵、尿素和复合铵盐等，但使用氯化铵会产生 NO_2，在实际操作中有大量黄色气体溢出，造成二次污染，且反应慢，处理时间长，亚硝酸钠残留量大，因此较少采用氯化铵。比较好的是采用复合铵盐，此方法处理后的废液无色、无味，符合我国废水排放标准，且处理过程不会造成二次污染。

有关锅炉化学清洗废液的处理可参见《火力发电厂锅炉化学清洗导则》（DL/T 794—2012）。

（四）烟气脱硫废水的处理

脱硫废水含有的污染物种类多，是燃煤电厂各种排水中处理项目最多的特殊排水。主要处理项目有 pH 值、悬浮物（SS）、氟化物、重金属、COD 等。对不同组分的去除原理分别是：

（1）重金属离子——化学沉淀。

(2) 悬浮物——混凝沉淀。

(3) 还原性无机物——曝气氧化、絮凝体吸附和沉淀。

(4) 氟化物——生成氟化钙沉淀。

目前,国内一般采用两种方式处置烟气脱硫系统产生的废水:①将烟气脱硫系统产生的废水送入水力除灰系统,利用灰浆的碱度中和废水的酸度,并利用灰浆颗粒吸附废水的有害物质;②单独设置一套废水处理装置,处理后的废水达标排放或另作它用。此外,还有将脱硫废水喷洒在煤粉上,随煤送入锅炉燃烧。这里仅对脱硫废水单独处理系统作介绍。这种系统的处理工艺分为废水处理和污泥浓缩两大部分,其中废水处理工艺由中和、化学沉淀、混凝澄清工序组成。

1. 中和

中和就是向废水中加入碱化剂(又称中和剂),将废水的 pH 值提高至 6~9,使重金属(如锌、铜、镍等)离子生成氢氧化物沉淀。常用的中和剂有石灰、石灰石、苛性钠、碳酸钠等,其中石灰来源广泛、价格低且效果好,应用最广泛,此外,石灰中和剂除有提高 pH 值和沉淀重金属的作用外,还具有以下作用。

(1) 凝聚沉淀废水中的悬浮杂质。

(2) 去除部分 COD。脱硫废水中的 COD 大部分来源于二价铁盐或以 S_2O_6 为主体的硫化物,其比例依煤种、脱硫装置类型及运行条件的不同而有较大差异。对于 Fe^{2+},将 pH 值调整到 8~10,即可在空气中氧化,生成氢氧化铁沉淀,将浓度降到 1mg/L 以下。

(3) 除氟除砷,因为石灰能与氟反应生成 CaF_2 沉淀,与砷反应生成 $Ca(AsO_3)_2$、$Ca(AsO_4)_2$ 沉淀。

2. 化学沉淀

采用氢氧化物和硫化物沉淀法处理脱硫废水,可同时去除以下污染物质:①重金属离子(如汞、镉、铅、锌、镍、铜等);②碱土金属(如钙和镁);③某些非金属(如氟、砷等)。常用的药剂有石灰、硫化钠(Na_2S)和有机硫化物(简称有机硫)等。

实际操作时废水的 pH 值为 8~9;金属硫化物是比氢氧化物有更小溶解度的难溶沉淀物,且随 pH 值的升高,溶解度呈下降趋势。氢氧化物和硫化物的沉淀对重金属的去除范围广,对脱离废水所含重金属均适用,且去除效率较高。

3. 混凝澄清处理

经化学沉淀处理后的废水中仍含有许多微小而分散的悬浮物(包括未沉淀的重金属的氢氧化物和硫化物)和胶体,必须加入混凝剂和助凝剂,使之凝聚成大颗粒而沉降下来。常用的混凝剂有硫酸铝、聚合氯化铝、三氯化铁、硫酸亚铁等,常用的助凝剂有石灰和高分子絮凝剂等,如聚丙烯酰胺。

如图 7-43 所示为某电厂脱硫废水处理工艺流程。该处理系统主要由 3 个部分组成:①$Ca(OH)_2$ 中和;②$Ca(OH)_2$、有机硫化物、$FeClSO_4$ 絮凝;③沉淀。

脱硫废水首先进入中和槽,加入含固量为 7% 的 $Ca(OH)_2$ 乳液,将脱硫废水的 pH 值调整至 6~7,同时部分重金属将生成氢氧化物沉淀,氟生成 CaF_2 沉淀。槽内安装搅拌器,加速中和反应。沉淀池底部部分污泥作为接触污泥回流至中和槽,以提供沉淀所需的晶核。废水在中和槽的停留时间不少于 1h。

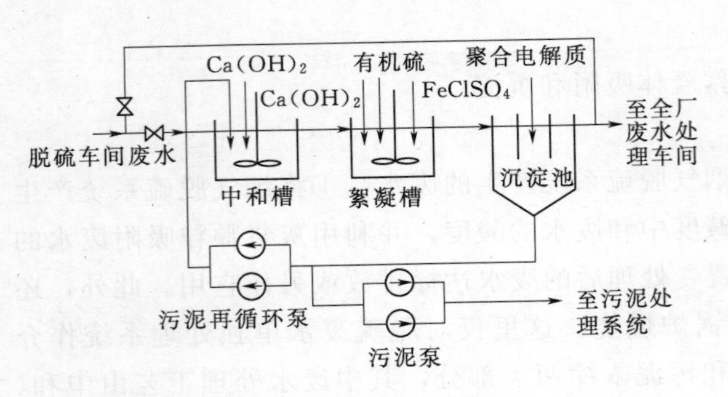

图 7-43 某电厂脱硫废水处理工艺流程图

在絮凝槽中，分别加入 $Ca(OH)_2$、有机硫化物、$FeClSO_4$ 等药剂。3 种药剂的作用分别是：$Ca(OH)_2$ 将废水的 pH 值进一步提高到 8～9；有机硫化物沉淀不能以氢氧化物沉淀的重金属；絮凝剂 $FeClSO_4$ 促使重金属氢氧化物、悬浮物和胶体沉积。絮凝槽内设置有搅拌装置，废水在槽中的停留时间至少为 1h。

絮凝槽上部清水溢流进入重力沉淀池，在中心混合管内加入聚合电解质，强化颗粒的长大过程，促进细小的氢氧化物和硫化物的沉淀颗粒变成絮凝沉淀。槽底污泥一部分由污泥再循环泵送入中和槽，其余由污泥泵送至污泥处理系统脱水。

如脱硫废水中存在 Cl^-，还可通过反渗透等膜技术进行处理。

（五）煤场及输煤系统排水的处理

煤场排水中悬浮固体（SS）、pH 值、重金属的含量都可能超标。目前处理含煤废水流程主要有以下两种。

(1) 混凝、沉淀、过滤工艺流程如图 7-44 所示。

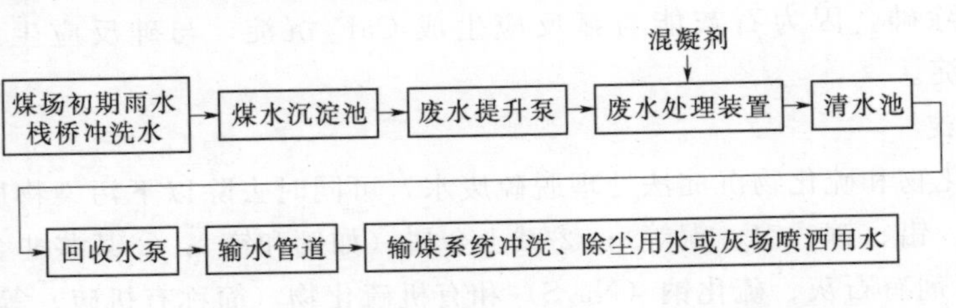

图 7-44 处理含煤废水的混凝、沉淀、过滤工艺流程图

(2) 混凝、曝气、膜式过滤的工艺流程如图 7-45 所示。

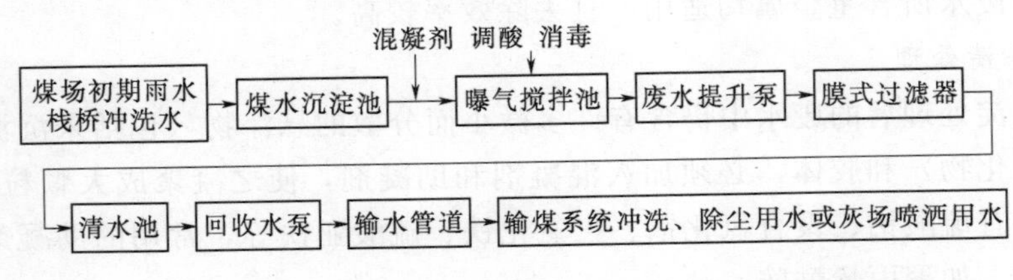

图 7-45 处理含煤废水的混凝、曝气、膜式过滤工艺流程图

对于重金属含量高的煤场废水，还应同时添加石灰乳中和到 pH 值为 7.5～9.0，使排水中的重金属生成氢氧化物沉淀。

（六）循环冷却系统排污水的处置

循环冷却排污水的处理是去除污水中的悬浮物、微生物和 Ca^{2+}、Mg^{2+}、Cl^-、SO_4^{2-} 等离子，处理后再返回冷却系统循环使用，或者作为锅炉补给水的原水。目前电厂主要采用旁流过滤十反渗透处理、纳滤处理、弱酸阳离子交换树脂处理等工艺。这里着重介绍旁流过滤十反渗透处理和纳滤处理技术。

1. 旁流过滤十反渗透处理

旁流过滤的目的是除去水中的悬浮物、尘埃，同时作为反渗透装置的预处理。旁流过滤的工艺流程一般采用“加药—混凝—澄清过滤（或微滤)”；反渗透的作用是除盐，处理后的排污水继续用作冷却水，可以满足凝汽器管材对盐浓度的要求，同时还可以提高冷却水的浓缩倍率。

如图 7-46 所示为我国某电厂用反渗透工艺处理循环冷却排污水的工艺流程。

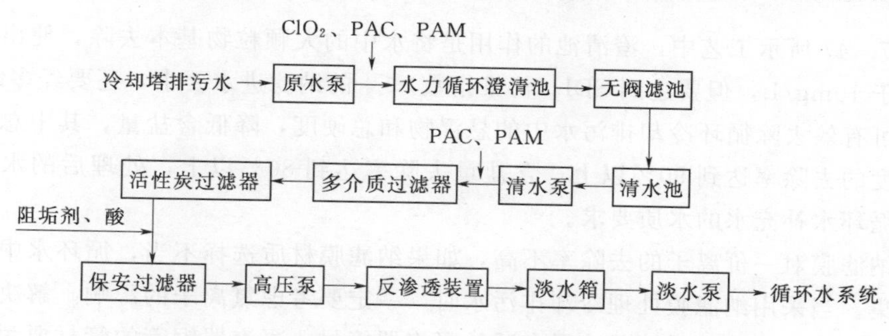

图 7-46 反渗透工艺处理循环冷却水排污水的工艺流程图

图 7-46 所示流程由两部分组成——预处理部分和反渗透部分。另外，还需要在线加入二氧化氯、混凝剂（如聚合氯化铝 PAC)、助凝剂（如聚丙烯酰胺 PAM）和阻垢剂和酸。因此，这一工艺系统包括以下 5 个子系统。

（1）预处理系统。预处理系统是反渗透系统正常稳定运行的基本保证。预处理包括水温度调节、絮凝澄清、消毒、过滤吸附等环节。该预处理系统采用的是“混凝十澄清十过滤十活性炭”工艺流程。

在这一预处理系统中，过滤任务由多介质过滤器、活性炭过滤器和保安过滤器共同完成。多介质过滤器的作用是除去水中的大颗粒悬浮物；活性炭过滤器的作用是除去水中的有机物、余氯等有害于膜元件的杂质；保安过滤器的作用是进一步去除水中的细小颗粒。

（2）反渗透系统。反渗透系统一般设计成两段或三段，每段由装填有若干膜元件（通常 1～8 支）的压力容器并联组成。

（3）加药系统。加药系统包括自动加絮凝剂装置、自动加助凝剂装置、自动加酸装置、自动加阻垢剂装置和自动加还原剂装置。

加药的主要功能是降低水中离子在膜表面的附着性，延长膜的寿命。

（4）清洗系统。为了除去反渗透膜上附着的污物，使它处于良好的工作状态，需要定期进行清洗。反渗透水处理清洗系统包括化学清洗和自动冲洗装置。

（5）压缩空气系统。压缩空气系统用以保证系统中气动阀门和过滤器反洗等用气要求。

2. 纳滤处理

纳滤可以有效地去除循环冷却排污水的含盐量和总硬度。与反渗透相比，纳滤过程的操作压力更小（1.0MPa 以下)，在相同的条件下可大大节能。处理后的水质符合工业用水和循环水补充水用水标准，从而降低燃煤电厂的耗水量和对水环境的污染。

纳滤处理循环冷却排污水的工艺流程如图 7-47 所示。

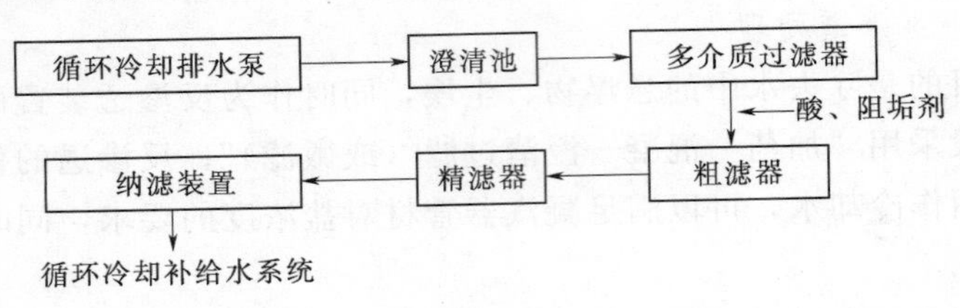

图 7-47　纳滤处理循环冷却排污水的工艺流程图

在图 7-47 所示工艺中，澄清池的作用是将水中的大颗粒物基本去除，使出水悬浮物含量不大于 10mg/L，但要达到 SDI（污染指数）≤4 的纳滤进水要求，还要经多级过滤。

纳滤可有效去除循环冷却排污水中的悬浮物和总硬度，降低含盐量，其中总溶解性固体和总硬度的去除率达到 90%以上，含盐量去除率达到 80%以上，处理后的水质符合工业用水和循环水补充水的水质要求。

由于纳滤膜对一价离子的去除率不高，如果纳滤膜材质选择不当，循环水中的氯离子可能会富集。当采用纳滤膜处理冷却排污水时，一定要考虑氯离子的影响。解决的方法有两种：一种方法是根据水质情况选择合适的凝汽器管材，凝汽器铜管的管材要耐氯离子的腐蚀；另一种方法是根据循环水原水中氯离子的含量选择合适的纳滤膜材质。

（七）含油废水处理

含油废水的处理方式按原理来划分，有重力分离法、气浮法、吸附法、膜过滤法、电磁吸附法和生物氧化法。其中，膜过滤法、电磁吸附法和生物氧化法在燃煤电厂不常用。

含油废水的处理通常采用几种方法联合处理，以除去不同状态的油，达到较好的水质。对于悬浮油，一般采用隔油和气浮法就可以除去大部分；对于乳化油，首先要破乳化，再用机械方法去除。

常用的处理工艺流程有以下几种。

（1）含油废水→隔油池→油水分离器或活性炭过滤器→排放或回用。

（2）含油废水→隔油池→气浮分离→机械过滤→排放或回用。

（3）含油废水→隔油池→气浮分离→活性炭吸附→排放或回用。

如图 7-48 所示为某电厂含油废水的处理流程。含油废水经隔油、气浮处理后，废水中油含量小于 5mg/L，达到排放标准。

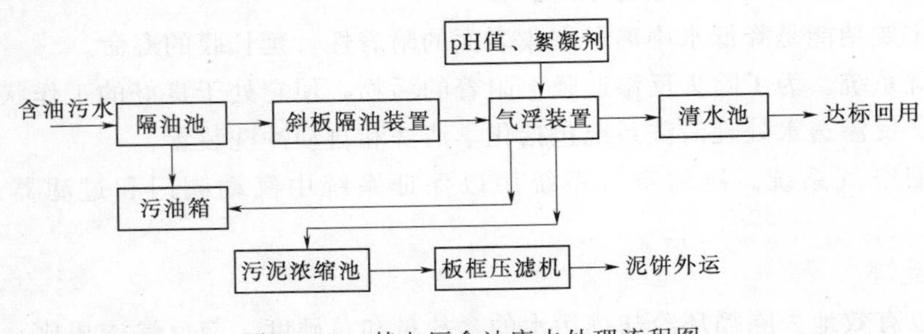

图 7-48　某电厂含油废水处理流程图

（八）生活污水处理

生活污水的处理，主要是降低污水中有机物的含量。实践表明，生活污水通过二级处理之后，其 BOD_5 和悬浮物均可达到国家和地方的排放标准，其出水可作为冲灰水、杂用水等。

生活污水的二级处理通常用生物处理法。常用的生活污水处理工艺流程如图 7－49 所示，与传统的活性污泥法相同。

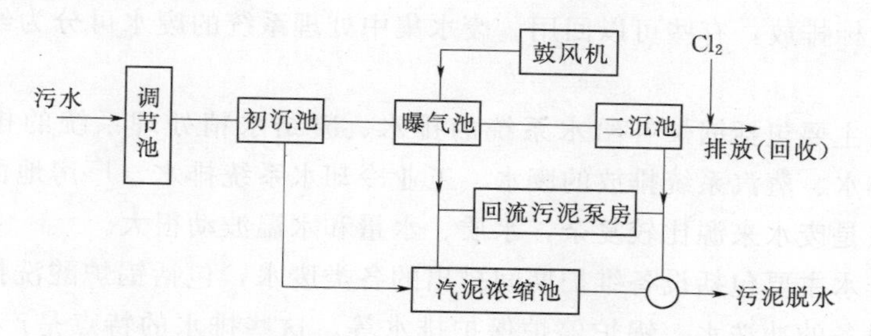

图 7－49　生活污水处理工艺流程图

目前，电厂的生活污水处理系统常采用技术较成熟的地埋组合式生活污水处理设备，将生活污水集中至污水处理站，进行二级生物处理，经消毒后，合格排放。其工艺流程如图 7－50 所示。

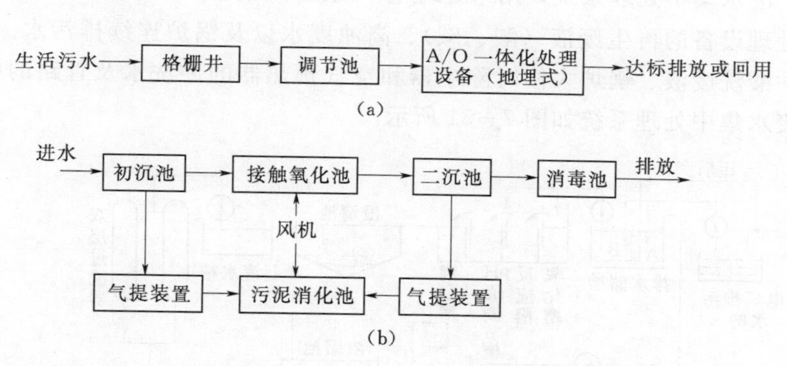

图 7－50　电厂的生活污水处理工艺流程图

(a) 工艺流程；(b) A/O 一体化处理设备内部流程

生活污水首先流经格栅井，通过格栅井中格栅截留污水中较大的悬浮杂质，以减轻后续构筑物的负荷；污水进入调节池，均和水质和水量后，经潜污泵送入组合式一体化埋地式生活污水处理设备（即 A/O 一体化处理设备）。该设备包括初沉区、厌氧区、好氧区、二沉区、消毒区和风机室 6 个部分。在初沉区，污水中部分悬浮颗粒沉淀；厌氧区中装有组合式生物填料，易生物挂膜，厌氧菌在膜上充分附着，分解污水中大分子的蛋白质、脂肪等颗粒为小分子的可溶性有机物；好氧区装有新型多面空心球填料，并设风机鼓风曝气，使有机物在好氧菌的作用下彻底分解；二沉区的作用是沉淀生物反应段产生的悬浮物；污水最终经消毒处理后自流至中水池。初沉区及二沉区的剩余污泥通过污泥泵排入污泥消化池，经过鼓风机充入空气消化后由污泥提升泵排至污泥脱水机脱水，上清液回流至调节池。

另外，生活污水也可送入化粪池处理后直接用于冲灰，利用粉煤灰的吸附作用降低COD，经灰场稳定后再排放。灰场种植的芦苇等植物，由于根系的吸收作用，可有效地降低灰水（含生活污水）的COD，使排水达到国家废水排放标准，这是较为经济的处理电厂生活污水的方法。

（九）燃煤电厂废水的集中处理

废水集中处理系统是燃煤电厂对多种废水进行分类处理的一套系统。经此站处理后的废水有些可以达标排放，有些可以回用。废水集中处理系统的废水可分为经常性废水和非经常性废水。

经常性废水主要包括锅炉补给水系统的排水、凝结水精处理系统的排水、锅炉排污水、取样装置排水、蒸汽系统排放的废水、工业冷却水系统排水、厂房地面冲洗水等。这部分废水的特点是废水来源比较复杂，水质、水量和水温波动很大。

非经常性排水主要包括设备维护期间排出的各类废水，包括锅炉酸洗排水、空气预热器和省煤器等设备的冲洗水、锅炉停炉保护排水等。这些排水的特点是产生间隔时间长，但每次的废水量很大。

另外，含煤废水、除灰系统废水和生活污水一般单独处理，不集中处理。

1. 宝钢电厂排水集中处理

宝钢电厂废水集中处理系统，用来处理电厂的经常性排水和非经常性排水。经常性排水主要是水处理设备的再生废液（酸、碱）、高浊度水以及锅炉连续排污水。非经常性排水主要是锅炉酸洗废液、锅炉大修时除尘器和空气预热器的冲洗水及管路的检漏排水等。宝钢电厂的废水集中处理系统如图7－51所示。

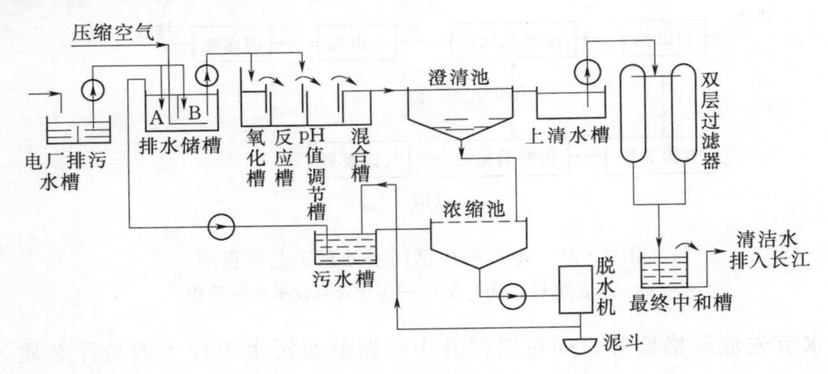

图7－51　宝钢电厂废水集中处理系统

对于经常性排水，一般是将排水送到排水储槽A，然后采用混凝沉淀、过滤、酸碱中和及污泥脱水等方法对排水进行连续性处理。对于非经常性排水，由于其一次排放量大，通常是先送到排水储槽B（$3000m^3$）中储存，然后根据各类排水的不同性质进行适当的预处理（如进行特殊氧化分解，调节pH值，以及自身产生絮状沉淀物等），最后按经常性排水的流程进行连续处理，使其达到废水排放标准。

此外，对于含油的各类废水，在进入排水处理装置前应先在油水分离槽中进行油水分离。

（1）经常性排水的处理流程。经常性排水的处理分为废水处理和污泥脱水处理两个流程。

1）废水处理流程。排水储槽A中废水首先用空气搅拌（使水质均匀），再送到pH值调节槽调节pH值（调至适于凝聚的pH值），合格清水经清洁水槽排入长江。

2）污泥脱水处理流程。将澄清池底部含泥2%左右的排泥水送入浓缩池，再将污泥水送到离心脱水机并在入口加脱水助剂，使污泥水成为含泥25%左右的滤饼，将滤饼储放在污泥料斗中，由汽车送到废弃物堆场。

（2）非经常性排水的处理流程。非经常性排水按其性质可分为3类：①高联氨成分排水（主要是钢炉定期排污水和锅炉酸洗前的冲洗水等）；②高铁分排水（主要是除尘器和空气预热器的冲洗排水）；③酸洗后含复杂成分COD的排水（主要是锅炉酸洗时的预热、水洗、防锈、中和等排水）。

1）高联氨成分排水的处理。首先在排水储槽B中进行充分的搅拌（使水质均匀），然后送到氧化槽，在排水中投加次氯酸钠进行氧化分解，同时调节pH值到7.5～8.5，最后流入反应槽，达到分解联氨的目的。

2）高铁分排水的处理。首先在排水储槽B中进行充分的搅拌，然后送到pH值调节槽，在其中将排水的pH值调节到11左右，使产生具有吸附能力的$Fe(OH)_3$絮状沉淀，达到去除铁分的目的。由于反应产生了氢氧化铁絮状物，因此在处理此类废水时不必加入硫酸铝凝聚剂。

3）酸洗后含复杂成分COD排水的处理。由于此类水不含联氨、亚硫酸盐、二价铁等，而含有缓蚀剂、防锈剂、消泡剂、除油剂等酸洗药品引起的COD成分，故必须进行氧化分解处理。

此类排水在进入排水储槽B前必须进行降低COD的预处理，将酸洗排水的COD从2000～4000mg/L降到200mg/L左右。

经过上述不同方式预处理后的各类非经常性排水，再按经常性排水处理的流程进行废水处理和污泥脱水处理。

2. 石横电厂排水处理

石横电厂将化学废水分为10个部分，按其可能超标的成分合并为3个处理单元，如图7-52所示，电厂废水可能超标的成分及处理单元见表7-12。

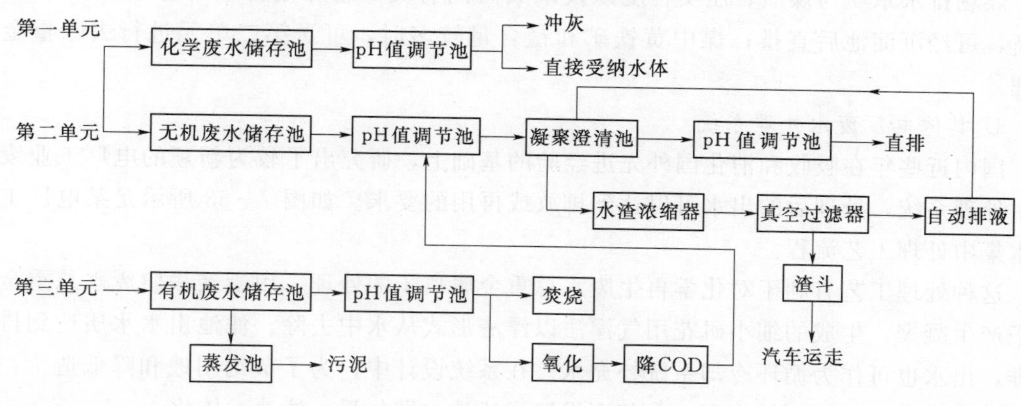

图7-52　石横电厂3个废水处理单元框图

表 7-12 电厂废水可能超标的成分及处理单元

序号	废水来源	可能超标的成分	处理单元
1	锅炉补给水除盐系统再生废水	pH值、总悬浮（TSS）、总溶解固形物（TDS）	第一单元；储存，调整pH值
2	凝结水除盐系统再生废水	Cu	第一单元；Cu含量较多时为第二单元
3	锅炉排污水	pH值、TSS、重金属（Cu、Fe）	第一单元
4	实验室废水	pH值、与锅炉排污水相似	第一单元
5	锅炉火侧清洗废水	氧化铁、BOD、油脂、TSS、重金属	第二单元或第三单元（BOD高时）
6	空气预热器清洗废水	pH值、悬浮物、重金属、COD、油脂	第二单元
7	锅炉运行前清洗废水	pH值、Fe、Cu、N_2H_4	第二单元或第三单元
8	凝汽器清洗废水	pH值、TSS、重金属、BOD	第二单元或第三单元
9	冷却塔排污水	TSS	第二单元或直排
10	煤场降雨水	pH值、TSS、重金属（Cu、Fe）	沉淀后再用或第二单元

（1）第一单元：化学废水处理系统。化学废水集中储存在储存池Ⅰ内，然后通过pH值调节池调节pH值，其出水若用于冲灰，则pH值调至5～7，若直接排放则为6～9。

补给水化学除盐系统再生废水中的碱性废水，可单独排至废碱水回收水池，做进一步利用。

化学废水中总悬浮物（TSS）高时，可去第二单元进行澄清处理。

（2）第二单元：无机废水处理系统。废水先在储存池Ⅱ中储存，经pH值调节（pH值调节至9.6～10.0）和氧化后，在连续澄清池内将重金属氧化后沉淀，其溢流水送入化学废水储存池Ⅰ或另经pH值调节池后直排；沉渣则排入浓缩器，经真空过滤器脱水，脱水后的干渣（固相浓度25%）排往渣场。

（3）第三单元：有机废水处理系统。有机废水排入蒸发池蒸发，沉积的淤泥定期挖出送到特定的渣场处理。冷却塔排污废水可由临时管线送至第二单元的澄清池处理TSS。

煤场排水水质与煤质、压实程度以及堆放时间有关。新煤场排水的总悬浮物（TSS）较高，可经沉淀池后直排；煤中黄铁矿和锰含量较多时，可送第二单元进行去除重金属处理。

3. 其他电厂废水处理系统

国内近些年在吸收和消化国外先进经验的基础上，研究出了较为新颖的电厂工业废水集中处理系统，处理后的出水可以达到排放或再用的要求。如图7-53所示是某电厂工业废水集中处理工艺流程。

这种处理工艺有利于对化学再生废水总重金属离子的处理，用凝聚法使废水总重金属离子产生凝聚，生成的细小矾花用气浮法以浮渣形式从水中去除。滤池出水水质达到排放标准，出水也可作为循环冷却系统补充水。在系统设计中，为了节约用地和降低造价，充分利用气浮分离区下部的容积，在其下设置了滤池，即气浮、滤池一体化。

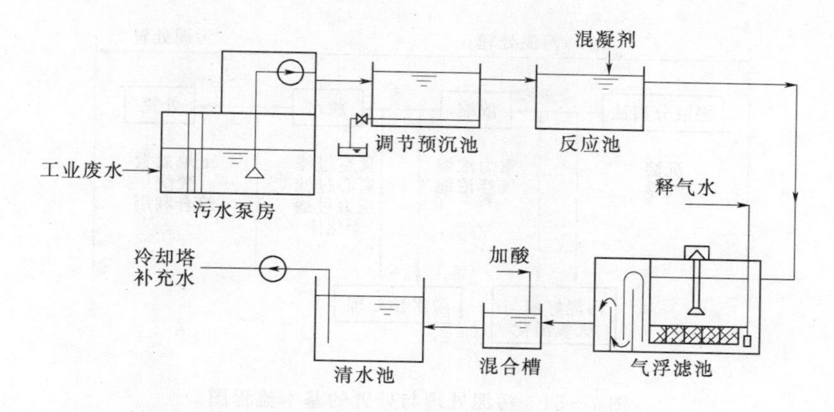

图 7-53 某电厂工业废水集中处理工艺流程

三、燃煤电厂污泥处理系统

污泥处理与处置问题是污水处理过程中产生的新问题。因为首先污泥中含有大量的有害有毒的物质，如寄生虫卵、细菌、合成有机物质及重金属离子等，它将对周围的环境产生不利的影响；其次污泥量大，其数量约占处理水量的 0.3%～0.5%（体积），如果对污水进行深度处理，污泥量还可能增加 0.5～1.0 倍，所以污泥处理与处置是污水处理系统的重要组成部分，必须予以重视。

（一）污泥的来源

根据废水处理工艺的不同，即污泥的来源不同，污泥可分为：

（1）化学污泥。用混凝、化学沉淀等化学方法处理废水所产生的污泥称为化学污泥。

（2）初次沉淀污泥。来自初次沉淀池，其性质随废水的成分而异。

（3）腐殖污泥。来自生物膜法后的二次沉淀池的污泥称为腐殖污泥。

（4）剩余活性污泥。来自活性污泥法后的二次沉淀池的污泥称为剩余活性污泥。

（5）消化污泥。生污泥（初次沉淀污泥、腐殖污泥、剩余活性泥等）经厌氧消化处理后产生的污泥称为消化污泥。

（二）污泥的处理

污泥的处理基于以下 3 个方面的考虑：一是污泥的减量化，二是稳定化，三是无害化。

目前国内城市污水处理厂的污泥大部分采用“浓缩→消化→脱水”的处理工艺，脱水后的干污泥进行综合利用或直接送入填埋场进行填埋处理，只有少量采用焚烧处理，进行能源利用。

如图 7-54 所示为污泥处理与处置的基本流程。

1. 污泥的预处理

影响污泥浓缩和脱水性能的因素主要是颗粒的大小、表面电荷水合程度以及颗粒间的相互作用。其中污泥颗粒的大小是影响污泥脱水性能的最重要因素，因为污泥颗粒越小，颗粒的比表面积越大，这意味着更高的水合程度和对过滤（脱水）的更大阻力及改变污泥脱水性能要更多的化学药剂。

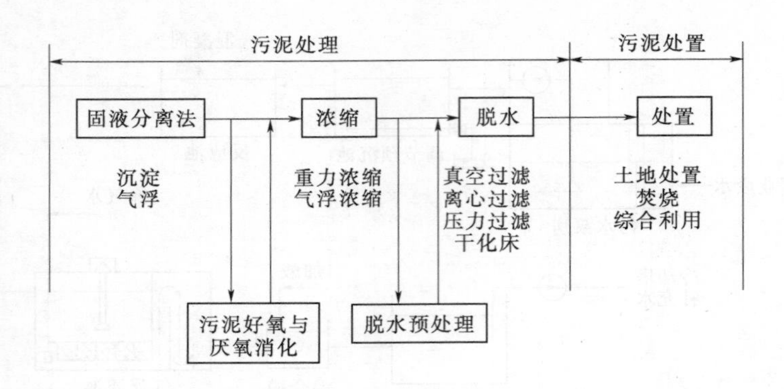

图 7-54　污泥处理与处置的基本流程图

污泥中颗粒大多数是相互排斥而不是相互吸引的，首先，是由于水合作用，有一层或几层水附于颗粒表面而阻碍了颗粒相互结合。其次，污泥颗粒一般都带负电荷，相互之间表现为排斥，造成了稳定的分散状态。

污泥预处理就是要克服水合作用和电性排斥作用，增大污泥颗粒的尺寸，使污泥易于过滤或浓缩，其途径有两种：①脱稳、凝聚。脱稳依靠在污泥中加入合成的有机聚合物、无机盐等混凝剂，使颗粒的表面性质改变并凝聚起来。由于要投加化学药剂，因而增加了运行费用；②改善污泥颗粒间的结构，减少过滤的阻力，使不堵塞过滤介质。

污泥经预处理能增大颗粒的尺寸，中和电性，能使吸附水释放出来，这些都有助于污泥浓缩和改善脱水性能。此外，经调理的污泥，在浓缩时污泥颗粒流失减少，并可以使固体负荷率提高。常用的调理方法有化学调理和热处理，此外还有冷冻法和辐射法等。为减少调理的化学药品用量，还可以采用物理洗涤——淘洗法。

常用的化学调理方法，实质是向污泥中投加各种混凝剂，使污泥形成颗粒大、孔隙多和结构强的滤饼。所用的化学调理剂有三氯化铁、三氯化铝、硫酸铝、聚合铝、聚丙烯酰胺、石灰等。无机调理剂价廉易得，但渣量大，受 pH 值的影响大。经无机调理剂处理使污泥量增大，污泥中无机成分的比例提高，污泥的燃烧价值降低；而有机调理剂则与之相反。综合运用 2～3 种混凝剂，混合投配，能提高效能，如石灰和三氯化铁同时使用，不但能调节 pH 值，而且由于灰和污水中的重碳酸盐反应生成的碳酸钙能形成颗粒结构而增加了污泥的孔隙率。

调理剂的投加范围很大，因此在特定的情况下，最好通过试验决定最佳剂量。

2. 污泥的浓缩

污泥浓缩是降低污泥含水率、减少污泥体积的有效方法，对于减少后续处理过程如脱水、干化等的负担都十分有利，污泥中所含水分大致分为 4 类：颗粒间的空隙水，约占总水分的 70%；毛细水，即颗粒间毛细管内的水，约占 20%；污泥颗粒吸附水和颗粒内部水，约占 10%。

降低含水率的方法有：浓缩法，用于降低污泥中的空隙水，因空隙水所占比例最大，故浓缩是减容的主要方法；自然干化法和机械脱水法，主要脱除毛细水；干燥与焚烧法，主要脱除吸附水与内部水。不同脱水方法的脱水效果见表 7-13。

表 7－13　　不同脱水方法的脱水效果

脱水方法		主要单元装置	脱水效果	脱水后的污泥状态
浓缩		重力、气浮、离心	95%～97%	近似糊状
自然干化		干化场	70%～80%	泥饼状
机械脱水	真空过滤	真空转鼓、真空转盘等	60%～80%	泥饼状
	压滤	板框压滤等	45%～80%	
	离心	离心脱水机	80%～85%	
干化		烘干	10%～40%	粉状、颗粒状

污泥浓缩的技术界限大致为：活性污泥含水率可降至97%～98%；初沉池污泥可降至85%～90%。污泥浓缩的方法有重力法、气浮法和离心法。3 种方法的优缺点见表 7－14，需要时根据具体要求选择。

表 7－14　　各种浓缩方法的优缺点

方　法	优　　点	缺　　点
重力浓缩法	储存污泥的能力高，操作要求不高，运行费用低	占地大，会产生臭气，对某些污泥工作不稳定
气浮浓缩法	比重力浓缩的泥水分离效果好，所需面积小，臭气少，污泥含水率低，能去除油脂	运行费用较重力法高，占地比离心法多，污泥储存能力小
离心浓缩法	占地少，处理能力高，几乎没有臭气问题	要求专业的离心机，耗电大，对操作人员要求高

3. 污泥的脱水

污泥脱水包括真空过滤法、压滤法、离心法和自然干化法。其中前 3 种为机械脱水，本质上都属于过滤脱水的范畴。其基本原理相同，都是依靠过滤介质（多孔性物质）两面的压力差作为推动力，使水分强制通过过滤介质，固体颗粒被截留在介质上，达到脱水的目的。

（1）真空过滤法。真空过滤是使用广泛的一种机械脱水方法。主要用于初沉池污泥和消化污泥的脱水。其优点是：能连续生产，操作平稳，整个生产过程可实现自动化，处理量大，适用于各种污泥的脱水。缺点是：脱水前必须进行预处理，附属设备较多，工序较复杂且运行费用较高，再生与清洗不充分，易堵塞，如图 7－55 所示是应用最广泛的转鼓式真空过滤机。

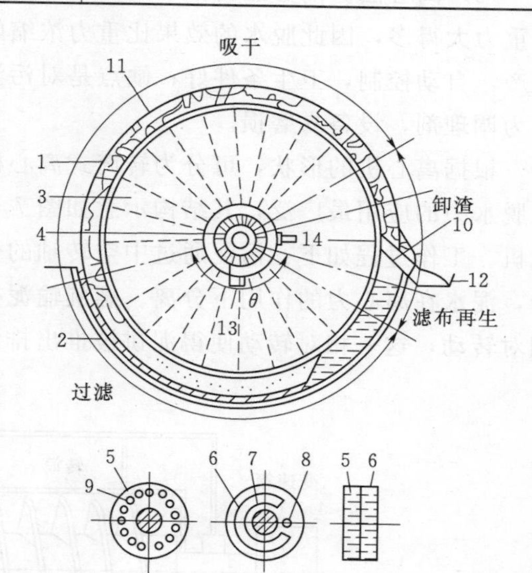

图 7－55　转鼓式真空过滤机

1—空心转鼓；2—污泥储槽；3—扇形间格；4—分配头；5—转动部件；6—固定部件；7—固定部件的缝；8—固定部件的孔；9—转动部件的孔；10—刮刀；11—滤饼；12—皮带输送器；13—真空管路；14—压缩空气管路

过滤介质覆盖在空心转鼓表面，转鼓部

分浸没在污泥储槽中，并被径向隔板分割成许多扇形间格，每个间格有单独的连通管与分配头相接。分配头由转动部件和固定部件组成。固定部件有缝与真空管路相通，孔与压缩空气管路相通；转动部分有许多管孔，并通过连通管与各扇形间格相连。

转鼓旋转时，由于真空的作用，将污泥吸附在过滤介质上，液体通过过滤介质沿真空管路流到气水分离罐。吸附在转鼓上的滤饼转出污泥槽的污泥面后，若扇形间格的管孔在固定部件的缝范围内，则处于滤饼形成区与吸干区，继续吸干水分。当管孔与固定部件的缝相通时，便进入反吹区，与压缩空气相通，滤饼被反吹松动，然后用刮刀剥落经皮带输送器运走。之后进入休止区，实现正压与负压转换时的缓冲作用，这样一个工作周期就完成了。

(2) 压滤法。压滤法与真空过滤法的基本理论相同，只是压滤法的推动力为正压，而真空过滤法的推动力为负压。压滤法的压力可达0.4～0.6MPa，因此推动力远大于真空过滤法。常用的压滤机械有板框压滤机和带式压滤机两种。

板框压滤机的构造简单，推动力大，适用于各种性质的污泥，且形成的滤饼含水率低。但它只能间断运行，操作管理麻烦，滤布易坏。

带式压滤机中较常见的是滚压带式压滤机。其特点是可以连续生产，机械设备较简单，动力消耗少，无需设置高压泵或空压机，已经被广泛用于污泥的机械脱水。滚压带式压滤机由滚压轴及滤布带组成，压力施加在滤布带上，污泥在两条压滤带间挤轧，由于滤布的压力或张力得到脱水。

(3) 离心法。离心法的推动力是离心力，推动的对象是固相，离心力的大小可控制，比重力大得多，因此脱水的效果比重力浓缩好。它的优点是设备占地小，效率高，可连续生产，自动控制，卫生条件好；缺点是对污泥预处理要求高，必须使用高分子聚合电解质作为调理剂，设备易磨损。

根据离心机的形状，可分为转筒式离心机和盘式离心机等，其中以转筒式离心机在污泥脱水中的应用最广泛，其结构示意如图7-56所示。它的主要组成部分是转筒和螺旋输泥机。工作过程如下：污泥通过中空转轴的分配孔连续进入筒内，在转筒的带动下高速旋转，泥水在离心力的作用下分离。螺旋输泥机和转筒同向旋转，但转速有差异，即两者有相对转动，这一相对转动使得泥饼被推出排泥口，而分离液则从另一端排出。

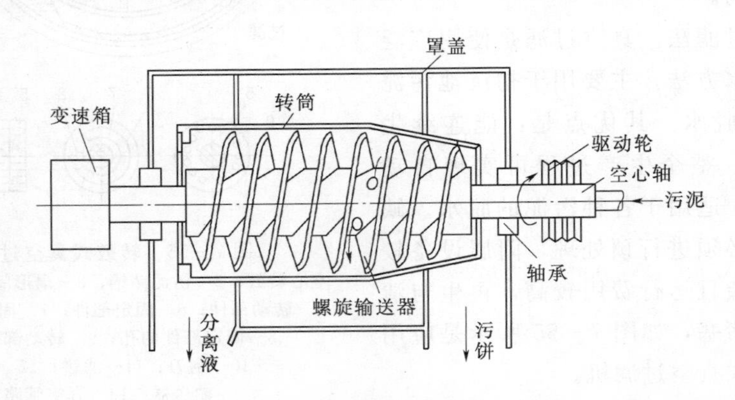

图7-56 转筒式离心机结构示意图

（三）污泥的综合利用

污泥的综合利用视其性质而定，大致有以下几类利用方式。

1. 在农业上的应用

污泥中含有植物所需要的营养成分和有机物，因此污泥应用在农业上是最佳的最终处置办法。污泥的肥效主要取决于污泥的组成和性质。以生活污水的污泥为例，其含氮量为2%～6%，含磷量为1%～4%，含钾量为0.2%～0.4%，但污泥中含有的病菌、寄生虫、病原体及重金属，如直接用作肥料，会对植物有危害作用并进入食物链影响其他生物，而且不利于土壤吸收养分。因此，在把污泥用作农田肥料前，应首先进行稳化处理。

2. 建筑材料的利用

污泥可用作制砖与制纤维板材两种建筑材料，此外还可以用于铺路。污泥制砖可采用化学污泥直接制砖，制成的泥砖强度与红砖基本相同。

3. 填埋

污泥可单独填埋或与其他废弃固体物一起填埋。填埋场地应符合一定的设计规范，其中需要注意以下几个方面。

（1）填埋场地的渗沥水属于高浓度有机废水，污染非常强，必须加以收集进行处理，以防止其对地下水和地表水的污染。

（2）应注意填埋场地的卫生，防止鼠类和蚊蝇滋生，并防止臭味向外扩散。

（3）应进行分层填埋。填埋生污泥时，污泥层的厚度应不大于0.5m，其上面铺砂土层厚0.5m，交替进行填埋，并设置通气装置；填埋消化污泥时，污泥层厚度应不大于3m，其上面铺砂土层厚0.5m，交替进行填埋。

（4）如在海边进行填埋，需严格遵守有关法规的要求。

思　考　题

1. 造成水汽循环系统汽水损失的主要原因是什么？结合实习电厂说明其正常水汽损失。

2. 结合电厂水预处理方式确定原则，说明实习电厂使用的水源及水预处理系统工艺流程。

3. 试说明反渗透原理，运行、清洗及停运方式及运行监控参数，结合实习电厂说明反渗透的常见故障并分析出现原因。

4. 试阐述一般燃煤发电厂锅炉补给水处理系统的工艺流程及主要设备。

5. 结合实习电厂说明循环冷却水系统的工艺流程及主要设备。

6. 循环冷却水系统日常运行监测、控制指标有哪些？

7. 试阐述燃煤电厂废水种类及主要污染因子。

8. 结合实习电厂说明废水处理系统工艺流程及主要设备。

参考文献

[1] 王永川. 发电厂现场实习指导 [M]. 北京：中国电力出版社，2010.
[2] 中国环境保护产业协会电除尘委员会. 燃煤电厂烟气超低排放技术 [M]. 北京：中国电力出版社，2015.
[3] 季鹏伟，舒英利，杨晓菊，等. 发电厂动力部分 [M]. 北京：中国电力出版社，2016.
[4] 胡志光. 电除尘器运行及维修 [M]. 1版. 北京：中国电力出版社，2004.
[5] 胡志光，等. 燃煤电厂除尘技术 [M]. 1版. 北京：中国水利水电出版社，2005.
[6] 张殿印，张学义. 除尘技术手册 [M]. 1版. 北京：冶金工业出版社，2002.
[7] 金国淼，等. 除尘设备 [M]. 1版. 北京：化学工业出版社，2002.
[8] 陈明绍，等. 除尘技术的基本理论与应用 [M]. 1版. 北京：中国建筑工业出版社，1981.
[9] 刘后启，林宏. 电收尘器 [M]. 1版. 北京：中国建筑工业出版社，1987.
[10] 嵇敬文. 除尘器 [M]. 1版. 北京：中国建筑工业出版社，1981.
[11] S. 小奥格尔斯比，G. B. 尼可尔斯. 电除尘器 [M]. 1版. 北京：水利电力出版社，1983.
[12] H. J. 怀特. 工业电收尘 [M]. 1版. 北京：冶金工业出版社，1984.
[13] 鹿政理. 环境保护设备选用手册——大气污染控制设备 [M]. 1版. 北京：化学工业出版社，2002.
[14] 王立，童莉葛. 热能与动力工程专业实习教程 [M]. 北京：机械工业出版社，2010.
[15] 孙为民. 发电厂认识实习 [M]. 北京：中国电力出版社，2009.
[16] 张庆国，程新华. 热力发电厂设备与运行实习 [M]. 北京：中国电力出版社，2009.
[17] 朱法华. 火电行业主要污染物产排污系数 [M]. 北京：中国环境出版社，2009.
[18] 韦钢. 电力工程概论 [M]. 3版. 北京：中国环境出版社，2009.
[19] 全国环保产品标准化技术委员会环境保护机械分技术委员会，武汉凯迪电力环保有限公司. 燃煤烟气湿法脱硫设备 [M]. 北京：中国电力出版社，2011.
[20] 北京博奇电力科技有限公司. 湿法脱硫装置维护与检修 [M]. 北京：中国电力出版社，2009.
[21] 本书编委会. 最新燃煤电站SCR烟气脱硝工程技术应用指南 [M]. 北京：中国电力出版社，2009.
[22] 中华人民共和国环境保护部. HJ 563—2010 火电厂烟气脱硝工程技术规范选择性非催化还原法 [S]. 北京：中国环境出版社，2010.
[23] 刘雪岩. 脱氮技术及其在燃煤电厂的应用 [J]. 电力环境保护，2005. 2：36-40.
[24] 潘光，等. 烟气脱硝技术及在我国的应用//中国环境科学学会学术年会论文集 [C]. 2010：3394-3397.
[25] 刘丽梅，韩斌桥，韩正华. 燃煤锅炉SNCR脱硝系统常见问题及对策 [J]. 热力发电，2010 (6)：65-67，70.
[26] 孙琦明. 湿法脱硫工艺吸收塔及塔内件的设计选型 [J]. 中国环保产业，2007 (4)：8-22.
[27] 全国环保产品标准化技术委员会环境保护机械分技术委员会，武汉凯迪电力环保有限公司. 燃煤烟气湿法脱硫设备 [M]. 北京：中国电力出版社，2011.
[28] 国家能源局. DL/T 5196—2016 火力发电厂石灰石-石膏湿法烟气脱硫系统设计规程 [S]. 北京：中国计划出版社，2016.
[29] 国家能源局. DL/T 335—2010 火电厂烟气脱硝（SCR）系统运行技术规范 [S]. 北京：中国电力出版社，2011.
[30] 国家能源局. DL/T 1655—2016 火电厂烟气脱硝装置技术监督导则 [S]. 北京：中国电力出版

社，2017.
[31] 靳云福. 电厂化学 [M]. 1版. 北京：电力工业出版社，1982.
[32] "火电厂生产岗位技术问答"编委会. 化学运行 [M]. 北京：中国电力出版社，2009.
[33] 高秀山. 燃煤电厂循环冷却水处理 [M]. 北京：中国电力出版社，2001.
[34] 吴怀兆. 火力发电厂环境保护 [M]. 北京：中国电力出版社，1996.
[35] 陈志和. 电厂化学设备及系统 [M]. 北京：中国电力出版社，2006.
[36] 吴仁芳，徐忠鹏. 电厂化学 [M]. 北京：中国电力出版社，2010.
[37] 肖焕平. 电力系统常用凝结水精处理工艺综合介绍 [Z]. 中国建设信息（水工业市场），2010.
[38] 国家能源局. DL 5068—2014 发电厂化学设计规范 [S]. 北京：中国计划出版社，2015.
[39] 国家能源局. DL/T 561—2013 火力发电厂水汽化学监督导则 [S]. 北京：中国电力出版社，2014.
[40] 柴启华，杜艳玲. 燃煤电厂凝结水精处理方式的选择 [J]. 山西电力，2006（8）：49-51.